欧亚历史文化文库

总策划 张余胜

兰州大学出版社

蒙古和喀木

丛书主编 余太山

〔俄〕П. К. 柯兹洛夫 著

丁淑琴 韩莉 齐哲 译

图书在版编目（CIP）数据

蒙古和喀木 / （俄罗斯）柯兹洛夫著 ; 丁淑琴，韩
莉，齐哲译. -- 兰州 : 兰州大学出版社，2014.6
（欧亚历史文化文库 / 余太山主编）
ISBN 978-7-311-04481-7

Ⅰ. ①蒙… Ⅱ. ①柯… ②丁… ③韩… ④齐… Ⅲ.
①探险－外蒙古－1899～1901②探险－西藏－1899～
1901 Ⅳ. ①N82

中国版本图书馆CIP数据核字(2014)第119816号

策划编辑　施援平
责任编辑　施援平　武素珍
装帧设计　张友乾

书　　名　蒙古和喀木
作　　者　П.К.柯兹洛夫　著
　　　　　丁淑琴　韩莉　齐哲　译
出版发行　兰州大学出版社　（地址:兰州市天水南路222号　730000）
电　　话　0931-8912613(总编办公室)　0931-8617156(营销中心)
　　　　　0931-8914298(读者服务部)
网　　址　http://www.onbook.com.cn
电子信箱　press@lzu.edu.cn
印　　刷　天水新华印刷厂
开　　本　700 mm×1000 mm　1/16
印　　张　25.5
字　　数　336千
版　　次　2014年6月第1版
印　　次　2014年6月第1次印刷
书　　号　ISBN 978-7-311-04481-7
定　　价　75.00元

（图书若有破损、缺页、掉页可随时与本社联系）
淘宝网邮购地址:http://lzup.taobao.com

出版说明

　　随着20世纪以来联系地、整体地看待世界和事物的系统科学理念的深入人心，人文社会学科也出现了整合的趋势，熔东北亚、北亚、中亚和中、东欧历史文化研究于一炉的内陆欧亚学于是应运而生。时至今日，内陆欧亚学研究取得的成果已成为人类不可多得的宝贵财富。

　　当下，日益高涨的全球化和区域化呼声，既要求世界范围内的广泛合作，也强调区域内的协调发展。我国作为内陆欧亚的大国之一，加之20世纪末欧亚大陆桥再度开通，深入开展内陆欧亚历史文化的研究已是责无旁贷；而为改革开放的深入和中国特色社会主义建设创造有利周边环境的需要，亦使得内陆欧亚历史文化研究的现实意义更为突出和迫切。因此，将针对古代活动于内陆欧亚这一广泛区域的诸民族的历史文化研究成果呈现给广大的读者，不仅是实现当今该地区各国共赢的历史基础，也是这一地区各族人民共同进步与发展的需求。

　　甘肃作为古代西北丝绸之路的必经之地与重要组

成部分,历史上曾经是草原文明与农耕文明交汇的锋面,是多民族历史文化交融的历史舞台,世界几大文明(希腊—罗马文明、阿拉伯—波斯文明、印度文明和中华文明)在此交汇、碰撞,域内多民族文化在此融合。同时,甘肃也是现代欧亚大陆桥的必经之地与重要组成部分,是现代内陆欧亚商贸流通、文化交流的主要通道。

基于上述考虑,甘肃省新闻出版局将这套《欧亚历史文化文库》确定为2009—2012年重点出版项目,依此展开甘版图书的品牌建设,确实是既有眼光,亦有气魄的。

丛书主编余太山先生出于对自己耕耘了大半辈子的学科的热爱与执著,联络、组织这个领域国内外的知名专家和学者,把他们的研究成果呈现给了各位读者,其兢兢业业、如临如履的工作态度,令人感动。谨在此表示我们的谢意。

出版《欧亚历史文化文库》这样一套书,对于我们这样一个立足学术与教育出版的出版社来说,既是机遇,也是挑战。我们本着重点图书重点做的原则,严格于每一个环节和过程,力争不负作者、对得起读者。

我们更希望通过这套丛书的出版,使我们的学术出版在这个领域里与学界的发展相偕相伴,这是我们的理想,是我们的不懈追求。当然,我们最根本的目的,是向读者提交一份出色的答卷。

我们期待着读者的回声。

总　序

　　本文库所称"欧亚"(Eurasia)是指内陆欧亚,这是一个地理概念。其范围大致东起黑龙江、松花江流域,西抵多瑙河、伏尔加河流域,具体而言除中欧和东欧外,主要包括我国东三省、内蒙古自治区、新疆维吾尔自治区,以及蒙古高原、西伯利亚、哈萨克斯坦、乌兹别克斯坦、吉尔吉斯斯坦、土库曼斯坦、塔吉克斯坦、阿富汗斯坦、巴基斯坦和西北印度。其核心地带即所谓欧亚草原(Eurasian Steppes)。

　　内陆欧亚历史文化研究的对象主要是历史上活动于欧亚草原及其周邻地区(我国甘肃、宁夏、青海、西藏,以及小亚、伊朗、阿拉伯、印度、日本、朝鲜乃至西欧、北非等地)的诸民族本身,及其与世界其他地区在经济、政治、文化各方面的交流和交涉。由于内陆欧亚自然地理环境的特殊性,其历史文化呈现出鲜明的特色。

　　内陆欧亚历史文化研究是世界历史文化研究中不可或缺的组成部分,东亚、西亚、南亚以及欧洲、美洲历史文化上的许多疑难问题,都必须通过加强内陆欧亚历史文化的研究,特别是将内陆欧亚历史文化视做一个整

1

体加以研究,才能获得确解。

中国作为内陆欧亚的大国,其历史进程从一开始就和内陆欧亚有千丝万缕的联系。我们只要注意到历代王朝的创建者中有一半以上有内陆欧亚渊源就不难理解这一点了。可以说,今后中国史研究要有大的突破,在很大程度上有待于内陆欧亚史研究的进展。

古代内陆欧亚对于古代中外关系史的发展具有不同寻常的意义。古代中国与位于它东北、西北和北方,乃至西北次大陆的国家和地区的关系,无疑是古代中外关系史最主要的篇章,而只有通过研究内陆欧亚史,才能真正把握之。

内陆欧亚历史文化研究既饶有学术趣味,也是加深睦邻关系,为改革开放和建设有中国特色的社会主义创造有利周边环境的需要,因而亦具有重要的现实政治意义。由此可见,我国深入开展内陆欧亚历史文化的研究责无旁贷。

为了联合全国内陆欧亚学的研究力量,更好地建设和发展内陆欧亚学这一新学科,繁荣社会主义文化,适应打造学术精品的战略要求,在深思熟虑和广泛征求意见后,我们决定编辑出版这套《欧亚历史文化文库》。

本文库所收大别为三类:一,研究专著;二,译著;三,知识性丛书。其中,研究专著旨在收辑有关诸课题的各种研究成果;译著旨在介绍国外学术界高质量的研究专著;知识性丛书收辑有关的通俗读物。不言而喻,这三类著作对于一个学科的发展都是不可或缺的。

构建和发展中国的内陆欧亚学,任重道远。衷心希望全国各族学者共同努力,一起推进内陆欧亚研究的发展。愿本文库有蓬勃的生命力,拥有越来越多的作者和读者。

最后,甘肃省新闻出版局支持这一文库编辑出版,确实需要眼光和魄力,特此致敬、致谢。

余太山

2010 年6 月 30 日

目　录

11

1 在前往蒙古阿尔泰的路上

1.1 考察计划

我永志不忘的老师 H．M．普尔热瓦尔斯基认为,研究西藏东部的喀木地区具有特殊的意义,他把喀木当作其第五次中亚之行的目标。只可惜,未能如愿!

第一位中亚细亚自然研究者 H．M．普尔热瓦尔斯基去世后,由 M．B．佩甫佐夫接替他完成未尽的工作。虽然 M．B．佩甫佐夫出色领导了考察活动,但考察任务被大大缩减。之后,B．И．罗博洛夫斯基率领的考察队原计划考察西藏东部地区,但他本人却在出发前夕疾病缠身……即便考察家精力充沛、富有经验,但也不是所有的考察都能达成预期的希望。我有幸参与过由 H．M．普尔热瓦尔斯基、M．B．佩甫佐夫和 B．И．罗博洛夫斯基率领的三次装备精良的大型考察活动,痛苦的结局让我变得越来越独立。

我曾幸运地到达喀木并在那里逗留了一段时间,但却还是没能深入到藏北地区……

1898 年底,在向地理学会递交上一次考察的总结报告时,我同时附上了一个新的中亚细亚及西藏考察计划,新的考察任务是研究阿尔泰南部地区,或者蒙古阿尔泰和与之毗邻的中央戈壁,特别是计划考察和研究西藏东、中部地区。

1.2 装备

考察队进行天文观测、高度测量和气象观测的工具主要有测定磁

·欧·亚·历·史·文·化·文·库·

差的吉尔德布兰特磁差仪、一架伏龙葛费尔简筒望远镜、三个台式测时计、两个帕洛特气压计、一个鲍泽沸点测高计、一个 Naudet 牌无液气压表、一个甫莱士钟表、四个什马卡尔泽罗盘仪和一打各式温度表,所有工具都经过了严格的检查和校正。

由于考察经费充足,考察队的装备遵照已故的 H．M.普尔热瓦尔斯基的一贯训导,准备得十分仔细。

为了能在湖面开展湖沼研究(首次在中央亚细亚收集浮游生物,即湖内微小的动、植物群,测量湖的深度以及水温等),特意在圣彼得堡购置了优质的、能够搭载驮包的防水帆布船。船身重 6 普特,长度约 7 俄尺,能够同时搭载两个人。

备用酒精储藏在平底的白铁皮桶中,桶口用橡皮塞密封,桶身用一层毡子包裹。在进行最后整理之前,考察队所有用来盛装收集物的铁皮和玻璃器具均用毡子包裹着放置在大箱子里。

我们还装备了一个小的铁炉子,以便在冬季能够尽可能快地加热我们的行军毡帐,让考察队员有可能做一些需要做和想做的事情。

考察队收到旅行途中必需的银锭。其中有 10 普特(160 公斤)大小不等的元宝,剩余的 8 普特(128 公斤)是在汉堡购买的成色极佳的银锭。

1.3　在边境地区

在圣彼得堡添置好考察队的装备后,我便动身前往莫斯科。1899年 5 月初,一个幸运的春天,我和我的同伴 A．H.卡兹纳科夫坐上驶往西伯利亚的快速列车……

在鄂木斯克的"奥尔嘉·卡尔波娃"轮船上,我们见到了我的第二个同伴——B．Φ.拉蒂金。5 月 22 日早晨,天刚微微亮,我们乘坐的轮船行驶在沉睡中的额尔齐斯河面上,轮船驶过水面,在静谧和清澈如镜般的河面上掀起一阵巨浪。

我们一行人乘船前往谢米巴拉金斯克的旅程非常愉快,从谢米巴拉金斯克乘四轮马车前往此次考察的起点阿尔泰站的行程也带给我们不小的满足,考察队沉重的行李也由担负护送任务的莫斯科近卫军单独押运。

1.4 富饶的阿尔泰:美丽的山峰、河谷及河流

阿尔泰村坐落在一个南与纳鲁姆山接临的开阔河谷,其北部是美丽的布赫塔尔马山。附近山坡交错覆盖着茂密的落叶松、雪松、冷杉和种类繁多的灌木,森林边的草地繁花似毯。这里的动物种类繁多,是典型的阿尔泰动物种群。观察者的目光会不由自主地集中到山顶,积雪在太阳光下发出刺眼的光芒。

在阿尔泰村,大家忙于装备驼队,时间过得飞快!大约两个星期之后,外贝加尔的哥萨克人乘三驾邮驿马车赶到了。

如此一来,考察队由我本人率队,成员由我的两个亲密助手、上士加夫林尔·伊万诺夫、下士伊里杨·沃罗申、上等兵加夫林尔·基雅索夫、列兵叶葛尔·穆拉维约夫(考察队在柴达木盆地气象观测站的观察员)、伊万·沙特里科夫、阿尔西普·沃伊坚科、亚历山大·别利亚耶夫、亚历山大·瓦宁和侯赛因·巴杜克沙诺夫,外贝加尔的哥萨克人有军士潘杰列伊·基列绍夫(标本员)和谢苗·扎尔科依、高级医士亚历山大·瓦洛维奇·博欣及新手措科多 - 加尔马约夫·巴德马扎波夫(蒙语翻译)、阿利亚·马达耶夫(制备员)以及叶夫根尼·基列绍夫共 18 人组成。

在考察队全体成员的努力下,驼队的装备工作进展非常快。工作之余我们进山考察了布赫塔尔马河,两次外出都获得了丰富的科研资料。

考察队在阿尔泰村忙了一个月,为考察队准备的骆驼终于在出发前夕到手,一切准备就绪。1899 年 7 月 14 日,考察队终于迎来出发的日子。一切是那么美好,令人难忘。

·欧·亚·历·史·文·化·文·库·

1.5　考察队下一段路程

早晨山中细雨蒙蒙,乌云密布,考察队出发的时间因天气恶劣而延误。接近中午,天气才好转。考察队的新成员虽然缺乏经验,但他们装运行李的速度却极快。由 54 峰骆驼、14 匹马组成的运输队被分成 7 个独立的队伍。

考察队成员与当地的阿尔泰人告别,按照预先的分配迅速各就各位。驼队很快便蜿蜒向东而去。

按照惯例,第一天的行程不多,一般只有 7 俄里。考察队把营地扎在纳鲁姆山的山坡上。纳鲁姆山与大阿尔泰山坐落在布赫塔尔马河上游,这条河的河水时而如银蛇狂舞在远处,时而又消失在黑黢黢的峡谷。

1.6　俄中边境

通过布赫塔尔马河上游最后一片居民区后,考察队的行进线路突然折向北。布赫塔尔马河的水更加湍急,河水溅起的飞沫拍打着两岸巨大的漂砾。陡峭山坡上密林装点的突出部一般都会有银色的瀑布垂落,河水底部偶尔出现森林密布的小岛,其上的参天大树正在与不可阻挡的水流进行抗争。周围只能听到咆哮的河水,强劲的水流撼动着脚下的土地。

考察队到达乌科克高地。天气转冷,树木在高处变得稀松。高地在夜间披上寒霜,沼泽地结了薄薄一层冰。阳光明媚的日子里,雄伟的塔本博格多山,又名五圣山,十分美丽,山上暗淡的白雾吸引路人驻足观望。

考察队跨过俄中边境通过的乌兰达坂山口进入科布多地区。

1.7　科布多周边

布赫塔尔马与科布多的气候完全不同。前者气候潮湿,降水充沛,植被繁茂,空气清新。科布多则完全相反,沿河谷几乎见不到什么植被。刮风的时候,轮廓奇特的旋风把尘土高高卷起,空中布满的尘幕遮挡了视线。这一切表明,科布多的土地十分干燥。

8月3日,驼队进入科布多河谷。清澈的河水从容地奔流在多石的河床,河面在渡口处的宽度达到40～50俄丈(80～100米),河水深度超过1俄丈。夏季水位下降,河谷及突出的河床上覆盖着杨树(*Populus*)和杞柳(*Salix*),林间生长着各种灌木。地势较低的地方现出湿湿的草地和沼泽地,期间散布的小小岛屿为过往的游禽和鹳形目提供了栖身地。蒙古地区的这条大河在南阿尔泰山区汲取了众多冰川的水分,蜿蜒500俄里。河水在上游形成两个风景如画的相邻湖泊,在接下来的流程中汇集了察罕戈尔[1]、苏奥克和萨克森三条河的水流,终于在渡口处汇集成一条大河。河水继续前流,自东北向东南形成一个河流弯曲处,阿奇特湖的水由此注入河中。接下来,科布多河水离开山岭,河谷逐渐变宽,水流平缓流入淡水湖哈拉乌苏湖。

考察队在到达科布多河的第一天便成功渡到河对岸。渡口由官方管理,摆渡的是一帮蒙古人。考察队的队员和行李分两批乘小木船过河,而牲畜和羊则直接游过河去。一个月之后的9月份,科布多河的水量大减,骆驼和马便能够轻而易举地淌过浅滩。

由于渡口处的河谷被过往驼队的牲畜踏坏,考察队没有在这里停留,而是选择继续前行7俄里,来到一处水草肥美的牧场,并将营地扎在两个小湖之间。这也是考察队自离开俄国直到科布多沿途遇见的一个比较好的地方。营地白色的帐篷掩映在河岸边高大的杞柳林中,在绿油油的草地的映衬下分外招眼。置身于帐篷中,周围的景色一览无余。河面上不时有大雁滑过,帐篷顶端的树枝上回响起山雀(*Parus cyanus*)柔和的啼啭声,石鸡(*Alectoris graeca*)在附近的岩石上发出洪亮的"咯咯叽、咯咯叽"声。考察队一般都会在类似的营地清理个人卫生和捕鱼。河里有许多鱼,但我们观察到的却只有两个品种:茴鱼(*Thy-*

---

〔1〕戈尔即蒙古语的"河流"。译者注。

·欧·亚·历·史·文·化·文·库·

mallus brevirostris)和鳟鱼。每天傍晚,营地前面都有大雁,或者天鹅飞过。它们飞行时发出悦耳的声音,队员们不由得集中精力,仔细分辨,而空中却一片寂静。暮色渐浓,深夜来临,深邃的苍穹中繁星点点,远处接近地平线的地方,星空被一层薄薄的尘雾笼罩。我坐在科布多河岸边,聆听着河水微弱但有节奏的拍击声,思绪飞向遥远的北方,还有同样遥远的南方以及亲切的大自然,一直到夜深人静才返回帐篷睡觉。

8月5日,考察队离开科布多河岸向北进入一片沙壑纵横的地带,并攀越了几条横向分布的山的支脉。山的支脉或缓坡之间是多石的河谷,河床边的悬崖大多由花岗岩和黏土片岩构成。河谷中的有些地方孤零零地矗立着些许杨树,以及成片的草地,大片地方仿佛被烧烤过一样,呈现出一片灰黄色的景象。偶尔出现沙漠植物的地方为牧民的冬季放牧地,现如今那里出没着为数不多的蒙古黄羊,间或会有毛腿沙鸡(*Syrrhaptes paradoxus*)飞过。

在离开科布多河的第四天,我们到达终年被积雪覆盖的古尔班查萨图山,该山又称"三座雪峰"。考察队把营地扎在阿尔登丘库齐山(圆形的祭祀金碗)海拔2260米的一座小湖附近。小湖边一个极可能是人工垒起的鄂博上,各色布条迎风飘展,同时不停敲打着其下写着五颜六色文字的羊肩胛骨。

在我们从科布多到此沿途经过的山口和山谷深处,经常能够看到用石头垒起的类似鄂博的锥形建筑。但是,我们在这里见到的山丘状"鄂博"被一个直径大于它的环形山冈环绕着,蒙古人无法解释这些建筑出现的时间、缘由以及意义,只知道建筑有一定的年成,并称之为"吉尔吉斯人的居所"。蒙古人曾经给Γ. H. 波塔宁讲述了这样一个传说:奥洛克淖尔[1]湖周边的古墓是由察汗巴尔浑人建造,用来埋葬他们的逝者的。还有一种说法认为,这些土堤是成吉思汗的军队埋藏粮食用的。

---

〔1〕淖尔即蒙古语的"湖泊"。译者注。

1.8　附近沙漠的影响

从俄中边境出发向东南到科布多大约350俄里,沿途是一片山地。山地南边是阿尔泰山的主山链,山峰被白雪覆盖,黑黢黢的山腰与水草肥美的高山草地连接,是游牧民族放牧牲畜的场所。被火热的阳光晒得发亮的支脉向北延展,空气灼热和干燥的程度日益加剧。

道路更加多石。万幸的是,考察队的牲畜没有受到大的影响。

进入科布多的前一天晚上,考察队在位于一片凹陷地的沙拉淖尔小湖过夜。小湖里的水清澈见底,在太阳光的作用下反射出七彩斑斓的光芒,湖水微微发咸。湖岸为一片沙地,湖底的一部分是沙子,一部分为坑坑洼洼的淤泥,还有一部分长满水草。深蓝色的湖面上突起着一座美丽的孤岛,高大茂密的绿色芦苇在翻动中发出沙沙的声响。显然,湖中没有鱼。微波荡漾的沙拉淖尔湖面上漂荡着有条纹的潜鸟、海番鸭、绿头鸭,湖岸上奔跑着白腰草鹬,考察队营地所在的绿色湿地上栖息着燕子,岩鸽在附近的绝壁上发出单调的咯咯声。

1.9　科布多城

8月12日一大早,考察队攀上最后一个山坡,眼前出现了宽阔的布杨图河谷和坐落在微红色陡峭高地上的科布多城。城内高大的杨树给周围毫无生机的灰色注入一派生机,大家的心情也为之一振。为了远离城内的污浊和喧嚣,考察队把营地设在布杨图河边的草地上。

科布多城内有3000居民,城内仅有的一条街道通向城北的要塞,城南有一座庙。中国的行政机关和军队驻扎在要塞中,汉族商人、俄商、喀什噶尔商人聚居在街巷里。

科布多城内驻扎着300人的军队,士兵为汉人和东干人,指挥官为东干人。

要塞内部设有一座监狱。犯人被铁链铐在不同的地方,并且经常受着严刑拷打。最常用的逼供方法是用鞋底抽打面颊,或者用芦苇钳子刺穿犯人的手指甲。杀人者要被当街砍头,死着的头颅被放在笼子里并悬挂在要塞的大门上,尸身则会被抛出喂狗或者其他猛禽。

科布多有 3 家大的汉人商行以及从事茶叶、烟草贸易和布匹交易的小商人。汉人商行每年运到科布多的商品大致有 50 万卢布,运回内地的商品数量略大于这个数。

城内及其附近的俄商从事易货贸易。他们输入蒙古的商品有银、铁、软革及少量的小商品等,总量接近 300 万卢布,换取当地的羊毛、驼毛、旱獭皮。俄国在蒙古的贸易额总计接近 700 万卢布。

科布多城边稀稀落落散布着平穷的蒙古人的毡帐,在这些穷人中偶尔会遇到几个藏族人。他们在附近收集柴草,同时效力于汉族商人和俄国商行。蒙古人的商队也喜欢在这里歇脚。

汉人的田地分布在低处的布杨图河谷,蒙古人在汉人士兵的监督下在田里忙碌着。宽广的田野里种植着小麦、黍和大麦。

在科布多俄商的帮助下,考察队补充了粮食等物品,同时对驼队进行充实。16 岁的少年雅科夫·阿夫金出生在比斯科,在这里加入到考察队的行列,他精通蒙古语。

2 蒙古阿尔泰

2.1 蒙古阿尔泰山及考察队
在山中的活动计划

　　蒙古阿尔泰山自西北向东南延伸 2000 俄里。换言之,它从俄中边境一直延伸到著名的黄河。科布多城将阿尔泰山分割成东、西两个不等,但却各具特点的部分:山脉西部有许多银光闪闪的雪峰、辽阔的牧场,以及北有科布多河、南有乌伦古河及黑额尔齐斯河充足灌溉的区域;山脉东部的绵延长度是西部的 3 倍多。山岭高度超过永久性雪线,或刚刚达到永久性雪线。阿尔泰山的戈壁部分深受临近沙漠极度干燥气候的影响,田地极少灌溉。对牧人而言,相对广阔的牧场也不多。

　　北部靠近杭爱山的地方因为有湖的缘故而稍显得有些许生机。但如果从远处望去,这些干涸的储水体大部分实际上是会让人产生错觉的盐沼地。谷地的最深处通常与邻近山脉的最高峰相辉映。

　　山脉向东南延伸一段距离之后,山体逐渐被分解变窄,高度也有所降低直至断裂,主山链之间的山谷中布满了山的支脉以及独立的垅岗。测量结果表明,考察队沿途所见水井的含水层为 4 ~ 7 英尺(1 ~ 2 米),有时甚至达到 10 英尺(3 米)。绵延山体总的轮廓在北部表现得陡峭和短促。相反,南部则相对平缓和绵长。山脉西部游牧的主要是吉尔吉斯人或卡尔梅克 - 乌梁海蒙古人。东部游牧的完全是蒙古人,他们认为戈壁阿尔泰山的主要山脉是阿尔塔音努鲁。

　　考察队在蒙古阿尔泰活动了将近 3 个月,大队人马主要对山的北坡展开考察,我的同伴 B. Φ. 拉蒂金、A. H. 卡兹纳科夫则前往山的南部地区旅行。由于考察队与这里的汉人和蒙古人保持着良好的关系,我可以随意将考察队成员拆分成若干支小分队开展短途旅行,在完成各自的任务后定期在约定地点与我会合。我对会合地胡尔姆淖尔、达楞图鲁、恰采林格胡图克和祖拉海达仓进行天文测定,以便更加准确地建立测量工作系统。

寒气较往年有所偏早地降临阿尔泰地区,蒙古人预先在车马经过的沿途搭起毡帐,备足必要的燃料,夜晚则负责放牧考察队的马匹。这次旅行中考察队没缺过向导,通晓当地动物情况的蒙古猎手也很多。在这样的条件下,考察队的工作进展十分顺利,考察活动推进到更加广阔的区域,标本收集工作全面展开,对地区自然以及居民的认识也进一步加深。

8 月下旬,考察队满载收获,继续向东南方向行进。

2.2 哈拉乌苏湖

第二天一大早,我们从隆起的山脊上看到东北方向上露出哈拉乌苏湖宽阔的水面,湖水在晨曦的映照下熠熠生辉,最终消失在地平线。哈拉乌苏湖距离我们所在位置较近的南部地区生长着茂密的芦苇,附近大大小小的浅水滩在略微发黄的芦苇的绿色背景衬托下泛着银光。我们潜心观察湖水及其后面白雪盖顶的宗海尔汗山,在不知不觉中来到湖边,并把营地安在湖西南部的一个地方。

哈拉乌苏湖,即"黑水",绵延 160 俄里(170 公里),湖体自北向南分布谈不上匀称。湖水主要来自科布多河,以及布杨图和哈拉乌苏两条小溪。据当地蒙古人讲,湖的最深处在其中部科布多河的河口和东部多石的河岸之间,最浅处在被芦苇覆盖的湖南湾。我的同伴乘船自西向东地在芦苇荡以北的地方航行 8 俄里(9 公里)后到达一座小岛,沿途湖的最深处不超过 6 英尺(1.8 米)。这一部分的湖底布满泥沙,湖水灰蒙蒙的。淡水湖哈拉乌苏湖 11 月结冰,来年 2 月解冻。

2.3 大量的鸟类

湖边飞禽数量之多超乎我们的想象。难以置信的是,在离我们百步之遥的地方,成群的雁、鸭子、天鹅、鹈鹕、鸬鹚、白鹭和灰鹭、鸥、燕鸥及不同的鹬等或怡然自得地休息,或相互追逐嬉戏。

哈拉乌苏湖畔茂盛的水草为蒙古人放牧及牧养博格多汗的骆驼提供了便利。博格多汗的骆驼有专人放养,放牧人归蒙古官员管理。此外,布杨图河口的大牧场属于科布多的管理者,故而被称作"办事大臣"的牧场。冬季,在哈拉乌苏湖南湾宽阔的芦苇荡中聚居着不少蒙古人,上文提到的一个小岛常年居住着2~3户游牧人家。当地蒙古人讲,芦苇荡冬季的气温略高于草原和山中。以科布多为起点的大商道也经过湖的南部,过往的蒙古人通常要在这里停留一段时间,以便让自己旅途劳顿的牲畜得到休养生息的机会。

我们在这里研究了哈拉乌苏湖,充实了考察队的动物收集。8月29日,考察队顺着蜿蜒在吉尔盖河谷的大道离开这里。河谷中生长着大量的白桦、灌木以及芦苇,河谷南部地势较高的草场上游荡着马群。傍晚和深夜万籁俱静,潜伏在多洼地的密林中的狼群发出阵阵哀嚎。

第二天,考察队离开库库浩特[1]大道转向东南方向行进,在爬上一道斜坡后顺利进入阿尔泰山区。多石的道路两旁时而会出现蒙古黄羊,远处成群的毛腿沙鸡不时从道路两边飞过,鸟类仅出现过一对儿鸨。中午,考察队来到图库留克小溪谷地并把营地扎在同名的寺庙旁边。晶莹剔透的小溪水喧嚣在河床中,溪水岸边的台地上堆积着凝灰岩断片,与石英岩相邻的山冈上堆积着浅绿色的黑云母片麻岩。队员从小溪中捉到了几条茴鱼和条鳅(*Diplophysa microphthalmus*)。

考察队踏入阿尔泰山主脉和支脉之间的山谷并向上攀行,气温逐渐下降。白天刮过一阵大风后,深夜气温降得很低,动物却因为没有了吸血的蚊子、蠓虫变得越发自在。这片地方承载了过多的人畜,牧场因过载而受

图2-1　毛腿沙鸡

---

〔1〕库库浩特,即今呼和浩特。译者注。

·欧·亚·历·史·文·化·文·库·

到破坏,呈现出一派单调的凄惨景象。游牧人不得不赶着牲口到草丰盛、距离此处有一天行程的地方放牧,晚上再赶着它们返回。这样一来,牲口总是要为消解饥渴而疲于奔命。

当我们穿过一片横向铺展的高地时,阿尔泰山两条山链的美景不时出现在眼前,山的南边展现出一个又一个雪峰,相对其北边山链来说显得单调。附近的巴腾海尔汗山比东边高峻且山顶有积雪的蒙库查萨托博格多山矮小。山系低矮的支脉之间有一个通向阿尔塔音努鲁并且适宜攀爬的鞍形山腰,经过钦欣科淖尔去往泽尔格的山口通道就在这里。除了穿越阿尔泰山主山链外,考察队一路多次翻越山体南部数条支脉的北段。南部山体博托恭小河口的分布物为黏土质石英片岩,个别宽谷和山坡上堆积着各种英闪石和花岗石片麻岩,阿尔塔音努鲁山山腰部位的表层土壤为石英碎石、花岗岩、片麻岩、斑状的凝灰岩。虽然阿尔塔音努鲁山的南部不大,也不那么挺拔,山顶没有永久性积雪,但却雄伟壮观,有数条道路通过干涸的河床伸向山口。

2.4　从博尔准到胡尔姆淖尔湖

上面提到的钦欣科淖尔在我们所经过道路的稍下方,是一座并非能吸引游客关注的封闭的咸水湖,平坦泥泞的湖岸妨碍了人们在湖上进行任何旅行,当地蒙古人每年定期在这座湖上开采食盐。钦欣科淖尔湖的水来自发源于阿尔塔音努鲁山两个相邻山谷湖状区域的博尔准小河。

博尔准河谷十分美丽,生长着稀疏不一的锦鸡儿等灌木,灌木中间通常铺展着成片的草地。博尔准河清澈的河水发出巨响奔流在砾石河床中,河水在部分地段被分割成涓涓细流。黄羊从附近的平地跑到这里饮水,考察队的哥萨克人试图躲在岸边的丛林中猎获这种动物,但却以失败收场。因为黄羊跑出来饮水时经常会遭受到蒙古猎人的射杀,因此这种动物行动十分谨慎。南部山中生活着羱羊、山羊,山间小河谷中被绿色植物环绕的泉水附近栖息着黄鼠、旋木雀和兔子,考察队宿营地周围观察到的鸟类有鹬、滨鹬、红尾鸲、几群迁徙的白色和黄色 плисица，一只孤单的石鸡飞来飞去，鸭子和海番鸭在小河水流平缓的地方漂游，悬崖上偶尔能见到白尾海雕的身影。

博尔准河上游含有绿泥的石英页岩露头分布不算高，深深的矿井里，大约有 50 名汉族和蒙古族矿工在蒙古官吏的监督下开采新发现的铅矿。采矿工作一年四季不停歇地进行，到年底，开采的 500 驮子矿石被运往乌鲁木齐，在那里经工厂净化最后上缴到中国总督手里的已经是纯净的金属。

2.5 当地的游牧民

喀尔喀蒙古的领地从这里开始，同时察哈钦蒙古领地的最东段也打这儿经过。喀尔喀蒙古人依照札萨克图汗爱玛克佑木都札萨克旗管理者的指令，在博尔准河谷迎接考察队的到来。察哈钦蒙古的领地在阿尔塔音努鲁山的两坡，北起巴音布雷克或泽尔格河谷，南抵巴伊剔克博格多山，西与同他们操相同语言的土尔扈特蒙古人领地交界。察哈钦达根旗的居民游牧在山的北坡以及附近的河谷，其管理者是当地寺庙的住持大喇嘛，官阶相当于札萨克，属下设 2 名札兰、4 名仓根以及若干名洪德。

喀尔喀蒙古认为，察哈钦蒙古是一群"普通人"，他们非常简陋和肮脏的陈设甚至令考察队外贝加尔的布里亚特蒙古人感到意外。尽管如此，察哈钦人的生活并非贫困。喀尔喀人以及相邻旗的蒙古人也认为，虽然察哈钦人第一眼看上去善良老实，实则天性狡狯、善于要滑。他们以畜牧，放养绵羊、山羊、马、牛、牦牛和少量骆驼为生计，并且中国管理者摊在他们头上的赋税和差役负担相对较轻：向领地内的 5 个驿站提供马匹和车夫。驿站当差的通常是有 4～5 名家庭成员的殷实人家，家长自然是驿站的站长，其官阶因顶戴不同而不同。

除了畜牧，察哈钦人还从事狩猎，特别是捕猎旱獭，每年的猎获量能达到 4 万只。每逢旱獭的捕猎时节，察哈钦人倾巢出动，有用枪的，有守候在洞口放狗追捕的,也有挖沟引水诱捕的。考察队经过察哈钦人领地时,恰好目睹了蒙古人抓捕旱獭的壮观场面。察哈钦人储藏旱獭肉过冬,将收集到的这种动物的皮毛出售给汉族商人和俄商。汉族商人和俄商就居住在察哈钦人的地界内,过着游牧人生活,只有在需要去科布多出售从察哈钦人这里收购的原料和补办货物时,才会短时间离开。这里的俄商向我证实,科布多地区旱獭的数量在减少,如今很难遇到皮毛柔软的老旱獭,我的几个同伴也在离开队伍去阿尔泰山的单独旅行中关注到类似的现象。

2.6 考察队在胡尔姆淖尔湖的营地

经过 4 天的行程,考察队来到坐落在一个地势较高河谷的胡尔姆淖尔湖。沿途经过地区向东延展的山体及其支脉变得更加高大,山口最高点洪格尔奥博雷达坂近在眼前,阿尔塔音努鲁山山腰的海拔达到 8810 英尺(2687 米)。

胡尔姆淖尔湖自西北向东南延伸 15 俄里,湖岸是泥泞的盐土,湖水含盐。湖的整体很浅,即便狂风大作,湖水的水浪也十分低。湖水的颜色淡白,风和日丽的时候,特别是在早晨,湖面上泛着亮光,折射出丰富的色彩。湖底一片泥泞,附近山岩的对面突起数座绿色的黏土岛屿。考察队在湖中没有发现动物的痕迹。

湖水源自莫戈音小河。河水从高处流入宽广的山谷后被分割成数支细小的支流,从而形成一片西与胡尔姆淖尔湖相连的沼泽。胡尔姆淖尔湖明显干涸。东南方向海拔 7220 英尺(2202 米)的地方有一个方圆约 1 俄里的小咸水湖,曾经是胡尔姆淖尔湖的一部分,如今彼此之间却被一片相当开阔的草地分割。小湖的存在有力证明了胡尔姆淖尔湖湖体在萎缩的说法。

湖岸边的山谷里生长着大量草本植物芨芨草(*Lasiogrostis splendens*),沼泽地生长着毛茛、苔草,稍高处有紫堇,南部山脉的北坡匍匐着刺柏。这段时间这里没有游牧民出现,这给考察队的牲畜提供了巨大而优美的牧场。飞禽的出现打破了周围的宁静,山谷的极高处飞过几只灰鹤,优雅的身躯闪现在蔚蓝的天空。随之出现的还有白天鹅、海番鸭以及各种雁、极少见到的鸻(*Charadrius dominicus fulvus*)。我们观察到的候鸟有玄褐色秃鹫、胡秃鹫、金雕、鸢、大小隼(*Falco cherrug*)、渡鸦、红嘴山鸭和百灵鸟。

我们在考察队营地捉到了一只新品种的黄鼠(*Citellus pallidicauda*)。这只小家伙很少离开自己的洞穴,警惕性十分高。

佑木都札萨克领地与胡尔姆淖尔湖南部的山脉接壤。该旗有 230 户牧民,居民人数和富裕程度在爱玛克内数得上中等水平。富裕居民和他们的牲畜一部分生活在钦欣科淖尔湖谷,另一部分在蒙库察萨托博格多山南坡和博尔准河,穷困牧民集中在阿尔塔音努鲁峡谷。除去放牧牲畜,他们与察哈钦人一样,也从事狩猎,主要捕猎旱獭,旱獭的皮毛出售给过往的汉族商人和俄商,旱獭肉留着自己食用。

当地所有的居民都向我们抱怨地方管理者专制,工作中任何一点疏忽都会招来他的残酷惩罚。地方管理者的营地上有许多无偿的劳动力,他庞大的畜群也是由领地内的属民照料的,损失一头都要由放牧人自掏腰包赔偿。此外,札萨克还会毫无廉耻地从本旗富裕户身上榨取钱财填饱自己的口袋。

上面提到佑木都札萨克,他的大儿子是本地寺庙的住持。固定生活在该寺的喇嘛为数不多,只有 25 人。但与其他寺庙无二的是,每逢寺内举行大的法会或佛事活动时,僧侣人数便会大大增加。察萨尔金库勒寺的内部陈设算得上富庶和奢华,寺内供奉着尊贵而有价值的佛像。寺院的经济收入主要靠寺属的 1.2 万只绵羊。它们平时由本旗的蒙古人看管,因看护羊群而得到的回报少得不值一提——仅仅是为数不多的些许羊奶而已。

2.7　B.Φ.拉蒂金回来了

考察队在胡尔姆淖尔湖停留了 5 日,这期间 B.Φ.拉蒂金完成了自己的独立考察回到营地。他在两周的时间里走完 440 俄里(470 公里)路程,考察线路经过阿尔泰山的主山链,然后沿着乌伦古河上游的布鲁贡小河而下到达山的南部,紧接着又向东进入巴尔雷克河水域,通过奥林达坂山口攀上阿尔泰山,最后到达胡尔姆淖尔湖。

2.8　河狸

B.Φ.拉蒂金的考察弄清了有关乌伦古河中有海狸的猜测。在钦基尔和察罕戈尔两条河流注入乌伦古河之后,河水便川流在柳树丛林中,也就是在这里,海狸开始出现。沿河生长的柳树如此茂密,游人根本无法穿过它到达河边。土尔扈特猎人告诉 B.Φ.拉蒂金,不止乌伦古河里有海狸,乌留古尔湖中海狸更多,湖岸自然更加难以接近。

2.9　A.H.卡兹纳科夫去旅行

9 月中旬,考察队兵分两路离开胡尔姆淖尔湖。为了不在本地留下未经探查的盲点,A.H.卡兹纳科夫前往奥林达坂,与之一同前往的有不久前伴随 B.Φ.拉蒂金外出,且在上次考察时多次同我一起前往南山地区开展工作的上士扎尔科伊。这次考察的目的地是巴达里克小河水流入的察汗淖尔湖,两位同伴预计 10 月中旬返回。

考察队大队人马首先向东北方向行进,再次穿越那条横向延展的支脉,怒号的西北风一路陪伴着我们。被考察队再次穿越的山脉由斑状凝灰岩构成,岩石深受强烈气流的作用。山南坡的峡谷大多被高高的墙体围着,有点像神话中的城堡或者塔楼。几个柱形物的顶端随时有垮塌的可能,墙边随意堆积的山岩碎片也让人产生同样的感觉。弯弯曲曲的峡谷中草科植物生长良好,但考察队却没有在这里发现水泉。根据向导提供的信息,蒙古人冬季聚居在这里,地上的积雪能在一定程度上满足牧民对水的需求。

归申达坂海拔 7829 英尺(2385 米),站在达坂上望去,视野十分开阔:南边是阿尔塔音努鲁和鞍状的奥林达坂,A.H.卡兹纳科夫此刻正在赶往那里的途中。正北方向 40 俄里处蒙库查萨托博格多的尖顶熠熠生辉,西北方向距离我们约 100 俄里的地方,巴剔尔海尔汗山在薄雾中依稀可辨。

2.10　在冬基尔淖尔的一段行程

9 月 16 日,考察队从营地出发,很快便进入一片分布着石英斑岩露头并经过巴尔库里大道、寺庙和贝子营地的横向高地。测量显示,胡尔姆淖尔湖与冬基尔淖尔湖相距 18 俄里,考察队却绕行了 30 俄里的路程。我特别强调这一点是因为,在 100 俄里范围的地图上标注的两座湖之间的距离为 50 俄里,湖区轮廓也与实际相比有出入。

冬基尔淖尔湖紧贴山势向北伸展,湖的规模要稍大一些,海拔高度达 6610 英尺(2016 米),湖水的颜色和味道与胡尔姆淖尔湖相同。发源于蒙库察萨托博格多山雪峰,从北部北流入这条湖的阐伊尔河目前是干涸的。冬基尔淖尔湖的水源主要来自北岸方圆 4 俄里的沼泽地,区域内有大量的泉水和优良牧场,是放牧的好去处。牧人的牲畜,特别是这里的管理者大贝子的牲畜就放牧在这里。考察队在湖边观察到的飞禽与胡尔姆淖尔湖的相同,其他动物有蒙古羚羊(*Gazella gutturosa*),最常见的小动物有兔子和旋木雀,偶尔有大而黑的艾鼬出现。深夜,值班的士兵在营地发现了一只艾鼬,并在狗的配合下将之逮住归入考察队的动物收藏。

山谷的一些地方,还有考察队的营地附近突兀着由斑岩、凝灰岩和黑色蛇纹石堆叠的一个个岩石露头,下面是闪长石,露头的顶部是大家熟悉的钟乳石。

大贝子所在的旗被认为是最富有和人口最多的一个旗,约 1 万户。该旗的居民主要从事畜牧、狩猎和少量的农耕业。蒙古人游牧于阿尔塔音努鲁、达里宾乌拉,以及附近的沙尔金察汗淖尔湖谷西部一带。几乎每一户蒙古人家中都有一把火枪,有的甚至有两三把。

该旗的首领大贝子的道德素养与他西部的邻居完全相反。他非

·欧·亚·历·史·文·化·文·库·

常明了社会服务工作的职责,十分关心自己属下的老小,总是第一个向穷困人家和遭受不幸者伸出援手,因此成为同旗人相互关爱的典范。此外,大贝子每年要捐给寺院 300 只羊。崇高的个人品德使大贝子在爱玛克的管理机关谋得一席之地,专门负责爱玛克的法律事务。

大贝子的营地在阉伊尔河右岸大金寺,或大贝子库勒旁边。

如今大贝子的家是一个大家庭,他有两个妻子和六个孩子。他与第一位妻子生活了 20 年,共同育有一个女儿。为了传宗接代和让该旗的管理后继有人,大贝子又娶了第二个妻子。他现在日子过得很幸福,与第二个妻子生了两个儿子和三个女儿。大贝子的两个妻子住在不同的帐篷,拥有相同的权利。

东干人起义之前,大贝子库勒因为富庶和规模宏大而知名,举办大法会时寺院喇嘛人数能够达到 2000 人。寺院住持是额尔德尼堪布忽比勒罕,他的属下都是一些有一定名气的喇嘛。寺属的房舍里居住着来自六家商行的汉族商人,他们成功地将中国内地的商品贩运至此,换回的是当地的原料。俄商也因为同样的目的来这里与察哈钦人开展贸易。

考察队自北部绕过冬基尔湖之后进入一片山谷,行进在狭小的山谷中。这座山的一端连接着蒙库察萨托博格多山的主脉,另一端连接阿尔塔音努鲁山,把东向延展的沙尔金察汗淖尔湖谷分割成两部分。有一条道路经过横向的峡谷,以至当地游牧民认为该山是一南、一北两座独立的山脉,并且称较低的南山为宗奴鲁,另一座高高突起的山为库库莫里托。山的宽度接近 10 俄里,峡谷在山中部靠近主山轴的位置比较典型。高俊挺拔、嵌有晶状石灰岩并且垂直分布的花岗岩被削磨得光秃秃的,十分美丽。西侧,或山脚下有石英斑岩,侧面,或东侧的高处为角砾岩。大道在峡谷被分成上、下两条。选择上面那条道,一路不会为饮水的问题发愁,但比较绕远;下面的路是一条捷径,但沿途缺水。

考虑到考察队及货物运送的方便,我们选择走上面那条从阿尔塔音努鲁而下的道路。路两旁生长着草原植被、沿途偶尔出现的井,地面流淌的泉水原本是游牧民停歇的港湾,但为了能在这些地方歇息,考察队不得不日夜兼程地赶路。最令人感到疲惫不堪的是峡谷中千篇一律的单调颜色,在这种情况下行军,目测到的距离往往要小于实际距离。从山上倾斜而下斜坡在部分地方被最宽达 15 俄里的多石河床割断,河床同样也被分成若干宽窄不等的支流。河床两岸是被水流冲积的砾石,部分地段形成 3 个高约 60 英尺(20 米)的阶地。

沙漠植被锦鸡儿、蒿、葱、柏以及其他矮生草木多少给秋季的山谷带来一点生机,动物活动的痕迹吸引了我们全部的注意力。山谷中有野驴与三种有代表性的羚羊:黄羊、鹅喉羚(*Gasella subgutturosa*)和赛加羚羊(*Saigatatarica*)。这些敏捷的动物常常小群出没,不会给猎手靠近并在有效距离内射杀它们的机会。当地的鸟类有松鸦、毛腿沙鸡、百灵和大鸨。

在海拔 4000 英尺(1200 米)的五谷梅儿有一片面积不大的耕地,这里居住着约 10 户从事农耕的蒙古人。一般在每年 4 月开耕种地,9 月下旬收获,主要种植小麦、大麦,实施人工灌溉。收成一般都会不错,无愧于五谷梅儿,即"肥沃的土地"这个地名。蒙古人每个月都用灌溉沟渠引水浇灌田地,即便这里的土壤肥沃[1],蒙古人还是会采用三年轮作的方法,即四田轮种的农业制度。

在一处美妙泉水的顶部矗立着一个小佛寺,寺庙的僧侣们夏季祈求风调雨顺,因为收成的好坏完全仰仗降水的多寡。考察队首次在被泉水环绕的灌木深处发现西域麻雀(*Passer ammodendri*)、明艳的寒雀(*Emberiza pyrrhuloides*)。此外,附近还有大个的隼和雕这两种猛禽,它们轻而易举地捕捉着山谷中数目异常多的毛腿沙鸡。一大早,天刚蒙蒙亮,毛腿沙鸡便发出奇特的叫声:纳克特洛,纳克特洛……它们在急速飞行时扇动翅膀发出巨响。太阳从远处的山丘上露出笑脸并逐渐上升,空气清新,周围一片寂静。此时,只要你举目远望便会发现地平线四处时隐时现地成群蠕动的毛腿沙鸡距离我们忽近忽远,我们熟悉

---

[1]为含石灰的土壤。

的这种鸟的叫声也会同时传来。几乎每一次,当沙漠中的这种鸟从头顶上飞过并迅速消失在视线开阔的远方时,过往的行人会感觉像经历了一场风暴。接近早上 10 点钟的时候,这种奇特的鸟终于散去了,但它们在夜晚或第二天早上又会成批出现。其中的一部分毛腿沙鸡会毫无方向地乱飞,另一些则执着地向东偏南方向飞行,大概是要飞往鄂尔多斯沙漠。

2.11　沙尔金察汗淖尔湖谷及别盖尔淖尔湖

安排 B. Ф. 拉蒂金轻装去一趟盐碱滩并测量湖所在的盆地之后,考察队奔向沙尔金察汗淖尔湖东部,准备在札克鄂博停留两天。札克鄂博海拔 3180 英尺(970 米),其周围的植被远远多于流入它的那条小河的下游地区。

宽广的沙尔金察汗淖尔湖盆地像一个巨大的蓄水池。根据现在的盐碱滩和横向的含石灰黏土层分析,这里极有可能在很久以前存在过一座大湖。湖岸边的沙地绵延近 6 俄里,圆形土堤的个别地方生长着柽柳。

考察队来到这里的时候沙尔金察汗淖尔湖已经完全干涸,周围 50 俄里的范围内完全是一片盐碱滩。夏季沙尔金察汗淖尔河的水流全部被阻截到灌溉沟渠,用来浇灌湖东南部靠近盐碱滩的田地。现在是秋季,田地无需浇灌,水开始蓄积到下游河床,勉强盖住裸露的湖底。冬季,湖面上会结一层薄冰。

湖岸除了几种猪毛菜,再没有其他植被生长。稍远处是河谷中常见的灌木,它绵延 60 俄里,宽 3 ~ 5 俄里,是不错的牧场,足能满足 200户牧民每年的放牧需要。弯曲河岸的部分地方生长着灌木(Salix),泉水流淌在长满苔草、燕尾花、紫堇和芨芨草的草地。河岸边的芦苇丛里,文须雀(Panurus biarmicus)发现了附近的可疑情况,不停地发出喀喀的声音。一群山雀飞进柳树林,悦耳的叫声传到远处。草场、田地和开阔的下游河谷栖息着大量的山鹬,除了以前提到过的候鸟,我们还在这里发现了潜鸭、沙锥、夜猫子,等等。考察队在这里遇到的小动物有刺猬和耗子。

当地的蒙古人把沙蓬(*Agriophyllum gobicum*)的种子当作粮食食用,考察队经过时他们正在收集河谷沙地中的沙蓬籽。这已经是我第二次发现这种情况,第一次是从我的老师,已故的 H. M. 普尔热瓦尔斯基那里听到的,他当时就发现阿拉善蒙古人在采集这种植物。

考察队修建仓库的木材是从南边和北边的泰舍尔乌拉山北坡采挖的落叶林,类似的树林我们在札克鄂博东南部见到过。阿尔塔音努鲁北坡 60 俄里的范围内长满了落叶林。为了掌握林区的情况,明确落叶林的下线,B. Ф. 拉蒂金带着标本员基列绍夫再次离队做单独旅行。

哈伦这个地方有很多晶莹剔透的盐水质泉,河谷在这里急剧变窄,阿尔塔音努鲁山脚距离泉水的最高处只有 3 俄里。这里的农业发达,落叶林的东端几乎延展到该地的子午线位置,下线在海拔 6650 英尺(2027 米)处。根据 B. Ф. 拉蒂金考察的结果,山中贴近落叶林的地方生长着忍冬、锦鸡儿、山楂、刺蘖、河柳和山杨,喜鹊、黑渡鸦(*Corvus corone*)是林中常见的动物,树林边缘栖息着岩雀、金雕和秃鹫。考察队在哈伦收集到大量鸟类,其中包括一种稀有的隼(*Falco peregrinus babylonicus*)。[1]

山中的野生哺乳动物非常少,泉和小溪不常见到,并且在流出山后便消失得无影无踪。我们到过的三条峡谷有丰盛的饲草,因而聚集着游牧民和他们的羊群。从 B. Ф. 拉蒂金在阿尔塔音努鲁山谷的裂隙采集的样本来看,山脉由石灰石、页岩、蛇纹石、暗玢岩、玢岩、角砾岩、砂岩、花岗石和夹杂着绿帘石的厚重石英石组成。弯弯曲曲的峡谷两侧高俊挺拔,怪石嶙峋,河床内布满石头。山体的这一部分与阿尔塔音努鲁山考察队已经走过的部分相似,山的南部有数条通道。

离开哈伦后,考察队经过两天的行程来到别盖尔淖尔湖。

---

[1]还捉到一只哺乳类的沙鼠(*Pallasiomys unguicolatus Koslowi*)。

　　我们的营地就扎在一个有数眼泉水的地方附近,泉水流入湖盆。我在一个叫祖金布特尔的鄂博附近设立天文观测点,并进行了天文观测。

　　在碗状山谷中间海拔 4100 英尺(1249 米)的地方,别尔盖淖尔湖安详地躺在那里。湖方圆 15 俄里,是一座咸水湖,水量不大。湖上以及附近的博尔邦达布斯盆地沉积着小块的盐晶体,当地和外地的蒙古人都食用这里的盐。盐碱滩外面的草地中间夹杂着种植了大麦和小麦的耕地。山谷东南 20 俄里处有一座小寺,考察队在那里过了一夜。

　　附近沼泽地里有不少鸻(*Charadrius dominicus fulvus*),鸟轻率地滞留在考察队的营地极少飞走,成群的凤头麦鸡(*Vanellus vanellus*)飞过时发出尖叫声,鸥、鹰或者鸢的出现惊动了鹳形目扇动翅膀飞到相对安全的沼泽地带。

2.12　沿途的蒙古人及其寺院

　　最近的两周时间考察队在札萨克图汗旗度过。这个旗的地界西抵札克鄂博,东部在库林托罗戈伊杜鲁芝,全旗 2000 户居民,札萨克图汗是他们的直接管理者,旗的管理机构有 10 个管理人员。现在的札萨克图汗年纪很轻,性格开朗,并且不喜欢受行政事务的约束,特别是不善饮酒。因此,旗里所有的事务实际上是由其亲近或元老掌管着的。

　　札萨克图汗旗的领地十分广阔,属地内牧草肥美。除了牧养其他牲畜之外,旗内的蒙古人主要养殖骆驼,为库库浩特到科布多的货物运输提供运输工具。运输拉脚的营生一般由生活贫困的那一部分牧民从事,运输工具是他们从本旗生活富裕的居民家中租赁而来的。从库库浩特到科布多租借一峰骆驼的单趟费用为 7~8 两银子,并且骆驼的搭载不得超过 9 普特(150 公斤)。租赁期间由租户负责牲畜的放养,若遇上骆驼因故倒毙的情况须全额赔偿。假如不出现疫情,上述条件对租户而言还是非常有利可图的,因为从库库浩特到科布多,一头牲畜运送一趟货物的收入为 14~16 两白银。

除了货物运输,该旗的居民还从事狩猎,捕猎旱獭。他们把动物的皮毛出售给汉族商人,或者偶尔到此的俄商,或者上述商人的代理人。考察队经过该旗时,巧遇一位从乌里雅苏台到此贩卖俄国商品的蒙古人。乌里雅苏台的俄商给这个蒙古人 600 卢布的各式商品,同时委托其按当地价格收购旱獭皮、驼毛及羊毛。除了畜牧、运输和狩猎业,当地居民还从事农业。

　　札萨克图汗旗有大小寺院共三座,其中的两座在别盖尔淖尔河谷,另一座在哈伦。距离我们最近的一座和西边的札萨克图汗纳库勒为本旗属寺,而第三座则完全是独立的,与札萨克图汗旗一点关系也没有。

　　用爱玛克和旗的管理者的名字命名的札萨克图汗纳库勒建筑规整,寺内有僧人约 500 名,寺院旁边是札萨克图汗的营地,紧接着是他的管理机关。

　　寺内常年生活着两名向游牧民出售生活必需品的汉族商人。

　　札萨克图汗旗的另一座寺是位于泰舍札萨克图尔乌拉的堪布胡土克腾库勒寺,它的占地面积不大,寺庙用地为札萨克图汗未经中国当局许可私自划拨赠予的。

　　第三座寺为别盖林诺门罕喇嘛库勒寺。喇嘛告诉我们,这座寺有 100 多年的历史。长期以来,寺院一直由旗的管理者管理,30 年前才彻底独立出来。1870 年东干人起义中,三世诺门罕喇嘛受邀前往乌里雅苏台参加大法会并祈福。为了表达自己的感激之情,乌里雅苏台的塞伊特请求博格多汗给予诺门罕荣誉和地位。中国皇帝接受了建议,赐给诺门罕一大片土地以及一定数量的沙比纳尔、官印和 500 头牛。亲临这座寺庙的中国官员按最高统治者的旨意,从札萨克图汗在别盖尔山谷的领地内分割出 45 俄里的土地给别盖林诺门罕喇嘛库勒寺。如此一来,诺门罕喇嘛便独立于札萨克图汗,并且为了管理属下和方便与其他各旗往来,在寺庙设置了相当于旗一级组织的管理机构。

　　诺门罕的属民,或沙比纳尔约有 100 户,分布在别盖尔淖尔山谷。他们的生活方式与邻居相同,即从事畜牧、狩猎、运输业和农业。按照邻居的说法,东干人起义之前,别盖林诺门罕喇嘛库勒寺的状况和沙比纳尔的生活非常不错。但如今伊斯兰教徒起义造成的破坏仍然无法消除,寺庙和居民的生活状况已经今非昔比。

2.13　秋季鸟的迁徙情况

鸟类在秋季的迁徙活动从 8 月下旬逐渐开始,经历了 9 月、10 月两个月,我们在这方面可说的不是很多。游禽和鹳形目主要沿哈拉乌苏、巴格拉士库尔、罗布泊淖尔等湖区迁徙,考察队在经过的哈拉乌苏湖上发现了大量飞禽。迁徙的鸟一部分向南飞行,一部分在做飞行前的准备,而最后一部分则刚从遥远的北方飞抵这里,它们在飞赴南方之前需要在这里养精蓄锐一番。

下面对我们陆续观察到的鸟类迁徙情况予以概述。

8 月 27 日,考察队在哈拉乌苏湖畔观察到南迁的鸟类有灰雁(*Anser cinereus*)、印度雁(*A. indicus*)、豆雁(*A. fabalis*)、鸭、鸬鹚、杓鹬(*Numenius arquatus*);在第二天南迁的有沙鸻、部分鹬属(*Tringa*)。这段时间山谷中不时有成群的雨燕(*Riparia riparia*)飞过。8 月 30 日,家燕(*Hirundo rustica*)动身南迁。

9 月 2 日,我们几乎在同一时间发现了滨鹬(*Erolia temminckii*)、白腰草鹬(*Triga ochropus*)和少量的沙锥;4 日,石鸡出现;5 日,考察队在博尔准河谷观察到成对或小股出现的鹬属(*Tringa nebularia*)、白色和黄色的鹡鸰;7 日,小而华美的柳莺出现;9 日,胡尔姆淖尔上空陆续飞来成群的灰鹤(*Grus grus*);10 日,黑耳鸢飞来。

9 月 11 日,出现在胡尔姆淖尔湖的有椋鸟(*Sturnus vulgaris*)、鸭(*Querquedula crecca*)、海番鸭、黑喉鸫(*Turdus atrigularis*);13 日,鸻、白鹡鸰再次进入我们视野;14 日,胡尔姆淖尔湖出现最后一批凸耳石鸡(*Arenaria interspres*);17 日,黑喉鸫再次出现,但数量比前几天更多。

9 月 22 日飞来的有伯劳鸟、噪钟鹊(*Anas strepera*),再次出现大批的雁和潜鸭(*Fuligula*),它们并没有在山谷中停留,而是径直向南飞去。23 日,在沙尔金察汗淖尔湖观察到绿头鸭(*Anas platyrhyncha*)、寒鸦(*Coloeus monedula*)、半夜出来吃昆虫的白嘴鸦(*Caprimulgus*)、赤颈鸭(*Mareca penelope*)、沙漠莺(*Sylvia nana*)和红腹鸲(*Phoenicurus erthrogastra*);25 日,观察到盾形头鸭(*Anas clypeata*);29 日,观察到小沙锥;30 日,再次观察到绿头鸭和草原毛腿沙鸡。草原毛腿沙鸡已经连续出现了好几天,它们每天早晚向着同一个方向,即偏东南方向飞行。

接下来的 10 月份毛腿沙鸡持续大量出现,同时也能观察到其他迟到的鸟类。

10 月 3 日接近中午时分,大量鸻鸟停歇在别盖尔淖尔湖边的沼泽地,其中也有凤头麦鸡的尖叫声,傍晚这群鸟向南飞去;6 日,成行的白鹭(*Ardea alba*)在阳光下闪现。

10 月中旬,除了每天会出现并且继续向偏东南飞行的数量不等的毛腿沙鸡,我们没有观察到其他鸟类。10 月下旬,即 10 月 22 日的奥洛克淖尔附近,黑喉鸥、迟来的绿头鸭、鸻及少量的灰雁为考察队的观察活动画上句号。

3 蒙古阿尔泰(续)

3.1 再次考察主山脉

完成了对别盖尔淖尔湖谷的考察之后,队伍沿狭小但高峻的山谷赶往主山脉所在的山区。山谷北部延展的支脉是伊赫博格多山的西端,当地的蒙古人称之为科齐基乌拉,与阿尔塔音努鲁的东端相接。队伍越接近山脉和高地,气温就越低,百灵鸟在天空飞翔着,发出响亮的声音。虽然别盖尔淖尔湖谷和沙尔金察汗淖尔两个地方都是骄阳如夏,但前者的气温显然没有沙尔金察汗淖尔高。在固定的时间,山附近通常会传来山石执着的毁坏者——风或暴风的吼声。

草木覆盖的别盖尔淖尔湖山谷部是一片碎石铺成的地方,它一直延伸向山底。在考察队经过的阿罗素智泉水附近,山体由暗玢岩堆积而成,并且山岩被严重削磨,形成凹槽、岩穴,山顶为蓬松的长条形沙丘。主山脉的南部充满积雪,阵阵凉意袭来,晚上这种感觉更加明显。当地的蒙古人这个时节集中生活在山的前缘,也就是考察队刚刚经过的那片峡谷。

出发的第三天,考察队到达分布着两座面积不大的淡水湖的沙拉布尔敦,一条小河从其中一座面积稍大的湖中流出,并且消失在附近东南方向上的山谷低地。这里的海拔高度为 6990 英尺(2130 米),在从这里稍往东的地方,页岩堆积成的恰德芒山从主山群中突起,靠近这座山的低岭由斑岩和白石英构成。东南方向显现出巴音查干山的西端,在附近处伸展的乌尼格特山(利西亚山)与上面提及的恰德芒山之间有一个向东南直达胡图克淖尔湖(幸福湖)的自由通道。北部是说不上名称的低丘,它的东侧直抵乌尼格特山。低丘的后面是零散分布的瑟尔赫、乌哈和三登丹巴山的山脊,我们从别尔盖淖尔湖谷和哈拉阿尔加勒特山就能欣赏到它们的身影。哈拉阿尔加勒特山在整个山的西侧,它以纳伦哈拉的名字一直延伸到伊赫博格多雪峰。

3.2 在胡图克淖尔
与 A．H．卡兹纳科夫偶遇

到达胡图克淖尔湖之后,我们与 A．H．卡兹纳科夫不期而遇。他的旅行从东绕过科齐基乌拉,随身携带的地图让他搞错了我们要会合的地点。

从这里出发,A．H．卡兹纳科夫从胡图克淖尔湖、科齐基乌拉以及他刚刚走过的路向南,再沿东南方向被阿尔泰山分割的山麓到东与 H．M．普尔热瓦尔斯基的戈壁考察线路相接的地方,然后再到达山的北坡,在乌兰淖尔与我会合。

淡水湖胡图克淖尔位于一条美丽的山谷,它南接科齐基乌拉,东连恰德芒山,北部是乌尼格特山和巴音查干乌拉山袒露着玫红色风化花岗岩的秃丘,东偏南方向是一道崎岖的缓坡。湖体自西北沿山势向东南伸展近 30 俄里,虽然胡图克淖尔湖的湖岸西北部地势陡峭,但它的东南部却极为低缓。

考察队来到这里时湖面覆盖着一层薄冰,透过冰层可以看到湖底的淤泥和生长的水草。湖的东南方向耸立着一座由绿色淤泥堆积成的孤岛,由于与陆地相连的缘故,从远处看去,孤岛仿佛将湖分成两个独立的湖泊。而在湖东侧 3 俄里处,的确孤立着一个名曰巴嘎淖尔的湖。考察队将营地设在胡图克淖尔湖南边,这里有众多的泉眼,泉水最终流进胡图克淖尔湖。

山谷中生长着茂密的草原植被,附近一带的牧民仰仗这里丰盛的牧草放养牲畜。此外,这里还会出现数量不等的蒙古黄羊和鹅喉羚。考察队在这里观察到的鸟类只有一对天鹅,它们在结着一层薄冰的湖面上稍事休息,然后继续向南飞行,飞行中发出令人惊恐的叫声。毗邻的山中有瓯羊、山羊、狼、狐狸和兔子。

3.3　达雷图鲁泉边的营地

在接下来的行程中,考察队绕过湖东南部并在此踏上科布多库库浩特大道,沿这条大道于第二天到达位于一片开阔的山谷中靠近巴音察汗乌拉山的达雷图鲁。在离开湖的第一天,考察队穿越从乌里雅苏台通往肃州的道路。这条沿东偏南向西偏北方向铺展在戈壁滩上的道路北部经过巴音察汗乌拉山西部地区,南部跨过一系列小山丘及其之间横向分布的山谷。B. Ф. 拉蒂金很快也将经过这条道。山丘所属的山是阿尔泰山向东南方向的延伸部分,山顶端黛青色的南部并不像地图上所标示的那样与伊赫博格多山的前缘相接[1],而是消失在沙漠中。

我们在舒适宜居的达雷图鲁地方停留数日。我安排 B. Ф. 拉蒂金前往达雷淖尔北部的察汗淖尔,或者准确说是宝音察汗淖尔旅行。在拉蒂金顺着山麓而过的巴音察汗乌拉山后面,与巴音察汗乌拉同在一个山轴上的钦欣海尔汗山西端有一条山谷。山谷北部是一片平缓的高地,高地中部为敦杜阿尔噶楞特峰,东为乌兰阿尔噶楞特峰,西为哈拉阿尔噶楞特峰。在别盖尔淖尔和沙拉布尔敦便能眺望到它们的身影。在经过这片山峰之后,拉蒂金进入阿尔泰山和杭爱山之间的宽阔谷地并在其中向北前行 10 俄里,最后到达湖的东南岸。

3.4　考察宝音察汗淖尔

从山的南坡观测的结果显示,巴音察汗乌拉山主要由页岩构成。除此而外,山南坡中间一个峡谷的河口部位堆积着辉长石、石英角砾岩,哈雷尚特泉边为戈壁角砾岩。B. Ф. 拉蒂金经过的山的东部与山岩突兀的钦欣海尔汗山交接的地方为玻璃质玄武岩,部分地方为分布在

─────────────

〔1〕实际上,这个地方有一条宽广的山谷,沿河谷蜿蜒着通往库库浩特的大商道。

熔岩上的角砾岩。稍远处山脚南部和北部分布的页岩居多,其间夹杂着石灰岩。再往北宝音察汗淖尔湖谷的前面是一条山岭,拉蒂金在翻越敦杜阿尔噶楞特峰时发现山的两坡为玢岩凝灰岩并夹杂着少量的英闪石、中生代砂岩、黏土,以及蒙古人为了满足自身的需求而开采的硅石。

宝音察汗淖尔湖十分辽阔,方圆60俄里,是一座咸水湖,湖的轮廓呈一个完美的三角形,10月中旬湖面尚未结冰。湖水很咸,牲畜无法饮用。此外,湖中盛产氯化氢。湖岸的低矮处是一片盐沼,沙地从四面包围了湖盆。此外,东部有一条由砾岩碎石堆积的山岭,巴伊达里克小溪[1]在汲取了察汗戈尔河的水之后很快从东北注入宝音察汗淖尔湖。远处西北方向上,从杭爱山脚可以眺望到古尔班哈拉马格拉伊山的景象。

湖上栖息着许多我们以前观察到的迁徙鸟类,受湖岸边生长的芦苇、柽柳和梭梭的吸引,从北部和西部沙漠分布的方向间或有羚羊(*Gazella subgutturosa*)的身影出现。

天气晴朗的时候,从巴音察汗乌拉山向南眺望,视野十分开阔,盖齐金乌拉山南部异常清晰。山的东南端丘陵密布,蒙古人称近处不高并且延续不长的山岭为胡查,而远处急剧攀升并消失在沙漠中的山则为京西特努鲁。稍远处是骤然凸起的布尔拉海尔汗山,东边地平线的尽头是雄伟的伊赫博格多山。从科布多到库库浩特的商道穿行在上述的山岭中间。

3.5 札萨克图汗爱玛克东南部诸旗的居民

札萨克图汗爱玛克所辖郭姆布苏伦贡、林托札萨克和玉门贝子3个旗的领地及居民分布在胡图克淖尔湖两岸。郭姆布苏伦贡旗在湖的西北地区,林托札萨克旗在湖的东北地区,而玉门贝子旗在湖的东

---

〔1〕这条小溪在河口处被一分为三,每条支流的宽度为6～7俄丈(12～14米),深度接近1英尺(30厘米)。

29

南部地区。郭姆布苏伦贡旗是考察队沿途所见到的旗中最贫苦的一个旗,旗内有 30 户人。旗王爷的生活状况并不比其属下任何一个属民富裕多少,他的所有财产加起来也只有 1 顶帐篷、1 匹马、3 头牛和 20 只羊而已。而该旗欠一名汉族商人的债务若换算为俄国货币单位的话,就高达 5 万卢布。由于该旗所有牲畜的幼子、皮毛等还不足以偿还所欠债务的利息,商人已鲜少光顾此地,旗内也没有寺庙。更为窘迫的是,由于缺少能搭载的牲畜,王爷那点可怜家当中的大部分在转场时不得不由属下的穷苦人用肩膀扛着搬迁。

其余两旗则要富裕得多,人口也相对比较多。林托札萨克旗的居民人口将近 400 户,玉门贝子旗的居民超过 450 户。两个旗的居民主要从事畜牧和少量狩猎,均设有以各自管理者的名字命名的寺院。令玉门贝子库勒寺引以为荣的是,该寺的喇嘛额尔德尼忽比勒罕是整个札萨克图汗爱玛克最博学的喇嘛。我的两个访问过玉门贝子库勒寺的同伴认为,额尔德尼忽比勒罕喇嘛精明能干。他本人十分详细地询问过俄国考察队的旅行线路和目的。同该寺其他 400 余名喇嘛一样,忽比勒罕住在毡帐,只是他的毡帐较为宽敞和洁净。

林托札萨克旗和玉门贝子旗的两座寺常年居住有汉族商人,与当地的游牧民开展易货贸易。

每年深秋和冬季,蒙古人骑着骆驼前往安西、玉门、肃州和甘州购买粮食、棉布、丝绸、茶叶、白酒,等等。他们也去库伦,特别是在夏季,当戈壁南部无法穿越的时候。

这样,考察队已经穿越了札萨克图汗爱玛克的 6 个旗。前面已经提到,札萨克图汗爱玛克的西界在博尔准河谷,东界在诺贡淖尔一带的乌恩特("睡过头")。这个地方之所以被称作"睡过头",传说是曾经有一位将领因在营帐中沉睡不醒延误了时机,故而在与敌人的作战中遭到惨败。蒙古人有句谚语:"最好在太阳升起之前起床,否则会被对手的箭射穿。"

三年前,札萨克图汗爱玛克的居民经历了一场灾难:牲畜因感染鼠疫而令居民的财产大受损失,居民几乎在同时染上被蒙古人称之为

"乌兰布尔汗"的红疹。真是祸不单行！有趣的是,红疹的出现会令游牧民心生恐惧,他们深信这完全是神对人的惩罚,"乌兰布尔汗"的名称由此而来。

考察队在达雷图鲁的 4 ~ 5 天日子一晃而过,10 月 15 日一大早,我们从这里出发。这同时也意味着,B. Φ.拉蒂金要与我们分开三个多月。

3.6 伊赫博格多及巴噶博格多群山

考察队接下来的行程是向东南行进 50 俄里,到达位于一片宽广的盐碱谷地的咸水湖诺贡淖尔小湖,再由此向偏东南,越过独立的阿尔泰山主山链的前缘。伊赫博格多雪山从这里崛起。前面已经述及,在这座雪山和前面的巴音察汗乌拉之间是钦欣海尔汗乌拉山,其支脉一直伸向平坦的土堤和宽广的塔里亚特山,继而到诺彦山。

在观测阿尔泰山山链的地形时我们发现,伊赫博格多山和它东边的巴噶博格多山之间交织着两个下落的山翼,并且伊赫博格多山的东翼一直延展到巴噶博格多山西翼的南部,从而在山谷形成一条由北而南的平缓通道。巴噶博格多山东南部有一个 10 俄里大的分割区域,其后的东南方向上是阿尔察博格多山,它和库尔班赛堪山之间又有一个越加宽广的通道。不同的是,这两座山的山翼并没有像我们刚才观察到的两座雪峰及其西边的阿尔察博格多山的侧翼那样,而是处于同一条线上。再往东南山势骤然降低并消失在黄河弯曲处的北部,同时出现轮廓模糊、起伏平缓的丘陵低地。

接下来我将详细叙述考察队在上述山区的行进线路。

从达雷图鲁泉到诺贡淖尔有一条由高而低延伸的干涸且多石的河床,附近山谷的表层为砾石和岩屑,湖所在的盆地则被极易被风卷起的松散黄土替代。灌木丛旁的黄土丘上栖息的沙鼠(*Rhombomys opimus*),动作敏捷,同时发出尖细的叫声;茂密的芨芨草吸引了附近沙漠里的黄羊。深夜,河谷传来狼那令人不快的嚎叫声,游牧人的猎犬也随之发出狂吠。白天,考察队营地所在的赞特盖乌苏泉不时飞来几只燕雀和个头大小不一的百灵。前者游泳的姿态奇特,它弄干密实羽毛的方法也令人捧腹:首先将身体没入干燥的黄土,紧接着不停地拍打双翼发出噼里啪啦的声响飞向空中,同时卷起一股尘土。平地里突然飞过一群毛腿沙鸡,附近山上的猛禽鹰和秃鹫时而孤零零地盘旋,时而成对出现,它们用敏锐的目光注视着猎物。

诺贡淖尔湖在考察队行进线路的不远处。据当地蒙古人讲,今年该湖的水量较往年大,几乎充满整个湖盆。而在过去,由于纳林戈尔等河的水流根本不能到达盆地的底部,含盐的湖底连续若干年完全裸露着。此处的海拔高度为 5840 英尺(1780 米),湖盆的南端与克普特高地相接。

离开乌恩特,考察队再次进入一片山区。山区的地势并不高,沙地里袒露着闪长石、千枚岩、脉石英,山脚处则为页岩、片状石灰石和石炭系珊瑚石。道路随后在海拔 7510 英尺(2290 米)的山口攀上塔里亚特山东南方向上的一条支脉。塔里亚特山的中心地带由英闪石、花岗石、页岩构成,边缘夹杂着石灰石和角砾岩。

从不知道叫什么名字的山口可以眺望北方不远处的诺彦山和东北方向上的伊赫博格多群山,后者正透过雪山顶峰阴森森的乌云注视着我们。诺彦山、伊赫博格多群山和我们所在的山之间嵌入一道长满草本植物的山间谷地。特别是在我们要去的西北角穆忽尔布雷克泉一带,水草更是肥美。山谷里有两三户蒙古人,帐篷的周围游荡着他们的牲畜,附近还有约 200 头蒙古黄羊(*Gazella gutturosa*)。考察队在此地观察到的鸟类有一只在芨芨草上盘旋的黑鸢、一只正在捕捉百灵的鹰、红嘴山鸭和灰山鹑。

近一个星期的天气非常不错:天气总是风平浪静,要么阳光明媚,要么半晴半阴。白天在太阳光的照射下周围暖洋洋的,进入深夜以后空气变得异常清新。总而言之,这段时间的天气具有蒙古地区和整个中亚细亚秋季气候的典型特征。10 月 18—19 日深夜,从南边突然刮起的一场暴风几乎肆虐了一整夜,并给周围覆盖上一层厚达半俄尺

(35 厘米)的雪,部分地方甚至出现被风卷成一堆的积雪,继续赶路是不可能了。风暴过后天气转晴,星星在深邃的天空上闪着耀眼的光,夜间值班哨兵的脚步在雪地中发出咯吱咯吱的声音。深夜的气温达到 −24℃,周围呈现出一片冬日的景象。当地的蒙古人借机生事,他们以为这场暴风雪是居住在伊赫博格多山峰的神灵所为,他是要向我们这些外来者显示威严的。

我们掸掉落在行李上的雪,装载好考察队的货物,然后经过由英闪石堆积而成的诺彦山南部向海拔 6660 英尺(2030 米)的忽亨达坂走去[1]。实际上根本没有路通往那里,走在最前面的牲畜自然非常吃力,我们不时打发骑着马的向导走到队伍最前面去踏出一条小径,方便考察队的骆驼队伍通过。万幸的是,山口的坡度十分平缓,并且积雪也不多,队伍在下行时没有费多大的力气。

在山口的顶端可以观察到伊赫博格多山急剧向南倾斜的西南端,由此到整个群山脚下的倾斜度较为平缓,被 Г. Н. 波塔宁称为"坡儿"[2];在北部方向上,透过一个大的裂隙可以观赏到纳林哈拉高地及其附近山谷的景色。考察队接下来先沿伊赫博格多山西坡,继而又紧贴北坡行进。伊赫博格多山西坡由外形轮廓诡异的花岗岩和砾岩堆积而成。令人胆战心惊的是,在其中的一些小山峰和孤立的柱状山体的顶端悬挂着巨大的花岗岩,它们随时都有可能跌落下来。裂隙下面噶顺布雷克小溪在流出山后便消失了,河水呈暗红色。这里植被稀少,能见到的主要是梭梭等灌木,因此景观并不美丽。考察队的营地离一座孤立的小山丘不远,营地附近的地面布满岩屑、砾石、中生代砾岩和砂岩。

远处西北方向上,阿尔噶楞特山的背部耸立着数座山峰,而在考察队将要前去的右侧方向上有一片开阔的山谷。

深厚的积雪妨碍了考察队测量伊赫博格多山的高度。我认为夏

---

〔1〕忽亨达坂堆积着向布丁岩过渡的裸露砂岩。

〔2〕Г. Н. Потанин. Тангутско—Тибетская окраина Китая и Центральная Монголия(《中国的唐古特——西藏边区及中央蒙古》). СПб., т. I, 1893, стр. 486.

季是征服这座山峰的最佳时节,只有在攀登到顶峰之后,你才可以知晓山峰的海拔高度。而在目前的天气条件下,我只能完成一次从海拔4080英尺(1243米)的库库赛楞井到营地南部方向12俄里的乌里亚斯特阿玛山口出口处的旅行。天气非常不错,周围风平浪静。我和巴特马扎波夫及两个蒙古同伴中午离开营地,沿着一处陡峭的山坡而上,强壮的马儿载着我们一行人时而奔跑在土质疏松的地表,时而漫步在多石地带。我们一路向南,面前特别是偏东南方向出现了一番美景:笼罩在白雪中的巴噶博格多山在太阳光的映射下发出刺眼的光芒,帽子状的顶峰直插云霄。西北方向上,阿尔噶楞特高地和钦欣海尔汗山显得异常醒目,深远的山间谷地中弥漫出一团雾气,模糊了奥洛克淖尔湖所在方向的视线。

我们从乌里亚斯特阿玛山口下到一条分布着巨大的花岗石漂砾的深沟,沟内有一条水质清澈的小溪。考察队顺着持续上升的阶地费力地爬上深沟陡峭的右岸,终于到达山谷的出口,一座蒙古人的毡帐孤零零地矗立在那里。蒙古人曾告诉我们,这个季节在荒凉多石的山谷中根本没有可供攀登的道路。而在夏季,虽说要费力一些,但还是可以用半天的时间攀登到泉水的源头处,折返大致也需要相同的时间。总之,夏季在山中行进8~10俄里的路程需要耗掉一整天时间,并且只能徒步行走,骑行是根本不可能的。

还是从蒙古人那里得知,在山谷中神泉的源头处,几乎所有人都会感到头痛、呼吸困难和心跳加速,有些人甚至血压升高……我们原本打算继续向上攀行,但最终还是听从了当地人的劝诫。道路极其难行,巨大的石块加上结冰的瀑布直叫人寸步难行。

蒙古人对考察队的到来感到十分意外,他们无法理解俄国人来他们这里的主要目的,对我们采集石头做样本和使用气压计的行为也十分不解。[1] 乌里亚斯特阿玛山的海拔高度为6530英尺(1990米)。

---

〔1〕伊赫博格多群山由花岗岩、角砾岩、页岩、石英岩、砾岩堆积而成。从我们在群山右翼的一条峡谷采集的样本来看,伊赫博格多群山还包含有流纹岩。

年长的喇嘛一边拨弄念珠,一边目不转睛地注视着我们的行动,嘴里还念着六字真言"唵嘛呢叭咪吽"。在向蒙古人赠送了礼品并同他们道别后,考察队准备继续赶路。喇嘛很是感动,回赠我一个他从拉萨带回来的石头碗。这只碗的石材呈深褐色,中间夹杂着不多浅灰和浅咖色斑点,碗的表面磨得十分光亮,内侧加工却相对粗糙。

礼物虽然不重,但却令我对这位僧人顿生好感。显然,僧人很宝贝他的这只碗,因为它被放在佛像前面用来点油灯和焚香。

3.7 奥洛克淖尔湖及考察队 在阿尔察博格多山东北部地区的旅行

一股浓雾从奥洛克淖尔湖方向徐徐袭来,令在山谷中的我们感到一阵湿气,空气变得更加清新。

大雾弥漫了一整天,直到我们抵达西南方向上达雷图鲁附近的湖边才散去。考察队将在这里做两天的停留。冬天的气息明显加重,深夜气温降至 -26℃。

奥洛克淖尔湖自西向东延伸 26 俄里,方圆 60 俄里,是一座淡水湖。发源于杭爱山脉的图音戈尔河从北部流入湖中,湖的南部一直延伸到伊赫博格多山右翼的脚下。在对奥洛克淖尔湖及其突起的湖岸进行一番考察之后我们发现,它实际上是一个塌陷地,湖水的水位曾经很高。这是当地蒙古人的说法,现在湖经常是裸露见底的。蒙古人还说,虽然水底深坑在整个湖内有好几个,但湖的最深处在北岸。图音戈尔河注入奥洛克淖尔湖的水周期性减少(约 10 年为一个周期),以至马匹、牛可以在湖中自由漫步。湖中大量的鱼集中在湖底深坑,小部分干死在泥泞中,成为猛禽的猎物。

如前所述,虽然是无源之水,但奥洛克淖尔湖是淡水湖,这一点值得关注。因为在亚洲内陆地区,类似的水域通常都是咸水域。

我们在这里停留了两天时间,奥洛克淖尔湖面始终覆盖着一层薄冰。

·欧·亚·历·史·文·化·文·库·

奥洛克淖尔湖今年10月15日结冰,比以往时间提前了两周。深夜,湖面上传来冰面破裂的声响,附近山中紧接着发出巨大的回音。春季,冰层厚度为5～7英尺(1.5～2米),湖面上的冰块有时一直会保留到5月初。

在奥洛克淖尔湖西部和南部地区集中的数眼泉水基本没有结冰,水边高大的芦苇将湖水分割成宽窄不等的带状。

夏季,特别秋季和春季,湖上有许多的游禽、鹳形目,空中回响着它们的叫声。但现在湖上却不见其踪影,尚未结冰的泉上偶尔孤零零飞过一只鸥、绿头鸭,有时会传来大雁的叫声。我们在湖周围经常能看到的定居鸟类有乌鸦、鸢、鹑和百灵。至于其他动物,则有鹅喉羚、狼、狐狸和兔子。

奥洛克淖尔湖东岸有一条细小流沙组成的沙丘,在沙丘后面东部方向上的山谷中,一条同样由流沙组成的沙堤一直延伸到下一个小湖。毫无疑问,在不久以前,山谷的深处是一片水域,如今只剩下断断续续的小片水区。地面随处可见经大自然削磨的色彩各异、大小不等的光玉髓、玛瑙和玉髓。奥洛克淖尔湖北部是由戈壁砂岩组成的丘陵地。

我们接着考察了奥洛克淖尔湖的南岸。

离开湖区向北行进一段距离,杭爱山脉出现在眼前。东边的巴噶博格多山离我们越来越近,而伊赫博格多山则渐渐向西退却,并透过它在附近的支脉偶尔向我们展示着其雄伟平缓的顶峰。在蒙古人的指点下,我们发现南部方向上有数个山口,在其中一个山口对面的哈拉-多博附近,我们再次发现了游牧民的古墓地。考察队在离开奥洛克淖尔湖后便钻入一片芨芨草丛,芨芨草很快被猪毛菜代替,紧接着出现了向西南方向平缓延伸的流沙。考察队在新月形沙丘后面,我们刚刚离开的奥洛克淖尔湖对面的塞楞哈亚胡图克井边顺利开展了天文观测工作,以便确定地理坐标。

从奥洛克淖尔湖和我们的天文观测站都可以观测到伊赫博格多和巴噶博格多两座群山。伊赫博格多绵延70俄里(75公里),向东延伸35俄里(约37公里)。前者顶部平坦,总体上逊色于高耸的巴噶博格多山。伊赫博格多东段有4个山口,巴噶博格多山则几乎无法穿越。两座群山的峡谷非常相像,山上都没有水量大些的泉眼。巴噶博格多山的林木较为茂盛,在我们所到峡谷6~7俄里的距离内生长着杨树和3~4种分散生长在杨树林里的灌木。峡谷中除有少量杞柳之外未见到其他的树种。山羊(*Capra sibirica*)则是上面两座群山,以及整个蒙古阿尔泰山区最具代表性的动物。

考察队从这个天文观测点到设在洪库列金阿罗格尔观测点的行进线路呈弧形,弧线的顶点在与奥洛克淖尔湖处在同一条山谷的塔济察汗淖尔湖北岸。发源于杭爱山脉的塔察河从西北岸流入湖中。尽管塔济察汗淖尔湖水的味道咸中带苦,但还是被一层冰覆盖。透过冰层能看到湖并不深,只有个别地方有深达1俄丈(2米)的水底深坑。除了隆起的戈壁石灰石北岸,整个湖岸并不高,湖的面积在水量丰沛时会大大增加。目前,茂盛稠密,且有一人多高的芨芨草包围的塔察河河床是干涸的,附近游牧的蒙古人也不多。这里的牧场极好,因此考察队决定多停留一天。

考察队将营地安在湖西岸芨芨草生长极为稠密的地方,这样可以抵挡第二天刮了一天的西南风。稠密的芨芨草一直延伸到湖边,在风的作用下发出独特的声响,最后被芦苇和猪毛菜所代替。距离湖稍远的地方和靠近翁杜尔察汗伊利苏沙地的地方生长着杞柳。

翁杜尔察汗伊利苏沙地是一个典型的新月形沙丘,它绵长、宽广,高度有时可以到100~150英尺(30~45米)。其迎风的东北坡密实,坡度平缓;而西南坡则疏松,坡度陡峭。

湖南面是伟岸的巴噶博格多山,这个庞然大物已经不止一次吸引了我们的目光,从这里望去,它的4个山口十分清晰。标本员基列绍夫考察了距离我们最近的最西边的雅拉盖图山口,结果发现,山口的入口处是生长整齐的杨树林,树上有大量的喜鹊巢。进入山口后,陡峭下降的多石河床两侧生长着忍冬、杞柳及其他矮生灌木。在游牧民住过的地方,地表有被牲畜践踏过的痕迹,附近生长着荨麻、滨藜等小草。

考察队在雅拉盖图观察到的动物有山羊、狼、狐狸及兔子,在一处孤立的悬崖上捕捉到一只可爱的岩鹨(*Laiscopus collaris*)。山口总体来看是一片荒凉的沙漠,四处是陡峭的岩石,原本不多见的水在山中则完全干涸。由于地面上布有大量带棱角的石头,在其上面行走真的是一件很痛苦的事。

山的东部山口给我的印象与雅拉盖图山口相同。我专程从洪库列金阿罗格尔去了一趟这座山的东部,途中在巴噶博格多山下一位好客的蒙古人家中过了一夜。山中积了厚厚的一层雪,一路上我先是骑马,继而步行在石头和结冰的小河上,最后艰难攀上海拔8050英尺(2455米)的高度,可巴噶博格多山的顶峰对我来说依然是那么遥不可及。

从我们在上述山中收集的地质资料来看,山体由花岗岩、斑岩、斑点角砾岩、玢岩、正长岩、闪长石、辉绿岩、细晶岩、霏细岩、玄武岩、石灰岩、片麻岩、石英、页岩、石英角砾岩、伟晶花岗岩和戈壁泥灰岩构成。

11月2日一大早,天气异常寒冷。我们朝大路所在的方向走去,脚下的积雪发出嘎吱嘎吱的声音。骆驼身上覆盖着一层亮闪闪的薄霜,鼻孔中喷出一团团雾气,可是严寒并没有能够阻挡它们矫捷的步伐。太阳升起的地方呈现出一片紫红色的光亮,柔和的光芒把苍穹点亮,夜晚的星辰渐次消失,天空渐渐发白,太阳终于冲破黑暗挂在地平线上。

东边开始出现哈图、曼罕和特普什山以及向遥远的东北方向延伸的乌尔祖特山的身影;南边的阿尔察博格多山骤然升起,其一直隐蔽在周围群山的山翼后面的西端若隐若现。沿途的平坦高地或由玢岩和凝灰岩,或由玄武岩、戈壁砂岩、纤维石膏,或由玄武岩熔岩堆积而成,同时在乌尔祖特的最东端分布着砾石状的石灰岩。附近的平原上覆盖着玛瑙碎石和光玉髓,色彩各异的杏仁体石英、光玉髓、玛瑙和玉髓在平缓山丘的顶上构成一幅美丽的图案。

考察队距离阿尔察博格多山越来越近,地面的积雪层迅速变薄,同时白天的天气也变得不那么寒冷,而深夜的气温仍然会下降到

-20℃,甚至更低。我们用来取暖和烧饭的燃料还是梭梭,用水要靠沿途石块砌起,或梭梭堆起的井水,考察队的骆驼和马等牲畜则放牧在芨芨草丛中。一路上常见的动物有蒙古黄羊,飞禽主要有松鸦、毛腿沙鸡、渡鸦、百灵和岩雀。深夜,岩雀会十分灵巧地躲到水井里面御寒。

阿尔察博格多山是一座孤立的山脉,它自西向东延伸,与狭窄笔直的西端相比,山的最东端要开阔得多并且向南弯曲。阿尔察博格多山的山脊平坦,没有峰顶,侧轮廓与蒙古阿尔泰山相似:北坡短促而陡峭,南坡则平缓而漫长。山南坡的最西端突起的是锥形的布谷山,顶峰呈漏斗形状。

布谷山由各种石灰石、石灰石角砾岩以及玢岩堆积而成。此外,山丘地带分布有大量的玄武岩熔岩。山底或附近波状起伏的地面上有少量页岩,大部分则为块头不大甚至极小且形状奇特的角岩、碧石、光玉髓、玛瑙、蛋白石和钟乳石等。在考察队收集的各种地质资料中,有两块极有可能是被石器时代的人加工成箭镞的碧石。向北或者东北方向延伸的小山丘多由戈壁砂岩构成,而小山丘低于整个平地的部分则为花岗石露头。

这座山虽然光秃秃的,但游牧人还是能够轻而易举地在我们提到的4个山口为自己的牲畜找到牧草。刺柏,或蒙古人所说的"阿尔察"是山里很常见的矮生植物,阿尔察博格多山(刺柏山)的名字就是因它而来的。我们在这座山中行军时发现,山底和柔软的刺柏生长的地方放牧着成群的马匹。

阿尔察博格多山离我们越来越近,东南方向出现了古尔班赛堪3座隆起的圆形山峰。那里也经常会出现海市蜃楼的景象:高地、小山和建筑物在幻境中时隐时现。在我们离开的西部地平线上,巴噶博格多山依然雄伟地屹立着,山顶在蓝天的映衬下格外醒目。

3.8 在恰采林格胡图克井边停留的三周

11月7日,我们一路边走边展开各种观察,很快便到达了恰采林

欧·亚·历·史·文·化·文·库

格胡图克井。巴德马扎波夫在大队人马到来之前对这里提前进行了考察，认为它是考察队进行为期三周修整的最佳地点。

蒙古管理者非常热心，预先在这里替我们搭好帐篷，准备好燃料，考察队的骆驼和马也被安排到距此 3～4 俄里东南方向上的某个地方牧养。蒙古人一般饮用略带咸味和霉烂味道的井水，而考察队则用山谷深处厚厚的积雪化水饮用。当地蒙古人的驻地在距离我们有一段距离的一个山口，他们的牲畜被赶到离牧场 5～7 俄里的一个山谷中放牧。

队伍一到恰采林格胡图克，我便打发巴德马扎波夫前往杭爱山土谢图汗的营地，请土谢图汗给予考察队必要的帮助。我本人则着手进行天文观测，确定当地的地理坐标，准备给地理学会的报告及各类信件。

在巴德马扎波夫经过的那片地方，从我们现在的驻地向东北方向行走 36 俄里（40 公里）即为乌兰淖尔湖。湖的方圆接近 40 俄里（43 公里），与注入其中的翁金河一样都没有水，湖底和湖岸为暗红色的含石灰黏土。土谢图汗友善地接待了我派去的使者，并答应了我通过巴德马扎波夫提出的所有请求。

在向蒙古人提交了装有考察队各类收集品和公文的邮件后，巴德马扎波夫又被我派往古尔班赛堪山南坡巴尔京札萨克的游牧地。巴尔京札萨克在了解了我们的意图后并没有任何的托词，但却提醒我们，沙漠中的这一段路极其难走，要有充分的准备。他最后说："总之，我十分愿意满足你们的要求。因为我早已经从可靠的人那里了解到，你们对蒙古人十分友善。"

总之，在圆满完成对蒙古阿尔泰山区的研究，并在与之毗邻的戈壁沙漠中开展了较为广泛的考察之后，我开始对我的助手以及未来更加艰苦但却更加有趣的旅行充满信心。同样的喜悦也充盈在考察队其他成员的心里，这一切更增加了他们战胜中亚细亚严酷自然条件的力量。

这里略说几句蒙古阿尔泰秋天的天气情况。秋天不仅是这里，而且是整个中亚细亚一年中最美好的季节。过去三个月的天气特点总体来说是秋高气爽,深夜空气特别干燥,但附近雪山中的气温却相对较低。气温的变化主要取决于所在地方海拔高度的不同。

当地居民认为深秋季节气候较为严寒和多雪,降雪天气比往年同期水平提前了两个星期。

三个月中每个月的最高和最低气温分别为,9月份:25.1℃,-15℃;10月份:15.1℃,-26℃;11月份:4.2℃,-25℃。更为详细的气象资料将会在我们此次考察的研究成果的第一卷中进行阐述。

白天经常刮风,并且多为从南边地平线刮起的南风。出现过三次暴风天气,平均每月一次,也是从南部方向刮过来的。前两次都下了雪,最近的11月的那场暴风刮了两天,深夜会暂时停歇。9月和10月两个月,暴风在开阔的平地上卷起一股尘土。每天早晨都会看到霜,像地面的积雪一样疏松地散落在雪山周围。

空气在绝大多数情况下异常清新,早霞和晚霞给人的印象总是十分深刻。月圆时刻的月光十分明亮,可以轻松地在其下读书。天空有时缀满大大小小的星星,流星拖着它们金色或霓虹般的尾巴从苍穹中划过。

最近三个星期的气象观测都是在海拔3710英尺(1131米)的恰采林格胡图克井进行的,观察结果表明,冬天正缓缓而来。中午,或白天一点钟气温表上的读数越来越低,最低气温也在不断下降。当然也有例外的时候,如11月22日中午,气温突然上升到4.2℃。通常情况下,令人愉悦的温暖天气总是出现在暴风天气之后,或者作为暴风天气的先兆出现。

总的来说,恰采林格胡图克井的天气由于很少降雪故而给我们提供了开展各项工作的便利。原定的天文观测任务如期完成,要写的信函也已经准备妥当,考察队的收集物包装完毕,旅途用的工具也修理妥当。

我们在这里的平静生活被发生的一次意外打破:考察队的医士博欣从营地上消失了数小时。

事件的经过是这样的:11 月 23 日,白天的天气异常温暖,但傍晚气温迅速下降,西边山上刮来一阵大风。考察队的搭载牲畜被从牧场上赶回来,大家于是先忙着拴性情温顺的骆驼,然后再准备去看顾生性调皮和难以驯顺的马匹。当天晚上,可能是因为怕冷的缘故,考察队的马躲到了附近一个山丘的后面。忙活完骆驼之后,大家开始寻找马匹,并深信它们就在不远的地方,而且果然是不出所料。博欣医士也加入到寻找马匹的队伍中。他先攀上旁边的一座山丘,继而下到山的两侧然后再折返,终于在不知不觉中迷了路。与此同时,深夜来临,风和严寒加剧。我们可怜的同伴只穿了一件制服,处境对他极为不利。在意识到自己的艰难处境后,我的同伴先是感到一阵恐惧,紧接着他不知疲倦地爬到另一座山上寻找最佳的避风场所。他也曾试图呼救,但呼救的声音被淹没在沙漠中。他原本可以靠星星来辨别方向的,但在那个狂风大作的夜晚,它们都被乌云和沙尘遮蔽了。

当晚营地的情况是这样的:忙活完拴骆驼和马的事儿后,大家开始喝晚茶,这时却发现博欣不见了!我当时的确非常焦急,并在万不得已的情况下发射了一枚能量极强的信号弹。信号弹升空后发出亮光,博欣也因此摆脱了不幸。当信号弹升空时,博欣正背对风站在营地以西 5～6 俄里的地方,他正因为发生的一切而郁闷着,信号弹的升空指示着营地所在的位置,也表达了我们的担忧,这让他摆脱了绝望的情绪,迅速沿着碎石突兀的地面跌跌绊绊地朝信号方向奔去。博欣很快回到营地,大家兴奋地和这位老实人开着玩笑,询问他刚才的经历。

3.9　到祖拉海达仓

11 月 29 日一大早,队伍一路向南,首先经过一段起伏不平的路段,然后进入一片生长着梭梭、榆属以及其他灌木的平原。

接下来的两天,考察队沿十分平坦、海拔 7000 英尺(2133 米)的奥林达坂越过巴音波罗努鲁山东段,到达祖拉海达仓寺。奥林达坂山口的顶部矗立着一个用石头和梭梭垒起来的美丽鄂博,上面零星点缀着圆柱形的物品。除此而外,鄂博上点缀着中式的草帽。巴音波罗努鲁山分布有石灰石、凝灰岩、页岩、玢岩、闪长石、中生代砂岩和砾岩。

祖拉海达仓寺周围群山环绕,该寺已经有约80年的历史。据僧人们讲,东干人起义使寺院遭受严重的破坏。考察队的营地设在寺院东南侧沙拉哈察尔山的南麓距离寺院1.5俄里的地方。每天早上和傍晚,当寺院传来令鼓和螺号的声音时,我的蒙古同伴就会告诉我们,寺里开始诵经了。我们在这里设立了一个鄂博形的永久性建筑,便于今后地理学家探寻我们这只考察队的天文点。

当地牧民使用的井水味道又苦又咸,考察队因而选择使用堆积在沟壑及峡谷中的洁净积雪。

3.10 沿途赛因诺彦爱玛克的居民

从10月底到12月中,考察队穿越从诺贡淖尔到库库莫里托的大片地区,沿途经过赛因诺彦爱玛克喀尔喀蒙古西南部的三个旗。其中前两个旗的居民主要以畜牧、运输和少量狩猎为生,算得上是整个喀尔喀蒙古最富有的旗。因此,在这里你经常能够见到大量的奢华毡帐,以及在毡帐附近徘徊的成群的绵羊、牛和马匹。两个旗的管理者之间也在竞相炫耀各自拥有的活泼欢快的溜蹄马和马鞍子,以及金、银、宝石等财富,毛织品和丝绸织物在这两个富裕蒙旗居民的生活中占有重要的位置。牧场上奔驰着单个或成群的蒙古骑士,偶尔也会遇到声势浩大、衣着花哨而奢侈的官员或喇嘛队伍。

洛门葛根旗旗界的一端抵奥洛克淖尔湖,另一端达额济纳戈尔河,归额尔德尼莫尔根邦吉特胡图克图管辖。前来迎接我们的蒙古人不知道该旗居民的确切人数,但对杭爱最富裕和最奢华的寺庙洛门葛根齐特寺的情况却是逢人必讲。洛门葛根旗的管理者胡图克图本人拥有2名助手,管理机构有23名下属人员。

考察队也没有得到有关另一个更大的赛因诺彦旗的居民数量的信息,一路上也没有遇到一个了解相关信息的人。该旗的富裕居民集中在杭爱地区,穷人则栖身在旗的西部和东部地区。额尔德尼莫尔根诺彦胡图克腾库勒寺坐落在赛因诺彦旗境内的巴噶博格多山中,寺内约200名僧人。目前寺院的管理者是一位10岁的喇嘛,为第七世转世活佛。寺院第五世转世活佛是赛因诺彦汗的兄弟,60多年前,他得到中国皇帝的许可,把诺彦胡图克腾寺建设得富丽堂皇。皇帝同时为其拨出一块土地、100户牧民,并赋予他管理领地的世俗权力。

考察队刚刚抵达的第三个旗由巴尔京札萨克管辖。这个旗北接古尔班赛堪山,南抵位于沙漠中部的阿拉善亲王领地。半个世纪以前,现任管理者巴尔京札萨克的祖先认为自己旗在财富和居民人数上位居全爱玛克的第三名,而如今该旗的富裕程度和居民数量只有当时的1/3。造成目前这种状况的原因是东干人起义给巴尔京札萨克旗带来多次破坏,其中在19世纪80年代的起义中,许多居民被屠戮,损失最为严重。

图 3-1　阿拉善亲王

由于占据古尔班赛堪山和诺彦博格多山山区优良牧场的缘故,这个旗居民完全从事畜牧业,旗内小的寺庙约有7座。根据当地蒙古居民的反映,由于摊派给他们的差役完全与该旗状况良好的时期相同,打个比方说,是要在1000人身上摊收3000人的差役,而且被摊派的对象是一帮穷人,所以很难完成。万幸巴尔京札萨克是一个大公无私的人,他有能力相对圆满并且较为体面地处理好旗的差役问题,该旗的状况也逐年好转。

在巴尔京札萨克旗界内察汗乌拉山南坡生活着西蒙古人,或通常所说的卫拉特蒙古人,他们在这里已经有100年的历史。约50年前,卫拉特蒙古在这里修建了察汗乌拉苏迈寺,纪念中国的一位皇帝。寺庙建成之前,巴尔京札萨克旗的管理者多次试图让"不请自到的客人"迁出,但均未达到目的。察汗乌拉苏迈建成之后,巴尔京札萨克十分担心中国管理当局会从领地内分给卫拉特蒙古人一大片土地,从而损害本旗居民的利益。

卫拉特蒙古人的寺院有4位年长的喇嘛,其中的大喇嘛是他们的领导者。寺院的僧侣员额数为75名,在举行大法会的夏季僧人的数量会翻上一番。虽然蒙古人认为这座寺院财力雄厚,但它的外观实际上看起来非常不起眼。除此而外,寺院拥有骆驼、羊等,两种牲畜加起来的总数为600只。

80户卫拉特蒙古人及其寺院的管理者是乌洛特东达公。卫拉特人同自己的邻居一样从事畜牧,但生活却充裕。卫拉特人生性坦诚,不事偷盗。卫拉特蒙古人没有给自己流动的毡帐加锁的习惯,出行时为了防风,或防止狐狸和狗进入帐内,他们会用细窄的皮条把门拴上。卫拉特人可以这样出行一个星期、一个月,甚至更长时间,而无丝毫顾虑。

蒙古阿尔泰地区灰色的大自然给它的居民——蒙古人打上深深的烙印。[1] 蒙古人不会逗留在一个地方,他们的毡帐会随着季节的转换分散在山区或开阔的谷地。简单的家什无法阻挡蒙古人迁移的脚步,他们的牲畜大多数情况下由牧人骑着马带着猎犬放牧在距离毡帐不远的地方。

傍晚,畜群返回游牧营地。除了绵羊和山羊有时会圈在用石头和从外地运来的篱笆内外,其他牲畜都会搁置在露天,羊羔则被蒙古人带到帐篷内,拴在居所的墙边喂养。蒙古族妇女几乎一刻不停地料理着家务,她们时而照料牲畜,时而制作奶制品,闲暇时光又要缝制衣物。

一家之长的男人或无所事事闲得发慌,或外出串门,常常一整天不离马背。蒙古人家的门口总是拴着一匹配好鞍子的马,只要主人愿意,他随时可以任意驰骋。若某人家的门口拴了别人的马,那便是有客人造访的准确信息。对蒙古人而言,这又是前往回访的最佳借口。蒙古人不仅能很好地辨识自家的牲畜,还能准确识别出邻居家的牲畜,

---

[1]关于蒙古人请参阅 M. B. Певцов. Очерк путешествия по Монголии(《蒙古旅行概述》). т. I, стр. 66.

他们能够轻易从其他牧人的畜群中找出自家那迷途的羔羊。

步行的蒙古人总会招人蔑视。因此,不管距离临近牧场的路途多么短促,蒙古人总是会选择骑行。他们无论身在哪里,欲往何处,总是行色匆匆,给人留下珍惜时间和并非像欧洲人所说的那样游手好闲的第一印象。但事实上,蒙古男子可以连续几天闲待在家中,一边吃着肥腻的羊肉,一边无聊地躺在那里辗转反侧。可一旦他们确实厌倦了这种饱食终日的生活状态,便会骑马驰骋在一望无际的草原上。当地平线的尽头冒出骆驼队伍时,蒙古人就会在即刻勒马驻足,把敏捷的目光投向远处移动的队伍,旋即又策马奔腾过去,急着打听驼队从哪里来,要到哪里去,去干什么,驮的什么东西,等等。旋即,蒙古人会即刻盘算把刚刚打听到的信息通知给谁,然后扬鞭策马而去。大多数情况下,蒙古人在离开驻地 5~7 俄里之后仍然无法确定自己的目的地。

蒙古人总体十分好客,迎接每一位到来的客人和把他们送至马前被认为是非常有礼貌的举止,对待自己的同胞更是如此。蒙古人出行时会刻意不带食物和钱币,他们深信,任何一家蒙古帐篷都会乐意供他吃喝。

蒙古人之间在相遇时,甚至在遇到我们的时候会把鼻烟壶递过来以示欢迎。按照蒙古人的习俗或礼仪,在吸一捏别人递过来的烟后,你要把烟壶传递给你的邻座,以此类推,直到鼻烟壶在在座的人手中转了一圈,最后回到主人手中。因为上面所述的情形,经我的手传递过许多蒙古人的鼻烟壶,其中一个装饰精美,带有螺纹木塞和一把金属小勺,打开木塞便能掏出烟丝的烟壶被我据为己有。

秋季通常是蒙古人操办婚礼的庄重时节。蒙古人婚礼的普遍程序是这样的:父母首先要征求自己儿子的意见,问他想娶谁家的姑娘。[1] 在赞同儿子意愿的前提下,父母会打发 2~3 个媒人到儿子的

---

〔1〕家境殷实的蒙古人家庭中未婚男女定亲和结婚的年龄会早一些,一般为男 14 岁,女 15岁。

意中人家中提亲。媒人带上一壶酒、一块蒙古奶酪和三条哈达[1]，其中的一条用来敬佛，另外两条献给姑娘的父母。如果女方的父母同意这门亲事，他们就会接过哈达，接受媒人送来的赠礼。拒绝赠礼则意味着对方回绝了这门亲事。

在得到女方父母同意的音讯后，男方父母稍后会择日再次打发媒人确定女方家的态度，但不用带礼物。在得到女方家第二次的肯定答复后，男方父母才能确定提亲顺利。如果女方家拒绝缔结婚约，便会在媒人第二次来访时返还上次提亲送来的赠礼。

当男女双方达到一定的年龄[2]，双方父母就会公开表示赞成这门婚事。此时男方的父母会向喇嘛咨询儿子当年成亲是否吉祥，或者换句话说，两个年轻人是否会幸福。如果喇嘛认为两个年轻人适宜当年成亲，在给予男方父母肯定答复的同时会挑选吉日。两亲家随后开始邀请亲朋好友出席婚礼仪式，受邀参加婚礼的人有50多位。新郎和他的父亲以及其他亲属必须在婚礼前给未婚妻家送去一定数额的银两、数条哈达、一匹好马做聘礼，以及用来招待客人的肉和酒。女方父母在这一天要尽力接待未来的亲戚，同时向他们赠送哈达。男方的客人就座在毡帐右侧的贵宾席，女方的亲戚安排在毡帐左侧。

之后，男方家移牧到正在筹备婚礼的未婚妻家附近。女方父母根据家境的富裕程度给女儿准备放置佛像的箱子或匣子，四张毡子、两个绣花枕头等卧具，以及一张卧具前铺的毡子，此外还有铁碗或铁锅、桶、勺子等厨具，而男方父母则要给这对新人置办一顶新帐篷。

婚礼前夜，新娘家聚集了所有的客人。新娘本人不在家里，她此时正在亲朋好友家，晚上等客人散尽后才能回家。新郎也留在自己家中，不参加这个聚会。

婚礼当天，新娘的父母给女儿披上嫁衣，盖上盖头，在亲属的陪同下把她扶上白马送到新郎家。进入毡帐后，新娘被安排坐在自己的新

---

〔1〕丝绸围巾。参见 A. M. Позднеев. Очерки быта буддийских монастырей Монголии（《蒙古佛教寺院习俗概述》）. 1887, стр. 100.

〔2〕一般为男20岁，女17岁。

卧具上,在场的妇人迅速拉上窗帘。又过了一阵,大多数妇人陆续离去加入来客的行列,帐篷内只留下2～3名妇女陪着新娘。傍晚,婚礼仪式接近尾声,来客渐渐散去,伴娘这才起身去叫一直忙着待客的新郎,并把他带到新房内。妇人们一边帮新人宽衣,一边劝说他们不要害羞,最后安排他们就寝。在一对新人不过分生分和腼腆的情况下,新人会被单独留在帐篷内。反之,如果新人过于害羞,妇人们便会留下来陪他们过夜。这里没有"听床"的习俗。

两天以后的第三天,新人的亲属再次聚集,并在此刻拉开新人的窗帘。之后,新婚夫妇给自己的父母和亲戚行礼,用肉和酒招待前来的客人,婚礼也就此结束。

蒙古人总体上很顾家,很喜欢孩子,幼儿的夭折对父母来说是一件十分痛苦的事情。蒙古人想尽各种办法避免自己的孩子染上疾病或招来鬼怪,如有蒙古人让喇嘛给新生儿佩戴加锁的金属项圈,有些蒙古人刻意隐瞒新生儿的性别,还有一部分蒙古人会给新生儿身上抹烟黑或墨汁,等等。

性格不合的夫妻可以离婚,但必须按规矩行事:如果离异是男方造成的,他就必须归还妻子在结婚时带来的所有嫁妆。反之,女方就要因为自己的过错而丧失所有财产。

丈夫去世后财产由妻子和孩子继承。除了没有孩子的和年纪轻的妇女之外,大多数蒙古女人不会改嫁。按照蒙古人的习惯,对寡妇,特别是带着年幼孩子的寡妇来说,已故家庭主人的位置通常会被他的亲兄弟或其他近亲代替。等孩子长到一定的年龄,母亲会替他们操办婚事。

友善、平和的兄弟们生活在同一个大家庭中,一旦兄弟之间出现性格不合就会及时分开单过。分家的时候,如果大家同意承担相同的社会赋役,家庭财产就会被平均分配;如果父亲遗产的一半要分给兄长,剩下的一半在其他兄弟之间平均分配,则兄长要承担全部的赋役负担,其他兄弟不再承担此项。出家的僧人虽然不参与家庭财产的分配,但其他兄弟有义务在出家为僧的弟兄入寺和朝圣时帮助他们。同样,僧人在返家时,无论时间长短,都要受到其他兄弟的接待。

　　蒙古人在遭遇日常生活中自己无法解决的问题时会求助于年长者和受人尊敬的邻居,或者求助于所在的蒙旗,但从不,或者几乎从不向政府司法机关的负责人投诉。因为他们十分明白,政府官员哪怕是因为一点鸡毛蒜皮的事儿到访都会给本旗带来极其沉重的负担。更何况蒙古人性情很温和,不会轻易制造刑事案件。考察队经过的蒙古地区这两年只发生过三起杀人案件,并且三起案件都发生在十分偶然,或者蒙古人异常愤慨的情形之下。[1]

------

〔1〕关于蒙汉关系请参阅 М. В. Певцов. Очерк путешествия по Монголии(《蒙古旅行概述》). 1883, стр. 92 – 93.

4 中央戈壁

4.1 戈壁的主要特点及在戈壁旅行

考察队行走在戈壁沙漠中央，被这里的荒凉、干旱以及寸草不生所震惊。从博罗哈茶普恰自然区到库库布尔图湖一共有 350 俄里（375公里），湖面在此变得更加低平。这里生长的植物只有灌木，它们是"沙漠之舟"——骆驼的食物。马在这里是完全见不到的，当地游牧人的骆驼在见到考察队的马时所表现出的强烈的恐惧感就是这一说法的最好验证。怪不得，我们的马一匹又一匹地倒下了，而骆驼却能行走得十分顺利。

沙漠地区的动物极其贫乏，一整个星期我们甚至没有见到苏尔特哈拉羚羊，只见到了几只狐狸和兔子，还有不断出现的小型啮齿动物。在鸟类中有我们偶尔可以见到的松鸭和云雀，除此之外还有大量大小成群的毛腿沙鸡。鸟儿从这里向东南方向飞去，也许这是因为降雪和零下摄氏度严寒的天气。有一对黑乌鸦坚持不懈地紧跟着考察队，它们惦记着我们做饭剩下的食材。

考察队到达库库布尔图湖，紧接着又穿越一望无际的巴丹吉林沙漠。考虑到考察队庞大的运输队的实际状况，我们决定在此停歇，队员们终于可以自由休息一下了。从这里朝南走，情况越来越糟。我们用一个多月艰难地跨越沙漠，平均每天行进大约 20 俄里，在此期间大家大概每 5 天，或者每个星期休息一次。

4.2　考察队的主要线路:左岭山脉
和厄尔古哈喇山

12月5日,考察队进入一条山谷。山谷中延伸出一个半月形的沙丘,凹陷的一边朝着东方。谷地的南部和左岭山脉接壤,山脉的总体特点和蒙古阿尔泰山非常相似。山脚由裸露的页岩构成,山顶和附近的山坡[1]也覆盖了凝灰岩、斑状石英闪长岩。大量的凝灰岩混乱地堆砌在一起,在山的顶部形成了一个形状奇特的飞檐,两侧的峭壁有大量的缝隙。天刚蒙蒙亮,灰粉色的曙光便已经变得稀薄起来,星星依旧在闪烁,与此同时天的另一边还非常暗沉,形状各异的峭壁和它们的突出部分看上去像一个个梦幻般的建筑:有的像城堡,有的像塔楼,有的像阳台,而那些巨型的石阶上有各种各样的雕塑,其中包括人的外形轮廓。就像我之前说到的,沙漠地区的空气十分稀薄清新,而到了黎明又是一片红晕。

难以琢磨的特普瑟金达坂的海拔上升到了6810英尺(2077米)。

左岭山的南部边缘呈现出另一番景象。它坐落在一个巨大的山谷前面,从西向东有诺翁博格多、瑟沃勒和登科山。登科山是由凝灰岩、斑岩、页岩和祖鲁姆台构成的。我们在瑟沃勒和登科山之间穿行,其中的山脉有时候会突然中断。沙漠的南部延伸出广阔的平原,上面覆盖着砾石、玉髓、玛瑙、卵石。在除此之外的其他许多地方,到处可见裸露的黄土,地势较高的地方分布着戈壁砂岩、页岩、砾岩,以及石灰石和石灰烧结。

这片平原上有时能够见到散沙堆砌成的平坦小坡,或者由瓦砾和碎石构成的陡峭山脊。穿越这片地区令人觉得非常单调乏味。这里几乎毫无生机,偶尔有只兔子惊慌失措地一跃而起,很快便箭一般冲到距离最近的梭梭丛里,并立马消失在我们的视野。在这种死气沉沉的

---

〔1〕与库库努鲁山南坡接壤的地方主要由页岩、凝灰岩构成。

氛围中,我们即便偶尔发现由几辆从阿拉善衙门去大库勒[1]的喇嘛的车辙印记都会非常开心。

我们的考察队之后很快便接近额尔古哈拉山以及它的北部地区洪格尔哲[2],穿越了塞音诺翁和阿拉善亲王领土的边界。考察队杰出的塞音诺彦爱玛克蒙古向导在此同我们告别。边界地区最突出的标志就是用石头堆成的障碍物、沿山而建的塔楼和平原上的土堆。据蒙古人介绍,这些东西在很早就有了,他们向西一直延伸到额济纳河,向东则到达了乌尔占[3]。

接下来陪伴我们穿越戈壁的是阿拉善蒙古人,他们的脸庞非常英俊。

在接下来的 3 天里,也就是 12 月 16—18 号,考察队走过了很长的一段路程,穿越了中央戈壁,地势上升到了海拔 4000 英尺(1220 米)。这里的地势总体上有些许不明显的上升,分布的山地丘陵大致呈东西走向,并略朝南北方向倾斜。最有名的就是自东向西延伸很长一段距离,被当地人称作厄尔古哈喇的一座山。通常当地人会根据山的高度来细分山脉,例如:库库莫里托、哈纳斯、察汗乌拉、伊赫和巴嘎泽德、海尔汗等山脉。我们的运输队就像追随灯塔一样,朝着库库莫里托山走了很久,期间不得不在这座山上做一些返回时的记号,而在其他靠近道路的地方做的记号要少一些。当地人以为,这座山绵延的长度超过了 200 俄里,认为哈纳斯山陡峭的山峰是山的最高点,比库库莫里托山还要高。据我的判断,库库莫里托山的海拔有 350 英尺(110 米)。总体而言,这座山最高点横截面的相对高度达到了 60 俄里(65 公里),从 30 到 100 英尺(10～30 米)不等,偶尔还有达到 45 米的,山的名称非常混乱。当地人的说法是正确的:如果只记忆山名标识,而不利用向导的标记,在地形错综复杂的山中很容易迷路。山体的颜色昏暗阴沉,山之

---

〔1〕大库勒(Да-куре),蒙古语"神圣的营地",是过去蒙古人对现在蒙古人民共和国的首都乌兰巴托,亦即库伦的称呼。译者注。

〔2〕一路上绕过了独立的"以利根"山脉。这条山脉由页岩、石灰石、闪长岩和霏细凝灰岩构成。

〔3〕乌尔占(Ургa),蒙古语汇,"重要人物的宫殿、营地",指库伦。译者注。

间的谷地的颜色也同样如此。这些山体由石灰石、板岩、花岗岩、英闪岩、斑岩、斑状凝灰岩、角砾岩、千枚岩、砾岩和砂岩等构成。

库库莫里托山的南、北两侧有两个盆地作为分水岭,北面的盆地海拔3530英尺(1075米),南边的海拔2514英尺(776米)。土尔扈特人的道路从这个盆地一直通往博尔准和阿拉善衙门,砂卵石铺成的河床在上述两个盆地之间延伸。夏天,季节性的降水顺着河床流下,现如今河床上有许多落雪。这里的降雪从11月份开始一直持续到来年2月初才结束。戈壁地区的牧民多少有些害怕大量的降雪:僧人不喜欢见到故乡的沙漠披上白色的素服。

沙漠里的植物并不丰富:在沙堆上见到了梭梭,沿河床分布着三春柳、榆木和一些为数不多的灌木植物,所有这些东西都是骆驼的美味。没有见到"德勒松"[1]和芦苇。这里没有马的饲草,还有一个致命的现实便是空旷地区肆虐的彻骨暴风。考察队的马一天比一天瘦,它们的尸体一个接一个地被遗留在这片寸草不生的荒漠上。山地的井里没有多少水,水质也很不好,我们的队员主要喝雪水解渴。沙漠中随处可见的燃料减轻了我们的劳动量,也使我们能够更加轻松地克服夜晚,尤其是当气温下降到冰

图 4-1 乖咱河谷

点的时候严寒带来的苦难。即使白天阴凉处的温度也很少超过20℃,经常甚至还会比这更低一些。

在山区的一段行程中,我们几乎没有见到过任何动物,而当我们最终观察到几只鹅喉羚的时候,心中别提有多么开心了。在接下来的一周里,考察队便再也没有遇见这些沙漠中的居民了。

---

〔1〕德勒松(Дэрэсун),荒漠中的一种木本植物。译者注。

考察队到达乖咱河谷地。谷地的北边是广阔的巴丹吉林沙漠,我们很高兴在这里见到了隐藏在封闭盆地的沙丘中的草本植物(芦苇)。这里可以听到松鸦和云雀的叫声[1],甚至还有一对黑乌鸦跑到考察队营地。它们那一贯令人不悦的哇哇的叫声,此时也能勾起大家的兴致并驻足欣赏起来。

也许是大量的降雪驱赶着这片沙漠地区的鸟类飞向更加温暖的鄂尔多斯地区的缘故,

图 4-2　乖咱河谷的一处鄂博

在随后的几天时间里,尤其是早晨,我们经常会观察到成群的毛腿沙鸡朝着东南方向飞过,每群有 20~50 只。

4.3　围绕着太阳的壮丽"光环"

12 月 18 日,当地时间上午 11 点,我们意外地观察到晴朗苍穹中迷人的景象:太阳被一圈很薄的羽毛状云层包围,云层显现出很浅的蓝色,光环大约是太阳直径的 20 倍。与此同时,天空中还有一个散发着七色光彩的月牙,或者说是新月,月牙尖朝北面。新月呈渐变色,从北向南的色彩是这样的:天蓝、绿、黄、橙黄、红、紫色,一副美妙和谐的景象。月牙变得越来越小,越来越模糊,或者更准确地说,太阳从另一侧呈现出的红黄色光辉占了上风,月亮和太阳处在一条线上,月亮被太阳的美丽光辉覆盖。光圈占满了整个画卷,光圈的中心正是彩虹色的新月。这个光圈的范围非常巨大,它南边的部分穿越了太阳和它两侧的阳光,最终和北边呈现出对称状。巨大光圈的明亮光线一开始占据了天空 2/3 的面积,随后逐渐变得不再那么耀眼和明朗。

---

[1]在我们所路过的地区经常见到鸟类的尸体。

天气通常是很晴朗的,只是地平线南部的沙丘上空有小的羽毛状云朵在移动,风打西部吹过。在遥远北部地势比较低的地方,风景更加美妙。南边则是广阔的巴丹吉林沙漠隆起的沙丘。沙漠和乖咱河盆地没有积雪,除了沙丘之间的一些凹陷地方以外,其他地方白天的气温为22.8℃。恰好到中午时分,这幅美妙的画卷逐渐退却并迅速消失,4个小时后又再一次出现,但持续时间不会很久,我在这里就不打算用太多的笔墨来形容。这里的景观甚至吸引了游牧民族关注。

4.4 阿拉善蒙古人

登京胡图克井附近是考察队的第12个天文观测点,我们在此遇见了阿拉善的蒙古人,他们帮我们精心挑选驻扎营地。

我们在这个比较美好的地方休整了两天,喂养考察队一路奔波的动物。很显然,部分体质过于虚弱的动物需要长时间休息,但考察队的运输队未能顺利进入流沙地区。故此,我们不得不舍弃之前使用的运输骆驼,随后又抛掉了4匹马。在荒无人烟的死寂沙漠中长时间行军,要忍受饥饿的痛苦,我们为此做出了这样的牺牲。

4.5 在巴丹吉林沙漠

巴丹吉林沙漠呈条带状分布,从西部的额济纳河到东部的阿拉善山脉延展的宽度约200俄里,这片地方被大家称为色尔赫。根据当地蒙古人的讲述和我们自己的观察,这片沙漠并不是一个稳固的整体,其中包括大大小小的沙丘,有的沙丘延伸40~50俄里。沙丘之间分布的许多荒地表层被砾石覆盖,下面是盐碱地,这里同样还能经常见到芦苇和一些其他的沙漠地区特有的植物,沙漠的大部分地区绵延在斜坡上。确切地说,地势从南山北部的山麓开始变得起伏不定。

在沙漠的许多地方,特别是南部地区,地势依岩石的高度隆起,要么完全被岩石覆盖,要么有一半被覆盖,或者完全裸露。

不论是在非沙漠地区还是沙漠地区,考察队一路上都能够观察到

·欧·亚·历·史·文·化·文·库·

裸露的页岩、片麻岩、花岗岩、石英、斑岩、玢岩、长英岩、英闪岩、石英角砾岩、砂岩等。在沙漠中的地势最高处,经常可以见到沙子凝结成的有趣的管状物、石灰的胶合物。它们一般都出现在沙漠植物(芦苇)根部的沙丘上。

4.6　库库布尔图湖

在沙漠地区接近玉海湖的地方(在以前的地图上,这个地方很大程度上在更偏南的位置),我们到达了库库布尔图湖,从这里再往南,就像乖咱河谷地的一侧一样,沙漠堆成了整座山,向东部和西部的地平线延伸。

沙丘脚下的很多地方生长着郁郁葱葱的灌木和半灌木,经常还会出现草本植物,在这样的地方一定能够遇见赶着羊群的牧民。在沙坑中栖居的游牧民把梭梭枝编织起来盖在井上。这里的水源一般出现在1俄尺多深(2米)的地方,而含水层出现在1~2英尺(30~60厘米)的地方。沙漠地区里的井水大都是淡水。

考察队用两周多的时间穿越巴丹吉林沙漠。队伍一整天都在无边的沙漠海洋中穿行,出现在疲惫旅行者眼前的是一个又一个的沙丘,它们像是大海中的巨浪一个接着一个。你即使爬到附近极高的地方,也依然什么都看不见,周围全都是沙漠、沙漠、无边的沙漠。这里看不见也听不到任何生命的迹象,只能听见骆驼沉重急促的呼吸和它们巨大的脚掌在地上踏出的沙沙声。我们的队伍宛若一只美丽的巨蟒在沙滩上蜿蜒,一会儿爬上沙丘顶部,一会儿又顽皮地潜入沙丘之间。考察队在整个沙漠地区没有遇见任何人,也没有看到大道,甚至小路。也就是说,我们和人类的气息彻底隔绝了。

这片沙漠的海洋有时候还会刮起强风。那时沙子从沙丘的顶部飘起,景象就像是热气腾腾的小型火山。而在寒冷晴朗的早晨,雾气蒸发形成一层层稀薄的蒸汽团,沙坡上的风景奇妙如画。

在沙丘地区我们的行进变得尤其艰难,在库库布尔图湖附近,300英尺高的地方,有一些陡峭的山坡。为了能够通过沙丘,我们经常会和它们展开持久战。在此之后,我们一行几个人跑向这个沙丘,在我们的道路上会有一些非常宽的突出部分,在这些地方骆驼要费很大的劲才能爬上去。记忆犹新的是一个沙丘,它一直拖延了我们3个小时,我们采取积极的进攻,用上了我们所有的挖沟壕工具。蒙古向导是对的,他们坚持我们应该给疲倦的骆驼们支援新的力量,我们从库库布尔图湖附近的游牧居民手里雇了10匹新骆驼;如果不这样做,我们和这片著名沙丘的战斗不可能在短时期内取得成功。

库库布尔图湖位于几个沙丘之间,海拔4840英尺(1475米),自西向东延伸4俄里,最宽的地方有1.5俄里,湖岸地势很低。南边开始出现不高的阶地,这里植物丰富。些许泉水流入湖中,靠近岸边的湖水是淡水。冰层中露出大量的水纹,冰层的厚度变化在1~2英尺(30~60厘米)。这让我们有机会领略到水生贝壳类动物,同时还可以收集它们做标本。整个湖面被很薄的冰层覆盖,放眼望去白茫茫的一片。根据测量,湖的深度有5.5~9.5英尺(170~290厘米),其北岸要更加深一些,湖的底部布满泥泞,或者沙子。沙丘的高度急剧下降。

水域的东边被一些多草地带分割开来,周围1俄里的地方都不见冰层。这片独立水域的东北岸有一个由白色和浅棕色的石灰石构成的水岛,小湖里含盐分很高的死水在阳光下闪出美丽的深蓝色波光。

水域的东边分布着另一个咸水湖——可波里根戈尔[1],我们的蒙古向导是这样称呼的。这一点在我见到同伴 A. H. 卡兹纳科夫的时候就更加确信了,当时我们正在核对彼此在戈壁地区拍下的图片。

当我们到达库库布尔图湖边的时候,一群自由觅食的马来湖边饮水。在俊俏的种马的悉心引领下,马群骄傲地奔跑着。这是我们在博罗鄂博景区之后第一次遇见马群。

4.7 穿越雅布赖山

接下来我们穿越了连绵的沙丘,南边冒出一条很高的地平线,那

---

[1]又称喀吧里哈兹。

是雅布赖山低缓的北坡。翻过北部的山坡,沿着其南部向下走,考察队最后在高耸的悬崖附近安置了营地。

现在到了我们庆祝的时候了。由于考察队的成员几乎都是掷弹兵,大家协力穿越了戈壁。因此,我在这里将他们提拔为士官。

雅布赖山是由花岗岩、闪长岩、细金岩、斑状凝灰岩混合而成的,大约有100俄里长。山岩已经严重磨损,部分裂缝中有空气的成分。附近的丘陵西接平原,东连沙漠。山中心更加陡峭的中间部分挺拔险峻,并自东北向西南方向延展。山的边缘部分也延伸向同一个方向。这座山的宽度大约有15俄里。鄂博托达坂山口的绝对高度大约有5710英尺(1740米)。

这个山口既宏伟又美丽,顶端还放着几个铜钱。在以往考察时,我沿着峡谷往山口走,沿途遇见了一些类似蒙古包的石头建筑,牧民定期集中在这里做祈祷。从山的北坡看雅布赖山,地势比较平缓。而从南坡看,它又以自己高耸陡峭的断面给人以高峻的感觉。考察队从南边进入山口的时候,发现在光滑的岩石上巧妙地雕刻着几个光彩夺目的大字"唵嘛呢叭咪吽",这是一句十分著名的佛教语言。

很明显,这里的降水非常少。沙漠地区的高温和极端的干燥气候不留痕迹地抹杀了偶然从南的山东部降水丰富地区飘过来的云朵。

山南坡的狭窄山口处有一些很重要的源泉,泉附近有一片规模不大的树木、灌木和草本植物。在一个地方矗立着一个巨型物体,它是这个原始狭窄的峡谷的唯一装饰物:粗壮的榆树倾斜在空中,侧面根紧紧抓住峭壁。山的顶部和中部有泉水流出,还有美丽的瀑布和石穴,里面布满了深蓝色的清澈泉水,而瀑布的底部和泉水深处已经结了冰。

雅布赖山区动物的典型代表就是被我们捕获,但还没有来得及描述的有趣盘羊。根据我们捕获的不同标本的体型特征,从它们的个头、皮毛的颜色,甚至头上角的大小和形状这四个方面可以推断出,这可能是一个新的物种。我们观察到的鸟类有以下几种:蓝天中徘徊的棕色秃鹰、附近岩石上咕咕叫的石鸽、高声尖叫的岩鹩鸪、山底灌木丛中栖身的褐岩鹨。它们在阳光温暖的日子里唱着安静的令人愉悦的歌,歌声传向四方。

在雅布赖山陡峭的南山脚下,有一个曾经很壮观的纳根－达愕寺废墟。它见证了东干人起义的惨状,一个被打碎的坛子里还安放着被东干人活活烹煮的喇嘛的尸骨。从整个杂乱状况中可以推断,起义者杀了这里所有的人,毁坏了这里所有的事物,也没有放过意外出现措手不及的僧人。一间昏暗房间的角落里挂着一个华丽的喇嘛帽,它是之前寺庙里住持的东西,我把这个也纳入到考察收藏物中。

这顶帽子的帽顶是规则的半圆形,上边部分有一点弯曲。包裹着帽子麦秸骨架的布料是黄色的,衬里是红色的丝绸。帽顶内有一个灰色的发网,在这个网的下面沿着帽顶的底座有一条大约有 1 英寸宽(25毫米)的皮带子。佩戴帽子时,直接用这条带子箍到头部,帽箍和帽子都是用来防风的,帽子上还有两条细绳系在两腮处。帽边和帽顶一样,用七条窄丝羊毛绳子镶了边。帽尖上装饰着红色心形丝绸缎带,蒙古人把它叫作"志瑟"。这顶帽子最吸引人的就是绣在帽子上半部分的星形图案。五角星的每一个角上都会有一个六线形的喇嘛教字符"霍尔－塔特"。

雅布赖山脉的东段绵延的是一些断断续续的零散山脊,它们起伏不定地一会儿下降一会儿上升,较高的翰乌拉山与已故的 H. M. 普尔热瓦尔斯基的旅行线路交汇。

附近山的南部山脚下有一条从阿拉善衙门北部和甘州去往北京的宽阔商路。

像这样的大路还有两条,分别是从肃州和额济纳河中段出发去阿拉善衙门的,考察队就这样穿越了巴丹吉林沙漠的南半部分,而 A. H.卡兹纳科夫走的是另一条路。这样,考察队的行进路线就沿着库多胡图克山谷穿行。据我们的蒙古向导讲,从秋天到冬天,商队都可以在不远处的肃州大道上通行。不久以前,在肃州—阿拉善的这条道上还设有驿站,经常有信使往来于这条道儿上。

4.8　途经索果浩特和凉州到达乔典寺[1]

从雅布赖山到凉州有一个很难通行的地方[2]，其间有水河流淌。这条河发源于南山，且沿着我们走过的大道急切地穿流在低矮平坦的河岸中间。中国农民用水河的水浇灌耕地。索果浩特城的人使用的是东边一条支流的水，这个城市还被汉人叫作镇番[3]，它位于凉州东北方向 100 俄里处。

水河有大量的水用于灌溉，河水还带走了沙漠深处沉积下来的大量沙石，从而形成一个 30 俄里的湖，蒙古人把这个湖叫作哈喇淖尔。我们在水河西部的支流附近休息了一天，队员们在这里打了 9 只羚羊。因为我们已经吃完了考察队储备的绵羊，大家一起享用了羚羊肉，并把上好的羊皮制作成标本。

索果浩特这座城市和中国的其他城市一样，被用黏土垒砌的城墙围着，城内集中分布着管理机关和集市，还有生活在这里的市民。城外的城墙附近一座小庙引人关注。它的附近是一片绿洲，绿洲上到处都有行色匆忙的人，有的骑着马，有的徒步，也有驾着双轮大马车的。在这些繁忙的人群中，有不少爱凑热闹的半大孩子，他们手提篮子，仔细挑拣垃圾和动物的粪便。早晨的寒冷天气冻得孩子们瑟瑟发抖，他们缩在那里，等待考察队出发。然而，一旦我们的队伍开拔，他们即刻就会像一群饥饿的狗那样追逐羚羊，匆匆忙忙地往篮子里捡拾动物的排泄物。在这种时刻，那些留着长辫子的小男孩之间时而会发生争执，但总是以一个微笑或者一个轻松的戏谑结束。

队伍经过中国的房舍和农田时，我们被这些黄种人的生活画卷所吸引。每户都养着鸡，公鸡骄傲地晃动着它们那美丽的尾巴，院子里还

---

〔1〕乔典寺，又名"天堂寺"，在今甘肃天祝藏族自治县境内。据记载，该寺早在唐宪宗（806—820）时即已建立，原本为苯教寺院，以后随着藏传佛教各派的兴起，它先后改为宗萨迦派、噶举派、格鲁派。曾有"朝天堂"之名，俗称乔典堂。译者注。

〔2〕这些高高矮矮的山是由片麻岩或者花岗岩、闪长石、斑岩和大量的石英构成的。

〔3〕即今天甘肃的民勤。译者注。

有猪和狗游荡,屋顶上有咕咕叫的鸽子,猫晒着太阳,伸展着自己的爪子,狡猾地看着这些鸽子。

考察队经过的沿途聚集着许多围观的人,有时候几乎所有路边的居民都到街上好奇地观望我们这些"洋鬼子"。

农田和牧场之间能看到很多坟墓。它们通常都突出在地面上,过往的马车甚至会冒犯到那些距离道路很近的坟。我们经过的大路上躺着一个孩子,尸体显然有被狗撕咬过的痕迹,这一幕给我们留下了沉重的印象。

我们带着惋惜的心情同最近一直同行的蒙古人作别,他们在戈壁这一路段很卖力地为我们服务。沙漠中和这里的游牧民被汉化了。

1月18日,中国新年到来之前,考察队来到凉州。在过去一个半月多的时间里,我们穿越大戈壁,勘测了大概900公里的路程。

考察队的营地设在城的北郊。在一整天里,汉人从城里进进出出,置办着过节的必需品。他们在祖先的坟上烧各种形状的纸钱,或者把馒头分成小块散开祭奠已故的人。黄昏到了,城墙上挂起红灯笼,爆竹声整夜都在作响。

第二天一早,一队人走出城,他们的仪仗伞、三叉戟和红色的衣服显得五彩缤纷。这是道台的侍卫队,道台坐在轿子里很赏光地来营地拜访。他是一个非常可爱的老头,戴着将军帽精神抖擞地走进了帐篷,在这里一待就是半个小时,我们谈论的话题自然不离日常生活。道台对俄国考察队刚刚穿越沙漠非常感兴趣,对我们在戈壁里经历的严寒和苦难感到震惊。对于我提出帮助考察队运送行李的要求,道台是这样应承的:"关于这一点我们已经做好了安排,明天尽管是节日,你们需要的马车还是会出现在营地的。"令人敬重的道台果然说到做到。

为了进一步巩固与地方管理者的关系,我在道台离开的一个小时之后,给他和他的助手送去了得体的礼物,并给道台附上我的中式名片,告知我即将去拜访他。中午的时候,我们一行人就已经做好去拜访道台的准备。考察队的翻译巴德马扎波夫身着华丽丝绸长袍走在最前面,我骑着灰马跟在后面,身后还有一个由5个掷弹兵组成的护卫

欧·亚·历·史·文·化·文·库

队。这些掷弹兵穿着新制服,肩上扛着枪。总之,这 6 个人都很英俊很威风。汉人迅速地排成长队跟在我们这支队伍的后面,也有几个跑到队伍前面去的。迎面而来的人即刻驻足,周围被围得水泄不通,人们把目光投向这些行进中的掷弹兵队伍。我们沿着凉州城的主干道行走,因为正值节日,商店里穿着节日服装的人们熙熙攘攘。在接近道台府邸的地方有各种表演,就像我们的街头表演一样,先是传来一声凄美的口哨声,紧接着演出开始了。道台府门前鞭炮声不断,我们走进门的时候欢迎的鞭炮声再次响起,道台在自己家里显得更加殷勤和客气了。我们来拜访的时间长短与道台拜访我们的时间差不多,回去路上我们与来时一样列队而行,还是吸引了很多围观者。

进入甘肃境内后,考察队行进在沿南山的大道上,沿途不断能观赏到中国的历史古迹——长城,它就像是一条在山脊上蜿蜒的大蟒。现在我们进入的这片地区是一片俄国考察家已经有所研究的地区,因此对于在柴达木东部的旅行情况我的描写会相对简略一些。

翻过南山最北边的山脊再下山到恰格愣戈尔河谷后,考察队在附近的一条峡谷做短暂停留,以便能够把考察队的一些行李安置在临时仓库,并且让疲惫的骆驼在这里的牧场上很好地休整一番。如今,我们和乔典寺之间仅隔着一条南大通山脉了。我带着其他的,同时也是最好的和最必要的物资,骑着骆驼向乔典寺出发。队伍顺着恰格愣戈尔下行进入亚尔雷凹地,沿途经过一片如画般美丽的树林和高山草甸的峡谷,没费太多力气便爬上了乌鞘岭山口(海拔 11350 英尺,3496 米),最终到达山口南部一个舒适怡人的栖息地。

一路上随处可见走动的人流:汉人、东干人、唐古特人。然而,这里最能吸引我们的主要还是优美的南山自然景观:面前高峻的山脉和最深暗的峡谷、喧嚣的流水、附近的树林和灌木丛里各种鸟类不绝于耳的啼鸣。多姿多彩的山区生活唤起了我们对自然历史研究的渴望。

昨天晚上我们夜宿乔典寺的时候,B. Ф. 拉蒂金前来迎接我们。他从西宁取回来一个小邮包,这可是考察队离开阿尔泰站后受到的第一个邮件。

拉蒂金在200多俄里的行程中考察了库库托莫尔特山,并确信这座山是诺翁博格多向西的延伸带。他沿东南方向一直走到沙洲,一路共走了1020俄里(1090公里)。除了最炎热的夏天,在一年的其他时节,这条路上往来着从西蒙古到沙洲的无数商队。蒙古人从驻地出发购买粮食,汉族商人把游牧民的生活必需品和酒运到蒙古。从沙州出发后,B. Ф.拉蒂金雇车马沿南山路到达我们的会合地点乔典寺。

第二天,降雪让岩壁变得十分光滑。考察队在陡峭的山坡上艰难地攀爬,大通河和附近我们期盼已久的乔典寺终于出现在眼前。我们绕过多石并且朝河流所在方向倾斜的峭壁,小路在令人头晕目眩的高度上变幻莫测地蜿蜒着,马车最终平安地停到有一座寺庙的山谷中。远处的河右岸有一片昏暗杂乱的草地,那里曾经是一片怡人的草甸区,已故的 H. M.普尔热瓦尔斯基曾经好几次在这里扎营。高山上森林密布,他曾多次在这里狩猎。大通河上依然有冰层覆盖,轰隆隆的响声,部分地方清澈可见的天蓝色水流和石头河床。考察队只花了一个小时便顺利地在森林的低处安置好营地。

从我们第一天到乔典寺起,在寺庙一个热情对待俄国考察队的最年长喇嘛的关照下,我们以贵客的身份彬彬有礼地参观了寺院。和往常一样,我们得到准许在周围狩猎,但只有寺庙附近的一座山除外。

4.9　与朋友们的最近一次会面

在乔典寺停留了挺长一段时间以后,我安排已经充分休息的 B. Ф.拉蒂金和司务长伊万诺夫留下照看考察队留在恰格愣戈尔山谷的行李和骆驼。2月中旬,考察队汇合了,A. H.卡兹纳科夫顺利完成了他的考察计划回来了。下面将对他的旅行予以简单介绍。

12月9日,A. H.卡兹纳科夫把主要的车马留在祖拉海达仓庙。他从西南方向穿越沙漠北部到达额济纳戈尔湖边。我的同事 A. H.卡兹纳科夫对索果淖尔和嘎顺淖尔湖周边进行了考察,接下来他顺着山谷到达土尔扈特贝勒营地。沿途的河谷宽20～30俄里,这里有额济纳河的两条支流,西边的莫林戈尔和东边的伊赫戈尔,此外还有一些更小的支流。需要说明的是,额济纳河中间的 1/3 段奔流在一条河床中,并被称作额济纳戈尔河,而当她被分割成大小不同的若干支流后并不叫这个名称。西边的支流莫林戈尔河流向嘎顺诺尔湖,东边的伊赫戈尔河在索果浩特湖附近被分成了两个支流,其中右边的支流直接流入方圆 40 俄里、有着丰富的鱼类的索果淖尔湖。这条支流的其余水流与纳林格尔河连接着索果淖尔和嘎顺淖尔的一条右支流汇合在一起。索果浩特湖是一个包含着淡水的活水湖,嘎顺淖尔的面积要大于索果浩特湖一倍,是一个咸水湖。湖边和下游的山谷长满了茂盛的芦苇,这里躲藏着狼、猞猁、狐狸和一些更小的兽类。山谷上部生长着杨树。

土尔扈特贝勒亲切地接待了我的同伴并且向考察队提供了装备一支全新的驼队的机会,方便了我们完成从额济纳戈尔到阿拉善衙门的行程,让他能够有机会组织一个骆驼车队以便从额济纳河穿越沙漠到达阿拉善衙门。从额济纳戈尔到阿拉善衙门,A. H. 卡兹纳科夫穿越沙漠的大部分路途是比较平坦的。巴丹吉林沙漠是一片流沙,穿行其中时总会遇到大大小小的盐碱地,有灯芯草、红柳、榆木等荒漠植被。在额济纳戈尔湖区,A. H. 卡兹纳科夫和他的同伴遇上了 – 45℃ 的严寒。

从阿拉善衙门出发后,A. H. 卡兹纳科夫绕开大道,又一次钻入沙漠向凉州方向出发。在通往中央沙漠的道路上,沿途缺水、多沙,同时还伴随着土壤的盐碱化。这一段还算顺利的行程我的同伴走了 1400 俄里(1500 公里)。

这样一来,在我们之前几乎从未被研究过的戈壁沙漠部分终于展现在科学研究事业的面前。我们的观测涵盖在沙漠的山地和平原地区,长度超过 3000 俄里。

H. M. 普尔热瓦尔斯基是第一个参观乔典寺的人,汉族人把这个寺庙叫作天堂寺,这里的老喇嘛至今仍然保留着那段美好的记忆,他们悉心保存着我的老师 H. M. 普尔热瓦尔斯基的肖像。需要强调的是,一个已经离去的考察家,即使他身在家乡,心中还会时常挂念这里丰富的大自然。对他而言,这一切是难以忘怀的。他像一名自然科学家那样捕捉鸟类,共获取 10 个新品种。即便是在他尚未涉足探险事业,仅仅在打算成为一名考察家的时刻,我也多次听他讲甘肃的山,尤其是乔典寺,对于这些地方我在后来的考察中都有亲身体验。除了乔典寺,能令 H. M.普尔热瓦尔斯基向往的就只有喀木了。

这座寺庙位于多雨且嘈杂的大通河左岸,紧挨着圣山陡峭的山脚,它离梯田的边缘还有一定距离。河对岸山脉的北坡从上到下生长着茂密的针叶林,其中的许多地方还混杂着不少阔叶植物。河右岸的坡地上种植着大麦和小麦,夏季风吹麦浪的景象还是十分壮观的。麦田的中间星星点点地散布着当地唐古特人和外来汉人的小房子,或者屋棚。透过寺院房间的窗户就可以看到窗外的美妙风景。

乔典寺建于 400 多年前的明朝。它的创建者是 3 个喇嘛:莫科措尔志、杜尔古喇嘛和莫科瑟尔干。寺院在初创的前 250 年并不知名,直到恩丹玛喇嘛成为寺院的住持之后才迅速发展起来。在恩丹玛喇嘛的努力下,东科尔曼姝师利葛根成为这座寺庙者的庇护,寺院从而获得一笔建造主寺大宫殿的资金。寺院的主寺至今仍然可以用宏伟壮观去形容。大殿的主神像"册-瓦-么特"就矗立在殿内入口的左侧,入口右侧放置的是著名改革家宗喀巴的雕像。寺院的第二座庙堂是克塞尔金喇嘛于 75 年前建造的,但这位喇嘛在他圆寂之前就已经离开该寺,去了西藏东北部。克塞尔金喇嘛在阿尼玛卿山中阿里拉扎贡巴寺附近的一个山洞里修行并圆寂于此,临终时嘱咐大家不要去寻找他的转世。

乔典寺的僧侣员额为 800 人,而此时其实只有一半的数量。寺院住持这一位置通常是按照葛根的年龄长幼顺序轮流担任的,只要个人有意愿,每个葛根都可以任职若干年,但要完全拒绝担任这一职务也是不可能的。寺院的下一任住持是什埠,他的职责是联络世俗官员和神职人员,处理寺院的各种宗教和世俗事务,集寺院监管、财务和经济大权于一身。考察队到达乔典寺时,担任寺院住持的是措尔智喇嘛。

乔典寺地区大通河一带的唐古特人的管理者是措尔智喇嘛,他的

·欧·亚·历·史·文·化·文·库·

地方官职是百户。除此之外,平番[1]小镇里还有一名汉族官员负责督促百户缴纳,以粮食或者钱财为主。纳税者主要是那些生活比较富裕的家庭,赋税额度为每年30两银子。贫穷人家则完全可以免于纳税,或者仅仅支付非常小的数额。这个地区的唐古特人总共有200户。

乔典寺附近的唐古特人主要从事畜牧和农耕。当地人养的牲畜有马、牦牛、绵羊和山羊等家畜,他们种植的农作物主要是大麦和小麦。

这里的居民一部分栖居在大通河谷,另一部分在两侧的峡谷安身。民居除了土坯房,还有唐古特人建造在地势较高的地方的小木屋,那里的风景一般会很美。

唐古特人的家什和那些散布于原住民中间的汉人的家具陈设十分相似。长期生活在这里的汉人需要将自己一半的劳动所得上缴给管事的喇嘛,这样才能获得对土地的使用权。

沿着大通河而下,在距离乔典寺有两天路程的一个开阔山谷的左岸有一座小

图 4 - 3　佛像

镇——连城[2],城内居住着汉化的"达勒达"[3],小镇以及附近地区所有的农业居民归鲁土司管辖。连城居民生活在排列整齐、被绿荫和花园环绕的房屋里。

---

〔1〕平番,即今甘肃省永登县。译者注。

〔2〕连城,即今甘肃永登的连城乡。它曾经是明清时期甘青颇有势力的土司鲁土司政权的中心,也是西北地区甘青交接地带的重镇之一。译者注。

〔3〕"达勒达",此处指今天青海的土族。译者注。

图 4 - 4　佛像

在我们到达乔典寺的两年前,也就是 1898
年 7 月,大雨几乎昼夜不停地下着。据僧人讲
述,大通河水猛涨,洪水从河的两岸溢出,给附近
的村庄带来了巨大的破坏:大通河展现出了它可
怕的能量,小溪汇成强大的洪流,猛烈冲击着沿
路遇上的田地和房舍,附近的一切都被大通河的
怒吼淹没了。"大通河显得异常躁动不安,想要
夺走岸边所有的生命。"洪水四溢留下的满目疮
痍,直到现在还清晰可见。我们到达乔典寺的时
候是早春,这个季节的大通河泛着蓝色的波涛,

图 4 - 5　乔典寺的住持

看上去非常平静,但却依然不失壮观。考察队在大通河右岸的草地上
停歇了一个多月,此处距离被洪水摧毁的地方很近,H. M.普尔热瓦尔
斯基的考察队还曾在这里的杨树下安营休整。

·欧·亚·历·史·文·化·文·库·

在休整的这段时间里,我们每天都到附近的森林里旅行,捕猎兽类和鸟类。考察队的营地附近有许多鸟类,美丽的山鸡像家禽一样在我们的营地漫步,我们尽量不去打扰它们。从旁边的树林里传来了蓝马鸡(*Crossoptilon auritum*)的声音,偶尔也会听到血雉的声音。尤其是在晴朗安静的早晨,或者傍晚,小鸟的歌唱声几乎每天都温柔地抚摸着我们的耳朵。像往常一样,鸟的啼鸣召唤我们尽快坐到树荫下的青苔上,一坐便是好几个小时地欣赏它们有趣的生活方式。旋木雀(*Certhia*)和五十雀(*Sitta*)飞到附近一棵粗壮的云杉树上,一只黑色的啄木鸟(*Dryocopus martius*)在距离它们不远处发出声音。还有山雀从一棵树飞到另一棵树上后紧紧地抓着树枝不放,再高一些的地方有喜马拉雅交喙鸟(*Loxia curvirostra himalayana*),朱雀(*Carpodacus dubius*)躲在茂密的浆果灌木丛里,欧鹩(*Troglodytes pallidus*)在地面和低矮的树枝间跳跃。与此同时,寂静的树林中传出了当地花尾榛鸡(*Tetrastes sewertzowi*)的声音,蓝色和绿色野鸡遥相呼应,金雕和胡兀鹫高傲地从树林和山岩处飞过。

生活在当地树林、灌木、草甸里的鸟类迅速丰富了考察队的相关收集。同样,2月温暖的夜晚,鹿、麝、鼯鼠在高大古老的杨树枝上穿行,它们的毛皮同样也充实到我们的哺乳动物收集中。甘肃的鼯鼠是一个新的品种,K. A. 撒杜宁曾将它们描述为小飞鼠(*Sciuropterus buechneri*)。我们还在这里发现了这位动物学家曾描述过的鼠类(*Microtus limnophilus flaviventris*)和新的田鼠亚种(*Microtus flaviventris*)。

我们在美丽的大通河河岸逗留的时间就此接近尾声。在整整一个月的时间里,我们与大通河朝夕相处,每天都在它单调的轰隆隆声陪伴下入眠。大通河沿岸那宏伟的峭壁一次又一次地召唤着我,尤其到了傍晚,除了清澈河水发出的隆隆声,再没有什么能打破周围的寂静。在大自然的野性魅力感召下,我回忆起了一位已故的考察家。他曾在不久以前也欣赏过这美丽的风景,聆听过美丽的大通河发出的轻柔波涛声。

5 从乔典寺到柴达木盆地东部

5.1 在接近大通河的山地上

考察队从 4 月初就开始准备远行,5 号一早我们就出发了。

与喇嘛告别的时候,他送给我们两枚纪念章(做工非常粗糙),其中一个上面是镀金的佛像。

勒塔克察山(大通河附近山系的一座山)在乔典寺附近我们驻扎地的北部,几乎环绕着考察队的营地。考察队趟过水质清澈的大通河后,首先穿过莫多尔山谷,之后经过一片向左延伸的不知名的峡谷,很快到达了海拔 2500 英尺(760 米)的“刺柏山”——舒克拉玛山峰。舒克拉玛山的南坡呈现出一派原始的混沌景象:高山,峭壁悬崖,幽暗深谷。这些景象形成一个整体,给人的印象十分深刻。道路时而宽阔,时而狭窄,我们一会儿走在这条美丽的小路上,一会儿又攀上山丘,最后迂回到达山谷。山脚下的峡谷两侧呈现出一幅神奇的画卷,丰富的植被给了动物栖身之所。柏树丛中有很多大耳雉(*Crossoptilon auritum*)[1],这种美丽的鸟儿在草地上和树林边来回踱步,甚至偶尔会出现在树上,可一见到人就飞走了。几只鸟儿从容地穿过我们行走的道路,傲人的姿态和华丽的羽毛吸引着行人的目光。雉鸟清脆响亮的叫声从各处传来,有时这叫声中还会夹杂着绿鹛鸪(*Ithaginis sinensis*)和黑爪鸟(*Janthocincal davidiu Janthocincla ellioti*)悦耳的啼鸣。用望远镜可以看到山顶有布谷鸟(*Pseudois nahoor*),山坡下有体型匀称的麝。

一路上也遇见了很多唐古特居民,他们的居所被巧妙地安插在避

---

[1]浅蓝色的雏喜欢成群地生活在刺柏树林中。

· 欧 · 亚 · 历 · 史 · 文 · 化 · 文 · 库 ·

风挡寒的好地方,个别建筑则完全搭建在谷地中,或山谷的半坡上。唐古特人的居所大都是用黏土或原木搭成的。

顺着大通河谷向前,迎接大家的是春日的暖阳和干燥的气候,河水泛着浅蓝色的波涛哗哗作响。考察队在河左岸的高地上扎营,不远处有一座未完工的桥。唐古特人说,中国工匠会在这个夏天动工搭桥。大自然的鬼斧神工真是奇妙,大通河河谷的这一段矗立着许多山石,河床上堆满了巨大的岩石。一旁的沙海尔山高耸入云,山的两个侧面被打磨得非常光滑。可以很肯定地讲,这座山的三面都不可能攀爬上去,然而刺柏却能在山上牢牢扎根和生长。

考察队找到了方便渡河的浅滩[1],这样我们就可以顺利过河并且在第二天继续向西南方向前进。队伍走了大约 10 俄里,最后停留在南大通山山脚下。

5.2　在高耸的峭壁上艰难地行走

第二天早晨,考察队的运输队伍沿着下了雪的路面上山,很快就爬上了采里克山的山顶。一条大道从蜿蜒的峡谷中延伸出去,其中的风景越来越美。一路上,接连出现的高大山脉阻挡了我们前行的道路。

太阳发出强烈的光芒,积雪渐渐融化,山谷里潺潺作响的小溪冲刷着本就狭窄的道路,马蹄子和骆驼蹄子在泥泞中不停地打滑。为了避免不幸发生,运输队必须要选择绕过一些地方。这样的担忧的确是有必要的,一头骆驼没走几步就从 40~50 俄尺(80~100 米)的地方跌落下去,当场被摔死了。直到我们从主山脉到达海拔 11300 英尺(3453米)的岱帕山谷,才找到了一处可供考察队运输队停歇的小块平地。一旁的山峰足有上千英尺高(300 米),距离最近的山坡上传来西藏雪鸡(*Tetraogallus thibetanus*)的声音,金雕、胡兀鹫、雪鹫有时候傲慢从容地从天空中飞过,它们有时候会机敏地关注自己的猎物。

---

〔1〕大通河的宽度为 40~50 俄尺(80~100 米),此时的深度为 3~4 英尺(1~1.2 米)。此时的水流非常湍急。

5.3 却藏寺

从乔典寺出来的第五天我们到达了却藏寺,考察队把营地扎在距离这座寺院不远的地方。

图 5 - 1   却藏寺

宏大的却藏寺富丽堂皇,深受信徒的敬仰。幸运的是,它躲过了东干人起义的浩劫幸存下来,寺庙的建筑形式与所有的佛教寺院一样,金碧辉煌的镀金屋顶在阳光下熠熠生辉,周围绿色的山坡与寺庙的建筑融为一体。

在寺庙的中央,有众神之首——释迦牟尼的镀金坐像。佛像高 2 俄尺(4 米),它的前面点着油灯,摆放着盛有水、酒、米和面的黄铜餐具。仔细观察一番之后便会发现,在释迦牟尼佛像的旁边还摆放着一些小佛像,它们的前面也同样摆放着盛有食物的餐具,但却没有点油灯。

图 5 - 2   却藏寺的大殿

佛堂三面墙的架子上放置着许多更小的佛像,大概有 1 ~ 2 英尺(30 ~

·欧·亚·历·史·文·化·文·库·

60厘米）高,每一尊佛像姿态各异。在我们看来,其中一些佛像的姿态和面貌甚至算得上丑陋。

寺院的住持是我的老熟人,可惜他当下不在寺内,而正在裕勒都斯的土尔扈特人那里,我在上次旅行中见到过他,尼尔巴葛根给过我们很大的关照。这位喇嘛很早就结识了H. M. 普尔热瓦尔斯基,并在后者的第一次中亚山原旅行中陪伴他一路从北京到这里,喇嘛十分清楚地记得已故旅行者的日常琐事和一路上进行的工作,在他的记忆中还保留着H. M. 普尔热瓦尔斯基的几个助手的名字。

图5-3 却藏寺的葛根

我全面考察了重建后的寺院,最后把目光投向目前还未完工的葛根用来避暑的房舍。这座偏僻的居所非常安静,很适合佛教徒在这里静思冥想。房间不大,布置得却非常讲究,略显奢华的住宅陈设是葛根从中国内陆城市学来的。红、紫、蓝的光透过奇特的彩色窗户射进房间,给人十分温馨的感觉。院子里还有假山、石洞、夏天被爬山虎遮蔽的亭榭、养鱼的池子,圣僧可以从台阶上观赏花坛,闻着花香。

图5-4 却藏寺的喇嘛

考察队接下来的路线在 H. M.普尔热瓦尔斯基曾经走过的路线的南侧,沿途是汉人的聚居区,在我们眼所能见的地方都分布着勤劳的庄稼人条块分割的田地,汉人和唐古特人在田野的沟地里往来穿行。沿路的很多村庄都在最近的东干人起义中受到破坏,其中的很多村庄完全变成废墟,眼前的景象不禁令旅行者沉思。

5.4 与 A. H.卡兹纳科夫 及 B. Φ.纳蒂金的碰面

在离开却藏寺后的第一天我们遇见了 A. H.卡兹纳科夫和 B. Φ.纳蒂金,他们两个是被我派往西宁办事大臣那里协商考察队的旅行事宜以及筹集一年的粮食问题的。如今他们完成了在西宁和丹噶尔的事务,到达了我们约定的集合点却藏寺。考察队从这里出发,沿着我们的同伴熟悉的道路前往坐落在人口稠密的西宁城南部的丹噶尔小镇。

5.5 在丹噶尔城附近扎营

这片地区依然是山峦起伏,地势从北向南缓缓下降。横向延展的山谷里,小河水流发出潺潺的悦耳声音。居民在这里的分布更加密集,我们的队伍因此很难找到一块空旷的地方安营。

据我的同伴讲,西宁办事大臣十分好客,他对考察队提出的所有要求都尽量予以肯定的答复,并且实际上也没有食言。虽然地方首领对我们的态度要冷淡得多,但多亏有办事大臣的指示,考察队在丹噶尔的粮食筹备工作变得相当容易。我们也因为同样的缘故从西宁衙门找到了唐古特翻译,办事大臣还给考察队出具了一张前往喀木和深入西藏的通行证。除此之外,热情的办事大臣还满足了我们进一步的请求,责成与我们一同前往上述地区的汉人差役全力配合考察队的活动。最终,西宁办事大臣差人给我送来一份官方通知,十分客气地警告我们很有可能会在黄河附近遭遇野蛮不化的果洛人。如果我不打算改变拟定的旅行线路执意前往,钦差将不会承担任何道义上的责任。

而对于俄国考察队不会改变考察线路这一点,钦差本人是十分清楚的。

西宁和丹噶尔坐落在同一片被黄土高坡围绕山谷,无数小溪在西宁附近汇合成一条河,再从右侧流入黄河的一个支流——大通河。西宁城是一座商品和粮食的集散地,货物从这里流向周边的一些小镇,并在那里与生活在广阔的安多高原的游牧民进行易货贸易。

在西宁西南方向25俄里的地方有一座大寺,唐古特人称之为公本寺[1],寺内有3000名僧人。东干人第一次起义之前,这里的僧人总计有7000人。来西宁和丹噶尔进行贸易的游牧民一般都会拜访这座寺院,并慷慨捐献。总的来说,西宁周边的佛教大寺,除了之前提到的公本寺,还有拉卜楞寺、夏琼寺、阿尔丁苏迈寺、却藏寺、呼伦寺和丹噶尔寺。丹噶尔寺的管理者为尚宗特巴,他同时也拥有对寺属的唐古特人,被周围的其他民族称为丹噶尔巴的管理权。丹噶尔巴的总数约500户,游牧在丹噶尔城周边的山区。他们虽然在不同程度上被汉化,语言和服装完全与汉人相同,但却仍然保留着唐古特人的习俗,并且相对虔诚地信奉佛教。

图 5-5　拉卜楞寺的交易场所

---

〔1〕即现今青海的塔尔寺,藏语称"公本贤巴林",意为"十万狮子吼佛像的弥勒寺",本文直译为公本,是我国藏传佛教格鲁派的六大寺院之一。译者注。

西宁和丹噶尔的牧民为考察队提供了粮食,而我们自己必须要组织运输。这显然是一件繁重的工作,要把所有因素都考虑进来,包括捕猎和捕捉鸟类需要用到的东西。考察队储备的粮食,再加上一些其他储备,需要租25头骆驼运输,一共花费大约2普特(32公斤)银子。

告别达仓苏迈的同时,也意味着我们要在很长一段时间内告别汉文化,等待考察队的是游牧民族生存的安多高原。通常,尤其是在早春时节,强劲的寒风从安多高原吹向中原大地。

5.6　在青海湖西北部旅行

沿着自东南向西北方向延伸的丹噶尔河谷继续前行,考察队很快向西走上库库淖尔大道,穿越被蒙古人称之为巴尔浩特的汉城遗址。传说很久很久以前,阿拉善亲王的祖先带着土尔扈特蒙古人生活在丘古京戈尔河谷的巴尔浩特。由于经常与周边的游牧民族发生战争,因此他们很难在那里立足,最终不得不放弃巴尔浩特迁往阿拉善。虽然亲王的祖先在阿拉善生活了很长时间,但依然多次向中国皇帝请求迁往伊犁地区。如今,巴尔浩特遗址保留下来的只有两个石头台座,其中一个上面矗立着一座鄂博,而另一个的上面立着一座刻有老虎图案的石雕,巴尔浩特的名字由此而来。

考察队在接下来的三天来到伊赫乌兰戈尔河。沿途经过的地方,从宽阔的谷地到山顶,由于头一年的植物枯萎发黄,眼前呈现出一片灰黄色。北方仡立着巨大的南山山脉。南部方向是南山山系海拔达11530英尺(3523米)的一系列山岭丘岗,山岭的后面是已经进入寒冷时节的库库淖尔草原。唐古特人和他们的畜群就密集分布在这片十分宽阔平坦的地区,与他们为邻的是住黑帐篷的蒙古人。由于与唐古特人为邻的缘故,蒙古人在生活上深受前者的影响:他们说唐古特语,衣着与唐古特人无二,我和我的同事们经常错把善良好客的蒙古人当成唐古特人。经常搞错的另一个原因是库库淖尔蒙古人的面貌与他们的邻居——唐古特人十分相像。

　　唐古特语称库库淖尔湖为措克公本湖,而汉人则把它叫作青海湖。这座湖非常大,形状呈梨形,方圆有 350 俄里,湖的深度达到 10530 英尺(3219 米)。有数条大小不一的河流从周围的山上流入库库淖尔湖中,其中最主要的应该是从库库淖尔湖西北流入的布哈音戈尔河。

　　海心山矗立在库库淖尔湖深蓝色的湖水中央,岛上生活着 5～7 个隐居的僧人。当湖面解冻,没有船只摆渡的情况下,他们要在岛上与世隔绝 7～8 个月。这些僧人靠信徒的贡品生活,冬天的时候他们也会自己出去化缘。岛上的这些隐居者养着羊,用羊奶和库库淖尔湖的咸水混合在一起缓解饥渴。关于海心山有这样一个传说:神变成一只大鸟用利爪搬来一块巨大的山石,并用它堵住了地下来自拉萨的滔滔洪水,使整个库库淖尔地区避免了被淹没的噩运。

　　库库淖尔湖有很多鱼。当地的蒙古人在湖中捕鱼,并把它们贩卖到附近的西宁和丹噶尔。

　　库库淖尔湖沿岸的草原上有很多兽类和鸟类,成百上千的动物将自己的洞穴打在这里的平原和山冈上。这里最多的要数野驴(*Equus hemionus kiang*)和 H．M．普尔热瓦尔斯基羚羊(*Gazella przewalskii*)。经常能见到的还有狼、兔子,以及大量的旋木雀。湖周围部分地方的植被覆盖已经完全消失,取而代之的是尘土飞扬的疏松土地。马在这样的地面上每走一步蹄子都会陷进去,想要快速前进是一件太困难的事情。于是这里就出现了很多食肉的猛禽:鹰(*Aquila nipalensis*)、鸶、汉德森雄鹰等在天空飞来飞去或停留在山坡上,飘着淡淡云彩的蓝色的或者灰色的天空里,有一只秃鹫飞过,有时候可以看到成群的毛腿沙鸡、鹌鹑、山鹑等动物。即便是在寒冷的天气下大云雀的歌声也没有停止过,与云雀为邻的还有燕雀和松鸦。蓝天、白云和秃鹫——这三件事物是亚洲高原的标志。

　　考察队到达库库淖尔湖时,湖水并没有结冰,但岸边以及数条汇入库库淖尔湖的小溪的下游地区却都结了厚厚的一层冰。

　　总的来讲,库库淖尔湖谷的天气非常寒冷而且经常刮风,空气中有时候弥漫着沙尘。云朵时而从西北方向飘过来,湖附近白天雪花儿飘飘,晚上天气极度寒冷。总而言之,春天的脚步在这里来得非常缓慢。库库淖尔有时候白天会出现可怕的沙尘暴天气,沙尘刮起时周围一片昏暗,完全看不到三五步之内的东西,湖面闪亮的冰层顷刻间被蒙上一层沙尘,变得和周围的景象一模一样。沙尘暴过后的第二天,天气通常都会十分晴朗——基本上风平浪静,气温回升。但空气并不总是非常通透,沙尘如同一道帘幕,偶尔会长久弥漫在空中,太阳周围因此出现一圈光晕。

5.7　当地游牧民

辽阔的库库淖尔草原地势较高,因此夏季不会过于炎热,也不会因为空气干燥而繁衍很多令人生厌的蚊虫。湖周围丰盛的水草可以用作饲料,加上到了冬季降雪并不是很多,在这里放牧不需要过多地操心牲畜,非常适合发展畜牧。因为上述原因,很久以来这里便吸引了许多游牧民族。库库淖尔多次成为游牧部落争夺对这一地区控制权的战场。北方的蒙古人和南方的唐古特人像一股股洪流,从附近山上冲入库库淖尔平原并在这里互相厮杀,直到不久以前汉人动用大量的军队才平定了纷争。但在欧洲人的印象中,游牧民族的战争至今并没有结束。南部在精神和体格上都更加强大的唐古特人正在潜移默化地影响着其北方的邻居——蒙古人,并且根据 H. M. 普尔热瓦尔斯基的记载,唐古特人越来越明显地成为地区的主宰。近100年的统计数据表明,库库淖尔地区的蒙古人数量从原来的20000户缩减到如今的2000户。与此同时,唐古特人的户数却增加到15000户。

库库淖尔的所有唐古特人分8个爱玛克,或8族,归西宁办事大臣管辖。每个爱玛克又可分成若干更小的爱玛克或者百户。其中的几个主要的爱玛克由西宁钦差任用的世袭的千户和百户管理,爱玛克中的一些小的部落由其首领指定的长来管理。

除了上面提到的唐古特8族,在西宁周边还有6个由唐古特人和

· 欧 · 亚 · 历 · 史 · 文 · 化 · 文 · 库 ·

蒙古人混合组成的爱玛克,由释尼辉特寺的札萨克喇嘛,又称察汗诺门罕管理。札萨克喇嘛享有王公的封号和印鉴,他管理的 6 个爱玛克分布在丹噶尔厅和新城之间的山区。

在 6 个爱玛克中间,有一个被称为阿里克大布志爱玛克被分成 4 个百户,其中的蒙古人居多数。

察汗诺门罕,唐古特语称沙菩兰噶尔邦,是忽必尔罕的第七世转世。以往的忽必尔罕生活在黄河上游谷地的沙菩兰噶尔邦辉特寺,到第四世转世时,由于他严格按苦行僧的规范约束自己,再加上库库淖尔的唐古特人和蒙古人在皇帝面前一再请求才迁至丹噶尔河谷。圣僧的寺庙起初为一座游牧的帐篷,大约 15 年前才迁到释尼辉特寺。为纪念该寺创建者,札萨克图汗爱玛克的喀尔喀蒙古喇嘛,这座寺又称喀尔喀拉卜楞。寺院的圣僧,如今的第七世转世活佛是却藏寺葛根的兄长。

在丹噶尔河谷游牧的还有比奇杭公旗的蒙古人,他们大约是在 50 年前从布哈音戈尔移牧到这里的。曾经人口众多并富裕的比奇杭公旗蒙古人如今的数量已经缩减为 60 户,而且其中的一半还是东干人。后者大概有 20 户,是自愿随厄鲁特蒙古一起从新疆伊犁迁移到比奇杭公旗的。这一部分东干人同蒙古人一样住毡帐,衣着与蒙古人相同,并且说蒙古人的语言。但是,他们却信奉伊斯兰教,在婚姻习俗方面严格遵守伊斯兰教的教规,婚姻的缔结仅限于有相同宗教信仰的信徒之间。

西宁地区的唐古特人游牧在最北方,大通河上游地区,接近玉南野番。根据地方衙门的统计,唐古特人有 650 户。这些唐古特人的首领是阿雷克千户,中国皇帝赐予他红色顶戴。

根据我们掌握的库库淖尔地区游牧民族的资料可以得出如下结论:唐古特人密集分布在库库淖尔湖沿岸四周的地方,库库淖尔地区实际上是在唐古特人的控制之下。

唐古特人总是羡慕地盯着考察队运输队伍的装备,他们的眼神里有时会露出凶光。与中亚的其他居民不同,唐古特人总是不同程度地盲目好斗,在他们身上可以很明显地看到骄傲、自负这些特点。唐古特人总是对自己的优越之处充满自信,他们在无拘无束的自由氛围中长大,在马背上练就了作战能力,并且习惯于面对死亡和通过争斗赢得胜利。

对于我们这支运输队伍的出现,唐古特人很是担忧,他们尽量避免引起我们的关注。而我们则以为唐古特是一个不善良、不坦诚待客的游牧民族。因此,即便是在与库库淖尔的唐古特人偶然的近距离接触中关系融洽的情形之下,我们在内心里对他们仍然极不信任。

我至今仍然记得在库库淖尔湖北岸同唐古特人一起宿营的情形:几名唐古特男子来到考察队的营地,送给我们一只羊做礼物。作为回应,我们也热情地款待来客,给他们一点儿钱,在他们要起身回家的时候拜访他们的营地……两名唐古特妇女张罗着用茶招待我们。在同唐古特人的谈话中我得知,其中的一名妇女在一年前同一名唐古特青年浪漫私奔,如今这位私奔的女子已经得到父母的谅解,体面地来到自己丈夫的家。为了巩固与唐古特人的友好关系,我在返回自己的营地后又遣人给这名唐古特女子送去一些礼物。事实证明,我的举动给库库淖尔地区偏执的唐古特居民留下了很好的印象。

库库淖尔地区唐古特人的婚姻缔结过程是这样的:在男孩子还不到 16 岁的时候,父母就开始替他张罗婚事了,他们会邀约一名德高望重的老人陪同前往被他们相中的姑娘家提亲。提亲时携带的礼品有刚刚为女方父母宰杀的羊肉,5～10 瓶白酒和数条哈达。如果女孩的父母同意,前来提亲的一方就会送上礼品和招待他们。反之,如果女方父母不同意,男方一行就只能带着所有礼品扫兴而归。

在得到女方家人认同的前提下,男方的父母会再请那位德高望重的老人到女方家商定聘礼的数目。需要说明的是,按照库库淖尔地区唐古特人的习惯,男方给女方家里的聘礼共分 3 个等级。聘礼最多可达到 50 头牛和马,500 只羊和 3 只 50 两的中国元宝(约相当于俄国的 100 卢布);第二个等级聘礼的数额是上一等级的一半;最少的聘礼数量也大概是最高额度的 1/3。

男方父母在花费一定时间筹足聘礼后,便去找离他们最近的喇

欧·亚·历·史·文·化·文·库·

嘛,请求喇嘛帮着选一个下聘礼的吉日。男方的父母接受喇嘛选定的日子,并再次打发那位老人到女方父母家通告选定的吉日。女方父母在得到这个信息后,根据自己的家境情况邀请 5～200 人,甚至更多的亲朋好友届时前来庆贺。

吉日一到,未婚夫和他的父母在 7～40 名亲人和密友的陪伴下(其中的女性不能少于 4 人)浩浩荡荡出发前往女方家。然而,女孩儿这天却不能待在自己的家里,按习惯这一天她得在亲戚家度过。随着未婚夫一家的到来,仪式正式开始。他们带来的吃食被一一端上桌子招待客人。男方家带来的礼品通常有 5～15 只宰好的羊、30～100 俄磅白酒和若干奶酪。除了桌上款待客人用的食物,新郎和父母还要给客人们一一献上哈达。

筵席之后,男女双方的父母便可以一同去喇嘛那里挑选结婚的日子。在最终选定的日子里,女孩子和自己的父母会同一帮亲戚朋友来到亲家那里,陪客中的女性居多。双方的客人都会受到款待,婚礼至此就算是结束了。

婚礼几天之后,一对新人要带着酒食回女方家,这时候也是岳父要给女儿嫁妆的时候了。大多数情况下,嫁妆是聘礼的两倍,这样才会赢得旁人的赞赏。还有另外一种情况,如果岳父给的嫁妆和男方家的聘礼一样多,女婿有权斥责自己新结的亲戚贪财吝啬。

总的来说,唐古特人的婚礼有各种约定的仪式,这对男女双方的父母而言都是一种沉重的负担,对于那些家境并不富裕的唐古特人而言更是如此。在一定程度上,这种习俗迫使那些贫穷的唐古特人像之前我们偶然碰到的那对唐古特人一样去偷盗或抢婚。库库淖尔的唐古特人同藏族人一样,实行一夫多妻制:嫂子同样可以爱抚丈夫的弟弟,与他们同居一处。

5.8　南库库淖尔山以及公本寺

继续回到我们之前谈论的旅行。考察队 3 月 29 日离开库库淖尔,选择了一条最靠近南山山麓的道路。在山谷贴近山麓的地方,平坦的草原变得起伏不定,地表植被无大的变化,只有草原火灾后被烧焦地段的黑色斑点改变着平缓草原的色彩。库库淖尔湖平静湖面的一部分从宽谷的最高处显露出来,在这里不仅可以看到最大的海心山,还能看见一些小岛,南部方向有时甚至显现出南库库淖尔山的山岭。离开库库淖尔的第四天,考察队顺利渡过布哈音戈尔河,这里的风景与之前我们所见到的差不多。布哈音戈尔河目前的水量并不大,河水流淌在多石的河床中。但在夏天的时候,数条小溪汇集于此,水位最高的时候人很难渡过河去。考察队随后沿布哈音戈尔河左岸向前行进,沿途经过了坐落在河谷不远处的特京淖尔死水湖。

南库库淖尔山脉从布哈音河的一侧崛起,它可以被看作是南山与昆仑山对角线的结合点。南库库淖尔山脉大体上从西北向东南延伸,山岭在部分地方十分广阔,同时被河谷截成好几条山链。山的北坡比较狭窄,南坡却非常广阔。布满悬崖峭壁的山脊海拔高度达到 14000 英尺(4267 米)。山腰以上分布着高山草甸,中部被很多灌木覆盖,山脚下生长着草本植物。山上有许多大大小小的洞穴,其中的一部分被牧羊人利用,还有一些被熊占据,尤其是当它们冬眠的时候。

离开坤都伦这个地方之后,考察队从南库库淖尔山脉一个海拔 12630 英尺(3850 米)的低岭翻过去,用两天的时间到达图兰辉特寺。唐古特人称我们刚才经过的山口为甘珠尔涅赫,蒙古人则把它叫作奴吉特达坂。和往常一样,山口上有一个火山形状的鄂博。山口偏南方向的山谷中矗立着一座独立而多峭壁的小山,游牧民称之为甘珠尔丘努,并把它当作圣山膜拜。[1] 大路西边的隐秘处有一个修建得十分巧妙的台形柱脚入口,这让我们联想起一本叫作《甘珠尔》的书(由 108 卷构成)。这个入口通向一个巨大的岩洞,人在洞里叫喊的声音就像是在一座空荡荡的宫殿发出的声音一般。据随行的唐古特人和蒙古

---

[1]关于这座小山以及山上的洞穴,有一种传说和迷信的说法。具体参阅 A. M. 波兹德涅耶夫(A. M. Позднеев)的译作: Сказание о хождении в Тибетскую страну Моло – дорботского База – бакши(《小杜尔伯特巴扎巴克什去西藏的故事》). СПб.,1897,стр. 174.

人介绍,这座宗教建筑已经非常古老了。传说中称,有一位叫格萨尔博格多的帝王,如今他已经成仙。在 1000 多年前,他切断了山口东端的山峰,并且把它搬到这里。山洞开凿后,仙人便住在这里。牧民至今仍然认为,平坦高山上的山洞是被削出来的,由此便有了甘珠尔丘努,两侧分散的碎石块也是格萨尔博格多王在完成这个杰作时留下的。

考察队沿着峡谷继续下行,在大山中行走大约 15 俄里,最终到达了察汗淖尔湖。这座湖自西北向东南延伸,是一座咸水湖。湖的水位不高,面积也不大,方圆 12 俄里[1]。察汗淖尔湖的水来自于周边山上的小河,这些河流只有在夏天能够到达湖中。除此之外,湖的北侧还有一支水质清澈的山泉。4 月 4 日,湖面中间结了厚厚的一层冰,四周围有活水在流动,成群的印度灰雁、海番鸭,还有几种不同的鸭子在水面上游泳嬉戏。到了傍晚,落日的余晖洒在如镜一般的察汗淖尔湖面,雪白的天鹅在深蓝色的湖面上游动。这一切是多么妙不可言!春季的夜晚,从湖面上传来各种飞鸟的叫声,尤其是山中海番鸭的叫声,彻底打破了夜的寂静。

考察队告别察汗淖尔,在翻越一道向察汗淖尔东岸倾斜的小山坡后,迅速绕过察汗淖尔以及前方的瑟尔赫淖尔之间不甚清晰的分水岭。通往图兰辉特寺的峡谷地势急速下降,云杉和刺柏树林越来越多,眼前终于出现了在这一带最出色的乌苏额根卡拉盖德峡谷。上次考察中我曾经在这里停留过一个多星期,专门研究南库库淖尔山脉的动物及其特点。考察队自此进入库库淖尔大道,并很快到达图兰辉特寺。

这座蒙古寺院由目前游牧在库库淖尔湖岸边的青海王保护,寺院看上去比较简陋,它在 1895 年遭受东干人起义的破坏之后成为一片废墟。按当地僧人的说法,那些东干人用画着佛像的上好丝绸装饰他们的马鞍,而把比较陈旧的丝绸当成没有利用价值的东西,任意踩踏。

如今我们通过的是通往柴达木盆地东部的道路,这段路我们非常熟悉。面前的萨尔雷克和德莫尔腾淖尔山遮挡住了视线,南边是瑟尔

---

[1]察汗淖尔湖的海拔高度为 10790 英尺(3290 米)。

赫淖尔湖的湖谷。湖谷中曾经有过一个很大的水塘,如今分布着数座咸水湖,湖的分布范围向西直到库尔雷克旗的托索淖尔。队伍经过东边方向上与努林浩尔[1]河连接的图兰湖和瑟尔赫淖尔湖。这条河并不宽广,约有16米,河水深度为2~3英尺(0.5~1米),河底大量的淤泥给我们渡河带来极大的不便。骆驼不得不一头一头地单独过河,上岸的时候需要有人小心地抓着驮子费尽力气把骆驼拽出泥泞。侥幸的是,我们仅用了一个小时便成功渡到河的对岸,并继续朝着距离努林浩尔河大概有8俄里的达姆纳梅克泉行进。从这个高度看山谷,视野已经十分开阔,可是当第二天我们到达萨尔雷克乌拉山的脚下时,视野变得更加开阔了。从这里我们可以看到,南山山脉距离我们最近的部分在平滑如镜的湖面的怀抱中显得异常高大。

5.9　布尔汗布达山的风光

考察队在萨尔雷克乌拉山狭窄的山谷穿行,攀上白雪点缀的山腰,爬上南部方向由小山丘组成的黏土高地,眼前出现了布尔汗布达山的身影。它自东向西延展,此刻被笼罩在薄雾之中。我们透过一层沙尘模糊地看到,白雪严严实实地覆盖着山顶。

从这里可以欣赏到柴达木盆地的景象。在4月9日这个令人难忘的日子里,我们不知疲倦地急行军40俄里路,最终到达了宽阔的达雷杜尔金沼泽地前端,并在被芦苇覆盖、有一汪面积不大的水泽的沙丘中做长时间停留。

考察队接下来穿越柴达木盆地东部的行程走得十分艰难,主要是因为在这片盐碱地中有许多沼泽。同时,队伍经常不得不绕弯路而行,这无疑加长了行军的距离。巴彦戈尔河谷,以及附近的凹地里有浅红色的含盐液体流出。这片地方,尤其是被芦苇环绕的湖区吸引了很多飞禽,它们中的大多数都会待在这里,并在此筑窝,等待交配季节的

---

〔1〕浩尔,即河口。

来临。

前往巴伦札萨克营地沿途最引人入胜的地方要数祖哈了,我们在这里捕获了一个新品种的红点鲑。这里以及附近其他地方水域中最常出现的鱼类有鲑鱼、鲤鱼和裂腹鱼。

在柴达木盆地可以更明显地感受到春日的暖阳:大地出现了新绿,白天空气中有蚊子飞来飞去,蜘蛛从田野里快速爬过,复苏的蜥蜴从洞穴中爬出。芦苇荡中,从早到晚都可以听见当地野鸡求偶的鸣叫。此外,还有鹅、鸭子、黑鹤、丹顶鹤,以及大量鹬的身影出现。

考察队的优秀成员穆拉维约夫一心扑在气象观察上,他不仅非常乐意做日常的例行观察(早晨7点、中午1点、晚上9点),而且还能够连续4个月坚持进行从早晨7点到傍晚8点的每小时观测。[1] 从我对这件事产生兴趣的第一天开始,我就非常虚心地向穆拉维约夫求教,并且在我们在柴达木盆地度过的将近一年的时间里,穆拉维约夫不倦地教授我进行气象观察,教我如何摆弄那些设备,查看观察结果。

我把穆拉维约夫及其他3名队员留在柴达木盆地的仓库,具体由考察队的司务长加夫林尔·伊万诺夫负责,其中一人是我4次中亚考察的老伙伴伊·德·甫里德菲别尔。伊万诺夫就像一个游牧的蒙古人一样,他的营地时而迁移至平原地带,时而又转向附近山区的峡谷,一直守护着考察队的骆驼、马和羊等牲畜,并不时抽空回到仓库看看。其余的两名年轻人叶夫根尼·基列绍夫和雅科夫·阿福金会讲蒙古语。他们时而驻留在一个地方,时而去放牧,从一个地方迁到另一个地方通常需要一个月的时间。然而,这两个年轻人还可以同伊万诺夫在一起待上好几个星期。如果不把蒙古人计算在内,穆拉维约夫则是完全一个人独自进行他的观察工作。

当考察队到达柴达木盆地时,地方的管理者也恰好移居到布尔汗布达山谷的哈图地方。他时常拜访考察队的营地并与我们协商给考

---

〔1〕穆拉维约夫在气象观察点所使用的设备有干湿温度计、精密温度计、极值温度计、在土壤中安放的土壤温度计,或在雨量计柱子上放置的温度计。穆拉维约夫气象观察房里的设备有水银气压计、无液气压表、普通时钟和钝角堡时钟,以及用来记录数据的记事本。

察队的运输队装备牦牛的事情。不知道为什么,每当提及我们关注的重要问题时,巴伦札萨克总是口是心非。我因此在回答他的问题时态度也变得很冷淡,完全一副公事公办的态度。在谈话快结束的时候,我提到了 H. M. 普尔热瓦尔斯基、他西藏考察的装备,甚至还谈到我们一返回西宁就立即向钦差报告这些事情之类。在我的开导之下,巴伦札萨克和他的心腹们商量了很久。虽然我们最终通过外交手段达成和平协议,然而我对地方管理者已经没有任何的好感可言了。

在出发去西藏之前,我通过俄国驻北京使团给国内寄去了工作报告和书信,同时请求公使为考察队准备大量中国白银,在我们返回西宁之前汇到这里。考察队贮备的银子足够保证队伍一年的需求,我要带着这些银子进藏。因为根据以往的经验,在西藏的开销会是十分巨大的。

5.10 在柴达木盆地过冬的候鸟

这个春天,我们在南山、库库淖尔,以及柴达木盆地东部观察到候鸟零零星星的迁徙活动。

1900 年给我们报春的第一位使者是黑耳鸢(*Milvus migrans*)。2月 9 日的时候在大通河峡谷见到了一只黑耳鸢,随后的两个星期里我们什么都没有观察到。24 日的时候,又一次观察到黑耳鸢,同时在营地的上空飞过一只不大的灰雁(*Anser cinereus*);26 日第一次出现绿头鸭(*Anas platyrhyncha*)和秋沙鸭(*Mergus serrator*);28 日乔典寺上空出现一群黑鸢;29 日一大群秃鼻乌鸦在岸边的草地上栖息,它们在傍晚的时候向遥远的北方飞去。

3 月初显得很阴郁,完全不见太阳,絮状的雪下个不停,鸟儿也沉默了。3 月 4 日观察到一只白鹭(*Ardea alba*),它遭到了从四面八方而来的黑乌鸦的追击。[1] 3 月 8 日出现了大耳红雉(*Crossoptilon auri-*

---

[1]3 月 7 日,山的高处第一次传来土拨鼠的叫声,同时还发现了鼹鼠洞。

tum);9 日在却藏寺上空盘旋着一对黑鹤(*Ciconia nigra*)。

3 月 12 日,却藏寺河谷附近出现了白眉鸭(*Querquedula*)和灰鹤(*Grus grus*),同一天还观察到一大群北飞的鹤和灰雁(*Anser cinereus*)。喜鹊(*Pica*)开始修葺旧巢。13 日再次观察到白鹭,很快又出现了一只灰鹭。14 日[1],丹噶尔河谷显得生机勃勃,小鸟,尤其是百灵鸟的欢歌声此起彼伏。16 日,天气非常晴朗。鸢鸟在这一天开始交配,灰鹭在自己的老巢边忙碌着。19 日,我们观察到了鹨鸟(*Anthus*)。20 日,白鹡鸰(*Motacilla alba baicalensis*)和戴胜(*Upupa epops*)出现了。[2]

3 月 22 日,一群又一群小鸟沿丹噶尔河下游向南飞,而我能够辨识出的只有白鹡鸰。23 日,我们观察到石鸡(*Oenanthe isabellina*)和燕子(*Biblis rupestris*)[3]。后者在峭壁上发出啾啾声。24 日,库库淖尔湖周边出现了成双成对的雁(*Anser indicus*)。25 日,我们观察到叶尾鸭的身影。[4] 27 日,在库库淖尔山谷和库库淖尔湖地区发现了白腰杓鹬、鸬鹚、海番鸭、海鸥和之前出现过的绿头鸭、秋沙鸭、白鹭。

4 月 3 日,[5]南库库淖尔山山脚的灌木丛里发现了寒雀(*Urocynchramus pylzowi*)、荒漠伯劳(*Lanius isabellinus*)和红尾毒蛾(*Phoenicurus alashanicus*)。第二天,即 4 月 4 日,在察汗淖尔湖周围的鸭子群里发现了天鹅(*Cygnus*)。与此同时,我们在附近的山坡上观察到了石鸡。7 日,我们在图兰戈尔河发现了红尾鸲。8 日,瑟尔赫淖尔湖谷出现了红脚鹬(*Tringa totanus*)。9 日,我们在柴达木盆地东北部地区的达雷姆杜尔金泥沼发现了大杓鹬(*Charadrius alexadrius*)。[6] 10 日,在伊尔吉兹克沼泽(蒙古语称之为伊吉丘克沼泽),观察到之前提到过的白腰杓鹬、鹬鸟、黑鹤和灰鹤,还有灰头鸭。除此而外,还有凤头麦鸡(*Vanellus vanellus*)、凤头鸭、黄头鹡鸰、凤头鸬鹚、燕鸥、黑翅长脚鹬、秧

---

〔1〕14 日南面的山坡被青草染成了绿色。
〔2〕同时,我们还在察汗苏迈寺周边地区收集到金露梅、秦艽、距骨和十字花科植物做标本。
〔3〕当天也是我们在 1900 年第一次遇见蝴蝶。
〔4〕同时出现了蜥蜴,库库淖尔湖大部分地区已经解冻。
〔5〕4 月 1 日,马熊从冬眠中苏醒。
〔6〕鹤跑到这里来产蛋。阳光下地表的温度达到 41.3℃。

鸡、丘鹬、琵嘴鸭、玉带海雕。

12 日,在巴彦戈尔河观察到红鼻子潜鸭;13 日,在之前已经提到的琵嘴鸭之中发现了赤颈鸭;18 日,在巴伦札萨克旗附近发现了椋鸟(*Sturnus*);时隔一天后的 20 日,一只毛脚燕向北飞去。

4 月 27 日,[1]黑尾鸢已经产完了蛋。[2] 28 日,飞来石鸡和鸢鸟。

5 月 3 日,春季以来在柴达木盆地第一次观察到滨鹬;4 日,夜鹰出现。

5 月 15 日,[3]家燕(*Hirundo rustica*)和楼燕(*Apus apus*)出现,为我们在柴达木地区的鸟类观察活动画上句号。这些不知疲倦的鸟儿给人留下了深刻印象,也使得死气沉沉的柴达木盆地变得生机勃勃。一只鸟儿欢快悦耳的叽叽喳喳声被天空中另一只鸟的响亮叫声替代,这一切都让我想起了我们那遥远的北方故乡。

---

〔1〕25 日晚上有蝙蝠在旗上空盘旋。

〔2〕在同一天柽柳和水柏开始发芽了。

〔3〕5 月 5 日,沙地表面的温度在阳光照射下达到了 50.5℃,灌木丛和草丛中已经有花在开放,附近的空气中弥漫着花香。

6　柴达木盆地

6.1　地理位置

"柴达木"一词并不是蒙古语词汇,而是藏语词汇,蒙古语中的这一词汇表示"盐泽、盐谷和草原"之意,它是由两个藏语词汇构成的:"柴"——盐,"达木"——淤泥、沼泽。这个词也表示一个众所周知的盆地,它位于南山主要山脉之间,从东部的山结到最西边的交接处延展近 800 俄里(850 公里),北部一直到南山西部的一些山峰,南抵昆仑山地区。虽然柴达木盆地的面积相当大[1],平均宽度有 150 俄里(160公里),然而它在东、西两个方向上却是逐步减小和收缩的。

在不十分遥远的地质时代,柴达木盆地这片完全封闭的地区极有可能是一个由两个完全不同的部分组成的海底:"海底南边的部分地势较低,相对平坦,分布有无数泉水交织、覆盖着盐土的沼泽。北边的部分地势较高,由多山而贫瘠的沙化土地以及盐碱地构成。"[2]

众多河流从南部的西藏山原发源,流至柴达木盆地水域,最后汇成柴达木盆地的最主要河流——巴彦戈尔河。这条河从托索淖尔湖流出,沿途形成大大小小的苦咸水湖区。

当然,这一地区的盐碱土壤不可能生长植被,只有在"巴彦戈尔河岸边生长着茂密的灌木,其中数量最多的是白刺(*Nitraria Schoberi*)和柽柳。此外,还有少量黑果枸杞和罗布麻,比较湿润的地段生长有大量

---

〔1〕柴达木盆地东部大约有 9300 英尺(2830 米),中部为 9000 英尺(2743 米),西部为 9300英尺(2830 米)。

〔2〕Н. М. Пржевальский. Третье путешествие в Центральной Азии(《第三次中亚之行》). СПб. , 1883, стр. 146 – 147.

的芦苇。其他植物中,除了几种禾本科植物,最常见的就是鸢尾花和 *sphaerophyzasalsola* 了"。[1]

柴达木盆地特有的动物有羚羊和野驴,此外还有狼、狐狸、兔子和一些小型的啮齿动物。秋季浆果成熟,熊便从西藏山原下来,品尝那些沉甸甸地缀满枝头、甜中带咸的诱人浆果。"熊贪得无厌地采食这种植物,最终影响到胃的消化功能,地上经常能够发现它们暴饮暴食后留下的痕迹。"这片贫瘠的地区上动物稀少的原因除了它不适合动物生存外,夏季柴达木盆地的沼泽区大小蚊子和牛虻繁衍是另一原因。因此,当地的居民也会在夏季赶着他们的畜群移居到山里。

夏季,或者春、秋季鸟类大量迁徙或筑巢的时节,柴达木盆地便成为鸟类的天堂。这里仅鸟巢,尤其是水鸟的巢和长腿鸟类的巢就有很多种类型。到了冬季,柴达木盆地为数不多的野鸡、山鹑、文须雀、百灵鸟、黑尾地鸦、大朱雀、麻雀、山鸽,还有经常从山上飞下来寻找食物的秃鹫和胡秃鹫等鸟类会打破季节带来的寂静和萧瑟。

柴达木盆地的河流和泉水里有丰富的鱼类,它们都属于裂腹鱼、戈烈茨鱼(*Diplophysa*)和条鳅属。

从行政建构来看,柴达木地区被划分成五旗,蒙古人和汉人都熟知的叫法是"察哈大本柴达木",即边远的柴达木五旗,或者简称"大本柴达木",亦即柴达木五旗[2]的意思。"察哈"一词的意思是"边缘的、遥远的",加上这个词的目的是将这五个旗和游牧在库库淖尔湖周边地区,以及黄河流域的蒙古人区分开来。

6.2　柴达木盆地蒙古人的历史

很遗憾,关于柴达木地区蒙古人令人向往的历史,我们获得的信

---

〔1〕Н. М. Пржевальский. Третье путешествие в Центральной Азии(《第三次中亚之行》). СПб. , 1883, стр. 169 – 170.

〔2〕巴扎巴克什的故事对这一名称的来源做过解释。具体参阅 А. М. 波兹德涅耶夫(A. M. Позднеев) 的译作:Сказание о хождении в Тибетскую страну Моло – дорботского База – бакши (《小杜尔伯特巴扎巴克什去西藏的故事》). СПб. ,1897,стр. 174 – 175.

息只能来自巴伦和宗旗管理者的父辈,以及这两个旗和台吉乃尔旗的老人口中,并且把它们记录下来,转述给大家。

关于当地蒙古人的历史没有留下任何文字性的材料。[1] 汉人在征服了柴达木盆地和库库淖尔的蒙古人之后,威胁蒙古人销毁所有史书、手稿和文献,否则就杀了他们。在随后的 200 年时间里,汉人时不时地要求蒙古人这样做,最近的一次发生在 50 年以前。随着蒙古被征服,统治者在蒙古推行王公制度,编修与蒙古王公相关的历史。但是,在这些新的历史中没有收录任何一个古老的民间传说。这些传说承载着过去 200 多年的历史,在 53 年前(1848 年)当唐古特人对柴达木盆地和库库淖尔发起第一次大的突袭中毁于一旦。库库淖尔地区的蒙古人作为较为富有的蒙古人,在这场劫难中蒙受了更大的创伤。在库库淖尔及其南部直到黄河之间的地区分布着最古老的蒙古王公和他们的蒙旗,那里也许还保留着一些蒙古人的史籍和文献。唐古特人不仅将蒙古人的财产洗劫一空,而且销毁他们所有的书籍、手稿和文献。因此,我们没有任何依据来证实那些从蒙古人口中听到的传说。

蒙古人代代相传的故事里说道:整个黄河流域,从黄河上游到鄂尔多斯的地方被古代蒙古人称为西喇古尔[2],并且库库淖尔地区为西喇古尔蒙古占据。很久以前,大约 1000 年前,这里的西喇古尔蒙古分为 5 个大的汗国,但汗国的名字并没有保留下来。随着时间的流逝,曾经的 5 个汗国变成了 3 个。也就在这一时期,西喇古尔蒙古受到来自东部的汉人和南部的藏族的排挤,他们不得不让出自己的游牧地,一步步向黄河以南迁移,最终渡到黄河左岸,在那里建立了一个分布地域包括南山、大通河以及柴达木盆地的汗国。这一片地区的绝大部分地方被 5 个古老汗国的西喇古尔蒙古占据,只有一小部分地方被汉人和藏族占据,还有一部分地域不知所归。如今蒙古人已经无法说清楚,这个汗国在 250 年前被汉人征服之前已经存在了多长时间,他们同样

---

〔1〕这里仅指柴达木地区的蒙古人。

〔2〕俄国中亚探险家 Г. Н. 波塔宁对今中国青海土族的称谓。译者注。

也不记得,西喇古尔蒙古在从黄河南岸迁移到北岸和柴达木盆地之后的汗位更迭情况。

这些传说的更多内容是关于最后一位西喇古尔汗,以及汉人征服了西喇古尔汗国的历史。

6.3　固始汗

300年前,西喇古尔蒙古的最后一位汗王是固始汗葛根。[1] 他的营地在柴达木盆地东北角图兰戈尔河右岸,图兰戈尔和注入图兰淖尔湖的地方,营地的废墟直到如今还存在。

当时的汗王本人和他的臣民并不了解佛教,他们信奉的完全是另一宗教。按照习俗,对死者实行土葬。

居民居住在用黏土或者石头筑起的房屋里,房子的外形与现在他们居住的帐篷类似,屋顶呈圆形。

个别这种式样建筑的直径能够达到10米。在柴达木盆地诺门哄戈尔河沿岸的汉人要塞遗址诺门哄浩特以北的地方,至今还保留着这些建筑物的废墟。

除此之外,布尔汗布达山北坡的峡谷还有许多古老的灌溉沟渠。一种说法称西喇古尔蒙古已经掌握了农业技术,灌溉沟渠是他们留下的;另一说法却认为,灌溉沟渠是从事农耕的汉人开凿的。

固始汗葛根是第一个接受佛教的西喇古尔蒙古人。他同如今转世在图兰辉特寺的丹增胡图克图喇嘛一起,在西喇古尔蒙古中推行佛教。蒙古人说,传说中没有提到他们的祖先是如何接受佛教、固始汗为了推行佛教采取了哪些措施,只是说,自从祖先改变了信仰,他们的风俗和习惯也发生了变化。在固始汗去世前,他所有的臣民都已经是佛教徒了。

---

〔1〕1640年固始汗征服西藏,随后将它送给布莱苯寺的住持阿旺·罗布桑(1617—1682),并同时册封其为"达赖喇嘛"。伟大的阿旺因此成为第一个拥有这一封号的藏族宗教人士。

· 欧 · 亚 · 历 · 史 · 文 · 化 · 文 · 库 ·

6.4　汉人征服西喇古尔

固始汗之后,西喇古尔的汗王本应由他的儿子噶尔丹－丹增洪太子继承。但有一半的西喇古尔蒙古人并不想让这位太子承汗位,他们拥立另一个人选来反对太子,于是内讧发生了。汉人利用这一机会,派出一支实力很强的军队统治西喇古尔蒙古,很快就摧毁了因内部纷争而实力大减的西喇古尔蒙古。

此时,噶尔丹－丹增洪太子和自己的拥护者离开库库淖尔地区向北逃亡,也就是从这时候起,留在库库淖尔的西喇古尔称那些逃走的同族人为厄鲁特人,即逃亡者("厄鲁特"或"诶鲁特"意即为逃亡者)。如今生活在柴达木盆地和库库淖尔地区的蒙古人不认为自己是厄鲁特人,他们坚称自己不是从北方来的,而是原住居民,是西喇古尔蒙古固始汗葛根及5个古老汗王的后裔。而厄鲁特人则专指那些与主体分离后追随固始汗的儿子噶尔丹－丹增洪太子一起出逃北方的那一部分西喇古尔。

在西喇古尔发生内讧时,汉人通过战争顺利地征服了西喇古尔蒙古,占领了他们的领地。噶尔丹－丹增洪太子出走之后,当地西喇古尔蒙古的境况逐渐变得好了起来。与汉人的战争刚开始时,西喇古尔蒙古还会给予外来者以抗击,但由于内部纷争不断,加上洪太子(蒙古人经常如此称呼固始汗的儿子)带领一半的西喇古尔蒙古逃往北方,这就促使西喇古尔蒙古产生了向北方逃跑寻找出路的念头。然而,汉人控制了南山的所有通道,迫使西喇古尔蒙古回到库库淖尔岸边和柴达木盆地。汉人对西喇古尔蒙古进行残忍的屠杀,传说留下的西喇古尔居民有一半被屠戮。对西喇古尔蒙古的荼毒发生在巴嘎乌兰和伊赫乌兰河之间的河谷,当时这两条河的河水完全被西喇古尔蒙古的鲜血染红,并且从此之后两条河就一直被叫作乌兰河,意即"红色的河(被鲜血染红)"。但在与西喇古尔蒙古的战争中,汉人并不总是能够轻易占了上风的。柴达木盆地库尔雷克贝子旗西部有一个叫沙海淖尔的小湖,意即"汉人的鞋子"。汉人在这里吃了败仗之后溃散,湖两岸到处都是汉军士兵遗留下的鞋子。总的来说,西喇古尔蒙古的抵抗并不长久,他们在经历了几次大的挫败之后,损失已经过半,最终被汉人征服。

6.5 西喇古尔的行政划分

为了有效地控制这个被征服的民族,汉人在柴达木盆地的诺门哄戈尔等地建立起大大小小的要塞,并在每个要塞都安扎了有战斗力的驻防部队,其中最大的要塞就是诺门哄浩特。虽然这座要塞存在的时间不长,但是它的废墟却保留至今。

汉人的军人和农耕者在柴达木盆地停留的时间并不长。因为中国政权的高层得到消息,奉命建设诺门哄浩特的西喇古尔蒙古地方驻防军首领违抗了旨意,擅自扩大了诺门哄浩特的建筑规模。首领因此被召回处决,驻防军也很快被撤离。与他们同时返回的还有移民,他们在当地开垦出大片的土地并修建了灌溉沟渠,如今为蒙古人所用。诺门哄浩特长期保留着汉人的房屋建筑——衙门、民房、马厩,蒙古人把自家的家什摆放在这些房屋中。53 年前,唐古特袭击要塞,城内包着铁皮的门和土墙保住了不少蒙古人的生命和财产。后来,铁门被损毁,土墙上也有两三处地方被水冲毁。蒙古人如今非常抱憾地自责当初没有及时加固诺门哄浩特城的建筑,这些建筑能够比汉人更有效地保护他们免遭唐古特人的侵袭。

在对西喇古尔蒙古的战争结束后,中国皇帝派钦差大臣到西宁。他的职责是管理被征服的民族,监督蒙古诸旗的秩序。

蒙古人称第一位钦差为达赖 – 大人 – 阿班("达赖"是蒙古语词,意为"大海";"大人"是汉语词汇,意为"伟大的人物、将军";"阿班"是满语词汇,意为"大臣")。[1] 这位达赖 – 大人 – 阿班自作主张地划分

---

〔1〕1724 年,清军平定和硕特部顾实汗之孙罗卜藏丹津叛乱后设置青海办事大臣,总理青海蒙、藏事务。首任青海办事大臣为蒙古人达鼐,于雍正三年(1725)到任。译者注。

93

西喇古尔蒙古的土地,为每个旗指定地界,并且推行汉人的法律。简而言之,他在用全新的制度管理西喇古尔蒙古。

在汉人征服蒙古人之后200多年的时间里,蒙古人对新的管理制度并无任何的怨言。因为清朝的管理者不接受贿赂,人民也不会遭遇强取豪夺的事,官司的判决都很公平,朝廷给王公的赏赐也总能如数全额发放。除此而外,清政府在极易遭受唐古特人侵袭的蒙古地界设置卡伦,确保了库库淖尔和柴达木地区的居民能够平静地生活。库库淖尔和柴达木地区的蒙古人出门不再随身携带武器,生活迅速变得富有起来。

6.6　蒙古人是如何唐古特化的

然而,蒙古人平静和富饶的生活就此结束了。

图 6-1　考察队在贵德为当地人治病

从60年以前的1840年开始,汉人对蒙古人的态度发生了转变。中央政权不再坚持公平,地方官员充当起敲诈者的角色开始收受贿赂,甚至用暴力巧取豪夺,贵德厅北黄河上唯一一个能够抵挡唐古特人进攻的重要卡伦察汗延平被撤。从1847年开始,唐古特人更加肆无忌惮,他们不仅进入整个库库淖尔地区,甚至渗透到柴达木盆地。唐古特人不仅掠夺了毫无反击之力的蒙古人的全部财产,而且杀害了有半数蒙古居民。当时库库淖尔地区的居民是如今的 30 倍,而柴达木地区的人口是如今的 10 倍。

许多蒙古人被当作俘虏掠走一去不返,部分旗的居民四散逃窜,直到最近五六年由于之前逃亡的人陆续重新回到他们熟悉的土地,这些旗才再次繁荣起来。在这次袭击结束之后,唐古特人开始在黄河左岸定居下来,他们驱赶并杀害蒙古人,渐渐深入并定居在库库淖尔河谷。成千上万手无寸铁的蒙古人被抢劫、杀害,而蒙古人向政府的申诉没有得到任何回应,因为唐古特人在每次袭击后都会用重礼贿赂政府官员。蒙古人不得不武装起来,在没有政府帮助的情况下尽自己所能击退唐古特人。但是,蒙古人的奋起抗击并没有得到大的收效,如今蒙古人几乎完全被驱赶出库库淖尔周围的山区,甚至库库淖尔湖谷。如今这一地区仅剩下一度非常强大的青海王旗、哈尔克贝子旗和布哈音公旗等旗人数不多的残部。

由于清政府没有采取任何保护蒙古人免遭唐古特人的袭击和掠夺的措施,当地的蒙古居民不得不和唐古特人生活在一起,或成为近邻,很快丧失了自己的民族特点。与自己的同族人相比,库库淖尔的蒙古人很快便改变了原有生活方式并按照唐古特人的习惯生活。他们这样做的目的是让自己看上去更接近唐古特人,从而保全自己的财产和生命不被侵害。蒙古人开始购置武器,并且像唐古特人那样出门随身携带着。他们退去蒙古样式的袍子——皮袄、裤子、衬衣、帽子,披挂上唐古特式样的袍子。只有中年妇女和上了年纪的人在着装上依旧坚持蒙古人的传统。

为了令自己更加接近唐古特人,库库淖尔地区的居民开始摒弃自己的母语,用唐古特语进行交流,父母和孩子之间在家里一般也用唐古特语交流。年轻的蒙古小伙子和姑娘们演唱唐古特歌曲,相互之间总是用唐古特语交流,在服装、饰品,甚至是举止上也极力模仿唐古特年轻人。

蒙古人随和乐观,以及热情好客的性格受到唐古特人的影响慢慢变得粗暴和排外。总而言之,如今已很难将这些唐古特化的蒙古人和他们的唐古特邻居区分开来。

这大概是生活在柴达木盆地的蒙古人命中注定的结局。20年以前,柴达木盆地的居民有一半是纯粹的蒙古人。然而,从柴达木盆地的居民换上唐古特式样的袍子开始,即便这些人目前还能够保持他们以往的生活习惯,时间也不会太长久。宗旗的一位老者是这样认为的,"二三十年后,或者百余年后,过往者将不会从我们身上找到蒙古人的痕迹"。

台吉乃尔旗应该是逐渐被唐古特化的最典型例子。53年以前这个旗由于位置偏远,免受唐古特人的袭击。旗东部地区紧挨着宗旗的居民在20年前接受了唐古特式的服装,然而在其他方面都保留着蒙古人的传统。虽然年轻人不再像老一辈那样用蒙古语的"扎"或者"啧"来表达"好的,是的"这一意思,而是改用"拉克苏",但本民族的语言仍然被完好地保留下来。五六年前,该旗中部地区的居民才开始接受唐古特服饰,并且仅限于在男子和姑娘中间,而妇女在服装和发型上依然保留着蒙古人的传统。这个旗的西部地区完全没有受到唐古特文化的侵染:人们在这里见不到唐古特人的帽子、武器、背囊、妇女的首饰和头饰,偶尔才可以见到穿着唐古特式样的宽领衬衫的年轻人。台吉乃尔旗西部的居民温和、好客,与喀尔喀蒙古无异。他们坦诚可靠,少了被唐古特化的那部分蒙古人身上的功利和贪婪。

而至于蒙古文字,这么多年来已经被慢慢地遗忘了。很多蒙古文字的字母已经完全被人遗忘,不少已经被歪曲到无从辨认的程度。相距遥远的蒙古人之间如果需要用书信传递信息,他们使用的已经不再是蒙古语,而是藏语了。

根据相关规定,西宁的汉人与柴达木盆地和库库淖尔的蒙古人用蒙古语联络,为此西宁衙门不得不雇佣若干蒙古人文书和翻译。西宁衙门用蒙文写给库库淖尔和柴达木盆地蒙古王公的公文通常有一半的内容看不懂。同样,衙门里的蒙古文书也不能完全理解地方蒙古人寄来的书信。因为文书里有许多单词被缩写,或漏了音节和字母。

图6-2 考察队的藏语翻译——鞑靼蒙古人

蒙古人并不乐意学习他们的母语。令蒙古人惭愧的是,学习蒙语的责任落在了每个旗的文书身上,因为他们负责与西宁之间的公文往来。台吉乃尔旗掌握蒙语的人数很多,库尔雷克旗懂蒙语的人也较其他被唐古特化的旗多,其余蒙旗中懂蒙语的人平均不会超过3个。[1]

现在来描述一下这些旗的行政建构吧。在开始这个话题之前,我们应该大概了解一下,汉人为了能够更加方便、更加轻松地和蒙古人往来,将他们分为了两个部分,并且为每个部分指定负责的人员和同西宁当局的联系制度。汉人是把库库淖尔和柴达木盆地所有蒙古人的旗分为了以下两个部分:巴伦部与宗部,每个部分由12个旗构成。阿里克大布智不属于其中的任何一个部分。根据规定,每个部管理者由年长的王公轮流担任,任期一般为3年。[2] 由于担当部管理者可以得到一些物质上的好处(贿赂、礼品),于是管理者往往会想尽各种办法贿赂手握管理者任免大权的西宁当局,不择手段地延长任期。如此一来,个别管理者居然能够在这一位置上终老一生就不是什么稀罕事儿了。

---

〔1〕柴达木居民的总数为10000人,或2000户。
〔2〕蒙语中这一职位被称为"奇古尔甘达"。

很明显,为了贿赂政府官员,王公自然要加重对他手下图萨拉克齐[1]和扎西拉克齐的盘剥。随着居民人数的减少,再加上唐古特人的不断侵袭,蒙古居民日渐贫困,负担也越来越沉重。近来,王公竭力缩减地方管理机构的员额,不向西宁通报、不经过西宁当局的批准自行任用助手。目前在柴达木的蒙旗中只有台吉乃尔旗和库尔雷克旗设有图萨拉克齐一位,其余旗的管理者仅设有扎西拉克齐一职。而在库尔雷克和台吉乃尔旗,以及库库淖尔的几个蒙旗未设扎西拉克齐职位。虽然政府官员并不会拒绝接收库库淖尔穷得叮当响的蒙古王公送上的瘦马和乏羊,但贿赂官员的行为主要还是发生在那些富有并且人口众多的蒙旗。

如今政府对西宁的管理具有以下特点:蒙古王公按规定从朝廷领取俸禄。北京发给札萨克的俸禄是白银 100 两和丝绸织物若干。以前,这些俸禄在到达西宁后会如数转交给札萨克木人。现在就不同了,去北京领取俸禄的札萨克们经常会听到如下言词:"我们收到了从北京拨下来的俸禄,但要扣除一定数额的运输费,其中包括喂养牲口的饲草钱。要知道西宁的饲料价格一直在上涨,还有保管这些银两的花销,以及贵旗应该为这件事支付的费用,等等。最后,还要给阿班大人有所表示,留下点'待执'[2]。"或者说:"我们如数收到朝廷拨给你的银子,因有急需我们把这笔钱花了。但作为抵偿,你可以随便从我们这里拿走些东西,比如布料、茶叶或者其他什么。"在前一种情形下,扣除所有款项后,王公们只能拿到 100 两银子的一半,或者 1/3、1/5,甚至 1/10。若用货物充抵俸禄的话,货物的价格远比自己去市场上买要贵很多。在后一种情况下,由于货品的价格已经被官员抬高,王公们实际上只能拿到价值一半的货品,并且这些货品不一定是他们必需的。至于朝廷赐给王公们的丝绸等物,西宁地方官员当然会如数转交。但是,到手的东西已经不是北京下拨的那种质地优良的料子,而是在西宁当

---

〔1〕图萨拉克齐意为协理台吉。译者注。

〔2〕"待执"在蒙语中是"喝一喝、尝一尝"的意思。按照蒙古人的习俗,人们通常在开始喝酒之前首先要让在场的长辈或者尊贵的客人先抿一口,以示尊重。

地购买的劣质品。如果再把蒙古王公为了领取朝廷俸禄的其他开销，如送礼、住宿、聘请翻译和保安等都计算在内的话，朝廷给他们的俸银恐怕就只剩下一点可怜的回忆了！

难以置信，这种不成体统的事居然会光明正大地发生在钦差大臣的眼皮子底下。极有可能的是，清政府的高级官员高高在上，基本处于与外界隔绝的状态，而他属下数目庞大的各级官吏打着钦差的幌子为非作歹、巧取豪夺，并小心翼翼地掩盖着这些肮脏的交易。蒙古人是没办法见到钦差大臣本人的，他们想要与钦差取得联络就必须通过其"谋臣、译员"等中间环节，这就为行贿和敲诈提供了非常广阔的土壤。

6.7 库尔雷克旗

库尔雷克旗的首领是五品官员——贝子。关于该旗的规模和人口数量长期以来一直流传着这么一种说法："库尔雷克——古邦苏门，多伦奥土克。"这句话的意思是："库尔雷克有 300 人，游牧在 7 个牧场。"

库尔雷克居民过去游牧在库尔雷克淖尔湖谷、巴音戈尔河，以及南山南坡的峡谷和库尔雷克乌拉一带。旗及其管理机关设在巴音戈尔河的右岸，贝子的印章也存放在那里。1896 年，这里突然闯入一群东干起义者。他们毁坏了设施，牧民不得不向西转移至马海、瑟尔滕、巴噶和伊赫柴达木地区。虽然后来有一小部分居民因留恋原来的牧场和农田而回归故土，但贝子本人再也没有回来过。他决定在巴噶湖谷地、伊赫柴达木淖尔和沙尔戈尔金河谷一带游牧，旗的管理机关如今就设在了伊赫柴达木淖尔。

目前旗所在地还没有完全建好，因此只好把旗的管理机关设置在贝子的营地附近的一座帐篷里。帐篷里有他的印章，这个大印意味着机关需要常设一到二名护卫和判官。除了贝子的亲弟弟担任图萨拉克齐以外，贝子管理机构的人员由 25 个构成，其中的大部分是贝子在本人没有通过政府当局的情况下自行任命的，而得到政府任命的只有

99

11 人。正如上面所说,由于政府官员的贪婪,这个旗没有设需经过他们任命的扎西拉克齐,它是贝子本人作为奖励授予属下的。

贝子是一个聪明、公正、善良的人,他非常爱自己的旗。在我和这些蒙古官员以及民众将近 10 年的接触中,我越来越确信这一点。而且贝子对我们这些俄国旅行家的态度好得不能再好了。我永远都记得,在上一次的考察活动中,我们可以从容地在库尔雷克贝子管辖的地区分兵开展工作,在 В. И. 罗博罗夫斯基的咽炎加重的危难时刻,正是这位官员第一个赶来帮忙。他当时给罗博罗夫斯基找了些藏药,这些药缓解了病痛并且最终治好了患者的疾病。

贝子坦诚待客的处世方式就更值得赞叹了。当他一听说我们的考察队到了柴达木盆地的巴伦札萨克旗时,贝子即刻派了几个手下的官员带来了他的欢迎书信、礼物和为数不多的 16 两白银。钱是贝子用来抵偿我们上次考察中跑散到贝子马群里的一匹马的。我想起来了,当时考察队的确有一匹不起眼的小马驹丢失在库尔雷克的牧场了,直到我们离开这里前往沙洲也没有找到。我们当时也找了,但由于当时考察队已经置身在沙洲和哈密的沙漠地区,重新返回营地是不可能的。一直牵挂着这件事的库尔雷克贝子把这匹马卖给了一个蒙古人,并把卖马得到的钱一直保存到我们再次到来。最可笑的是,卖掉这匹马后,他给自己周围的人说:"俄国人不久以后还会来,到时候还给他们。暂时先记着,把它放入公款中。"我结束考察返回彼得堡后,便把这笔钱转交给上次考察队的领队 В. И. 罗博罗夫斯基,并且表达了我对库尔雷克旗蒙古人,尤其是对它的管理机关的整体看法。老贝子的继承人因为公正、严明、坚决地捍卫本旗的利益,如今已经得到了民众的拥戴。

6.8 居民、生计以及他们的生活水平

如今库尔雷克旗的居民非常混杂。由于这里广阔的牧场和适宜耕作的土地较多,喀尔喀蒙古人来到这里并且定居下来,接受贝子的

管理。当然,留在这里的还有到拉萨朝圣的其他蒙古部落的人。库尔雷克的居民中还有很多蒙古化的汉人,甚至东干人。东干人同蒙古人一样居住在毡帐中,他们或者娶本族女子为妻,或者与蒙古族女子成家,但却保留着自己的宗教信仰。这里也能遇到蒙古化的唐古特人,但并不多见。总的来看,库尔雷克有很多来自北方的蒙古人。究其原因,主要是与柴达木盆地的其他蒙旗相比,这个旗的女孩数量比较多,人们可以在这里娶妻生子的缘故。

与柴达木盆地其他地区的居民相比,这个旗的居民从事畜牧业者较多。居民种植的大麦,不仅满足了本旗居民对粮食的需求,还有很大一部分可以出售给附近的柴达木盆地的宗旗和台吉乃尔旗。毫无疑问,库尔雷克旗是蒙古最富有的旗。的确,在这里很少见到像在宗旗和巴伦札萨克旗常见到的那些贫民,更不用说像在库库淖尔的蒙古人了。库尔雷克最富有的人应该就是他们的王公——贝子了,他拥有将近 1000 头家畜、300 多峰骆驼、500 多匹马和 1000 多只绵羊。由于最近 4 年发生的疫情,库尔雷克地区的羊群数量在逐渐减少。

据说,库尔雷克还有很多富有人家,他们一般都拥有 80 峰骆驼、100 头家畜、300 匹马和 500~600 只羊。

在 1896 年以前,库尔雷克居民成群结队地带着自己的畜产品一年去两次丹噶尔厅和西宁开展交易,出售骆驼和山羊皮、黄油和生肉。他们或用这些原材料换取钱财,或者直接通过易货的方式交换一些生活用品,如茶叶、布匹和鞋子。他们每年都要从这里运回大量的硇砂和铅到查普旗木乌沙山以及南山山麓,上缴西宁来代替所承担的一些赋税和差役。如今的库尔雷克居民基本定居在旗界内牧场的西部,他们已经不再去西宁做买卖,而是改去距离更近的沙洲。

6.9　台吉乃尔、宗和巴伦三旗

说到宗旗,就不得不先说说"宗"和"巴伦"这两个词,柴达木地区的人对它们的理解完全是另一回事儿。在喀尔喀和其他北蒙古人那里,"宗"即"东方","巴伦"则意味着"西方",而尊位在南方。因此,很多蒙古包的门都是朝南开的。然而,在柴达木地区"宗"这个词意味着"北方",而"巴伦"则表示"南方"。这里的人认为尊位在东方,蒙古人帐篷的门因此都是朝东开着的。位于西偏北和东偏南方向上的两个旗分别被称为"宗"和"巴伦",即"北旗"和"南旗"。

宗札萨克旗位于巴伦旗的西偏北方向,冬季在巴彦戈尔河的两岸旗的管理机关所在地的西部直到达诺门哄戈尔河一带游牧。夏天到来时,该旗的大多数牧民与巴伦旗牧民一起在两旗围墙之间的地带放牧。由于这里有很多泥泞的沼泽和沙坑做掩护,他们可以躲过每年夏天唐古特人对柴达木的侵袭。在苍蝇和蚊子很多的年份,或者疾病肆虐的年成,宗旗的居民就要赶着骆驼去布尔汗布达山的北坡,在河谷中放牧。

6.10 部落成员

宗旗的人要比之前提到的两个旗的人贫穷许多。在这里如果拥有 30 峰骆驼、30 匹马、60 头家畜、300 ~ 400 只羊的话,就算是相当富有的人了。宗旗的居民有一半都生活得比较贫困,平均每家只有 1 ~ 2 匹马和 11 ~ 12 只羊。有些人家可能一匹马和一头牛都没有,但是唯一的生存食物便是挤下的山羊奶了。

虽然宗旗西边诺门哄戈尔河岸适宜耕种的土地得到开发,但这里的大部分蒙古人还是跑去尚旗和库尔雷克旗讨生活。

宗旗的人曾经将自己的家什保存在诺门哄戈尔,抑或藏在沙堆中。1847 年唐古特人的洗劫过后,他们重建了旗的所在地和机关,如今已经不再把自己的财产藏在沙堆里了。

6.11　行政管理

　　管理机构就在旗的所在地[1]，札萨克的官印也放在那里，并且由2个官员和16个士兵常年防守。管理机关有专人负责管理印章和接待蒙古人，并经相关情况汇报札萨克本人或扎西拉克齐。除此之外，还有一名官员是卫队的负责人。官员们每3个月换一次班，而士兵则15天换一次，札萨克营帐的护卫士兵每天约有5名，每半个月换一次。护卫战士每天晚上需要值班，防止唐古特人夜袭。除此之外，他们还肩负收集燃料、挑水、照看牲口和服侍前来拜访札萨克的官员和客人的职责。巴伦札萨克旗地处布尔汗布达山的边缘，牧民人口略少于宗旗，但是其富裕的程度却丝毫不亚于自己的邻居。巴伦旗的居民和他们的邻居一样，主要是从事畜牧业，也有少量的农耕。

图6-3　巴伦札萨克

---

　　[1]管理机构和旗所在地蒙古人称"康萨尔"（来自唐古特语，кан 为"建筑"，cap 是"新"的意思，还有一种叫法为"胡列克"，即喇嘛寺、官府、营帐）。

　　和宗旗一样,巴伦旗的居民也十分混杂,这里有蒙古人,也有唐古特人。他们之间的差别体现在蒙古化的唐古特人数量以及旗的札萨克对待那些外来者的态度方面:在宗旗,蒙古化的唐古特人数量要少一些,因为札萨克在接纳唐古特人方面态度很谨慎,对他们的管理也十分严格。巴伦旗的情况就不一样了:这里已经蒙古化或者与蒙古人通婚的逃亡唐古特人和藏族人有很多,占该旗人口的 1/4。经常会发生的事情是,外来者在全面熟悉了当地的情况之后不仅赶跑了蒙古人的牲畜,还顺带掠走了几个漂亮姑娘。巴伦札萨克的两个妹妹嫁给了逃亡的藏族人,他的大女儿,一个年轻的姑娘很快又要嫁给一个相处一年的唐古特逃亡者。

　　宗旗和巴伦旗均未设图萨拉克齐,旗内从扎西拉克齐到洪德的所有官吏都由政府任命,但这里居民对待政府和本旗札萨克的态度完全是对立的,所有的民众在提到他们的札萨克的时候义愤填膺。在他们眼里札萨克是本旗最不诚实的人,他愚蠢地放纵手下的官员,打着为了人民的旗号恬不知耻地行敲诈之实。蒙古人在愤慨之余怀忆起现任札萨克的父亲,都觉得很惋惜。如今老札萨克已经失明,不再干预旗政,一切交由他的儿子处理。

　　宗和巴伦两个旗的民众搭伴儿将自己的畜产品运往西宁,从那里换回茶叶、碗、杯、锅、布匹等蒙古人的生活必需品。

7 柴达木盆地的蒙古人

7.1 蒙古人的外貌、服饰、住所、家具

从外表来看,柴达木盆地的居民有7种不同的面孔:宗旗和巴伦旗的蒙古人看上去和藏民没有什么差别,他们都在这片广阔地区的东北部放牧,然而台吉乃尔旗的人总是能让人们想起突厥人,只有库尔雷克旗的人最接近纯粹的蒙古人。

蒙古人的衣着也有差别,但这种差别并不表现在服装样式上,而是在于一些装饰和束腰的不同。同一个蒙古人在同一时期的服饰可能既像唐古特人,又像蒙古人。当他们要去西藏高原时便穿着藏族风格的衣着,而当他们去汉人的城市丹噶尔或者西宁,则会按照蒙古人的着装方式打扮自己。

以下是蒙古人服饰的一些内容:

"拉巴什"——用粗布或丝绸制成的夏天穿的薄长衫,长短不一,有的有衬里,有的没有衬里。冬天的时候,会在外面套上一件皮袄,以便遮住"拉巴什"难看的表面,并且保持它的整洁。

"促哇"——用西藏呢或欧洲呢子制成的夏天穿的长衫,没有衬里。

"拉巴什"和"促哇"都具有藏族风格。

"库鲁克"——及腰,用布制成的对襟藏式女衬衣,袖子又宽又长,很宽的翻袖口,上面有用水獭皮制成的绲边,宽宽的方口领子向外翻,上面有丝绸镶的边。脖子处缝着一枚英国铜扣,或者打个结。一般都是用英国布或汉人的丝绸缝制而成,颜色多为红色、蓝色等,但是不用黑色和黄色。

"乌曲"——用布和丝绸做面子的皮袄。

"德维尔"——没有面子的羊羔皮袄。

"凯美乐克"或者"凯姆勒克"——非常宽松的雨衣,用来防雨防雪。

"马拉海"或者"马尔海"——普通帽子。这种帽子通常是唐古特式的,帽子的顶部是尖的,用蓝色的布制成。从帽子的顶部向下吊着用很细的红布制成的红色毛刷,帽子用了白色的粗毛羊羔皮。不分季节,男女都可以戴。偶尔还会戴"土耳其克",一种汉族式样的皮帽,西宁人经常戴,台吉乃尔旗和库尔雷克旗的人也经常戴。

宗旗人经常戴汉人的毡帽,巴伦旗人常戴唐古特式的帽子。巴伦旗的人还经常戴用大块的白布制成的尖顶毡帽。

"谷都素"——鞋。冬天和夏天都可以穿的,非汉族式样的靴子。

"奥姆土"——裤子。夏天穿的裤子采用粗布做成,一根绳子做腰带。冬天的裤子用熟羊皮制成,里面是皮毛或者皮毛制品。

"德勒克"——用粗布或呢子制成的女式长衫。唐古特式的方领子如男式衬衣一样。衣领带扣子,右肩上也缝着扣子,在肩膀下方右胸下部位置也缝着扣子,后背处也有扣子。

"策德科"——无袖女式衣服。

"乌苏尼格"——黑布制成的女式外套。

"噶乌"也叫"噶欧"——挂在胸前的用银子或黄铜,有时候是石头制成的香囊。它代表着祈祷和佛祖保佑,据说有一定的医疗功效。

"胡土噶"——饰有象牙、带鞘的刀,可以代替叉子。

"瑟勒目"——一种又薄又宽又直的匕首,刀身侧面挂着带子。

"子布萨克"——比"瑟勒目"短一些的匕首,侧面也挂着带子。刀鞘用白铜、银子,偶尔也会用金子和石头装饰,刀柄缠绕着很细的银丝和铜丝。

"布"——带支架的火神枪。

"哈布塔克"——装火药的小皮包,这个词也可以表示装茶具的盒子。

"徂达"或者"智达"——唐古特式带杆的矛,其底端常缠绕着金属条或者金属丝,用来对付马刀的袭击。

"苏伊克"——石头和银子制成的耳环。

"布拉瑟克"——银戒指。

"布嘎"或者"布谷菩齐"——银制手镯。

除此之外,每个蒙古人都会戴木质的或者珊瑚的念珠。一些富有的人则会佩戴绿松石或者琥珀念珠。

柴达木盆地蒙古人的房子都是灰色的毡帐,牧区用的则是白布或者蓝布的粗布帐篷,主要用于夜间睡觉或者沿途休息。

在野外宿营,夏天在山上,冬天在平原,这让蒙古人觉得非常舒适惬意。到了暮年,蒙古人还是能够轻松上马,或者跟随运输队伍骑骆驼远行。当地的牧民经常会得一种眼疾,在我看来这可能是因为这里随处都刮风,风沙肆虐的缘故。蒙古人称,眼疾一般都发生在山区,因为那里的卫生条件比较差一些。

医治病人的任务在这里是由当地喇嘛和来自拉萨的(偶尔有来自蒙古的)喇嘛完成的。他们开的药一般主要是由西藏高原的花草和灌木组成的。

蒙古人受了重伤时,一般只是简简单单地用一些并不是很干净的绷带包扎一下。

现在我们来说说蒙古人的家什:

"达博"——大小不一的木桶,用于打水。桶的形状有圆形或者椭圆形,周围有木质和铁质的箍。还有一种"达博"——用来装茶或者马奶,这种木头制成的"达博"大概有半俄尺高。桶底很宽,桶口处变窄,表面和桶箍上有白铜和红铜雕刻的图案。

"察尕"——1~1.5俄尺(70~100厘米)高的木桶。带有铁或者木质的桶箍,桶底有几个比较大的窟窿,主要是用来倒马奶和牛奶,另一个作用是为了方便用棍子搅拌马奶和糖。搅拌用的棍子叫作"布溜"。

"塔哈"——圆形或者椭圆形的小木桶,大小不一。桶盖是不透气的,主要用于贮存酒和黄油。

"海瑟"——放在灶台上的大铁锅和大酒杯,没有把手。

"坦哈"——小红铜茶杯,从外观上看很像我们的瓷茶壶。

"纽杜尔"——木碗,大小不一。大的主要用于去大麦皮,中等大小的用来打碎砖茶,而小的是为了碾盐或者碾药用。为了给大麦去皮,需要木头捣锤,通常也会用石头的。

"沙纳嘎"或者"沙纳克"——铁、铜质的,或者木质的酒勺。

"马尔素"——带盖的圆桶,用来装黄油。有尖底的,也有圆弧形的。蒙古人和唐古特人出门经常用"马尔素"。

"巴尕巴"——平底木茶碗。

"戴勒木"或者"戴尔木"——盛菜用的木盘子,大小不一。

"萨瓦"——不同的陶瓷器具,口很窄,一般用来装酒或者马奶,瓶口用草或者破布塞着。

"卒格"——用来盛放茶、马奶和酒的茶碗,一般是用银子制成的。

"沙宗"或者"沙忖"——各种陶瓷碗。

"洪都嘎"——大概1俄寸大小的酒盅,有用木头制成的。

"特摩"——手磨糌粑的用具,直径约有30厘米。

7.2 饮食、劳作

柴达木盆地的蒙古人主要从事畜牧业,同时也以耕种作为生活补充。

蒙古人养骆驼、马、奶牛、牦牛、公绵羊、山羊。柴达木盆地的畜牧业主要分布在丹噶尔山和西宁地区,它在交易市场上发挥着重要的作用。说到柴达木盆地蒙古人的主业畜牧业,就不得不提及他们的副业——农业。

农耕业分布在地势比较低的地方。因为灌溉比较方便和可以修建灌溉沟渠的缘故,柴达木盆地的居民在山谷的河口或者河口附近的平原上种植大麦,他们的生产工具非常简陋。人们在秋天的9月份收割粮食并且脱粒,然后将收获物打磨成面粉。打磨收成的工作通常在帐篷里进行:他们把麦子装在铁樽或者锅里加火煮熟,然后再把煮熟的谷粒放在磨盘上磨碎。

通过这种方式磨碎的干面粉就是"糌粑"。众所周知,它不仅仅是当地蒙古人的主食,而且是所有中亚和西藏游牧民的主食。除了以糌粑为主食以外,生活富有的游牧民还食用肉、牛奶和黄油,在夏天和秋天饮用大量马奶。在日常生活中,他们最主要的饮品是加盐、牛奶、黄油的砖茶,这也是他们通常招待客人的佳品。饮用时,会在这种饮料中加入很多糌粑,其中的一部分糌粑在入水后沉在茶里,一部分则在水中被泡成了圆面包状。

照料牲畜的工作主要是由妇女和姑娘们干的,而男人们则坐在家里享着清福,或者无聊地骑着马去游荡,有时候会去邻村串门,在那里度过一段快乐的时光。在这里,徒步走路是会受到鄙视的,尤其是富有的人和官员更不可能徒步而行。马一般就拴在帐篷的旁边,方便主人随时出门。

蒙古猎人经常要到比他们游牧的地方海拔还要高、距离驻地100多俄里的地方探险,他们有时候也会成群结队地去打猎。

7.3 迎客和待客

总的来说,柴达木盆地蒙古人的待客之道与喀尔喀蒙古非常接近。如果有人到过柴达木盆地的帐篷,他就会知道,在那里必须要喝茶。如果不用茶、马奶或者牛奶招待客人,甚至如果没有给客人让茶的话,都会被认为是不成体统、没有礼貌的表现。这个习俗不论是对富人还是穷人,不论是普通百姓还是族长,都一视同仁。如果族长的帐篷里来了个办事的老百姓,那也一定要给他呈上茶和糌粑。

主人一般都会在帐篷外面迎接客人。如果来者是一位贵客——王公、喇嘛、亲王,主人就要把门帘卷起来;如果来客比主人年轻,客人得自己开门:从右边把门向左卷,然后进入帐篷。进入帐篷后,客人会

·欧·亚·历·史·文·化·文·库·

被引向门的左边走，直到落座在毡垫上。客人越尊贵、越年长，给他们坐的位置就越接近佛像。

一般由一家之主（如果主人不在，就由他的哥哥、儿子、妻子）在客人面前放一张小桌子或者一块木板，在小桌上放两个木樽：一个里面是高高堆起的糌粑，顶上有一块黄油，另外一个里面装着饼。这时，主人会询问客人的健康状况、家里的情况、家畜的情况，等等。桌子摆好以后，女主人端来铜或者木质的茶杯，往里面倒茶，或当着客人的面把盛满茶的茶壶递给主人（女主人在倒茶之前就已经在壶内放好糌粑）。

如果客人的身份普通，或者客人非常年轻，主人便不会给他递茶杯，而是给他直接上带糌粑的茶。接待尊贵客人的礼数就不同了：在饮完茶之后，客人还要享用马奶、白酒甚至肉。主人在给客人倒酒之前，首先会从桶里或者酒壶中倒一些酒放在酒盅里，用手指把它洒在桌前，"这是蒙古人表示敬重的一种古老的习惯"，然后再把酒洒在帐篷门前，祈求"幸福能够永远留在家中，家里永远有喝不完的马奶"。这之后，主人才会把酒倒入酒盅递给客人。喝酒时，在场的每个人先要品一小口，然后传给下一位，直到杯中的酒被客人喝完。这种方式叫作"德至里讷"或者是"阿姆斯那"，也就是说在喝酒之前每个人都品一口。

如果赶上家里没酒的情况，主人就给客人上马奶。一般有酒就不喝马奶。酒被倒进一个陶瓷的"萨瓦"罐，瓦罐的颈口处覆盖着一层黄油。主人或者没有孩子的年轻人从亲戚或在场者手中接过瓦罐，俯下身来把它端给客人。最后一个人用左手托着罐底，用右手的无名指取上一块黄油，要么朝着佛像的方向抛出去，要么放在自己的嘴里，要么就抹在自己的额头上（只有台吉乃尔人这么做），要么最终把它扔到火炉边或者扔到帐篷的墙上。拿着瓦罐的人先鞠躬，然后单膝跪地，把大拇指从自己的额头上移到另一个人那里，并且依次继续下去，不论男女每个人都要这样重复。大家都先把手放在额头上，然后再从瓦罐里取些黄油。

在此之后，主人把装着黄油的瓦罐撤下去，开始往酒杯里倒酒并递给客人。客人只能抿一下,然后用大拇指沾一点酒抛向佛像或者帐篷处,接着把酒杯传给下一个人。上述程序完成之后,酒杯再次被满上并端给客人,这时客人将酒一饮而尽或者几口喝完,酒杯再次被斟满并依次而行,有时候用不了一个轮回酒就被喝光了。

为了表示尊敬,斟酒者应坐在同一个地方,在客人离开之前不能随意放下瓦罐离开帐篷。即便在尊客——王公或者喇嘛起身离开时,斟酒者都不能起身。

酒喝光后,客人起身准备离去,主人再一次倒上告别的马奶。马奶被认为是更珍贵更神圣的饮品。告别时,酒杯再次在在场的所有人,包括女主人中间传递。送客时,在场的人全体起立朝门走去,女人和孩子们先出门,然后是年轻人,尊贵的客人最后走出帐篷。

出了帐篷后,客人抓着缰绳踩着马镫,由主人搀扶着跨上马鞍。

7.4 两性关系

在西喇古尔汗时期,对两性关系的管理非常严格。然而,随着时代的发展,尤其是在被汉人征服之后,对这种关系的要求就不再那么严格了。蒙古人接触了唐古特人之后,最终受那些从喀尔喀蒙古或者汉族地区经柴达木前往拉萨的人的影响,两性之间的关系变得非常自由、公开。H. M. 普尔热瓦尔斯基就曾经关注到了这一点,我们也发现了这种现象。

两性之间的自由接触普遍存在于蒙古各个阶层,从 12 岁开始的各个年龄段。蒙古人很平静地讲道,年满 12 岁的孩子(不论男女)会在放牧的过程中寻找互相接近的机会。女孩子到了 13 ~ 14 岁就会有16 ~ 20 岁的追求者,按照蒙古人的说法,柴达木盆地的女孩到了 15 ~ 16 岁就都不是处女了。父母对这种事情并不关心,即便他们 13 ~ 15岁的女儿在夜里偷偷招来了追求者,父母也会睁一只眼闭一只眼。因此,小女孩生孩子的现象在这里并不是偶然现象,女孩的父母丝毫不会因此怪罪和惩罚自己的女儿,他们同样也会接受这个孩子并把他抚养成人。[1]

在柴达木盆地,女孩子成长到16岁就可以嫁人,男孩子到了18岁就到了娶妻的年龄。只有王公的儿子或者最有钱的官员的儿子14岁就可以娶13岁的女孩为妻。

7.5 挑选未婚妻

年轻男子和女孩子确立恋爱关系,如果男孩子非常喜欢这个女孩,就会把她看作是未来的妻子,经常用一些小礼物,如铜或银戒指和手镯、几尺粗布,或者镶边的衣服表白他的感情。而女孩则会亲手用金银丝线绣制荷包,拿它送给自己心仪的男孩子。

不是所有的父母都同意小伙子娶他心爱的姑娘。一般情况下,父母亲会对儿子说,要为他准备婚事了,并且询问他想和某个女孩,或者某家的女儿结婚吗,此时的男孩会面带羞涩。如果他心爱的姑娘没有被父母提及,他就会以各种借口推托,但却不好意思在父母面前直接道出自己心爱女孩的名字。如果父母一再坚持自己的观点,男孩就会给自己的某个亲戚捎去口信,拜托他告知父母自己心仪的女孩的名字,除了心上人他不会娶别人。父母一般不会再旧事重提,而是直接请个媒人去儿子的心上人家中提亲。

当然也会存在这样的状况,父母不赞成儿子的选择,坚持要让儿子娶他们挑选好的女孩子。最终,由于儿子孝敬自己的父母而会向父母妥协。但有些时候,对女孩的爱超越了这些,一对恋人就此私奔(他们不会逃到唐古特人那里去)。通常情况下,他们会偷邻居几匹马私奔,但很少偷父母的。

富人,尤其是官员,会在自己的儿子或者女儿还不到10岁的时候就劝说他们考虑婚事。男女双方的父母一旦决定结为亲家,就会协议好订婚的事情,并且交换哈达和礼物。这种预定往往会在孩子们到了

---

[1]此处为直译。译者注。

适婚年龄的时候生效，如果两个孩子并不讨厌彼此，他们就一定会结婚。

7.6　说媒

不论是同意还是反对儿子的选择，当父母选定了候选人后都会从亲戚和邻居中选出两个人去女方家里说媒。被选为媒人的人，通常都是长者。他们给女方的父母带去两条哈达、两罐酒、一罐马奶。媒人被女方迎进帐篷，一边喝着茶和马奶，一边相互说一些客气话，询问一些关于牲畜和家禽的状况，等等。

在客套一番之后，媒人们就开始小心翼翼地完成他们的任务了。先会笼统地说："按照习俗，男大当婚女大当嫁，你家的女儿到了该嫁人的年龄了。"说完这些话以后媒人就会拿出带来的酒、马奶和哈达，送给女方的父母并称，"这是某家人送给你们的礼物，他们想给儿子娶你家的女儿，今天让我来说媒。他们期待着你们的答复，相信你们不会拒绝"。媒人会说，那家人已经期待了好多年了，"你们对这家人应该有所了解，在这里我就不多说了"。

女孩的父母严肃地，或者仅仅出于礼貌试图岔开话题，回赠给媒人哈达："这怎么行！我们的女儿还是个孩子呢（即使她已经 17～20 岁并且有了亲近的男孩），她什么也不懂！等她长大点再说这件事吧。"媒人坚持给女孩的父母献哈达，并一再说很多让女方父母受用的赞美言辞，换得最后的一线希望。因此柴达木盆地人把一开始的这种行为叫作"阿美－塔塔哈"，也就是"轻易不说同意的话"。"阿美"的意思是"嘴"，"塔塔哈"的意思是"忍住不说出来"。

说媒时，"阿美－塔塔哈"这一环节是非常关键的。这种话一旦说出口，就会被认为是说定了。如果没有"阿美－塔塔哈"，也许就不会有反悔的机会。一旦给出了"阿美－塔塔哈"，过一段时间，男方的父母就会在一些亲戚的陪伴下拜访女方的家——他们理解了女方家话里的含义，也就是"阿美－塔塔哈"的含义。这一次他们会带来 50 罐

·欧·亚·历·史·文·化·文·库·

酒和马奶、煮好的羊肉和哈达。女方家有多少亲戚,他们就会带多少哈达。

来客进了帐篷,说他们明白了女方家的"阿美－塔塔哈",感激他们能够同意这门婚事,大家吃一顿丰盛的饭食来确认这件事。男方家的人用酒、马奶、肉招待女方的父母和亲戚,给他们每个人献上哈达。双方谈论着即将举行的婚礼、即将结婚的新人,一边喝酒吃肉一边还不忘说些无关紧要的闲话。

做媒的第三个步骤叫作"组撒"——胶粘,就是把新郎和新娘粘在一起。这一次依然是由男方的爸爸、妈妈和亲戚到女方家中,随身带来一条粘着胶的哈达、一坛酒和一串红色棉线。男方的父亲说:"按照老习俗,我们带来了胶。"他把带着胶的哈达、酒还有红色棉线敬放在佛像前。胶和每一件东西都有自己独特的寓意:胶代表着将准新郎和新娘永远粘在一起,哈达代表着将两个新人一辈子绑在一起,红色丝棉线能够让新人一辈子永结同心。男方带来的酒很快被大家一喝而光,剩下的几样东西会在佛像前放上三天,最终被新娘的爸爸收到箱子里。

终于到了说媒的最后一个环节——"沙盖托",即山羊后腿最后面的一块。

一大早,新娘的所有亲朋好友聚集在新娘家中,新郎的亲友聚集在新郎家,当所有的人都到齐后,新郎动身前往新娘的家。与新郎同行的是他的父母和所有到场的亲戚,新郎的旁边始终站着一位妇女,要么是新郎的嫂子,要么是新郎的近亲,被叫作"拜根"。她的任务就是时刻提醒新郎该说什么,该做什么,应该坐在哪里,等等。

男方家的主人首先用茶、面包、面饼、肉、酒、马奶招待亲戚和来客。随后男方的亲属拿出酒、马奶招待女方的亲戚。男方的亲友和女方的亲友大家不分彼此、不论男女、不分长幼地在帐篷外聚在一处,往来穿梭、喝酒、大声讲话,好不热闹。唯独听不到唱歌的声音,因为蒙古人在婚宴上是不唱歌的。

在筵席进行到最欢畅开怀的时刻,男方的一位亲属会受托付给女方的父母献上哈达,并且给他们一匹马作为聘礼。随后他会给新娘的其他亲属(在"阿美–塔塔哈"环节没有献过哈达的)献上哈达。女方的父母认真地跟在这个人身后,确认自家的亲友,即使襁褓中的婴儿也没有错过献哈达这个环节。因此,男方在这一天购置哈达的开销非常大,需要花费几百卢布!

在这一天即将结束的时候,女方的父母将所有没喝完的酒装进茶碗里放在帐篷的火炉旁。之后,双方的父母从客人中挑选一个经验丰富能说会道的人,给他献上哈达,拜托他在酒宴上说一些祝词。这种祝词或者说是祝酒词被叫作"颂–约仑"。说祝词的人面对火炉而坐,他首先用最美的语言夸赞酒宴,继而夸赞令人心醉的酒和马奶。

"马奶和酒是钦吉思博格多汗发明的,多产的奶牛是它的源泉——乌孙–布雷克–埃吉特,带黄油的泉水托索–淖尔–埃吉特。这是我们的祖先和我们最高级的饮品!它们让酒宴变得生机勃勃,让喝酒这件事变得非常欢快!正是此刻,我们杯中的酒给我们带来欢愉,让我们忘记痛苦。它令我们如此快乐,让我们的孩子们,坐在帐篷里围着炉火,尽情享受这美味的饮品!祝愿这间屋子里的酒永远不会被喝尽,人们的快乐永存。祝愿我们的后代永远可以品尝这样的美酒,生活富裕!"等等。[1]

之后,有人在门边摊开一张粗糙的羊皮,羊皮被从一个房间拿到了这里,随后被放到新人所在的房间。新郎站在羊皮上,他的右边站着新娘,而在他们周围,羊皮外面站着他们的博尔格尼。此时女方的父母给说祝词的人献上哈达,请求他为新郎表达美好的祝愿。

这种祝福通常是这样开始的:

"你将永远幸福,永远长寿,会永远健康并充满活力。你将成为强大的、荣耀的、智慧的领主!你这一生将会前程似锦。[2] 你这一生都会过得富裕发达。你将骑上最好的骏马。"等等。

说完了祝词,祝词者就会给女方的父母献上事先准备好的哈达、

---

[1]我们列出所有的祝词,只是引用了其中最具代表性的一段。

[2]意为将会轻松地战胜一切困难。

铜酒杯[1]或者装着粮食种子的包袱[2]。新郎的博尔格尼,把哈达系在新郎身上,同样也给新郎一个铜酒杯。

在此之后,男方的父母献上哈达并请求祝词者为新娘献上美好的祝愿。给新娘的祝词也没有什么差别,除了祝愿她富有、长寿、幸福、聪慧,一般还祝愿她"永远拥有长长的秀发,拥有很多牲畜,并且不要太过操劳!你想早睡觉就早睡,想多晚睡就多晚睡!"祝词的最后,会为双方都献上美好的祝愿:"祝愿新人万事如意!"

整个过程中,新郎和新娘都站在羊毛毯上,他们看上去很羞涩。新郎出了一身汗,不停地擦汗,不敢抬眼。新娘也是如此,她尽量用袖子遮住眼睛,直到祝词说完才能够离开,跑进帐篷里。

最后的一个环节是按照喇嘛的建议选订婚期。不论是婚礼还是"沙盖托"通常都选择在夏天举行,因为这个时候酿好了大量的酒和马奶。人们有些时候会选择冬天去说媒,但是其中的最后一个环节"沙盖托"一定是在夏天进行的。

婚期会通知到所有的亲戚和朋友,双方的宾客都会在婚礼的前一天赶到。

按照蒙古人的习俗,男方需要为新人准备新帐篷,里面生活用品一应俱全:锅碗瓢盆、供桌、毡垫做成的床,床上还铺着很多层新娘带来的毡垫。

7.7 给未婚妻的礼物

婚礼当天,新娘的亲戚们会力所能及地为她准备礼物:皮大衣或者彩色的长袍、银镯子、帽子,等等。

在这为期5天的日子里,新郎在两三个同龄人的陪伴下拜访老丈人,俗称"摇帐篷"——"格珲都胡"。关于这一习俗,蒙古人无法给我们做出详细解释。有一位蒙古人是这样为我们做解释的:新郎这样做

---

〔1〕铜酒杯被叫作"哈姆噶格(xamrara)"。

〔2〕意为富裕。

是为了"把这个家庭抖散",然后从家中带走一个人（女孩）。"摇帐篷"的时候,新郎并不是真的在摇帐篷,而仅仅是用指头碰一碰门或者毡垫。此时新郎并不主动说话,只是回答一些关于他的健康、他父母的健康等普通的问题。大家都给他灌茶、酒和马奶,他却要想尽一切办法,争取早点抽身离开这里。一旦他站起来,新娘的博尔格尼和其他年轻妇女就会紧紧地抓着他,拉着他的衣服,说服他留下来"过夜"。女人们哈哈大笑,轻薄地使着眼色,抛着媚眼儿。按照习俗,女方的父母要挽留他。当然,这一切仅仅只是遵照习俗,但小伙子事实上是不应该在这里过夜的。年轻女子们紧紧地抓着他,热情地挽留他,她们互相笑着使眼色,吞吞吐吐地劝他留下,共同度过一个美好的夜晚。但此时的新郎红着脸,又尴尬又难为情,最终还是拒绝她们的美意,骑上马飞奔而去。

第二天就是正式举行婚礼的日子了。新娘的父母已经提前征求了喇嘛的意见:新娘应该穿红色的还是黄色的、蓝色的、白色的裙子去新郎家,什么年龄的人应该给新娘牵马,应该从哪个方向进入新郎的帐篷,让哪些人（蒙古人和藏族人）进入新郎的帐篷。

如果喇嘛没有为新娘指定衣服的颜色,她就只能选择背部有小块装饰花纹的裙子,而且在去新郎家的路上,必须从头到脚地把新娘包裹住。

在"嚓克"之前,新娘家里都在一切平静地进行着。随后,所有的人都骑上马,带着新娘所有的嫁妆,还有酒、马奶、羊肉,等等。出门之前,还要带上选好的糌粑或者"库舒特"做祭品。

7.8　迎接未婚妻

因为双方之前已经商定好了新娘上门的日子,到这一天新郎家中做好了一切的准备。新帐篷的门口铺着一块很大的毡垫,毡垫中间放着装有粮食的小碗,旁边是马奶和酒。在新娘到来之前,受邀而来的僧人坐在毡垫上念经,祈求上天赐给这个新的家庭幸福和安康,同时祈求婚姻不会遭遇不幸,婚礼上不会发生不快,希望新人的一生都顺利。祈祷过后僧人离开毡垫,而上面的摆设却被留了下来。帐篷的旁边站着两个年轻的壮汉,他们手中牵着快马进行非常惊险的表演。与他们一起的还有几个身手轻便且强壮的人立在新郎父母的帐篷旁,他们等待着自我展现的时机到来,以便展露他们的灵活轻便和力气——飞快地把新娘从马鞍上抱下来。此时的新郎则始终坐在自己的新帐篷里。

新郎的父母看到新娘从远方默默走来,迎接新娘的是两杯满满的马奶,当然还有迎客酒。新郎父母的身后有两匹满载肉、面饼、马奶、酒和各种小吃的烈马。走在最前面陪新娘的两个人首先受到款待,其他的来客都被让进了帐篷。此时,迎接新娘的一对小伙子摇着马头让马朝着与帐篷相反的方向奔跑,十几个小伙子挥着鞭子去追赶新娘骑的那匹马,冲在最前面的人挥动鞭子抽打着马头,如果这匹马不能顺利把新娘带到帐篷,他们就会残忍地用鞭子抽马,打马的脸和头,打所有他们能够打到的地方!

一个非常古老的习俗是,将满满一杯酒倒在新娘骑的马头上。这样做是为了使新娘这个远方的来客不要招来魔鬼或者霉运并把它带到新郎家的酒宴上。

蒙古人相信,"奇特库尔"和其他魔鬼会不断地扑向食物,并一直逗留在新郎的婚宴上。他们深信在送亲的队伍里有化身为人形的"奇特库尔",大家想找出这个"奇特库尔"并惩罚他。但是人们只是偶尔能达到目的,被认作"奇特库尔"的人不能反击,他只能选择逃跑。

与此同时,新娘走到新郎父母的帐篷跟前。她在门口停留片刻后,便飞身骑上停在帐篷附近的一匹马,在阳光下围绕帐篷骑行三圈,跨过木门槛,直到男人们迅速把哈达套在马脖子上,并把新娘从马鞍上抱下来。一般这个任务是交给亲友团里最强健灵活的小伙子完成的。

新娘子被抱起放到新帐篷门口的毡垫上,面朝盛着粮食的碗,也就是东方,背对着帐篷的门。两个博尔格尼在放着一对新人衣服的地上堆起石头,数百人对着新郎和新娘说:"等你们生出小孩后再走出这间帐篷。"这令一对新人难为情至极。随后,"沙盖托"给新郎和新娘拿来一块煮好的羊肉和一条哈达。

7.9　跪拜太阳、月亮和天空，许下誓言

新郎的手是粗厚的，新娘的手是纤薄的。"沙盖托"左手抓着新郎，右手牵着新娘，要他们发誓永远忠诚于彼此："请在太阳、月亮、天空的见证下起誓，不会抛弃对方，因为此刻拉着你们的'沙盖托'将会一辈子把你们拉在一起。"于是新郎新娘单膝跪地，按照既定的誓词对着太阳、月亮、天空举手发誓和磕头。

在宣誓环节之后，两位博尔格尼一直坐在新郎和新娘的身边，并从两位新人的头上摘下帽子扔出帐篷。之后博尔格尼便带着新人走出帐篷。

吃过东西后，两位博尔格尼坐在新娘的身旁，按照妇女发式的式样给新娘梳头，再为她戴上帽子，这个过程被认为是新娘"从女孩变为了女人"。梳头之后再给新娘穿上一种古老的蒙古无袖长衫"策克的可"，长衫的开襟在后面，褶子在前面。

这样一来，新娘不论从外表，还是衣着都看起来已近完全和其他妇女一模一样了。新娘被带去给新郎的父亲行礼。

帐篷中一道帘子阻挡住了来者的视线，坐在门左边的是新娘的父母以及她的长辈，右边是新郎的父母和长辈，一对新人就站在帘子后面。在佛像的两旁，也就是最尊贵的位置，坐着说祝词的人，整个仪式进行过程中他都说着祝词，祈求富泰安康、两位新人以及他们的父母长寿。当祝词人说到香火时便会说："请让香火延续，让他们可以子子孙孙繁衍下去。"两位新人同时对着炉火磕头。此时两位博尔格尼将帘子卷起一些，以便两位新人可以看到炉火。通常两位新人在向炉火磕头之前，要先对着佛像祈祷，然而这一环节并不是仪式的既定环节，因为在日常生活中只要进入帐篷都要这样做。在此之后，祝词人又会提到盛马奶和酒的器具，说："希望它们永远是满满的，子子孙孙都有的喝。"新人们再对着器具行礼。接下来，他会说到新人的父亲。新郎

·欧·亚·历·史·文·化·文·库·

首先向新娘的父亲行礼,然后是新娘向新郎的父亲行礼。随后是给母亲行礼的环节,新郎同样先给新娘的母亲行礼,接下来新娘要给婆婆献上哈达,然后给帐篷里的双方父母以及长辈磕头。新郎给妻子家的人行礼,新娘给丈夫家的人行礼。每一次行礼,博尔格尼都会把帘子卷高一点,让新人能够看到对面的人。行礼毕后帘子又被放下。

行礼仪式结束,新人从公婆的帐篷走出来回到新帐篷中。有人把帘子卷起来,挂在床前,新人和他们的博尔格尼依次入座。

新人站在门边迎接客人,床就设在门的右边,博尔格尼站在他们的身旁。一旦客人入座,一名博尔格尼就为祝词人献上哈达,邀请他以新人的名义给舀酒的勺子献上祝词。祝词人便说:“希望这个勺子永远像今天这样盛满了甘露琼浆——酒、马奶、茶、奶,希望这勺中被注入安康,希望它在今天、明天、永远的将来能够给它的主人以及在座的客人带来幸福和长寿。”

说完这些话后,祝词人在勺子上系上哈达,把它递给博尔格尼。新娘最后拿着勺子走到炉子旁边,用它从锅里向茶碗里盛茶。在博尔格尼的引导下,新娘把茶端给新郎的客人们。

在回到新帐篷之后,新娘的亲戚中有一个人大声清点新娘带来的嫁妆。清点先从牲畜开始——“乌尼奇”。通常富人家会陪嫁几十匹马或者几十只羊,穷人家一般是几匹马、几只羊。接下来就要清点财物——“营策”:有多少件皮袄、多少顶帽子、多少件长袍,它们分别是什么质地的;有多少衬衣、多少鞋子;怎样的戒指、耳环、手镯、项链。

清点结束后,新郎的父母给新娘的母亲送上长袍,如果是贫困人家,就会送上衬衣,送给新娘父亲的是哈达。

新郎的父母还要给新娘的母亲送上带着小马的母马,富人家还会送一头带着小牛的母牛,穷人家则送带着小羊的母羊。这叫作“回报母亲的乳汁”,另外一种说法是“报答养育之恩”。

在这一天即将结束的时候,新郎的一位亲戚会宣布:“促布林－吉娜－德热嚓措热拜讷木－吉”,意即“现在请端上告别的马奶”。随后便会端上几坛马奶和酒分给客人,所有的人都会一饮而尽。此后,客人陆续散去。

在婚礼之后的第三天,两位博尔格尼和一些近亲回到新人的家中。他们此行的目的是"掀帘子",也就是说人人都可以进入这个新的家庭做客,新人们进入了新的生活,他们可以不受拘束地去他们想去的地方,接待他们想要接待的客人。

在婚礼结束的当月或者随后的几个月,喇嘛会择定一个吉日,新人会在这一天带着两瓶或者更多的马奶和酒、煮好的羊肉等骑上马回娘家。这应该算是婚礼的最后一个环节了。

新人要在娘家那里待整整一天,父母会用好酒好肉招待他们。当天晚上,新郎独自一个人回家,新娘留在娘家过夜,她要在娘家住上几天才回去。通常,她还会去自己的兄弟姐妹那里待一两天。

至此,婚宴和酒席都结束了。

7.10　新生儿

在生下孩子的一年后,孩子的父母会给孩子起个名字,这件事情不需要隆重庆祝。

7.11　剃发

过上 3 年或者 7 年,喇嘛会定下给孩子(不论是男孩还是女孩)剃发的日子,并为这一天做精心准备,邀请亲友参加这一仪式。通常会准备很多酒,夏天会准备马奶,此外还有面饼和黄油。

当客人都聚齐之后,父母会当着宾客的面把孩子的头发剃得光光的,找一位德高望重的客人给孩子送一份剃发礼物,通常是马、牛、羊、钱币、火镰、刀等力所能及的礼物。有时父母只是许诺当孩子要结婚或者举办婚礼的时候,会送上一匹马或者一头牛。这种为剃发举行的仪

·欧·亚·历·史·文·化·文·库·

式叫作"乌留里－布－胡里木"。[1]

7.12 葬礼

接下来说说丧葬礼仪。[2]

人们会把死去的人的衣服脱光,面朝上赤裸裸地放在帐篷里。为了尸体不被损坏,人刚刚去世后就在他的背部,准确地说是在胳膊和腿的位置以及头下放一块拳头大小的石头。逝者的脸上蒙着哈达,尸体上盖着外套或者哈达。

根据性别和身份,逝者被安放在不同的地方。如果逝者是僧人,就要放在最尊贵的位置——帐篷门口靠左的地方,距离佛像的远近取决于死者在寺院的职位。如果逝者为一家之主、儿子、父亲、哥哥,会被安放在主人的位置,也就是门右边距离佛像比较近的地方。如果去世的是主人家的穷亲戚或者长工,他也会被放在门的左边距离门比较近的尊贵位置。如果去世的是女人,则会被放在床的附近,常会放在自己平时住的帐篷床边的位置。

逝者前面挂着一道帘子,阻隔了来客的视线。当天受邀而来的还有当地的僧人、亲戚以及一些不相干的人、旗里的大喇嘛——堪布喇嘛,从人去世到之后几天的葬礼都由他来主持。

葬礼开始的那一天起,堪布喇嘛傍晚过来,深夜离开,每天在死者的帐篷里静静地待几个小时。

冬天,僧人会待在安放死者的帐篷里。夏天,由于尸体腐化后会发出难闻的气味,他们便只能待在死者附近的其他帐篷里。

葬礼一般会持续 2~5 天。

尸体会在他去世的地方用毡垫、袍子包裹起来,但不能从门里抬出去,因为"死人不能走活人走的门"。一般由"特尔摩"在毡帐的围

---

[1]喇嘛会出席在婚礼、新生儿出生、剃发仪式上,参见 Позднеев. Очерки(《概述》). стр. 412－426,433－441.

[2]关于"灵魂出走"和葬礼请参照 Позднеев. Очерки(《概述》). стр. 457－474.

栏上打开一个豁口,由亲戚们将死者往外抬。如果死者没有亲戚,就得为他雇一些男人来抬。如果死者是男人,豁口就开在门的左边;如果死者是女人或者女孩,豁口要开在门的右边。

死者的尸体会被固定在马上,一半在马背上,另一半朝地运到喇嘛指定的地方。在这里,尸体面部蒙上哈达,头朝西边,脚朝东面。如果死者年纪还小,喇嘛或者他的同龄人会从他身上取下包裹着他的衣物。

如果死者的家人比较富有,运送尸体的马一般会留给堪布喇嘛。反之,家人一般会送给喇嘛一只小牛或者山羊。

死者身上裹着写有"唵嘛呢叭咪吽"六字真言的碎布,尸体从帐篷里被转移到树上或者山岩上。

7.13 现行法典

总的来说,柴达木盆地的蒙古人没有很好的法律意识,他们中的大多数分不清自己的传统法律和满族人、藏族人的有什么区别。在柴达木盆地,固始汗的规章依然很有效力。在这里我们说说现行的法典:

《哈拉－查干－德－库尔勒》,也就是《辩解与诬告》。它由固始汗创立,旨在分析一些重大而复杂、当局无法独立判定的案件。

《哈拉－查干》主要包含以下内容,法庭给各方提供赞同的权利。双方商定一个日子,在王公或者判官的带领下来到指定地点。除了原告和被告,人们都在衙门所在的帐篷或者房子里,判官找两块不大的圆形石头,一个黑色的,一个白色的。这两块石头都分别被一块布包裹着,并且用带着皱或者打着结的线把它们缝在一起。之后两块石头被一起放在佛像前的小供桌上。

与此同时,有人在一个大铁碗里盛满水,水里撒进土并用筷子搅匀,并且不断地给碗里水加热,保持那种可以伸进去一只胳膊还可以伸入一只手指的温度。水准备就绪,就请原告和被告进来,先让他们对着佛像祈祷,来判断他们是否有罪。之后,王公把两个绑着石头的绳结放入滚烫的锅里让双方抓阄。不论是原告还是被告,轮到自己时都要挽起右手的袖管,将手迅速地伸入热水抓住一个绳结取出来。另一个人也随后按照这种方式取出一个绳结。水几乎是煮沸的,就是为了人们在取石头的时候没办法选择,只能一抓到就立马抽出来。

取出来的石头被当着王公和判官的面打开。判官的判决是:持白色石头的人是无罪的,他因此打赢了官司,而持黑色石头的人则输了官司。在这一系列行为之后,判官宣告拿出黑色石头的人有罪。

对于盗窃罪,会根据具体的犯罪情况有具体的审判。具体是看此人是新手还是惯犯。首先犯盗窃罪的人除了缴纳罚金还要没收 10 头牲畜或者 10 件外衣。如果这个盗窃犯是屡教不改的惯犯,那么除了体罚和罚金以外,还要没收他的马和武器,切断他的脚筋防止他有机会外出。

即使王公有处决小偷的权力,他们也很少会这样做。这种情况通常发生在巴伦札萨克旗。通常的情况下,王公们都不会判人死刑,而是让人们自己"处置小偷"。在这种情况下,柴达木盆地的居民会突然去某个小偷的住处,把他绑起来带到山上或者草原,一边让他跑一边射杀他,或者跟在他的马后用马刀砍他,总之,不会给他留下活路。

7.14 禁忌和谚语

有趣的是这里的蒙古人还有禁忌和谚语。

民间禁忌认为:

在用刀或者马刀切东西的时候,刀锋要朝着自己,否则会招致敌人或者危险。

在用单手给别人递东西的时候,不要让袖子遮住了手,否则可能会和接东西的人发生争吵。

在给别人看自己的刺伤、箭伤和刀伤的时候,一定要在受伤的地方,否则会招来噩运。

女人不能拿马刀或者武器,尤其是在打猎或者打仗的时候,因为这样做会亵渎武器,影响它的威力。

女人不能提着空水桶横穿马路,因为一路上会不顺利,或者一场空。

路人或者朝圣者进入帐篷讨水喝,会给这户人家带来成功和幸福。

在客人进入帐篷的那一瞬间,如果家中的女主人正在清理吃剩的黄油,预示一定会有好运相伴。

如果"沙盖托"的骨头是白色的,就预示着成功,黑色的则相反。在新年的那一天白色的"沙盖托"骨头代表着一整年的幸运。

遇见死人预示着极大的幸运。

遇见接新娘的队伍预示着极大的凶兆。

路上牲畜驮着的行李多次从同一侧掉落下来,预示着成功和丰收。

谚语中称:

朋友戴着帽子对佛祖祷告是祈求宽恕。

如果帽子没有尖角,远处的山坡会发出嫩枝。

自己穿着没有裤腿的裤子,就能体会别人露着膝盖的感觉。

人为自己的名字而骄傲,孔雀以自己的尾巴为荣。

自己没有受到伤害,就不要把不好的事情告诉别人。

不要把秘密告诉任何人:一个人知道了,就会有一百个人知道。

百袋可以绑,却无法让一百个人保持沉默。

躲着点首领,躲着点狗。

闭门思念无法见到那个人,而走出去却有可能遇见他无数次。

炫耀自己认识一百个名人,不如交到一个真心的朋友。

7.15 新年

柴达木地区没有固定的寺庙和僧侣。已婚或者未婚的喇嘛居住在专门的帐篷里或者亲戚家，[1]僧人们在每个旗更换帐篷，有时候为了进行祈祷也会在草原上住 3~10 天。

在新年期间，不论是蒙古人还是汉人都习惯祈祷。这个节日和其他节日一样，在柴达木盆地和喀尔喀地区持续三天。

除夕那一天，巴伦札萨克旗的居民和家人一起去寺庙，那里聚集着喇嘛、官员和普通百姓。所有的蒙古人都穿着节日的服装，札萨克和他们的子孙盛装打扮，官员的妻子会带上代表他们地位等级的帽子。[2]

在所有在场的僧人中，有 15 个喇嘛会进入佛殿。他们中的一个会充当呼拉尔的角色，其他的人要用小手帕捂住自己的嘴，他们面临着严峻的考验——面包、黄油和马奶的诱惑。这也就是佛教所说的斋戒[3]。斋戒的目的是在工作期间不会犯错。

在这一切都准备就绪之后，堪布喇嘛将新的佛像放在佛堂上去年放置佛像的供桌上，而旧的佛像交给了王公。他们会把"巴林"事先装在金属碗和碟子里，放在佛像前。僧人中有专门负责做饭的，他们也不停地祷告着。喇嘛们洪亮的祈祷声和铃鼓、喇叭、木鱼的声音交织在一起，回荡在草原上。

新年的第一天，所有的官员每人带上一坛马奶到王公家里。他们用手蘸一下酒洒向空中，然后再把酒倒满盆子，最后才把剩下的酒倒入大酒杯里。上述流程完成后，最后一个到场的人端着官员带来的酒朝王公所在的方向走去，并把酒洒在寺庙的墙壁上。其余官员则端着盛满酒的杯子紧随其后。

在此之后，王公从箱子里拿出印章并把它放在高处。大印是由深灰色的石头雕刻而成的，底下有几个连接在一起的方形底座，刻着汉字，其上是一个半卧的狮子。这是天子权力的象征，意味着按照官阶顺

---

〔1〕戴红色帽子的喇嘛是旧教派信徒，可以成家。戴黄色帽子的喇嘛属于"格鲁派"，不能结婚也不能饮酒。

〔2〕对女人而言，这种地位等级取决于她生了几个儿子。

〔3〕喀尔喀蒙古人也把斋戒叫作"索尔"，参见 Позднеев. Очерки（《概述》）. стр. 325 – 327, 380 – 384.

序,从札萨克开始的官员,都要遵守严格的礼仪规范,接受权力的管制,形式上表现为对官印磕头,敬献哈达并且给大印的所有者进上酒、面饼和一头羊。如果王公的妻子为王公诞下了子嗣,她就会拿着官腔出现在这样的场合。

一番寒暄之后,官员在王公及其妻子的带领下(其中还有年轻的孩子)论资排辈地坐下,面前摆着酒和煮好的羊肉。坐定之后筵席就开始了,一位札萨克担任司酒官,盛满美酒的酒杯在大家的手中传递。酒宴开始时气氛并不十分热闹,反而有点沉闷,因为大家都在忙着填饱肚子,慢慢地,喝酒就成了宴席上最重要的内容。人们在那里豪饮,脸喝红了,醉醺醺的,并且开始提高嗓门胡言乱语。小寺庙里传来喇嘛的诵经声和铃鼓、喇叭、木鱼发出的声音。据说到了深夜,蒙古人"喝着酒,边聊天边行路……"。王公待酒劲儿略略散去,大脑恢复理智后走到大印跟前。他拿起大印轻轻触碰每一个他信任的官员的头,然后再把大印收起放回原地,仪式就此结束了。

新年的第二天,居民互相拜访,交换哈达。此时不论是官员还是百姓,大家混在一起,聚成一个个或大或小的圈子。这一天和之前的两天对蒙古人而言都过得非常快,庆祝节日的贡品用光了——烧"多尔马"。[1]

按照蒙古人的习俗,傍晚是这样度过的:王公、喇嘛、官员和百姓集中在一块空地,点起事先已经备好的篝火,偶尔还会传来小钟发出的声音。堪布喇嘛严肃地拿着"多尔马"走近篝火,其他僧人在鼓声、喇叭声和木鱼声的伴奏下诵经。除了僧人,附近还有王公以及20个持枪站在篝火边的蒙古人。其他人不得靠近,而是站在远远的地方注视堪布喇嘛的一举一动。篝火燃得越来越旺,冲天的火光打破了寒夜的宁静,蒙古射手坚守在自己的岗位上,在场的人都非常紧张。此时,给人留下深刻印象的是喇嘛的诵经声和寺院乐器发出的声音。最后,堪布喇嘛高高举起手里拿着的"多尔马"在头顶转几圈,在枪声中把它扔进

---

[1]W. W. Rockhill. The Land of the Lamas(《喇嘛之地》). p. 113 – 115.

127

篝火……王公在蒙古射手的陪同下头也不回地匆匆离去,百姓们也跟着他渐行渐远。僧人并不像其他人那样迅速离开,他们跑个几十步就站下来,转身看着在篝火中燃烧的"多尔马",再一次做祷告,随后毫不停留地离开了。

"多尔马"在熊熊烈火中燃烧,人们还会从远处朝它开枪。蒙古人这样做一方面是为自己在过去一年里犯下的罪行祈求宽恕,另一方面是为了该旗在新的一年里能够避免噩运和不幸,把一切不美好的东西都清除出去。就好像人们头也不回地从篝火旁离开那样,让它永远不要降临在该旗。

至于佛像,这是僧人给王公和王公家人的一件东西,用来表达其在过去一年里对王公的感激。

7.16　剃度

每年的 7 月,柴达木盆地的每个旗都会在之前选定好的地方支好帐篷做祈祷。僧人、所有的官员以及普通蒙古百姓从四面八方聚集到这里,像平常一样在帐篷里诵经。喇嘛中经常有蒙古或者"仓根"百姓,他们曾经甚至穿着普通的羊皮袄,腰上配着剑或者肩上扛着武器,而如今却换上了喇嘛的装束。诵经结束后,在帐篷里会有喇嘛脱掉喇嘛的服装交给他的妻子和孩子,自己换上之前的袍子,把剑挂在腰里,去最近的帐篷里喝酒去。

大家在主持喇嘛所在帐篷的附近选一块好地方,由主持喇嘛为蓄着头发的喇嘛剃度("哈拉")。

在剃度的日子里,人们按照预先分配的任务准备充足的茶、面饼、肉和黄油招待僧人和朝圣者。一般情况下,人们最终带来的东西要比规定的多得多,有些人甚至会把需要的东西全数准备好。当然这种情况并不多见。剃度仪式结束以后,每个旗还会举行表演:骑着马在马立定或者飞驰的情况下射击,表演会在喇嘛指定的吉日里进行。旗里每户人家的成年男子都会全副武装来到指定的地点,如果家里没有成年男子,半大小子也会来参加。札萨克和官员们会在事先检查武器和弹药。

每个武装好的人会佩戴至少 3 份火药[1]、15 颗子弹和 4 截导火线。库尔雷克人拥有的武器差不多是这个数的两倍,即 5 份火药、30 颗子弹、半俄尺的导火线,这些武器平时都保存在旗管理机构所在的地方。

贫穷人家的汉子则带着长矛或马刀来参加表演,但他们必须拥有少量火药、子弹和导火线,缺少这些装备就必须向装备充分的人求助。这些武器会被密封然后分发给军人,在明年的表演上还要把未开封的提交出来。如果这些人没有保管好武器,要么卖了,要么丢了,都会受到严厉的处罚,不是鞭刑就是被监禁。这里还会有一位专门的记录员,清点武器的数目,剔除那些死亡或者贫困人的名字,规定在竞技项目中应该配给武器的多少,等等。

7.17   器械表演

此后人们开始参加各种距离的射击,有的是拖着枪架,有的是在马背上,有的还会在马飞驰时开枪。接下来表演的是策马用长矛和马刀刺杀道具稻草人,兵器表演结束以后开始摔跤比赛,然后是骑在俊马上进行的骑术表演。

一切都是按照亚洲人的习惯有条不紊地进行的,为了这次盛会搭建起了许多帐篷,里面汇集了人们从各旗带来的大量食物和饮料——马奶和酒。这样看来,武装表演俨然成为一个节日,在此期间人们纵情地喝酒狂欢。自从 1895—1896 年东干人的最后一次起义前,库尔雷克会举办为期十几天的仪式,参加仪式的不仅有柴达木盆地的王公和官员,还有来自库库淖尔地区的,人们在此喝酒狂欢。然而在穆斯林暴动之后,库尔雷克的节日气氛受到了严重的影响,这种狂欢和表演仅仅

---

〔1〕11 份火药重 1 俄磅。

持续两天。所有的蒙古人认为,精心准备这个表演或者储备武器弹药会带来噩运,人们因此不再重视这种表演了。

如果表演活动一直延续下来,偶尔仍然能够持续那么两三天,并且在此期间所有的诉讼都会终止,旗里所有的男人们都会聚在这里。每个人都被分配了任务,获得功绩的人可以受到奖励,出现失误的人会因此被降职。

7.18 堪布喇嘛

最后简单地说说堪布喇嘛的情况。

在艾尔克贝勒、宗和巴伦札萨克旗以及尚旗,每个地区都会有一位从西藏来的堪布喇嘛。宗札萨克旗的喇嘛是来自甘丹寺的甘丹-图毕;而巴伦和尚旗的堪布喇嘛则是从"班禅"到日喀则的列布奇喇嘛以及来自甘丹寺的额尔克白里喇嘛。

他们应要求在此停留三年,期满以后再回到自己原先所在的寺院。堪布喇嘛有义务从西藏来到蒙古人的旗地,在三年里和蒙旗居民生活在一起,最后再返回西藏。

堪布喇嘛最主要的责任是传经或者主持葬礼,在发生牲畜丢失、庄稼歉收、流行疾病蔓延等不幸的时候祈福。当然堪布喇嘛主持的所有仪式都不是无偿的,人们会按照惯例支付一些酬劳,还要给自己的守护神上供,数额不能少于两年15~20两银子。堪布喇嘛除了有非常可观的个人收入外,还要给自己所在的西藏寺院施舍一些,他可以按照自己的意愿将爱戴他的蒙旗居民敬献给他的银子上交西藏。蒙旗居民把银两运到日喀则的甘丹寺、甘丹-图毕寺和班禅-列布奇寺,以祈求他们敬爱的堪布喇嘛能够在此地多留三年。通常这种请求都会得到允许,因为这样堪布喇嘛可以得到更多的好处。通过这种方式,人们喜爱的堪布喇嘛能够在一个旗里住好几个三年。

在从西藏派出这些喇嘛的同时,葛根会给他们发放通行证和文件,以证明他们的身份和明确他们的职责。

在柴达木盆地,经常可以看到行色匆匆的喇嘛。他们通常来自安多或者有名的五台山,怀中揣着汉族的通行证和文书到此募集修建和翻新寺庙,或者添置佛像的善款。他们走进蒙古人的营帐,吹着唢呐,在蒙古人的毡帐外诵经,给主人献上哈达,送上一包葡萄干或者糖果,请求他们为寺庙随便捐献一些东西。除了食品,他们什么都接受:活着的羊、马、牛,等等。他们夏天出发,去水草丰美的牧场,秋天到来之前就已经讨来了一群羊、马和其他家畜,返回时又像商人那样把这些牲畜换成银子交给所在的寺院。

8 东部藏区及其居民

8.1 西藏全貌

西藏——一个巍峨神秘的地方,它以自己鲜为人知的原始自然风貌和几乎与世隔绝的中央地带及寺庙吸引了很多欧洲考察家的注意,但是只有它的东部地区才是我们这次考察队所能到达的区域,这里跨越了从北部严寒的高海拔地区到达温暖的深谷以及湄公河上游的岩石峡谷。

西藏山原上有印度的摇篮雅鲁藏布江(印度人称为布拉马普特拉河),以及湄公河、澜沧江、黄河,它们向着广阔的空间延伸。接近中部地区时,从雅鲁藏布江的迂回处到库库淖尔湖方向,受印度洋西南季风的影响,这一地区夏季降水量丰富。继续向西,高原的海拔越来越高,地势越来越平坦,气候渐渐变得更加干燥,覆盖着高原的草地渐渐被荒漠碎石取代,M. B. 佩甫佐夫很客观地将其称为"死地"。离开刚才描述的这个地方向东,河流也向东急流,在这里形成了汹涌的干线,西藏高原被冲刷得越来越厉害,最终变成一个矿山国度。河谷、黑暗的峡谷和山脊的分水岭互相交替。道路和小径时而下降,时而上升到相当的高度。旅行者眼前不断变换着或温和或严寒的天气、丰富的或者贫瘠的植物带、居民的房屋或者雄伟山脉那无人居住的山巅。山脚下展开的是山神奇的全景,有时候游客从深入云端的高空往下走,视野就会被峡谷侧面的峭壁所遮挡,一路往下走他会听到不断的嘈杂声,大都是带着泡沫的蓝色水流发出的,似乎山顶的静谧被呼啸而过的狂风和暴雨打破。

在我们的研究地区,在黄河和澜沧江水域的分水岭那一边,成为典型的高山地带。从这条分水岭的北部延伸着寒冷的高原,初生的黄河沿着高原从这里缓缓奔腾流出,这些流水注满了广阔的湖盆。这里地势平缓,被典型的草本植物覆盖,还有丰富的有代表性的原始动物:野生牦牛、藏羚羊和野驴等动物,它们已经适应了这里稀薄的空气和恶劣的天气。牧民里偶尔有猎人、淘金者或者小偷强盗出现,他们并没有破坏这些哺乳动物自由自在的生活。游客在这些地区需要格外小心,以防意外。

夏天,我们所研究的西藏高原的这片地区层云密布、雨量充沛,通常以大雪、雪和雨的形式出现。不仅远处的主峰,还有一些离山谷很近的山也经常被雪染成白色。晚上这里的最低气温经常到了零下,偶尔还会达到 - 10℃。晚上比白天更经常有风时而从南方时而从北方吹来,方向有些轻微的偏离。然而尽管如此,这里的植物几个世纪以来已经适应了这种争夺生存权的斗争。它们生长得比较顺利,在温暖阳光的照耀下它们缤纷的色彩令人赏心悦目。

在一年的其他时节,西藏高原东北部的天气主要受到了来自北方强烈风暴的影响,尤其是在春天。除此之外,尽管这个地带如此偏南,气候也很干燥,这里的气温还是相对较低。

这种干燥造成的结果就是即使在冬天山谷也几乎没有降雪,否则不会有许多野生哺乳动物在这里生存。往南面,在一座将中国最伟大的两条河流的水域分隔开来的山脊后面,地形也发生了剧烈的变化:陡峭的高大山脉直耸云霄,它们之间深埋着的峡谷和穿行其间的溪流纵横交错。

旅行者们越往下走,越对自然美景惊叹。毕竟,人类先是游牧民族,之后才成为务农的人。蓝蓝的天空和高悬在天空中的太阳给我们打着招呼,尤其是在我们到达西藏北部边缘之后。

当我们行走到湄公河上游流域,这里被雨水冲刷得更严重了。这里一些主峰的山脊以及次峰和小山的山脊与它们边缘的小河离得很近,它们大都在深谷或者风景如画的峡谷中,其间回荡着持续不断的潺潺水声。那些天然形成的峭壁构成了一幅美丽的风景画,展现出惊艳的美丽和奇妙的和谐。紧贴着岩石生长的是富丽的杜鹃花,低一点的地方还有云杉、杜松和柳树。河岸边的底部生长着山杏、苹果树、红色和白色的花楸树。这些树和大量的各种灌木以及高高的草丛混杂在一起。浅蓝色的、蓝色的、粉红色的、浅紫色的勿忘草、龙胆草、紫堇、云木香、马先蒿、虎耳草在高山上招手呼唤。

在高山峡谷的深处似乎有美丽多彩的豹子、猞猁还有一些品种的猫、熊、狼、狐狸及或大或小的飞鼠、雪貂、兔子、小型啮齿动物、马鹿或鹿、香獐子、中国山羊或者是斑羚羊,以及我们之前一只没发现的猿猴在这里藏身,它们组成大大小小的集群生活在藏族人的周围。在清澈的河流和小河里有许多鱼,还能发现水獭。

究竟什么是鸟类王国,就是在最短的时间内可以发现大量各个种类的鸟类。尤其是突然进入视野的白马野鸡、绿血雉、雉鹑、花尾榛鸡,还有几个品种的啄木鸟以及大量的麻雀。而最有科研价值的宝贝是来自湄公河流域的新的鸟类标本,例如:寒鸦、藏鸦、云雀、旋木雀,来自画眉科的新品种柯兹洛夫噪鹛、雀鹰和颈黑熊(*Laiscopus collaris thibetanus*)。

在晴好的天气里,在湄公河流域的美丽角落里,自然科学家或仅仅是热爱自然的人都会感受到这种视觉和听觉的享受。那些野鸡在草地上自由和得意地走来走去,秃鹫不用拍打翅膀就在蔚蓝的天空中翱翔,老鹰不由自主地闭上了眼睛,小鸟的歌声从灌木丛中传来,轻抚着我们的耳朵。

夏天西藏东部的气候变化多端:一会儿艳阳高照,一会儿下起雨来,有时候甚至好几层厚厚的云层环绕着群山,甚至几乎笼罩到了山脚。有时候太阳无情地燃烧着稀薄的空气。一年中最好的时节是晴朗干燥的秋天。

在冬天的 3 个月里,考察队在昌都附近,在仑多克多村气候总体很温和:几乎没有降雪,比较干燥,空气非常洁净,夜里、早晨都没有风,午后也没有出现来自西南方向的一贯每天会出现的风。这种晴好的天气通常在 11 月末和整个 12 月。1 月份主要是多云天气;2 月份云层又

一次变得稀薄。最低气温在1月5日到1月6日为－26.5℃。12月份
白天的气温只有4次到了零下。在这段时间内,1月份出现零下气温
的次数和12月份相同,最低温度为0.1℃,最高的时候为4.8℃,接近
夜晚的最低温度。

　　仑多克多村旁是勒曲河,完全没有冰层覆盖,然而它两侧的一些
不知名的小河和小溪流在12月份和1月份却被冰层覆盖,即使在中午
的阳光下,在这一年中最冷的时候冰层依然坚持不化。

图8-1　仑多克多村——考察队的冬营地之一

　　偶尔会下雪,有时这些雪会在下降的过程中融化,或者会在第二
天傍晚之前融化。总而言之,山的南坡几乎不会有积雪,只有山的北面
或者山顶处经常会有雪层覆盖,虽然雪层的厚度微不足道。下过雪以
后,空气除了变得更加清澈更加明媚,天空变成了深蓝色,特别是在日
落前。到了晚上星星放射出闪耀的光彩。

　　到了2月气温开始迅速上升:山间的溪流潺潺作响,鹀鹀和鹈鹕开
始发出求偶的声音,胡兀鹫在高处欢腾,它们那欢快的求偶的歌声让
空气都为之颤动。

8.2　东部藏区的行政区划

在这里我不会涉及整个西藏的行政区划,只会提到我们考察队拜访过几个区的划分。西藏北部很大一片区域——从游牧的柴达木盆地和果洛人的地界到北部的海曲河(这条河的下游叫作热曲河),南部一直到德格土司地区,东部到达清政府在西宁的直接统治地区。西藏这片地区的世俗权力属于钦差,而宗教权力属于达赖喇嘛,达赖喇嘛的权力被限制为只能任命和变更西藏北部寺庙的大喇嘛。

西藏东部,由 42 个土司管理,西面与西藏周边地区相邻,北面与名义上属于西藏东部的游牧果洛人相邻,而东面和南面与四川和云南定居的汉人相邻。西藏东部有 42 个地区,在这里我们只提及我们了解的德格、日卡多、林谷泽、霍尔、巴塘和里唐。巴塘和里唐虽然不属于中国的四川省,然而西藏东部这片地区的定居居民都属于中国政府在四川的权力管辖,四川政府可以任命和更换这一地区的管理者——土司。

8.3　西宁所辖藏族及其划分

属于西宁管辖的藏民,居住在我们考察的澜沧江和湄公河流域的山区,通常西藏东部的居民被其他地区的藏民称为康巴人,就是指喀木地区或者西藏东部的居民。喀木这一称谓是有文化的藏族人起的,意思为"房子、农民"。通常藏族人不受西宁的管辖,按照他们所在的行政管理区域来命名,比如昌都、德格、林谷泽等。

由西宁省长管理的喀木藏族,分为南北两部分。北部,或者说是纳木错-卡瓦-德姆存-尼什-扎尔呐,也就是从纳木错湖周边地区迁移过来的居民(包括 25 个旗),他们更为大家所知的称呼是蒙古语的腾格尔淖尔,他们主要集中在长江流域,还有一些在它的支流附近,而它左边的支流就是湄公河上游。

这些藏族人从拉萨南部的纳木错湖沿岸来到这里,已经延续了 32 代人,他们是根据湖的名字给纳木错北部原住的旗命名的,从那时到如今这里已经形成了30多个旗。这些旗是通过以下方式形成和发展的:通常是几个家庭,搬去某个偏僻的峡谷,经过相当长的一段时间形成了以这个迁徙地或者迁徙群体首领的名字命名的独立的旗。

如今西藏北部有30多个旗,之前的"纳木错 – 卡瓦 – 这木聪 – 尼什 – 扎尔呐"这个称呼虽然被保留了下来,但是居民们更习惯称之为喀木。这些藏族人周边的几个旗是:北边的是西曲河的纳木错旗;南边的是湄公河沿岸孜曲河右岸的苏尔曼旗;东边的是索罗玛山南坡的啊勒 – 拉罗 – 洛旗,牧民在此放牧;最西边的应该是雅阁赖(耶格赖)旗,这里的居民把黑色的帐篷搭在库库什利山的峡谷里,在两条大河的交汇处延伸出长江上游。

图 8 – 2　喀木地区的穷人

在我们由北至南的行程中穿越了11个旗:纳木错,古敕,阿姆奇普,啊涌,哈什,智聪,德特塔,扎乌,拉达,布琼,苏尔盲。我们一开始的东线穿过了以下7个旗:甫沙,卡拉尔,扎曲卡,杜普珠,腾都,拉普,蒙戈尔镇。而随后行进的西线通过了藏珠,盖尔赤,拉什,尤许。如今藏民们分为2个部分或者说是2个旗。较大的一个旗德特塔旗又分为3个部分,分别为:德特塔,鲁洪博多玛(上游)和鲁洪博米玛(下游)。

北部的喀木藏民,实际上又分为 30 多个旗,根据我们从中国官员和税吏那里拿到的官方资料,至少有 12 个分支,以及相同数量的部族长(百户),官员发给这些长老白色的珠子。西宁钦差还颁发给部族长的助手(百珠)铜珠。这样,即使最低级别的官员盖布也会有珠子。每个旗都有一个百户,一个或者多个百珠,若干个盖布。而盖布几乎每个村庄都有。百珠通常是每个旗的二把手。

这些官员都不是从政府那里拿俸禄的。他们的俸禄来自旗民,有的来自全体旗民,有的来自一大部分或者一小部分旗民,这主要取决于官员的地位。每一个旗民应该给百户 24 只羊、24 块砖茶、24 俄斗大麦、24 嘿(кхи)黄油[1]和相同数量的盐;百珠得到的大概是百户的一半;盖布的工作是无偿的。

根据汉人的官方记载,这些旗的名字是:鲁洪博,孕尔智,苏尔盲,桑扎瓦,大通,古敕,玉沙,德特塔,蒙古尔珍,玉树,纳木错,阿木乔特。

每个旗的人口数量有很大的差别:一些古老而富有的旗大约有500 户人家,而一些新形成的旗只有 70～80 户人家;西藏北部的喀木藏民的总数大约不超过 35000 人。

南部的喀木藏民生活在湄公河流域内,他们的邻居一些是北方的藏族人,一些是西藏中心的上等阶层的藏民。和它们直接相邻的旗有利乌齐、巴赫勺、索果德莫和索赫。

西藏中心的界限沿着湄公河上游右岸和纳木错。在这一沿线的三四处地方修了铁路吊桥,从这里延伸出了一些大陆,这里还集中着防止有人入侵领土的军事哨所。

8.4　囊谦扎巴汗

南部的喀木藏民有自己的汗王囊谦扎巴,他名义上是所有属于西宁管辖的藏族的首领,即使在汉人居住的地方他们也都知道汗王囊谦

---

[1]相当于 6 俄磅(2.5 公斤)。

扎巴,他们通常把他称为玉树或者玉福。汉人还把西宁的喀木藏民称为红帽儿。事实上囊谦扎巴汗仅仅统治着喀木南部的藏民。尽管如此,这位汗王依然被看作是东部藏区权力最大的人之一,他管理的藏族人的总数达到了 3 万人。

囊谦扎巴王位是世袭的,由中国政府颁发给他珊瑚珠。汗王权力的象征是一块印,这块印上面刻着一个不大的方框,方框的中央有一个发音类似于俄语中"на"的汉字。

囊谦扎巴汗手下有 4 个主要的文官,也叫作大百户,8 个普通的百户和 24 个百珠,他们构成了一个 36 人的编制体系。每位官员都掌管着或大或小的旗,掌管的旗的大小取决于他们在汗面前的地位,他们和西藏喀木北部的官员一样得到中央政府颁发的白色的和黄色的(铜的)珠子。

不论是过去还是如今,能够全权管理南部喀木藏民,权力接近囊谦扎巴的官员,轮流担当汗王。除此之外,在汗王的统治下,在巴曲河,通常按照顺序,有一些来自扎巴旗不同地方的官员和文书。某个百户死后,汗王会遗憾地将这个称谓授予比较称职、比较胜任的人,当然百珠也是一样,通常是继承的。但是在某些情况下,囊谦扎巴汗不按照传统规则行事,会给一些犯了罪的高官判刑或者免职,这些人不仅有汗王失宠的亲信,也有普通平民。

喀木南部,以"囊钦"和"囊钦德劢可苏木齐索尔勒"这两个名字广为人知,意为这里有 35 个旗,尽管事实上如今这里有 36 个旗,而不是 35 个。而第二个名字当地人会经常使用,因为第二个名字说的是囊谦扎巴的战功、财富和荣誉。当我们看到巴德马扎波夫的喀尔喀马鞍的时候,我的同伴问:"有人有这样的马鞍吗?"一群藏族人回答道:"不仅这里没人有这样的马鞍,在囊钦的所有 35 个旗都找不到这样的马鞍!"

囊谦每一个旗原本都是没有名字的。旗名通常都是根据这个旗的首领的名字起的,比如,舍拉普楚贝勒旗就是一个官及四品的汗王的名字,还有毕马大智旗(巴马德尔智的缩略)等等。

不仅仅是汗王管理的官员,就连汗王也得不到清政府的俸禄。以襄谦扎巴汗为首的所有官员都是从自己的人民那里收集俸禄的。36个旗里的每个旗每年都要交给汗王 8 两银子,这样总共就是 288 两银子或者说是 576 卢布。除此之外,那些使用了较好的牧地的旗民还要将自己最新的畜产品一并交给汗王作为赋税,其中包括黄油、干奶酪等。其他的牧民也需要交纳他们的畜产品中相当数量的黄油和干奶酪。定居的农民则要为汗王的马准备干草。每位务农的藏民都要给汗王交纳稻草,或者在汗王在扎曲河谷、湄公河上游以及噶图－图卡的土地上耕作。

汗王的土地在播种、收割、脱离的时候,由两三个官员负责监督这些工作的整体进程,他们在汗王的农田上四处巡视。在高海拔的狭窄而令人感到亲切的巴曲河峡谷牧民们在收割鹅绒委陵菜(Potentilla an-serina),主要目的是把它们送到首领的宫殿。那些在盐矿附近安家的藏民,他们需要给汗王交纳盐,盐是藏民眼中最重要的食物。西藏的任何官员收到一定数量的盐作为礼物的时候,都会觉得非常开心非常幸福。

现在我们来谈谈汗王官员的报酬。如今,情况和北方的藏族人一样,他们都会收到一些实质性的好处,因为百户和百珠的职位是根据北方藏族官员而设置的。那么襄谦扎巴的官员呢?他们得到的奖金比百户多两倍。这些报酬的一半来自于之前我们提到的他们所管理的旗,另一半则来自南部的所有旗。

属于西宁管辖的藏族分布非常广,根据所在地形条件的不同,他们又分为牧民和农民。牧民在高山草原上支起帐篷游牧,海拔越高的地方,就越不适宜耕作。而农民的住房和农田一般都在海拔 12000 英尺(3600 米)或者更低的河谷,这里温和的气候适宜发展农耕。

总的来说,牧民的数量超过了定居居民,尤其是在和北方的藏民对比的时候这种情况就更加明显,南方的农民占人口总数不到总人口的 1/3,剩下的都是牧民。

不论是北部的藏民还是南部的藏民,每三年都要给清政府交纳大约 5000 两白银,换算成我们的货币,大概是 1 万卢布。西宁政府会派出两名专门执行收税任务的委员带着护卫队去收取赋税。通常西宁派出的汉族官员有 30 人,这还不包括随行的蒙古人和藏民。这些来访的官员通常都选择去哲尔库村,这个村庄坐落在长江上游右岸附近。汉人把这里称作通天河。汉族官员来到了这里,各旗的首领就会来到这里缴纳相应的赋税。在这种情况下,所有北方的喀木藏民实际上按 12 个旗来缴税。

在高级官员(柴达木盆地地区的蒙古人把他们叫扎尔古丘)收税的时候,经常还得处理一些诉讼,或者一个旗和另一个旗之间的纠纷。从我们的观察中多少可以看出,后一种情况更能够遏制藏族对类似于果洛人所拥有的独立自主的权利的侵害。即使是同一个旗的人也缺乏共识、四分五裂、彼此之间完全没有信任,这些原因在很大程度上削弱了当地居民的势力,有利于清政府的管理。

汉族官员在收取赋税和处理诉讼的时候,进程非常缓慢,在喀木地区就要花费大概一年的时间。因此藏族人也不能经常迁移,这种 13 个月的期限已经习以为常并且合法化了。在此期间藏民会绝对服从地给每位官员很多物品。在这段时间要结束的时候,汉族官员们会自己负担伙食费用。然而,根据藏族人所说,这对于贪婪的汉族官员而言还远远不够。藏民们需要缴纳的除了食物,还需要每个月交三次钱,也就是每十天交一次钱。这样,北部和南部的喀木藏民每次去汉族官员的官府都必须要带 500 多卢布的贡品。

当然高等官员在处理各旗之间的纠纷时首先考虑的是自己的利益。除了各种日常的礼品——哈达、动物皮毛等,他还会因为各个事由收受双方的钱财,由 10 两到百两不等,有时候甚至收得更多,对此他会很严肃地清楚地表明:"这些是给钦差的,这些是给我的,这些是给护卫队队长的,这些是给文官、翻译和其他人等的。"当争论叛逃的藏族人属于哪个旗的时候,官员收受的贿赂需要大约 25 两白银或者礼物,他装作好像需要在回到西宁的时候把这些钱交给钦差,这好像是一种规定:在位官员要报答他的上级官员。

汉族翻译总是会受到质疑,藏族人支付给他们的钱也不少,尽管他们受旗的首领的管理,会接到一系列的任务。但是藏族人只是根据习惯每个人给他交纳 1 两白银。

8.5 西宁当局定期到喀木出巡

南部和北部的喀木藏民要跟随藏族官员返回西宁,同时要提供所有官员一个月的粮草,还要为他们配备交通工具,也就是马匹和牦牛。不论自己的实际情况如何,都要给每位汉族官员配备 1 匹马和 2 头牛;除此之外还需要 3 匹马和 5 头牛交给国库。如果汉族官员想要把一部分牲畜换成钱(白银)带走,藏族人一般都会按照本地的价格行情做出让步同意这样的要求。

这就是我们看到现实中喀木地区与西宁政府的从属关系。

西宁官员坐在哲尔库里,只要看到某个旗的首领,就要向他催缴税款。与为了弄清事实真相去藏族人的田地里冒险相比,他们更想要尽快地顺利回家。藏族人是被管理的,因为他们公开承认他们的同胞——百户的直接领导,百户和他们的机关帮助处理一些无法避免的复杂事情和状况。

严格地说,旗里藏民的犯罪率还是很低的,尤其是定居人口。主要原因:首先是因为百户被赋予了广泛的权力。其次,是因为即使是一点小的过失都会受到管理者严酷残忍的惩罚,更不要说犯盗窃、叛逃这样的罪了。按照藏族人的传统,比较有效的惩罚方式算是罚款了,其中包括以下 9 种东西:马、牦牛或牛、奶牛、绵羊、一块西藏呢绒、一块普通的灰色羊毛料子、一两白银、做帽子和做哈达的布料。如果被处罚的人没有支付能力,那么在这种情况下他面临的处罚将会是打三百棒或者鞭笞三百,又或者是挖掉一只或者两只眼睛。

进行法律审理的地方通常都是在百户的府邸,很少在犯罪现场;如果是去犯罪现场,就是旗的首领亲自带着助手过去。藏族人并不总是向自己的直接首领提出申诉,偶尔他们去附近旗的百户那里寻求保护,当然这个百户并不拒绝帮助他们分析这些持续了多年的有争议的纠纷,并且最终考虑各方因素给出一个判决。通常情况下人们有家庭误解或者争执,都是家属们请一个旗里受邻里尊敬和拥戴的百姓来分析调和的。有时候这些负责调和的人渐渐赢得了全体旗民的好感,在藏族人生活的方方面面拥有威信,这就会威胁他们的直接管理者百户,慢慢地这些人无意识地取代了百户,不仅处理旗里的法律事务,还涉及这个旗的整体管理。

一旦旗能够发挥重要作用的首领到各旗处理事务,就一定会行使权力征收所谓的俸禄。首领和官员享有俸禄已经很早就成为习惯,并且一直严格执行到现在。南部的藏族官员大都骑着自己的马,享用着属下人的服务,粮食也用的是属下人的储备,因此这些官员在汗王统治下的官阶越高,他们收取做俸禄的钱就越多。与汗王亲近的官员在每个过夜的地方都要收取一份8卢比的俸禄,百户要收取8卢比,在此基础上两个百珠各收取2卢比。

藏族人都习惯了在诉讼案件之前或者之后要给判官或者首领送他们想要的任何礼物。当然人们为了在诉讼的时候能得到理想的效果,会用最好的物品来讨好判官。对于官员来说,每一次出访处理案件都会得到物质收获,尤其是那些去处理旗与旗之间纠纷的官员,更是获利颇丰。通常在这种情况下他们会收到双倍的俸禄——来自两个旗。

正因如此,喀木藏民不太欢迎清政府西宁当局的管理者,至少有些藏族人有这样的想法。

在我和西宁官员一起去哲尔库时的多次交谈中,我对于喀木藏民和他们对西宁的态度有了这样的印象:喀木人仅仅给清政府带来大量的物质开销,除此之外什么也没有。因为即使西宁钦差到这里也收不到任何贡赋。清政府会每隔很长的一段时间派军队到喀木地区博格多汗的管理机关,他们希望这里的藏族人能够对清政权有一定的依赖。否则这个刚愎自用的民族会认为汉人很软弱并采用这样或者那样的手段来威胁天子,不再上缴那几千两白银给西宁当局。

8.6　藏族人的特征：外貌、服饰、武器、住所、食物

　　根据我们所见，藏族人的外貌基本符合 H. M. 普尔热瓦尔斯基的描写，他在描写纳木错旗的游牧民族时这样写道："中等身高，很少见到身材高大的人，体格魁梧结实；眼睛很大，没有斜眼的，眼睛都是黑色的；鼻子不扁，甚至偶尔会遇见鹰形的鼻子；颧骨通常不突出，耳朵也是中等大小。我们在这里还没有见到那种黄河上游（贵德南部）的唐古特人难看的大耳朵，粗黑的头发长长地垂在肩上。他们完全不留辫子，为了让头发不至于进入眼睛，他们会把它剪到齐额的长度。他们几乎蓄长须，也有可能是剃掉了，牙齿很白，不像唐拉地区的藏族人的牙齿那样参差不齐。"[1] "他们的头和脸比较长，但并不圆，肤色和哈喇唐古特人一样都是浅棕色，这在某种程度上可以令他们永远不用洗澡。值得注意的是上文中描写的唐古特人（也许是他们的其他同伴）身上散发着很强烈的难闻气味。"[2]

　　而那些定居的喀木藏民，他们的个头比牧民要高一些，看上去也更加有精神、更加整洁，尤其在他们中的上层人士中，可以遇见一些优雅的年轻男子和身材匀称、优美可爱的女孩。更有趣的是，孩子们有着炯炯有神的黑色眼睛和剪短的浓密的卷发（男孩子）。看着一群正在嬉戏的藏族孩子，我情不自禁问自己：若让他们穿上欧式的西装，那会是什么样呢？怎么也想不出答案，不知道他们会像欧洲南部的人还是像茨冈人。

　　游牧民族的服饰，不论是男人还是女人，都穿着羊皮袄"札克帕"，或者羊毛长衫"托克拉"。[3] 长衫并不是任何人都可以穿，也不是每个

---

　　〔1〕参见 H. M. Пржевальский. Третье путешествие в Центральной Азии（《第三次中亚之行》）. СПб. , 1883, стр. 252. 及书中插图。

　　〔2〕参见 H. M. Пржевальский. Четвертое путешествие в Центральной Азии（《第四次中亚之行》）. СПб. , 1888, стр. 183.

　　〔3〕藏族人用"тог"或是"лог"来指当地产的灰色毛料，用"тук"指拉萨周边加工的呢子，用"ла"指长衫。

时节都可以穿的,它只能在夏季穿着。游牧的藏族主要穿羊皮袄,男人们在穿羊皮袄的时候会把腰带系得很高,在身体的四周捆出一个大袋子,里面装着碗、烟丝或者鼻烟壶。这种口袋里面总是装满了各种小东西,尤其是在要上路的时候,此时他们除了穿外套和长衫还要披上灰色毡斗篷——"钦羔"。

　　藏族人系带子的时候把他们的带子系到刚好不会妨碍行动的位置,自然也不会让长袍拖在地上。不论男人还是女人都会在腰带上系一个吉罗克(打个结)。除此之外,男人们还会系上火镰、印章、小刀,在腰带上别一把马刀。

　　不论男人还是女人,只要经济条件允许,他们会在皮衣和长袍下面穿一件短的彩色衬衣,便于在天气非常炎热,或者在需要活动的情况下可以脱掉外套的一支袖子或者两支袖子,当袖子垂在腰际时他们的身体不会裸露出来。这个习俗连小孩子都会遵守,更不要说半大的孩子了。然而这里经常可以看见成群赤裸着身体的孩子。

　　只有少数藏族人知道裤子,他们的靴子用彩色的羊毛织布和生皮共同制成。

　　现在我们来说说藏族的头发和头饰。大多数藏民百姓从不梳理他们的长发,他们的头发会像野生的或者家养的牦牛的尾巴那样扎在一起,不论是夏天还是冬天,头上什么也不佩戴。我们偶尔在路上遇见几个用一块羊绒,或者混纺的红布缠在头上的藏族人,还有人戴着帽边既宽又高的白顶毡帽。这种类型的帽子藏族人通常在夏天戴,贫穷人冬天也戴着它,富裕的人冬天戴狐狸毛帽子,汉人把它叫作"拉波扎"。藏族人的头上偶尔会戴一整张狐狸皮,帽子上有口袋和尾巴。这种晃着尾巴的大帽子在需要的时候可以展开当作袋子,方便做交易,或者在遇上贵客或官员的时候献给他们做礼物。

　　如今,许多经济富裕的藏族居民,尤其是年轻人非常在意自己的头发,他们用大木梳子梳头并编成一堆细小的小辫子,这些辫子都是从后脑勺那里扎成一个大辫子,上面装饰着象牙做的环和一些普通的银环,里面还穿插着一些彩色的宝石。拥有这种发型的藏族人通常会这样辫头：头发上的装饰放在前额上作为点缀。

只有女人会把许多小辫子在背后扎成两股，在发辫的中间和尾端用珠线串起来。从头顶开始，藏族人的头发上装饰着一块块的琥珀和珊瑚，这样他们的头发上就形成了一个花环，在花环的中央有一块人造银子或者铜质的圆片。

男人和女人留着同样的长头发，同样在额前把头发留到眼睛上面，即使是鬓角处留的那一小撮头发，男人的样式也和女人的一模一样。藏民的胡子长得不多，况且在平时娱乐的时候他们会把这些胡子用专门的镊子一根一根拔掉。

藏族男人和女人脖子上都会戴着彩色石头串成的项链，项链上还会坠着护身符或者银子和铜质的嘎乌。我的同事卡兹纳科夫在他的报告中对这些嘎乌进行了详细的描述，如今他的工作报告已经成为一部两卷的著作。很少有女人会在她们泥泞的手上佩戴银戒指和手镯，但是她们会在耳朵上佩戴耳环；这些耳环又大又重，男人们也会戴，但通常戴在左耳上。

吸烟的藏族人会随身戴着火镰和木质长柄、石头或者玻璃喷嘴的金属杆，怀里还有一个装烟草的袋子。他们把装着烟草的鼻烟盒揣在怀里。

藏族人的鼻烟盒和蒙古人的有很大差别：首先，藏族人的鼻烟盒是用金属边角做的，整个形状看起来像是捕猎用的火药盒，而不像是鼻烟盒。其次，在吸烟之前需要通过晃动烟盒来获得烟草并用左手拇指的指甲敲击那细细的烟管，实际上烟草是通过一个一直开着的小孔传出烟味的。在烟草即将耗尽的时候继续在鼻烟盒里添加烟草，但这一次是从它比较宽的另一端，这里有一个可以关上的木盖。这个鼻烟盒是由银子和铜制成的，上面装饰着彩色的宝石。最后，通常会在鼻烟盒的大片面积上装饰着美丽的金银丝。

在游牧的少年那里有时可以见到一种用四川竹子制成的笛子，一面有9个圆形的孔，另一面切出一个长方形，接近笛子的顶端。这种乐器当然是为了平时娱乐。

另外,马刀、投石器"乌尔都"和鞭子是藏族牧民防身必备的武器。马刀是藏民永恒的伴侣,他们带在身上随时准备保护自己;投石器和鞭子,主要是用来控制牲口。藏族人非常善于从投石器上扔石头,顺便说说,这属于藏族比较低等的投石兵的武器装备。经常会观察到牧民们沿着峡谷从一面山坡通过峡谷向对面的山坡互相投掷鹅卵石。石头迅速飞过的声音像是子弹,在我看来这种声音都会让动物们完全听从主人的话。有时候牧民们隔着很远的距离用他们响亮高亢的嗓音互相呼唤。

除了马刀,藏族人还使用另外一种冷兵器——矛,以及火器类的——带支架的火绳枪[1]。藏族人把军用物资放在皮口袋里,柴达木盆地地区的蒙古人也是这样储藏军用物资的,他们的武器和藏族人的也很像。柴达木盆地地区的蒙古人缺少投石器和供步兵或步行队列使用的短矛,这种短矛的木柄上全部缠着厚厚的铁丝线,而它的底部是能够使短矛插入土中的结实、坚硬的刀刃。

就像女人们会以自己的项链和琥珀为傲一样,男人们也会因自己的武器装备而觉得自豪,尤其是枪和剑,他们为了在枪和剑上装饰银子和彩色的宝石花费不少钱。会武术,剽悍和勇敢在西藏乃至整个中亚,都被认为是领袖人物必备的品质。那些活泼的戴着悦耳铃铛的马总是能远远地就吸引到路人和车队的注意。骄傲的藏族骑手穿着各色鲜艳的衣服,有深红色的、蓝色的、黄色的,整个队伍看上去非常引人注目,尤其是其中的官员。当地百姓见到他们,就像听到了百户的命令似的,谦卑地低下了头。

说到藏族人的衣着还应该补充一点,旗的首领、年老的喇嘛、当地商人和一些富裕的喀木人每人都有几件昂贵的大衣——查尔－嚓克。这种大衣由西藏的白色羊羔皮缝制而成,上面覆盖着呢绒或者毛料。许多老爷们还穿一种同样考究的长衫,这种长衫的材料不仅仅是西藏当地的呢子和西藏薄毛料,还有从汉人那里运来的丝绸。男人们常常

---

[1]这种武器在整个喀木地区广为人知。

会同时在身上穿好几件这样的长衫,而女人们只穿一件,女式长衫和男式长衫不同的是两侧有各色装饰。富裕的人们总是穿着齐腰短衬衫和裤子:衬衫是用各种很薄的丝绸缝制而成的,裤子则使用四川布制成。藏族的纨绔子弟有时候会在衬衫上穿一种类似背心的衣服——上面有装饰着王冠的、华丽的中国或者印度纽扣。在藏族人看来,最气派的纽扣是那种印着已故的英国维多利亚女王肖像的银硬币纽扣。

说到鞋子,官员阶级除了一些不开化的,大都也会穿汉人创造的长绒毛靴子。这种靴子是商贩们从外地带来的。在藏族人的皮腰带上还有一个华丽的装饰带子;除此之外,从右边肩膀到左胸,系着一条昂贵的银带子。很多藏族人不仅仅在家中,即使是出门也要带着转经筒——可以用手转动的小轴,上面有写着经文的纸,但没有念珠。

最后我们来说说这样一个现象:藏族人用汉人制造的白色的或者蓝色的伞来遮雨遮阳,并常常会在毛皮大衣和长衫上系一个护裙,尤其是在走路的时候。

游牧的藏族人住在黑色的毛线帐篷里,这种帐篷的形状都接近长方形。在普通大小帐篷的上面有一个不到半俄尺宽的小窟窿,而在旗长的大帐篷上这种窟窿也有两倍大。这个小窟窿既可以做窗户,也可以当烟囱口。帐篷的中间接近入口的地方通常有一个用石板或者黏土制成的炉子。炉子似乎将帐篷分成了两部分。帐篷门的左边堆着燃料,而门右边的角落里是主人睡觉的地方。沿着左边的帐篷壁堆着所有旧杂物,而沿着对着门的后墙有一个石头的或者木质的铺板,上面放着所有比较值钱的物件:衣服、全麦面包、茶、油茶等等。在富有的藏族人家里,这个板子上通常会盖着一层毛毯。老人通常会睡在帐篷左边或者后边的角落里。沿着帐篷入口向右,从住着一家之主的角落到其他地方,会有一些羔羊皮和牛皮,上面放着家具:木桶、木盆、铜质的或者铁质的盆子、锅、碗、水壶、水桶等。

帐篷里的地上从来不放任何东西,因为地面非常泥泞,尤其是在雨季。而有的人却直接睡在地上,或者在身下垫一条又短又小的毡毯。

藏民的帐篷大大小小地分布在山谷或者峡谷,或者在山坡上。在干燥晴朗的好天气,牧民和他们的牲口棚都非常凉爽。而到了寒冷的阴雨天或者冬天大雪纷飞的时节,就是另一回事了。但是总的来说,西藏地区的居民非常善于在不同的季节找到适宜居住的地点。冬天的时候他们聚集起来住在山谷深处,而到了春天草木复苏的时候,他们就往山的高处走,一直到达沙矿的边沿。继而随着天气的变化再继续往下走,年复一年。

而定居居民就住得好很多,他们的住宅一般是用细的或者偶尔用粗大的原木或者树干和树枝建造而成,墙上糊上一层厚厚的黏土。有时候藏民的房子会用大石头建造,这种房子通常有两到三层,带走廊、阳台、围墙、门塔。藏族人房屋的第一层通常仅用来饲养牲口,而房子的二层一般是主人居住和放置家具的地方。和我们一样,他们的整个脱粒过程都是在木连枷上。他们把为过冬准备的干草晾在长绳上、篱笆上或者离家不远的大树的树枝上。

建造一间房子或者一套房子的地方通常要么选在比较宽阔的山谷和峡谷底部,要么在山坡的平地上,甚至是在山阶的高处。房子直接挨着他们的田地和小菜园。与牧民一样,定居的藏族人最喜欢的食物是加了油茶和砖茶的乳制品。定居的藏族人也吃烤芜菁,但是很少吃肉,而且并不排斥吃动物,如死了的黑豹和其他野兽。藏族人在吃肉的时候,不仅吃熟肉,也吃没有加工的肉。我们就遇到过几次当地居民吃饭,令我们吃惊的是,家里有贪吃的人从天色昏暗的时候就吃掉几块肉。

这里没有蔬菜,除了芜菁,土著居民还吃蕨麻,这种植物大量地沿着河谷生长,可以在干燥的环境中存放得很好。在藏区的时候我们开心地亲口品尝了蕨麻,我和我的同伴不止一次疑惑:为什么在我们俄国,这种植物非常常见,我们却从没想着试着采集它们并储备着用来补给黑麦面包。在我看来这种新想法非常有用,更不要说在周期性饥荒的时候,饥饿的人们不得不吃上帝给他们的任何东西。

说到暖身饮品,在喀木地区有一种非常有名的酒叫作"呛"或者

"琼",是当地居民用蒸熟了的大麦制作的,也用糖块——和我们的砂糖没有什么差别,他们把它叫作"普罗米",实际上加了淀粉和蜂蜜的硬块,看上去像小面包。这种糖果是商人们从四川带来的。级别较高的僧侣或者官员通常喜欢在招待客人用餐的时候,拿出这种糖果。

8.7 牧民及其生计

藏族牧民的主要生计当然是畜牧了,富有的牧民有很多牦牛、绵羊,也养为数不多的马和山羊。藏族人养的马虽然个头不高也不好看,但是非常健壮坚韧,能卖非常好的价钱;藏族人也会像因为有好的武器而骄傲那样因为自己的好马而骄傲。和在蒙古的情况一样,在这里马是用来骑行的。而托运货物的动物永远都是牛,牛在藏族人的生活中发挥着非常重要的作用,就像蒙古人的骆驼。

定居的藏民养着为数不多的家畜,并且在自己那不算广阔的耕地上耕种大麦和少量小麦,而在海拔 11000 英尺(3350 公里)处生长的也只有芜菁了。在囊谦扎巴管辖的大部分地区,尤其是扎曲河谷,当地的藏族居民开采大量的盐矿,这些盐不仅可供附近的居民食用,还满足了其他几个旗的需求。囊谦的盐被运到结古、昌都和更南的德旺水边界。

隶属于西宁的藏族牧民还从事打猎,主要是为了获取动物的皮毛和肉。如今藏族人受到利益的驱使,组织大大小小的狩猎队伍,去北部和西部淘金。

不论是在蒙古还是在西藏,繁重的家务劳动都落在了女人的头上。而男性成员在任何方面或者不方便的情况下,总想要聚集在一起闲谈。他们最充实的事就是去打猎或者抢劫。而家务活,像是喂牲口、耕地、打谷、准备干草、拾柴、打水等活儿,总而言之所有活儿统统落在了女人的肩上。在女人们孜孜不倦地劳动的时候,男人们无所事事百无聊赖,只有在遇到女人的体力实在做不了的活儿,男人们才会搭把手。藏族人有这么一句谚语:"像马一样每晚不睡一直劳动的人,能在三年内发财。"这主要是靠妇女沉重的劳动,藏族人还说:"像牛一样每天早上蒙头大睡的人,会在三年内破产。"这句话是在形容一家之主——男人们。并且藏族女人还要织布、缝衣服,大多数人还要放牧,为丈夫充当理发师,她们需要步行陪伴乘骑的官员,牵着他们的马缰绳走15~20多俄里。搬运东西的人也是女人。不要忘了,这些工作可是在海拔1200~1500英尺多(3700~4600多公里)空气十分稀薄的地方完成的。我们经常见到这些藏族妇女们从事繁重劳动,在心里夸赞她们的体力、能量和良好的心态。藏族妇女骑马骑得和男人一样熟练:从马群中随便挑出一匹马,把马鬃抓在手里,迅速地跳到马背上,让马朝着她们想去的方向前行——每位藏族妇女都习惯了这样做。在装货和卸货的时候,她们也可以轻松地对付固执的牛。我认为,在作战或者偷袭这些事情上藏族妇女丝毫不逊色于她们的丈夫。

3月底在喀木,犁地和播种这两项工作同时进行。当地人以家庭为单位去田间劳作,把自己的行军帐篷支在附近的溪边或者河岸,就开始工作了。藏民和我们的农民一样,带着种子在田间行走;随着谷物逐渐在田野中播散,藏民就开始耕种了。种庄稼的人身后有时会跟着两三个半大少年慢慢移动,他们打碎土块并平整好土地。春季的田间劳动就这样结束了。

关于农具,藏族人只知道一种带着原始木犁和一对铁犁的单一马车。一般都用牛或者牦牛拉犁,很少用马。

有几次,天下了一点小雪并且很快就融化了,空气变得有些湿润,我们看到一些当地人努力耕地。人工喷灌在这里几乎不用。

有趣的是,在喀木地区春耕时节,每个村落都会传来孩子响亮的叫喊声,一起祈求神明保佑有好的收成。

田地一般都分布在山阶上,被该地区的灌溉渠和崎岖的沟壑隔开,时而还和水槽交错。这些槽主要是把水浇到水浇地或者引到屋檐下,或者跨越峡谷。为了避免牲口损坏庄稼,田地都被石头做的围墙围了起来。

8月末到了收割庄稼的时候,一种接近我们的镰刀的东西是唯一的工具。收割好的粮食立刻被运到了家里,把它们铺在平屋顶上,或者再脱粒,或者放在棚里。打磨粮食一般都是手工进行的,偶尔会用水车。

8.8　寺院

在喀木最美丽亲切又舒适的安身之地就是寺庙了。而这些地方通常要么由官员管理,要么就成为他们心腹的房间。寺院里有提供给汉族和藏族商人住的房间,这些商人都带着自己的大量商品。总而言之,寺庙发挥着社会中心和宗教中心的作用,有时候它们会替代城市,而这里并没有城市。

大的寺庙会吸引来自拉萨寺庙受人敬重的喇嘛来这里做院长,这些喇嘛得到了西藏寺庙的允许。而那些保守派宁玛派的追随者通常去萨尔恰－旺青寺,在西藏占主导地位的宗喀巴学说或者格鲁派的追随者通常去甘丹寺,而隐士"马尔巴"和"米拉莱巴"的追随者通常去措尔瓦贡巴寺。一般来说在西藏信奉各个宗教流派的对立阵营的追随者并没有表现出对抗,即使是不同派别的刚好在同一个屋檐从事寺庙工作的喇嘛之间也没有对抗性。身体虚弱的藏民总是喜欢去找噶举派的喇嘛,希望他们能够早日治愈各种疾病,摆脱痛苦。

拉萨的喇嘛去北部和南部的喀木藏民寺庙的时间并没有严格的限定,都取决于这些情况:这些喇嘛多久给拉萨自己所属的寺庙交一次香火钱,每次交多少钱。捐的钱越多,礼物越贵重,这些喇嘛待的时间就越长。

藏族人的寺庙一般和寺里喇嘛的名字或者寺庙所在的旗的名字有关。西藏地区和我们过去的罗斯时代差不多,只有宗教僧侣才可以接受教育,他们占总人口的 10% ~ 15%。藏民在生活中遇到大大小小的事情都去喇嘛那里寻求帮助。

8.9　交通

穿越西藏的道路,尤其是驮运道路,不仅要跨越河谷,还要被山脊和山峰阻碍。在当地居民居住的地区,人们修建了桥来跨越山涧溪流和河流,在牧区有渡口通向浅滩。为了跨过喀木地区最大的河流——澜沧江和湄公河,需要使用一种很特殊的类似于雪橇的船。藏族人的船是用木头做的框架,用几个箍连在一起,上面还紧贴着一层牦牛皮,每次下水之前还要用猪油给各个接缝润滑。这种船两个桨手都抬不起来。我们为了运输行李或者自己摆渡通常需要一天一夜;而我们的动物,除了绵羊和狗,其余都让它们涉水过河。装载着货物的船一离开岸,就遇到了非常湍急的水流,把我们向前冲了很远,幸运的是每个渡口都有河曲,让我们能够到达对岸。划船的人尽最大的努力把船靠到了对岸我们要去的地方。桨手的力气很大,帮我们把船停在指定地点的岸边。每次船到渡口的时候都伴随着他们洪亮的叫喊声,好像藏族人对于不顺利的情况的反应就是这样的。

连接四川和西藏的主干道或者大道上总是往来穿行着商队的牛车,他们把四川的茶叶、丝绸等东西运送到拉萨,再把拉萨的羊毛、鹿茸、麝香、西藏呢绒、纺织品和祭祀用品等运到四川。

在许多地方,沿着公路都立着用大大小小的页岩板制成的长轴,经常还能看到石柱突出的抛光部分上庄重神秘的大字符:"唵嘛呢叭咪吽。"有时候,石柱上面中间部分甚至刻着佛教众神的神像。

在寺庙或者其他藏族人的集会场合,总是会有画师在平坦的岩石上雕刻或者用油彩写下各种祈祷和美好的祝愿。按照藏族人的习俗,人们路过这里应该献上一个或者几个铜板,这样就可以从他们身上获得自由捐款。这些小石头随着时间会慢慢长成巨大的"门斗"。这里与中亚的其他地方一样,在山口建造了鄂博,而沿着山中的溪流,在用来祈祷的类似磨坊的地方,转经轮来回旋转着,就如同磨坊里的石磨。

8.10 货币

中亚地区的居民,和欧洲人想象的一样,用流通的大块或者小块的白银来充当货币,有时还会用圆形的中间有孔的铜币。在西藏地区主要流通的是印度银币——卢比,这种货币是由英国人在加尔各答铸造的,被藏族人广泛使用。因此喀木地区的佛教信徒不仅需要储备白银,还需要印度钱币。我们对这一情况并不了解,损失了很多元宝和银块来兑换印度卢比。货币兑换能够进行还要感激和我们一起去喀木的汉人——税吏,他们给当地人说俄国人带来了一些白银并且愿意支付一定的好处,这样就使得我们和藏族人之间的贸易往来变得容易了许多。我们主要是采购一些为接下来的旅途准备的粮食。只有一次,在囊谦扎巴的某个官员那里,我见到了几个不大的银元宝,奇怪的是,这完全是个特别的货币锭。

按照当地人的说法,在西藏中心,经常会出现由拉萨铸造的藏族银币——特哈曼哈、坦卡或者特朗卡,但我们这次行程中很少见到这种银币。我们也很少遇到尼泊尔钱币。奥雷金布尔克院士非常热情地承担了这些钱币的鉴定工作,并且写在了资料里。如果想要进一步了解藏族银币的问题,请参阅奥雷金布尔克的论文 *Terrien de la Couperie*:*The silver coinage of Tibet*[1]。

8.11 藏民的道德状况

迷失在难以跨越的山间,又深受一群不学无术的喇嘛的影响,使得藏族人的发展非常落后。旅行者看到的是他们的鲁莽和粗鲁以及伪善、假仁假义和迷信。这些缺点在西藏的游牧民族身上就更加突出了,定居的藏民相对而言性格更加温和,也较为热情好客。在他们的谚语中也有这么一句话:"清澈的水里鱼儿多,好人的身边朋友多。"[2]

顺便说一下,藏族人最主要的性格特征是极端多疑,难以信任他人。这个民族古老的习惯是,用在饭菜、水,或者当地酒里下毒的手段

---

〔1〕《西藏银币制度》,Num. Chr. 3.1, 340–353。

〔2〕如果对这一点感兴趣,可以看看明-珠尔胡土克图的 Географии Тибета(《西藏地理》).стр. 48.:"喀木人的性格非常直接、勇敢、控制欲极强。和其他藏族人不同的是他们对信仰非常虔诚,喜欢非常夸张的做派。可怕的是,他们还以一种纯洁的假象自居。"——瓦西里耶夫在翻译的时候做了这点补充。

来摆平他们憎恨的或者拦路上打劫的人。

图 8 - 3　嘎乌

正因为如此,当藏族人决定成为朋友的时候,会专门进行一场仪式,在这个仪式上要互相交换"嘎乌"[1]并且在神灵面前发誓。

8.12　战斗能力

在西藏地区几乎没有汉族居民区。除了在从打箭炉到拉萨的公路上驻扎的一小支政府军队,和一部分在拉萨附近维护清政府统治的军队外,这里基本上没有朝廷的驻军。事实上,这个神秘的地区还是由藏族人负责管理的。

为了维持内部秩序和外部安全,北部和南部的喀木藏族人,就像林古泽、德格、霍尔,以及果洛、瑟尔塔、敦咋族一样,虽然没有自己的常规部队,但是按照我们的理解,一旦他们的首领发出口令,便可以很快建立起一支数量相当、武器齐全、装备精良的队伍。

在战争状态下,北部的喀木藏民每家都要有一个年龄在 18 ~ 55 岁的人参加部队。即便实在没有青壮年人,也需要 12 岁的少年和 70 ~ 80 岁的老人,这些少年和老人在战斗的时候通常只是待在马上。

殷实的藏族人在作战的时候都会带着枪、300 颗弹药、箭、矛和投石器,相对贫困一些的人也会准备上以上装备的一部分。最好的射手

---

〔1〕嘎乌,是一种小型的挂在身上的佛龛,内装有小佛像或活佛喇嘛的神物作为护身,精致小巧,既是一种装饰品又是一种护身物。译者注。

往往会有两把枪和助手,助手负责替他保管枪和战时装弹药。

南部喀木藏民的武装组织和北部有所不同。每年旗的首领会呈给汗王一份士兵名单以供审阅。囊谦的部队总人数有8000人,分为3支。第一支有2000人,他们每年都要全副装备接受检查,队伍配着枪、军刀、长矛和300发子弹。另外一支队伍有4000人,他们的武器装备相对来说薄弱一些。一部分战士配备着枪和长矛,而另一些则配备着枪和马刀,还有很多士兵只有冷兵器。第三支队伍,和第一支的人数差不多,队伍去接受检阅的时候只配备着马刀、长矛和投石器。囊谦扎巴汗没有限定士兵的年龄,队伍的领导既有老人也有年轻人。

一些经历过战争的旗的头目被选为队伍的首领,他们的武器配备比其他人的好。藏族人天生骁勇好战,如果他们有很好的战马和武器,将是一件非常幸运的事。那些卓越的不知疲倦的藏族骑手,习惯于把马镫安到比较高的地方,整个腿几乎是水平放置的;德格和里唐地区的藏族人制作的马鞍,一点也不比蒙古人做得差,甚至比后者做的还好。

8.13 藏族人的抢劫行为

夏天,马儿长得肥壮的时候,藏族人就成群地偷袭附近的旗或者远处的旗。他们在任何地方都会偷盗,并且偷盗的目标是包括羊在内的牲畜。很多时候,盗窃变成了明抢。抢来的战利品通常是这样分的:一半交给了旗的首领,剩下的物品又分为两份,一份归队长所有,另一份分给剩下的成员。

有过盗贼被当场抓住,或者在逃亡的路上被追捕到的情况。被抓住的盗贼会被关押并且为他偷盗的每一个动物缴纳罚金,然后让他戴罪回家。有时候,对待周边的盗贼的办法是没收他们的全部财产,按照规矩打他们,然后让他们回家。然而常常追捕者不仅猛揪住盗贼,据说会残忍地打他们,甚至仍然不解气,杀死其中几个人。这时候通常会引发旗与旗之间的战争,一个旗急切地想要为死去的人报仇,另一个旗因为杀死了盗贼而等待着随后的报复。

8.14　与周边的战争

只要失手的小偷回到了自己的旗,就会告诉自己同旗的人他们的某个同胞被杀害了。这个旗的人会立即准备开战:派急使去旗的各个角落动员,准备武器、火药、子弹和导火线。当然这一切都是公开进行的,而附近一些无关的旗一旦被告知也会立马开始备战。按照老规矩,不相干的旗会劝双方不要发动战争。有些时候这种争端会得到和平解决,这主要归功于调停的旗。有些时候,杀死了小偷的一方接受罚款,争端便得以和平解决。然而在很多时候,双方拒绝谈判并且继续准备战争。

有小偷被杀死的旗召集100～300名士兵,并派侦查骑兵向着敌方的边界进发。那个因为杀了人而等待复仇的旗也做着同样的事。他们也会召集部队并且派他们前往前线,尽量远离居民点。不论在哪里遇到,双方部队都会驻扎在离彼此相当远的地方并开始互相射击。双方的距离如此远,他们火枪里的子弹很少能够射到指定的地方,通常都会落在目标附近。双方互相射击两到三个小时,然后就会散开找个地方过夜。他们一般都在山顶过夜,第二天又会继续前一天的故事,继续对峙好几个小时。

偶尔会发生这样的事,交战的一方杀死或者打伤了另一方的两三个人,他们在回家的时候就会觉得很有成就感。

交战的时候,调解者也没有停止自己的工作。他们劝说一方等会儿再开战,然后跑到另一方提出同样的请求。他们恳请双方不要争执,不要流血冲突,尽量和平解决问题。一旦双方又开始互相攻击,他们又会尽力去劝解双方言归于好。

偶尔,交战的一方迅速地做好了战争准备,并且提前到达了支着10～30顶帐篷的驻扎地。通常在一大清早,先锋部队停留在离居民点500米左右的地方,骑手从马上下来,对着居民的牲畜开枪,想要通过这种方式告诉这些居民他们可不是普通的来客，他们是来这里开战的。

此时，居民们把这个消息报告给自己的首领，这个旗便也开始准备作战。当居民们都带着临时帐篷撤离到了安全的地带，妇女和孩子也都撤离了以后，双方便开始了我们之前提到的那种谈判。

很少会出现兵刃相见的情况，一旦他们用马刀或者长矛互相攻击，就会造成非常严重的人员伤亡。双方通常都是在马背上交手的。

通过这些敌对行动，双方或者仅仅一方都会有一些人员伤亡，此时调停者再一次尝试说服双方消除误解。调停者的尝试通常会在双方发生冲突后的两三天奏效。

这种仇恨会持续好几年，最终双方重归于好，承诺为死去的小偷或者战死沙场的士兵提供赔偿，这种赔偿叫"昆"，是按照人的身份不同而区别对待的。

罚款按照藏族人的等级而分。第一等是那些智勇双全、敏捷机灵的人，非常富有。第二等是在各个方面都逊色于第一等的。第三等是普通人，在旗民中没有任何特别之处。

如果双方并没有发展到交战的程度，如果调停人及时说服了双方，那么杀死小偷的旗就要按照实际情况，也就是按照这个被打死的小偷所属的级别，支付相应的罚金。

如果被杀死的这个小偷是个一等人，就要赔偿 50 两白银、20 把枪、20 匹马和 400 块砖茶；如果他是个二等人，就要赔偿 25 两白银、10 支枪、10 匹马和 200 块砖茶；如果他是三等人，只用赔付 5～6 支枪、5～6 匹马和 40 块砖茶。

如果在战争结束的时候，在互相的厮杀中只有进攻方有人员伤亡，那么他们不再为自己死去的战士收罚金，仅仅为死去的盗窃者收一份罚金。如果双方都有人死亡，双方的调停人按照被打死的人的等级判处某一方给另一方支付钱财，往往是被打死者中等级低的给等级高的人付钱。有时候，其中的一方认为自己受了委屈，会再一次发动战争，但最终还是要为他们给敌方造成的伤亡赔偿。

有时候敌对的两个群体并没有调停人，那么这种敌对和互相射击每年都会持续好几次,直到其中的一方不再猛烈地攻击,并且开始尝试对话,或者其中的一方厌倦了与人为敌,开始谈判,而不再相互攻击和抢掠。

8.15 若干习俗:宴请、婚嫁、生子、丧葬习俗

最后我们来概述一下藏族人的其他风俗,从待客之道开始。

客人一进入帐篷,如果有毡垫的话,就立马被带到门右边炉子旁的毡垫上,或者就直接在地上,很快就会给他端上一个陶瓷壶或者铜壶,里面装着加了牛奶和黄油的茶。随后又会给客人拿来一个又小又长的小桶,里面有两块喝油茶的黄油和奶酪,男主人拿来一个装着茶叶的罐子并把它递给客人,同时客人从怀里拿出自己的茶碗并放在罐子口的下面。在给茶碗里倒茶之前,女主人亲自在茶碗里放上加了黄油的油茶(大概到杯子的一半),然后倒上茶。

只要客人喝一点茶,主人就会立马给他把茶碗满上。这个过程会一直持续到客人喝够了为止。在快要喝完茶的时候,客人用手指搅动油茶,并且往里面再添一些干面粉,加一些黄油。客人随后会吃一些很硬的面饼,或者吃一部分,剩下的一部分揣在怀里,带到路上吃。

不论来了多少个客人,每个客人面前都会摆好装着茶的茶壶。如果这家比较贫穷,没有足够的茶壶保证客人人手一个,那么就把茶壶放在比较重要的客人面前,而其他的客人则由女主人直接从炉子上的锅里给他们添茶。

藏族人都不喜欢用别人的碗,因此不论是成年人还是孩子,都有自己的碗,并且从来不和自己的碗分开。如果某个男人碰巧去别人家的帐篷,没有带自己的碗,那么主人就不会请他喝茶,主人也不会把自己的餐具给他使用。

喝完茶以后还会给客人们端上酸奶,这种行为仅限于游牧民族,定居的居民喝完油茶以后要用生肉招待客人。除此之外,对于尊贵的客人,藏族人还要用水煮的蕨麻招待。这种当地的美食被趁热装在小

碗里,里面不放水。女主人还会在上面放一块新鲜的黄油。

至于家庭生活,藏族人实行一妻多夫制。有时候一个妻子会有7个丈夫,而她的丈夫们一定是兄弟。外人是不被允许进入这个家庭的。在这种一妻多夫的婚姻中出生的孩子,妈妈告诉他们父亲是谁,他们就认谁为父亲,而妈妈的其他丈夫被看作是舅舅。一个家庭的姓通常并不为人所知。一般给孩子们只说,他们的母亲是谁,而他们的父亲的名字未必会被提到。也有这种情况,一些比较富有的藏族男人不仅有一个妻子,而是有两个妻子。

喀木藏民的婚礼和库库淖尔地区唐古特人的婚礼差不多。通常年轻小伙子的父母或者兄弟派一个熟识的老人去他们指定的姑娘家去谈关于结亲的事。一到目的地,这位老人在日常寒暄的过程中有时就会穿插进去一些关于他此行目的的话,比如:"你的女儿多大了?你知道那家的儿子或者兄长吗?他们家是个富裕的大家庭,有好几个兄弟,很多牲口和土地!"这时候这家的主人就会肯定地说:"我们不认识这家人,但是听我们的亲戚说过你所说的情况。"这位老人又说:"对,就是这家人想要娶你家的女儿,我也是因为这个事专程来你家的。"

如果女孩的父母接受了老人的建议,他们会在送客的时候说一些暗示的话让他明白,会说他需要预先和亲戚们商量下,然后才会同意去年轻人的亲戚家正式谈这件事。

未婚夫的父母一听到这个好消息,会择个好日子,选一个受人尊重的亲戚,给对方家捎去酒,用来招待客人,带去哈达,用来分发。到了女孩父母的媒人来拜访的那一天,他们会通知自己的亲友准备一起去迎接媒人。这种碰面通常都是友好的、殷勤的,随后还有一顿酒席。在第一顿酒宴上,就会决定彩礼和嫁妆的等级,在场的人会宣布做媒阶段完成了。

藏民彩礼的数量取决于想要给儿子或者弟兄娶妻家境的状况。男方家如果家境殷实,就会给女方父母钱、牲口和西藏织物,换算成我们的货币大概要好几千卢布;中等家庭,只能给上述的一半;而那些没什么财产的人家就只能拿出上述标准的 1/3、1/5,甚至是 1/10。女方的父母,为了维持良好的关系和保持体面,会给男方家带去衣服、家具,还会有一些牲口,整个价值至少是彩礼的两倍。

在喇嘛择定好的吉日,男方父母在4个、8个或者更多亲友的陪伴下,带着儿子的嘱托一起来到女方的家中。新娘告别了父母,父母并不送她,而是由亲友陪伴着。在送新娘的队伍里,一定有一个年轻的女人,她在未婚妻身边扮演的角色和柴达木盆地蒙古人的伴娘一样。这样,送新娘的人组成了一支人数相当多的队伍,并且非常欢快非常热闹。婚礼的仪式和柴达木盆地蒙古人的一样。

如果新人生活得很好,一个月之内男方的父母会举办一个庆祝酒席,新郎和新娘的亲友都会来参加,有时候参加人数会达到200人。婚宴酒席的食物非常丰盛,饮品有白酒、茶。一般会喝掉非常多的白酒,因此即使它的度数不高,客人们还是喝得醉醺醺的。为了准备肉食,大概要宰10头牛和30~40只羊。婚宴大约持续三天,还会给客人们献上哈达。而家境不太富裕的藏族人给客人们提供的酒食就会少一些。

在婚宴上,新娘的妈妈会带来马、牛、绵羊以及小块白银等礼物,穷人也就只能送一条哈达。这里和柴达木盆地蒙古人那里一样,妈妈送这些礼物是为了"催乳"。

如果新郎还有弟弟,那么弟弟长大成人以后,当然也会加入到这个家庭中来。即使是很有钱的藏族父亲,有两三个儿子,也都只娶一个妻子,最多两个。他们会事先和儿子们商量好,所有的兄弟们有一个还是两个共同的妻子。每个兄弟不组成单独的家庭并不仅仅因为经济条件,还是为了遵守古老的习俗。按照习俗儿子们不能离开父母家,这样就很难避免一夫多妻制的产生。有时候也会有相反的情况,一个非常富有的家庭没有儿子,只有一个女儿,这家的父母就要招一个或者多个女婿到自己家里;年轻男子们进入到这个新的家庭,成为这里最新的成员,要在所有大事上服从于这个家里的主人——新娘,新娘会觉得自己和每一个丈夫的关系都是一样的。

贫穷的藏民在组成新家庭的时候常常没办法遵守任何习俗和礼仪。如果新婚夫妇婚后一段时间表现出非常不和谐,家庭也不和睦,那他们就会分道扬镳,女方回到父母的家中。

双方还需要归还对方的聘礼和嫁妆。除此之外,那个致使家庭不和睦的罪魁祸首通常还要接受惩罚:如果过错方是男方,就罚一只羊、一块当地纺织品还有哈达;如果过错方是女方,就罚一匹马。

从之前我们说的藏族人的婚姻制度的起源不难看出,在藏族地区,妇女拥有更多的自由。

按照藏族人自己所说,藏族女孩都不会在出嫁前保持贞操,不过,他们也没有在乎这方面的事情的习惯。如果未婚的女孩给她的父母带来一个小孩,她的父母也不会伤心。在这种情况下,女孩的父母并不强迫这个犯了错的小伙子和女孩结婚,但这个犯了错的小伙子有责任去女方的父母家一直帮助他们干活,直到年轻的妈妈同意他离开;女孩在分娩和孩子出生的时候还要让肇事者支付一些物质上的花销。如果这种事是已婚的人和已婚的女人之间发生的,那么他们会被罚款。

藏族人在生孩子这件事上也有以下讲究。在女人分娩前几天,人们会请来喇嘛念经,喇嘛替产妇请求上天保佑,让接下来的生产过程一帆风顺。在生产的过程中这位喇嘛和一个接生的老头或者老妇人会来。此时喇嘛要祈祷这位妇女不会被恶魔缠身。

如果产妇的分娩持续了很久,并且还有一些并发症、难以忍受的疼痛,那么就会再请来几个喇嘛一起祈祷。一般在这种情况下人们会去找喇嘛或者萨满法师,他们坚信这些人会减轻产妇的痛苦,加快生产过程。喇嘛和萨满法师一边祈祷,一边取出一小方块的黄油放到产妇的身体里。藏族人不仅相信这一小块黄油的疗效,也很相信神奇的喇嘛。[1] 孩子出世的时候头顶上会有这么一小块黄油,这就证明了这块黄油发挥了作用,有些孩子们会把黄油块一直保留在头发上,就好像在他们出生的时候有一个神奇的方块。蒙古人为了加快生产过程对受惊受苦的妇女所做的事,喀木藏民不会采取。

---

〔1〕这种信仰(万物有灵论,萨满教或是精灵崇拜)是藏族人一种古老原始的信仰,与佛教融合之后形成藏传佛教。

接生完孩子,接生老人会把孩子的脐带缠起来然后剪掉。用来剪脐带的工具是刀,它像是匕首,藏族人一般用它来剪羊毛。然后新生儿会被裹在事先准备好的一张柔软的熟羊皮里。不论是孩子还是妈妈(阿妈)都不允许沾水。

孩子出生的第一天,妈妈开始适当地喝一种加了黄油和面糊的当地酒,从第二天开始她就可以吃少量的肉了。一整个月新晋妈妈都不会被带出房子或者帐篷,也不允许骑在马背上。根据藏族人的理解,过相当长一段时间,她才能做家务,并与丈夫开始夫妻生活。

作为报酬,人们会给接生的人一只白色绵羊和白色哈达,并说这样的话:"这些白色的礼物是为了给你洗净沾了鲜血的手。"

藏族人习惯在一年、两年甚至三年之后才给新生儿起名字。按照习惯,在给孩子命名的那天会举办一个小型的酒宴来招待喇嘛和接生的人,以及他们因为这个事由想致谢的人。藏族人在选择给孩子起名字的时候通常根据孩子出生那一天行星的相对位置。通常,一些体弱多病的孩子还等不到命名日,就已经夭折了。

死去的孩子会被藏族人扔到附近的山里喂野兽吃。需要强调的是,放夭折孩子的山坡只能朝着东方或者朝着南方。如果在三天之内尸体没有被鸟兽吃光,喇嘛就说死者的灵魂还没能到神灵那里,必须超度。当喇嘛一开口向着周围的群山祈祷,那些司空见惯的食肉鸟类就会立马出现,在喇嘛的面前吃掉尸体。葬礼是由喇嘛来安排的。

有时,当藏族某家的新生儿夭折了,接下来的孩子也由于父母的悲伤接连死去,这些后来死去的孩子的尸体会被放到最高的山峰,按照喇嘛的说法,这样做可以减少以后婴儿的死亡率。

现在来简单地说一说成年藏民的葬礼。

喇嘛会在放置尸体的房间做一天或者连着好几天的祈祷,送亡灵去该去的地方。随后亲友们会在喇嘛的陪伴下,一起把尸体放到山上、山坡上,会把从死者身上剥下来的衣服或者分给穷人,或者是交到他的至亲手中。在此期间喇嘛一直不停地大声祈祷。

葬礼过后的第三天,亲人和喇嘛会再一次去死者安息的地方,这

欧·亚·历·史·文·化·文·库·

次去会带着撰写了碑文的石板。到了此时,尸体只剩下几块大骨头,偶尔也会有完整的骨架保留下来。喇嘛会把这些骨头燃烧,并把烧剩的灰烬和红土混合在一起,成为制作"嚓嚓"[1]的材料,用来装饰路边的玛尼或者废弃的小屋。

藏族东部地区的人口死亡率不是很高,当然除了一些难以避免的周期性的传染疾病,如偶尔会出现的天花。与此同时,这一地区的人口增长速度也非常缓慢,这主要是由于在西藏地区存在的一妻多夫制、该地有数量众多的出家人,以及彼此之间时常发生两败俱伤的战争等缘故。

---

〔1〕"嚓嚓",即佛像。译者注。

9 东北部藏区之行

9.1 西藏山原的交通工具

从进入到柴达木盆地开始,考察队的拨款就停止了。在这整整一年的考察中,我们主要是得到了和平友善的蒙古人的帮助,从而研究了他们生活的地方,了解了他们的生活习俗。我们这些俄国人在旅途中必须在长者的帮助下很快学会骑骆驼,因为它们是这里的交通工具。蒙古人懂得备马,或者通常所说的,给马套上项圈。不是让马去驮东西,而是让它们去放牧。喝完了水,就找一个干燥、柔软、平坦的地方过夜,缓解疲倦,让腿部放松。它们不会露出身体两侧的或者背部的伤口或者磨穿的鞋子。这种情况通常是需要用生皮打补丁的,需要特制的"骆驼针"。夏天,是炎热的季节,要把苍蝇从骆驼鼻子下面赶走——总而言之,举一个简单的例子,在歇脚处需要照顾骆驼。商队在行进的时候需要特别注意,在穿越平原、高地的时候,需要调整好走在最前面的骆驼的步伐。尤其是在上下坡的时候,行李放在骆驼的两侧,并把它们一个个连接起来,还要避免鼻口开裂。

到了柴达木盆地我们就要和这些沙漠中的动物告别了,接替它们的是牦牛,或者"哈耐克"。这里的居民都生活在西藏的山原上。

牦牛保留着野生动物的习性。不论是在营地还是在牧场,这三件事物总是紧密联系不可分割——牛、马、人;尤其是打过仗的人,很容易根据犄角来判断牲畜的好坏。

牛行进得很慢,每个小时 3 ~ 3.5 俄里,如果它们背上驮运的东西多,有时候还会更慢,如果是中等体格的骆驼,在半路就没办法继续行进了。牛经常会遇到的疫病有鼠疫和何塞,不像骆驼,在旅途中使用牛

·欧·亚·历·史·文·化·文·库·

的开销更大,更不要说在人力劳动上的开销。"沙漠之舟"——骆驼是旅途中花销最低的运输工具了。

9.2　山原上的商队

在西藏的考察队,除了我和我那些亲切的同事,又加入了 12 名掷弹兵和哥萨克人,他们顺便还可以照顾这种特殊的动物——牛。我们在柴达木盆地还雇了 4 个当地蒙古人:其中两个是达莱和恰克杜尔,他们都是来自宗札萨克旗,另外两个是噶尔德和哲罗,来自巴伦旗札萨克旗。

除了柴达木盆地的蒙古人,我们还从西宁聘用了汉人李,他主要研究藏语。就这样,西藏考察队一共有 20 个人,大家肩上背着步枪骑马而行。

在 5 月上旬,我们结束了为西藏考察做的准备。在这个宜人的春季的 5 月,我们开始了遥远而神秘的旅程。

一大早我们就起床了,院子里到处都是行李、牛和人。蒙语和汉语被翻译成俄语。除了即将出发的考察队伍,还有一些不相干的人聚集在这里。一些人在忙碌,在工作;一些人慵懒地互相推搡,互相妨碍。开始给牛装行李,然而这个和给骆驼装行李还不一样:这些顽固的牛一会儿躺下,一会儿站起来,挣脱人的手,但是最终还是被驮上了行李。我们在一天中最炎热的中午向着广阔的山谷出发。一边深呼吸,一边环顾四周。经过两三个小时,由牛群组成的考察队分成了三组,保持着秩序,向南方前进。我们回头告别,如今觉得它如此亲切。

9.3　布尔汗布达山

布尔汗布达山这个名字,从 H. M. 普尔热瓦尔斯基的第一次考察开始变得越来越熟悉,它指的是一个占地面积并不是很大,从南一直延伸到柴达木盆地东部的山脉。[1] 从中亚最大的水域延伸出的这些山脉呈现出一条单调曲线，它们比较平缓的山脊一般在海拔17英尺（超过5公里），与此同时只有一小部分地区还有雪线，有河流从山上流下，一直绵延到山的两侧。此时北面的山脚有大约10500英尺（3200米）的海拔高度，南部的山脚也大约有13500英尺（4120米），因此山峰一般都不超过12俄里。石头山的两侧，由于有着微薄的降水，生长出了野生植物，看上去荒凉而悲哀。大多数从山里流出的水流量不大的小河，从地面上看不到它们的踪迹，只有在山谷处能够看到它们的源头。

布尔汗布达山山脉由光花岗岩和斜长石、石英和绿帘石构成，除此之外还有闪长岩、片麻岩、混合了辉石和绿帘石的石灰岩、方解石、石英、黏土、砂岩和页岩。

在山上考察的时候，会遇见野生牦牛、马或者山羊、鹿、羚羊、土拨鼠、野兔、雪貂、狐狸、狼、猞猁、雪豹和藏熊。鸟类有白色和棕色的秃鹰、大胡子秃鹰、金雕、雄鹰、猫头鹰，有时候甚至会遇到鸢。除此之外还有黑乌鸦、阿尔卑斯山寒鸦、石鸽、两种火鸡、石鹛鸽、燕雀、松鸡、画眉鸟、岩鹨、鹡鸰、водяныесляпки、石鸡、红尾鸟、柳莺、莺、山燕、雨燕等。

至于植物，从夏初开始花朵就绽放了。这样一进到山口，沿着诺门哄峡谷，形成了一条绿色的通道，在这一片葱翠的绿色中，谷物还没有开花，映入眼帘的是蒲公英、蕨麻和其他两种植物。河流岸边生长着兔耳草，其中一些生长在干燥的石质地面，离河水比较远。在它们附近靠近岩石的地方，林中草地在阳光的映照下显现出彩虹般的光芒。

沿着峡谷向上走10俄里左右，在山的两侧我们依次收集到了这些植物标本：白蕨麻、龙艾、穿心莲、葶苈和顶冰花。再往高处走，土壤更加潮湿，苔草开了花，其中还有很小的龙胆草，芹菜花也发黄了，还有三个品种的燕子花：两种的颜色为浅紫色，一种为黄色。

---

〔1〕总共绵延不到100公里，或者说从西部的哈姆浩特湖一直延伸到东部的艾克拉伊湖。

在接下来的行程中,山两侧的柴达木盆地风景更加吸引人,尤其是草地上一簇一簇的娇艳欲滴的粉红色报春花。在这些矮小的植物中间,还生长着高大的植物,有着灰绿色的叶子和粉红色、紫色的芳香花朵;这里经常可以见到几种十字花科的花朵,又一次遇到了正在开花的毛茛和桃叶蓼。这一切都是在山谷中遇见的。在黏土中还生长着三个品种的紫云英、一品红,它们生长在土拨鼠的洞穴附近稀松的土壤中。

这些所有的物种一般都大量出现在雪地或者西南部地区,在岩石间,在小峡谷中唯一能找到的就是大黄和火绒草。

在高山上马尿泡开着花,还有之前提到过的燕子花,美丽的黄色马先蒿、毛茛、虎耳草,最后这三种植物,也就是马先蒿、毛茛和虎耳草生长在离水比较近的地方。在黏土和岩石峭壁上紫堇开出了黄色的花朵,生长在它旁边的是麻黄和距骨。在柔软的草地上,在鲜艳的报春花花丛中,点缀着蓝色金盏花。通常严寒的天气阻挡了龙胆草和紫罗兰的生长,它们已经变换了颜色做好了即将绽放的准备。

这座山南坡的植物,受到山上冷空气的影响,显得比较稀疏,生长也比较缓慢。此时在山南部的山脚下只能找到一两朵桂竹。

第一天到达了布尔汗布达山北部的山麓,第二天我们已经到达了诺翁布雷克的源头。我们事先已经约好和巴伦札萨克旗的人见面。我们在这里终于为考察队补给了物资,购买了70只绵羊,然后继续前进。考察队进入亚马腾别理齐地区的山路和肥沃的草场,身边不断有游牧的蒙古人经过。为了更好地研究这里的山和动物,我们在这里逗留了大约一个星期。

这种长时间的逗留,也是为了让我们的身体逐渐适应这里稀薄的空气,尤其是那些考察队的新人,他们的身体状况在海拔13500英尺(4120米)的地方变得更加糟糕,有两三个人都病倒了。不过事情的进展还算顺利,我们所有人都成功地穿越了周边无人的峡谷。

5月27日黎明,我们准备翻越布尔汗布达山,并且在寒冷干爽的早晨9点之前我们就已经成功到达那里。凸起的马鞍形的山脊上有许多陡峭的岩石,山脊的顶部被厚厚的积雪覆盖。在诺门哄达坂山口的顶部,我根据气压判断出这里的高度有海拔 16030 英尺(4890 米)。附近连绵不绝的山峰大约有 10 英尺(300 米)的相对高度,上面的积雪常年不化。

9.4 在阿雷克淖尔湖边考察

考察队接下来的行程是朝着西南方向的,接近阿雷克淖尔湖,从这个湖还延伸出一条河流也叫作阿雷克淖尔,继续向高处走就到达了岳格莱戈尔左边的盆地。在附近的山脊,我们看到了一个宽阔的峡谷和朝向我们的水流,这条河流在阳光的照耀下闪闪发光。过了一会,湖泊反射出阳光的光辉,而在湖泊的后面,远方那片灰色的地带就是布拉阿布盖山,在东南部的地平线上出现了阿尼玛科尔山,而其他那些和布尔汗布达山平行或者交错的山,山顶都被积雪覆盖。在主要的大山脉之间还密密麻麻地分布着小一些的山,这些山向南部延伸一直贯穿了整个西藏地区,它们海拔为 13 ~ 15 英尺(4 ~ 4.5 公里)。

两个小时之后我们到达了阿雷克淖尔的东北岸,并且在这片嫩绿的草地上扎营。从东岸看这个湖的朝向由北向南,最深点有 15 俄尺(32 米),从南岸观察看上去湖面高一些,从北岸观察湖面低一些。从这里开始深度慢慢延伸到 7 ~ 8 俄里,南岸只低了 1 俄里。考察队的护卫队捕捉到了藏羚羊(*Pantholops hodgsom*)和羚羊(*Gazella picticauda*),并且在空旷的山谷放养它们。在我们营地对面的河流附近,他们还捕捉到了藏野驴(*Equus kiang*),在湖泊的对岸还出现了许多野牛。西藏东北部有非常多的野生哺乳动物,因为在这里几乎没有它们的天敌——人类。

夜晚,湖面的寂静有时候会被飞鸟和水鸟打破:灰雁和印度燕、潜水鸭、绿头鸭、针尾鸭、红尾鸭、凤头潜鸟、海鸥、黑凫、白鹭、蒙古沙鸻、红脚鹬、鳄龟、黑颈鹤等,附近的湖和小河里有长尾海鹰、鱼鹰、雄鹰、秃鹫、乌鸦、云雀、松鸦、雪雁(棕颈雪雀和白腰雪雀)、白色和黄色的

·欧·亚·历·史·文·化·文·库·

плиски 和燕子,等等。

为了目测阿雷克淖尔湖,第二天一大早我就出发去了这个湖,并绕北岸一圈,最终又回到我们在东部的营地。

根据我们事先的观察,湖泊的堤岸有如下单一特征:在淤泥处有一些半岛和岛屿,为候鸟提供了栖息地;某处蕴藏着地下水,孕育着新绿,那里就会有黄羊和羚羊。而最令我们感兴趣的还是熊,当我们刚说到它的时候,熊最近的脚印就出现在了我们的视野。野兽一般都在比较高的平地上过夜,到了早上就出发去河岸,它们的方向和我们的一样。当我在观测两岸的轮廓和湖面水色的细微变化,以及在湖面上戏水的鸟类的时候,我的同事被阿雷克淖尔湖附近游荡的野兽所吸引,最后证明这些野兽是熊。不要说用双筒望远镜,即使用肉眼也可以区分出身材高大的公熊而较为矮小的母熊。我们一路上遇到的熊越多,捕猎的诱惑也就越强烈。随着与野兽们越来越接近,我们明白这是它们喜爱的游戏,因此接近它们并射击并不是太难的事情。

我和巴德马扎波夫从马上下来,朝着熊走去,观察着它们准备狩猎。这个早晨如往常一样安静:空气中泛起的细小的微尘在原地打转或者朝着相反的方向飘去,我们所追捕的动物没有任何理由受到惊吓。一到达平地,我们就立马发现了熊。小熊立马站住,毛竖立起来,朝着我们的方向看过来。母熊小心翼翼地靠近了小熊。这两只熊如同雕像一般一动不动,注意力高度集中。我们事先已经有所准备,朝着两只熊开了两枪。小熊一下子就倒在地上了,紧接着母熊也倒下了,但是很快又爬起来,向远处爬走并慢慢消失;我们接近那只被我们当场击毙的熊,此时母熊已经走出很远了。我们通过望远镜观察到它快速前进,时而还会短暂地停留,受惊地回头朝着我们的方向张望。

我们绕着这个湖其他的沿岸地方环游了一圈。流入阿雷克淖尔湖的支流把湖的西岸冲刷得很严重。分布在这些支流之间的是小湖泊和池塘,因此在这里行走起来非常困难,我们的行进变得非常缓慢。我们的考察队走上了一条人迹罕至、野兽出没的道路,附近都是沼泽,这条路根据土质弯弯曲曲地蜿蜒,并且不知不觉就把我们带入了岸边的高处,从这里我们可以看到附近的邻谷,以及那里的全部景色。

为了捕捉在峭壁上筑巢的崖沙燕,我们跟随着它们继续前进。不久,有一群野驴从附近的山上朝我们走来。这些动物太容易上当了,它们和我们的距离只有50步。随后我们通过望远镜观测它们,可以从它们的眼中捕捉到强烈的好奇。当我们下了马,这些野驴立马警觉起来,抬起头嘴里哼哼着,迅速转身朝相反的方向狂奔,时不时地踢到自己的同伴。在逃跑的过程中,野驴总是把头抬得很高,得意地把它们的短尾巴一晃一晃的。

阿雷克淖尔湖位于一个开阔的河谷,北部和布尔汗布达山接壤,南部与温杜尔库库山相邻。西藏高原如此广袤,因此,虽然这个淡水湖大约有40俄里的面积,但是它的面积并不算大。湖的绝对深度有13370英尺(4080米),最宽的地方在比较低矮的北岸,有15俄里。相对而言,这个湖的宽度和深度已经算比较大的了。

阿雷克淖尔湖湖面的颜色也会因表面的光线和水面状况的不同而变化,水面的颜色也不止一种。湖水越平静,它的表面就越光滑。如果天空晴朗无云,那么湖面就会呈浅蓝色,相反,如果天空乌云密布,湖面的颜色就会变成深灰色。

阿雷克淖尔湖的鱼种类并不十分丰富,至少我们的资料是这样反映的。但是它们的数量却多得惊人。和西藏高原的其他湖泊、河流一样,这个湖里的鱼非常多,这是因为这里的捕杀者非常少,也许那些改造世界的人类还没来得及到达这里。我们在阿雷克淖尔湖的标本收集有软刺裸裂尻鱼和红点鲑,红点鲑根据哈雷科夫斯基大学的尼古林斯基研究属于一个新的物种。

湖沿岸的植物主要是草本植物。最突出的是草甸区,其中有一些植物已经开花了,还有一些植物依然含苞待放——苔草、蓝色和黄色的燕子花、樱草和莲花,其中还有西藏高原典型的植物——柏枝草。

阿雷克淖尔湖的北岸植物十分丰富,在一个比较低矮的山之间的巨石分布的峡谷里,生长着深红色的黄芪。附近是另一个占地面积很大的区域,这个地方延伸到了深山中,也经常呈现出深紫色的色调。某些地方还出现了桂竹,而在一些更加狭窄的悬崖出现了我们之前提到的柏枝草,一些新绿被严寒摧毁,另一些紧紧地倚在花枝上。这里的灌木丛中还有含苞待放的马先蒿。在柏枝草的附近散布着一些绿色花枝的云木香。去年采集的云木香标本今年依然保存完好。在陡峭山坡的顶部,紫堇花团锦簇,地势较低的地方还有大戟;眼前偶尔还会出现一些原生植物,如开着黄色花朵的马尿泡。在山坡上的干燥处还发现了石茶和驼绒蒿。

9.5 阿尼玛科尔山

从阿尼玛科尔山的东北角延伸出了一条叫作阿雷克诺林戈尔的小河,这条河依照山脊和山谷的走势,自西向东流淌。河流的源头比较狭窄,呈现黄土的颜色,水流向东部流去。阿尼玛科尔山湖附近的一些山地有一些银色的急流汇入了这条河,使得河变得越来越宽阔、越来越清澈。这些山峰一路向西边一直延伸到阿尼玛卿山。阿雷克诺林戈尔河最大的河谷是它左边的岳格莱戈尔,占地80俄里。河水的水流非常湍急:每俄里大约有10英尺(3米)的流量。

阿雷克诺林戈尔河谷有一个5俄里的牧场,在那里野生的哺乳动物自由地吃草。柴达木盆地的蒙古人每年都要来这里捕捉羚羊和野牦牛。

沿着从阿尼玛科尔山延伸出来的河流行走,可以看到繁茂的沙棘和金缕梅,还遇到了之前我们提到过的黄色和紫色的燕子花,这是第一次看到它们和开着大花的 Iris tigrida 混合生长在一起,并被兔子采食。潮湿的水边草坪上,茂密地生长着兔耳草,更高处是黄花;偶尔还会看到匍匐水柏枝,但是比之前遇见的已经稀少很多了,枝叶也更加蓬松。还遇到了黄绿色的大戟草和矮小的麻黄,以及芨芨草,芨芨草出现在山谷两侧靠近山的地方。在沙棘丛中还生长着东方铁线莲和开着美丽芬芳花朵的忍冬,沿着河床还有大黄,布尔汗布达山南面的山脚下开着黄色和鲜红色的花朵,它们的根深深地扎在岩石中间。阿尼玛科尔山的南山脚下有一片沼泽,里面生长着几种谷物和草本植物,其中比较突出的有报春花和金黄色的毛茛。

在阿雷克诺林戈尔河和岳格莱戈尔河的交汇处,首次出现了游牧的唐古特人,他们属于囊甘爱玛克,其中还有一些是巴雷克(藏语称"巴纳克")。

我们几乎走遍了整个阿雷克诺林戈尔河谷,随后我们在阿尼玛科尔山峡谷中间的库库布雷克泉附近停留下来,以便越过山脊并继续向南行进。一开始这个峡谷对我们非常友好,随着我们一路向上走,这个峡谷变得越来越荒蛮、陡峭、狭窄,石头也越来越多。可以通行的小路时有时无。我们的一个蒙古族同伴智罗伊既充当牧马人,同时又为我们引路,带我们去见巴伦札萨克。但进入这座山中后,他不得不承认不认识这里的路。我把善良的智罗伊由前卫换到后卫,至于前进的方向,我只能根据自己通过长期考察积累的直觉了。

到达阿尼玛科尔山的第一天是在 6 月份,这里以严寒而出名,经常下大雪,从清晨到中午厚厚的积雪都散落下来覆盖着大地,厚度有 1 俄尺多。这里的鸟类有高山岭雀,它们生活在高山,一边吱吱地叫着一边从山的一边飞到另一边,有时还在商队附近徘徊。从这种鸟的叫声中我可以捕捉到一些信息,尖细的、温柔的,还有一些我完全不熟悉的叫声,时常吸引着我的注意力。事实上,过了几分钟我开心地发现,峭壁上和草地上有一些非常漂亮的鸟儿,在这里它们很难被辨认出来。这些鸟儿正是藏雀。H. M. 普尔热瓦尔斯基曾经在布尔汗布达山在他的最后一次考察中发现了这种鸟,此次西藏之行我也一直期待着能够见到这种鸟儿。

H. M. 普尔热瓦尔斯基的考察只得到了一只这种鸟类的标本,虽然考察团还有其他任务,但是我们还是想要得到一只母藏雀,因为我们之前的那只是雄的。就这样,过了 16 年,我又一次遇到了这种鸟儿,有成群的也有单独的,它们中间有一些红色的公鸟还有一些浅灰色的雌鸟。一开始我只是远远地看着这些鸟儿,过了半个小时我的手中已经有了两只难以分开的鸟的尸体,这让我不由自主地想起了我们著名的鸟类学家 B. Л. 比昂基,他在和我告别的时候希望我能够收集到这种鸟儿,并且预期我带来的能是一只灰色的雌鸟。这些鸟类都被送到了科学院的鸟类博物馆,也许会建立一种新的动物物种——藏雀。这样宝贵的收获让我非常开心,我很快就忘记了恶劣的天气。一方面大雪使得我们寸步难行,另一方面我们还有尝试着前进的可能,最后我们还是到达了山口,这里的海拔高度达到了 15990 英尺(4880 米),主峰还要再高 700 或 1000 英尺(200 或 300 米)。

山口的北部,一路都在不停地下雪,而南部有一连串的高峰。通常山口不可能有这样的两条路,因此当地人都不走这条路;这条路没有人行走,但是常有野兽出没,如野牦牛和呼兰。

通过了一些不知名的山口,北部的道路陡然上升,然而我们加快了前进的脚步,想要尽快进入草原地区。尽管一路上,牛一个一个地前行,仍然有掉入深渊的危险。

随着日落我们整理并安顿好了营帐,能够缓解一路的艰辛疲惫。

6月9日早晨我和 A. H. 卡兹纳科夫几乎同时离开营帐。一开始我只是像来时一样在峡谷附近行走,随后我走上了一条更加陡峭的通向南部山顶的路。通常我在行进的时候会留意附近的岩石和草坪中间的东西:出现了一只在吃草的麋鹿,它一被人们发现就立马从石头后面跑开了;时不时有雪鹰在山的上空徘徊;太阳懒洋洋地升起,逐渐照亮山的一侧;草地上出现的不是银色的霜而是晶莹的露珠;有一群燕雀、朱雀和岩鹨在峭壁上筑了巢,用它们清脆的鸣叫让山中的清晨活跃起来。

同时遇见了越来越多的山口,蜿蜒的道路时而是陡峭的坡路,时而又穿过较为平坦的深谷,在这里看到了刚才我提到的那几种美丽的鸟。稍事停留我便继续出发,射杀了一对鸟,并继续向山顶前进。过了半个小时我们已经到达了山口,很高兴地发现这里视野非常开阔,真个南部的风景都尽收眼底。这里是西藏高原的边沿,从这里地势开始下降。在这个地区的中间地带黄绿色松软的小山中间,额林淖尔湖波光粼粼。湖后面不远的地方,山脊的颜色一会儿变深,一会儿变浅,这些山脊正是黄河和长江的分水岭。稀薄的空气非常洁净,给我们一种离湖很近的错觉,毫不费力就可以看到它的边缘轮廓。我在这幅美丽的画卷前驻足很久。而向北方看去又是另一幅景象:从这一侧看去是很深的峡谷,被山峰和平坦的岩石中间的尖锐山丘和波峰分隔开来。

山口的高度为海拔 16780 俄里(4810 米),我们对这条探险之路很满意,开始沿着熟悉的道路向下走,北山上的路被一层很薄的积雪覆盖。

从阿尼玛科尔山峰我们才看出,继续向上走,西面就是阿尼玛卿山从西向东延伸数百俄里,宽约 30 俄里,这座山峰的西面部分有两条互相交错的常年不化的雪线,通过雪线的下部边沿,我们可以得出,这座山的西面也就是朝着阿雷克诺林戈尔河谷的,海拔大概有 16170 俄尺(4930 米)。从西藏高原这一侧向山峰看去,只有山的西面有常年积雪,积雪的位置在山的最顶端。通常阿尼玛科尔山从南方看上去没有从北方看过去那么雄伟。

图 9-1 阿尼玛科尔山北坡

这座山峰的上部是由粉绿色花岗岩、灰绿色花岗岩、大量的白色方解石以及上面有红色斑点和红黄色沉积亮的粉色结晶灰岩组成。浅粉色的灰岩上面有灰绿色的条纹和斑点,灰色的砂岩,这种岩石的细晶粒度非常高,还有灰绿色的多层砂岩。北面山坡的山腰上主要是

· 欧 · 亚 · 历 · 史 · 文 · 化 · 文 · 库 ·

氯化石,粉红色和灰绿色的砂岩,由小块的绿色板岩、蛇纹石、石英、绿帘石构成的角砾岩,最底下一层是灰色板岩、黑色蛇纹岩、灰绿色的蛇纹岩硫化物、石英、温石棉、混合着黑色蛇纹岩和硅灰石的细粒花岗岩。这个地区对面山坡的情况怎么样呢?那边主要是灰绿色的小颗粒状盖云母黏土砂岩。

阿尼玛科尔山的北坡,将会有一场很大的降雪,为柴达木盆地水域的几条河流提供补给。南坡形成了一两条流入黄河的河流,而它们如今已经属于太平洋水域了。"一两条河流"是一种非常不确定的说法,要知道我们找到了地图上所绘的其中的一条河流,它的源头在西部,在阿尼玛科尔山地势比较高的地方,在流向黄河的途中还有几条来自东边山谷的小河流汇入。而另一条河流是否存在就只能靠猜想了,因为阿尼玛科尔山东部的广阔区域不在我们的考察范围。

这座山上的动植物和它们北方的布尔汗布达山上的动植物很像。6月13日早上10点,考察队把白色的帐篷支在了中国许多河流的源头——鄂陵淖尔湖附近,蓝绿色的波浪拍打着湖边砂卵石的岸。

9.6　果洛藏族

在到达这座湖之前我们遇见了果洛人的侦察队,一共有4个人,他们按照传统礼节招待了我们。果洛人告诉我们,他们是大部队的先锋,大部队驻扎在木措淖尔湖的西北岸。朝圣之后从拉萨返回黄河流域或者玛曲的果洛人大约有600人,其中男女老少都有,他们分别住在80顶帐篷里,带领他们的是头人灵钦嘉木。他们还带着2000头牲畜,有牛、成群的马,它们的尾巴上有标志着等级的标识。我们送了厚礼给他们,他们也欣然接受,但是对于我们提出的其他问题,果洛人一律没有回答或者回答得非常谨慎。此次谈话的主要内容,以及我们之后和果洛人的谈话都主要围绕着以下内容:延伸到东方的黄河有什么特点?果洛人的生活怎么样?他们的内部管理怎么样?等等。因为我们非常想出发去看看黄河,也出于个人兴趣想要了解这些藏民的生活习惯,但是果洛人并不愿意谈及这些并很快转移了话题。

在前来我们的帐篷拜访的时候,果洛人偷看我们的武器,试图不被我们察觉。说到这个,我们还给他们展示了我们的新三弦手枪。果洛人说:"虽然你们武器少,但是你们不会受到伤害。我们那宝贵的枪口永远不会对着你们;我们之中有很多人之前就有这样的观点,但是如今我们更坚定了自己的看法。我们只要略施小计就可以战胜你们:我们组织 30 个人装扮成卖食品的进入你们的营地,出其不意地亮出我们的军刀扑向你们,只需一两分钟就可以消灭你们的队伍。但是如果我们在开阔的河谷作战,比如说现在这个地方,就会有点冒险。"当他们参观完我们的左轮手枪,便更加吃惊了,说道:"噢! 我们的计划和俄国人是一样的,拿着武器不是为了对付他人。他们从口袋里拿出一种很小的枪,就可以先杀死我们。果洛人可没有什么隐藏的阴谋。"其中一个果洛人接着说:"我记得我们曾经和你们这样的人战斗过,在阿尼玛卿山,谁也没有幸存。我们的人很体面地牺牲了……[1]"我心想:"朋友们,原来我们是老相识了。"我对果洛人说的话产生了兴趣,并问道:"这些人要去哪里? 他们都说了什么?"果洛人想都没想,就说:"他们要去拉尔扎贡巴寺,也许他们在那里接到了某人或者某个首领的命令,因此他们不得不返回托索淖尔。"[2]

考虑到我们将会在黄河上游的迂回处度过夏天里相当长的一段时间,我们在这里要进行一些地理学、民族学、自然历史学的工作,我们非常希望能够和他们保持良好的关系,尤其是处理好和果洛人的关系。这些人在和我们相处时已经不需要保持自卫的状态,不再随时为武装冲突做准备。因为在我们遇见的果洛人中,他们的最高首领对我们很满意,想要我们建立友好的关系。这样,考察队就可以自由地去黄河附近一些不知名的角落。我们在湖边安置了营地,只要有三个果洛人接近我们的营地,我们还是会做好射击准备,这样我们就可以在冲

---

〔1〕罗博罗夫斯基曾经在阿尼玛卿山附近和果洛人发生过武装冲突。
〔2〕罗博罗夫斯基在和果洛人发生过武装冲突之前不久曾经患了麻痹症。

突中占有利位置。[1] 我们的助手林钦嘉木和其他两个蒙古人不能被算到我们的七个年轻人之中,他们算是护送队里的老队员了。年轻人的队伍里有一个 14 岁的研究员,他极力向我们展示他可以熟练运用武器,并且可以灵活勇敢地骑在马背上。所有果洛的蒙古人已经藏化了,他们越来越不像果洛人。他们说着藏语,从外貌上看确实是典型的果洛人。武装着的果洛蒙古人,从马上下来,朝着我们的帐篷走来,在进入帐篷之前,遵照我们的要求,放下了所有武器。我们用当地的习俗接待了他们,他们也很简单地向我们打了招呼,随后他们问我们:"你们是谁? 你们准备去哪里?"我回答道:"我们是从俄国远道来的客人,我们知道很多国家,也见过很多国家的人。此次我们是来你的国家考察,很高兴能够认识勇敢的藏族居民,我们还给你们的首领准备了礼物。"最后我说道:"我希望能够没有任何阻碍地和你们的首领建立友好关系,这样我们就可以被允许进入玛曲河的下游进行考察。"对于我最后谈到的问题,这个林钦嘉木的老人没有任何事先准备,毫不犹豫地说道:"即使我们的首领发了话,也不会真的派给你们向导的,想要物资或者帮手,需要拿着礼物进行私人谈判。"经过一个多小时的交谈,这些果洛蒙古人回去了。在此期间我们用茶和甜点热情地接待了他们。

第二天早晨,王公的文官没有出现在我们的帐篷,这让我们非常伤神,因为根据我们的约定,他应该会来的。他的失约让我们想到果洛人对我们的敌意以及有可能的武装冲突。

就这样,很遗憾地,我们在前进的途中以及从柴达木盆地返回的路上都没能拜访到游牧的果洛人。我们没能够成功地了解到这个古老的果洛人部落。我们听说,林格素或者格萨尔王从来不出现在果洛人的土地上,在很久以前一位达赖喇嘛曾经诅咒过果洛人和另一个生活在南方与印度接壤的部落,因此这两个部落没有接受佛教,也不承认达赖喇嘛。这个诅咒直到现在依然停留在果洛人的心里,虽然如今

---

〔1〕这些蒙古果洛人或者蒙古人在玛曲河的河湾处有四个旗。

他们已经是佛教徒了,但是他们仍然不接受达赖喇嘛的管理,也不接受清政府的统治。他们经常抢劫,偷别人的牲口,通常在和别人谈判时狂妄地称:"我们可是果洛人,和其他民族不同。你们是藏族人,需要遵循任何人的规定:达赖喇嘛的约束、清政府的规定以及任何小官员的规定,你们谁都害怕,你们对什么人都服从,你们畏惧一切!不仅是你们,就连你们的祖先都是如此。我们果洛人自古以来只服从自己的规则,只听自己的意愿。每一个果洛人一生下来就有自由意识,从喝娘奶的时候就只认得自己的规则,这一点是永远不会改变的。我们每个人几乎出生时就手握武器。我们的祖先英勇善战,我们也是如此,我们配得上做他们的子孙。我们不听从任何人的建议,只遵从我们从出生起就有的智慧。这就是为什么我们一直是自由的,如今也没有臣服于任何人——不管是天子还是达赖喇嘛。我们的部落是整个藏区最受尊敬的部落,我们有理由蔑视其他民族,无论是藏族人,还是汉人。"事实上他们的确不接受清政府和达赖喇嘛的统治,他们还经常抢掠博格多汗以及葛根的部队。

第五世塔拉纳特在护送队的保卫下,从满洲出发去拉萨,在路上遭到了果洛人的抢劫。这些果洛人几乎消灭了他大部分的护卫队。剩余的蒙古王塔拉纳特的护卫队饥寒交迫地逃回柴达木盆地。塔拉纳特也成功逃脱。果洛人通常在朝圣者队伍去拉萨通行的路上守候并抢劫他们的财物,有时候全部抢光。扎曲卡瓦人认为果洛人一共超过了5万户。这一说法我们无从证实。我们在黄河上游这个叫作阿尔琼(这一地名也有待考察)的地区遇到的游牧民族几乎都是果洛人。阿尔琼地区的居民自称是果洛人,大约有26800户,分别属于一个大首领管理。

其中最主要的首领是诺布丹德尔,他是在一个最出色最强大的康森瑟家族的果洛人首领死后,继承了现在的权力。诺布丹德尔旗有几千户人。所有由诺布丹德尔统治的旗平均有100户人。诺布丹德尔大概有20个旗,所以诺布丹德尔大约有2千户居民。

根据当地人所说,诺布丹德尔是最主要的部落,如今大概有11000户居民,现在这里又增加了15个旗,约增加居民2000户,而原有居民减少了 13000 户。这新加入的 15 个旗中,果洛人最西边的旗叫作霍尔旗,它不是主要的旗。居民主要是在色曲河地区,黄河源头的右边放牧,大约有 600 户居民。

除了这 7 个主要的首领(他们的地位和作用和西宁以及拉萨的钦差一样),果洛人的每个旗还有一个旗的首领。不论是主要首领还是次要首领,或者是旗的领导,都是世袭的。而他们的助手是他们根据自己的考察选择并指定的。

非常重大的事件都是由这 7 个主要的首领解决的。而比较小的官员——旗的首领,只能决定一些不太重要的事情,遇到大事需要提交给他们所属的 7 个首领之一。

大首领诺布丹德尔,曾经是康根瑟(诺布丹德尔的哥哥),康森瑟和林钦嘉木,他们居住的地方非常豪华,彼此之间的关系也非常好。他们与阿尔琼游牧和定居的果洛人相邻。据说,这 7 个大首领之间有一个非常严格的规定:其中的任何一个人都不能因为琐事打扰其他人,事先没有通报不能进入其他人的房间。他们要么住在自己豪华的住宅里,这种住宅是用石头、黏土和木头制成的;要么就住在自己的帐篷里或者蒙古式的帐篷里,他们把帐篷叫作"乌尔戈"。

每年每个旗民都要给自己的首领缴纳一次赋税。至于具体的数额我们不得而知。

如今阿尔琼地区 1/3 的居民在务农,这些居民主要定居在玛曲河、黄河沿岸,以及雷扎贡巴寺附近,其余都从事游牧,除此之外他们还抢劫。

在果洛人和藏族人之间流传着这样的传说,这个传说是关于为什么果洛人有勇敢无畏的精神并且在抢劫和战争中常常能够胜利的。据说,林格素在路过阿尔琼的时候丢失了自己一把神刀。这把再也没被找到的刀落在了这里,给果洛人带来了尚武精神和战无不胜。除此之外,果洛人成功的保障还有阿尼玛卿山(也叫玛卿–布姆)。玛卿–布姆这个名称是根据阿尼玛卿山东部的某个主峰的名字命名的,三面接受玛曲河的灌溉,这条河流的源头主要是海平面上许多的大型冰川。在阳光或者月光的映照下,这里展现出一幅特别的画卷。在玛卿－布姆山上有许多小型寺庙,果洛人到了夏天就带着贡品来拜佛。这座山在他们心中非常神圣,去拜佛时没有一个果洛人会在出门之前或者在路上吃东西,也不会抢劫。他们不会碰触任何食物和饮品,连勺子都不可能拿出来,然后朝着山的方向拿出贡品并祈祷供拜。

果洛人只对别人进行抢劫和盗窃,他们绝不会抢劫自己人,但是偶尔他们会偷自己人的东西。即使他们偷的自己人住很远的地方,他们也会受到严厉的惩罚。被当场抓住的小偷一般会被挖去双眼、砍掉双手,除此之外还会割断从脚后跟到小腿的筋。这样做是为了避免此类犯罪。

一旦旗里抓到了小偷,旗的首领会把这个被判了偷盗罪的小偷交给更高一级的首领。旗长没有权力惩罚小偷。

所有窝藏小偷或者帮助小偷逃跑的人也会一并受罚。一旦发现有果洛人试图从自己的家乡逃去非果洛人的地盘,这个逃亡者会被挖去双眼,砍掉双手,挑断 5 个脚趾的脚筋。

当果洛人准备去通往拉萨的马道或者附近藏民部落抢劫或者盗窃的时候,他们是不会把自己的决定预先告知自己的首领的。即使他们的抢劫一无所获,甚至还遭受了失败,很多去抢劫的人都被打死了,他们也不会告诉自己的首领。如果他们的抢劫成功了并带回来战利品——牲口,那么不论是 7 个大首领的其中之一还是小头领都会分得一匹马或者一头牛或者其他的最好的东西,不论他们抢来的东西有多么微薄。

9.7 考察队在黄河上游的湖畔

继续来说我们的行程。

上次果洛人拜访过我们的营帐之后,鄂陵淖尔湖河谷就变得十分冷清;偶尔这些占据着西藏大部分土地的游牧民会出现,打破这里的寂静。我们那孤零零的小帐篷在西藏高原上显得非常神奇。

如今我们停留的地区是在一个高山湖泊的岸边。深蓝色的或者浅绿色的湖面被陡峭的海角和延伸在海角中的海湾裁剪得非常美丽。这里时而看上去生机勃勃,因为有鄂陵淖尔浪花和波浪的装点,它们用千篇一律的声音拍打着岸边。水面非常平静,静静地倒映出岸边的高山和天空中的云。

在这里不得不加强夜间守卫,考察队的每一位成员手里都拿着一套完整的武器和100发子弹,睡觉的时候也不脱衣服,几乎怀里还揣着枪。如果在牧场附近,通常会有两个武装哥萨克人或者蒙古手榴弹兵,他们的视力比双筒望远镜还要好,站在岸东边的山丘上,那里是果洛人的侦察点,视野十分开拓。他们每天都紧张地关注着我们。

虽然我们考察队对周边环境非常谨慎,但是我们依然会猎取一些兽类和鸟类,而住在帐篷里暂时没有任务的队员还会去捕鱼。这里的小河和湖水里有很多鱼,除了海雕、鸬鹚、鸥,几乎每个人都有所收获,因此我们的钓鱼爱好者也受到了鼓舞。

我们除了捕鱼,还猎杀了大量的反刍哺乳动物,作为口粮补给。还有一次有一群大型食肉动物从我们身边经过,我们冒险离开了营地几天。巡逻队的成员有我和A. H.卡兹纳科夫以及两个手榴弹兵、两个哥萨克人、两个当地人——蒙古人和唐古特人。我的目的是对鄂陵淖尔西岸和湖东南角和西南角延伸出来的支流进行观察和测量。A. H.卡兹纳科夫的任务是继续我的工作,也就是从支流的出口沿着东部和北部的湖岸一直走,走到梭罗姆河汇入的地方,也就是黄河上游,最终绕扎陵淖尔湖行进一周。

原订计划基本上得到顺利实施,我在第四天返回营地,A. H.卡兹纳科夫在第七天回到营地。再回到营地的时候,我已经幸运地确定了当地的天文纬度,从这里的鄂陵淖尔发源出了黄河。黄河上游有鄂陵淖尔湖和扎陵淖尔湖(蒙古人通常叫作策格淖尔,意即水质清澈的湖),还有策克淖尔湖,这个湖的浅滩是半透明的,柴达木盆地的蒙古人把它叫作水库,而附近的藏族人则把它叫作木措淖尔或者木措恰尔,而我们把它叫作俄国考察队湖,因为这里是H. M.普尔热瓦尔斯基第一次中亚考察时到过的地方。这两个淡水湖被多山的峡谷分割开来,宽度约有 10 俄里,海拔 13900 英尺(4240 米)。东边的俄罗斯人湖宽度大约是 120 俄里,从北向南延伸。湖泊的沿岸通常都陡然上升,看上去像是一个被突然注入水的海峡。岸边的峭壁通常都由黏土质砂岩构成,接近黏土石英片岩,有些地方是由石灰石构成的,湖西北角高处由花岗岩的大岩石和碎片组成。湖湾被分隔成了辫子似的条形的狭窄地带,同时又形成独立的残存湖,其中大多数是咸水湖。

两个湖上都有岛。湖面上有微波,在太阳的照射下不是蓝色的而是半透明的,尤其是在西部,这里的水中出现了岛屿,就像是小山的切角被不断扩展。在小山和岛屿之间甚至是湖的南岸,有一群野牦牛在行走,它们是为了不绕路。湖的底部非常深:根据 B. Ф. 拉蒂金的测量,湖泊的直径从黄河的河口向南一直延伸了 10 俄里,距离有 32 米。湖的深度随着离湖边越远逐渐增加,最深处达到了 32 米。6 月 23 日湖底的温度是 7.8~8.2℃,湖面的温度稍微低一些,在 6.7~12.1℃。

这两个湖的湖水都很清澈,颜色为蓝绿色和银灰色,颜色的变化主要取决于日照和云朵。水域下游的波浪在刮南风的时候看上去非常壮观,还会发出嗡嗡的声音。湖底布满砾石,在湖的最深处我们找到了一些红色的物质,经过梅列日科夫斯基的以定,它们是几种不同的硅藻。海浪会带着许多海藻,这些海藻在湖边的浅滩上形成了又高又宽的一堵小墙。

这两个湖的支流有所交汇,这些支流都是从东南部的高山流下,流向西南部的湖面低地,大约有 15 俄里宽,深度在 32 到 100 多米之间;后者的支流形成了一个水域网。这些支流都流入了一个河床,这个河床的深度不超过 60 米。在我们观察期间,支流的水流主要是红黄色并迅速流过浅滩沼泽。这些颜色浑浊的水流入了更加低的湖里,因此这座湖的水并不是蓝色,而且还有许多藻类。

从湖里我们收集到的鱼类标本有:湟鱼、青海湖裸鲤、*Nemachilus stolic-zkae*、*Diplophysa kungessanus* 和粗壮条鳅。

湖的底部,两座宽阔平坦的山谷与湖的北岸相邻,视野非常开阔,

欧·亚·历·史·文·化·文·库

向北边可以看到蒙库－查萨特－乌拉和哈腾－哈喇山,水域的北部和西南部是封闭的。

扎金戈尔河和拉兹博伊河水量十分丰富,河的南部开始有一些泥潭,其中有许多页岩和鹅卵石。在旧地图上还可以看到北部的支流穿过山谷,事实上我们已经找不到这条支流了。

因为这里有辽阔的牧场,岸边的植物非常丰富,动物也很多。我们在湖边考察的时候,射杀了四只熊——我杀死了熊妈妈和两个熊仔,A．H．卡兹纳科夫杀死了一只巨大的公熊。此外,我们还收集了旱獭和藏狐做标本。

接下来我们没有朝着东方行进,而是按照预先的计划向南部的喀木出发。6 月 27 日,我们穿越奥逊河进入浅滩。河口比俄罗斯人湖低,我们的大篷车沿着峡谷朝着西南方向前进,湖的西部渐渐进入我们的眼帘。而向东部望去,看到的是更加崎岖更加美丽的水域,这一美景让我们赏心悦目,尤其是当我们走上水边的山脊,那里有丰富的草本植物。鱼儿戏水,鸬鹚、海燕、秋沙雁、飞鹰和秃鹰在水里姿态不一地玩耍嬉戏。这让我们的旅途也充满生机。

果洛人的侦察队惊扰了我们,他们时远时近地出现在我们的视野里。我们的哥萨克人经常用公羊的肩胛骨算命,他们会算出,如很快会有一些果洛人向我们靠近,或者我们考察队的牦牛,我们的领导可以射杀一只熊和其他两个此类的动物,有时候还会为我们祈福。

9.8 扎金戈尔河谷以及黄河和澜沧江的分水岭

行程的第四天我们穿过了一条和扎金戈尔河交汇的小河,随后又走过了一个非常令人难忘的地方,这个地方就是果洛人第一次袭击我敬爱的老师的地方。考察队很快在这里安了营。

走出湖区,我们按计划继续沿着扎金戈尔河向上,随着时间的流逝我们走到对岸。总的来说,扎金戈尔河的长度不亚于新生的黄河,很多水流从湖泊的上游快速地注入这里。黄河在水流量上远远超过扎金戈尔河。算上弯曲处,这条河的总长度为150俄里,上游向东流去,中游和下游则流向东北方向。扎金戈尔河的落差非常大,水流的声音非常嘈杂,水流时而清澈,时而受到上游降雨的影响看上去十分泥泞。河道弯弯曲曲很少结冰。河流穿过一个非常宽阔的河谷,有时候会出现一些支流;有时候受到山脊和森林的挤压,水流里会有一些岩石和黏土。被山脊挤压的时候,河流会疯狂地推出它的水波,这个时候河水就无法覆盖浅滩,于是这里就形成了峡谷,在渡口,这里的深度为1~1.2米。下雨的时候,河水几乎翻了倍,此时扎金戈尔河的水就会冲上岸,并且进入低洼地区。

扎金戈尔河谷和黄河上游河谷一样,有枝叶非常漂亮的针茅,在针茅丛中还生长着已经开过了花、结了丰硕果实的尿泡。在宽阔的峡谷中还蔓延着藏族地区特有的植物莫托什利克。再往上走,四周出现了兰花、一品红和开着美丽紫色花朵的黄芪以及为数不多的岩黄耆。然而最吸引我们眼球的还是开着葱葱郁郁粉色花朵的密生波罗花、山坡上的龙胆草、黄色和白色以及淡黄色的梅特尼克花、开花儿的蒲公英、岩石间还有千岛茶和许多其他植物。这里还随处可见小型哺乳动物,但与大型哺乳动物的数量不同。我们最常遇见的是野牦牛,还经常捕杀这种动物食用。

我们很快就进入了扎金戈尔河谷。一天早晨,当考察队在山脚下前进的时候遇到了许多峭壁和山丘,我像往常一样走在队伍的最前面,在山坡上发现了一小群野牦牛。它们发现我们以后变得很紧张并且开始悄悄地撤退,其中有一只野牦牛转身朝着我们的方向快速走来,又犹豫地停了下来。这头牛很快显示出了极端的愤怒,竖起它那蓬松的尾巴,像个国王一样挥舞着。

我从马上下来,单膝跪地,朝着这只强有力的动物开了火。在四枪之后,这头牛倒下了,沿着山坡滚了下去,落在了一块平坦的台阶上;它用前蹄向上爬,后腿已经无法运动,因为脊椎遭到了损伤。这头大型动物的挣扎显得非常无助,与此同时它陷入了非常悲惨的境地:眼睛里

185

布满了血,前腿本能地不断蹬着,疯狂地晃着脑袋,似乎它立马就要粉碎似的,但这只是看上去。事实上,这头牛是陷入了对死亡的恐慌中,为了平复它的恐惧,我不得不近距离朝着这头牦牛又开了三枪,之后这头牛终于倒地死去。

我们朝动物开的三枪起到了非常大的作用,子弹击碎了骨头、撕裂了肌肉,还引起了并发症,与此同时还破坏了动物皮毛的完整性。

除了野牦牛,扎金戈尔河谷还有许多羚羊出现,以及紧随其后想要捕食它们的狼。松软的草地上有拉达克鼠兔和西藏熊。在这里我们还收藏了旋木雀不同时段不同色泽的羽毛,因为西藏高原上的其他动物都没有这样的毛。

值得注意的是,这些植物为了争夺生存权已经适应了这种极端的天气,恶劣的天气无法对它们造成伤害:白天随着气温升高,它们就开了花;在晚上或者在非常寒冷的气候下,它们就凋零了。令人难以置信的是,6月的一天在西藏高原东北部的河谷,早上我们居然看到的是冬天的景致,到了正午和午后我们又欣赏到了夏天的景致。事实上,夜里的降雪使得植物和动物都冬眠了,地面被白雪覆盖,我们看不到鼠兔、水貂、松鸦和燕雀等动物。我们甚至听不到云雀的叫声和昆虫嗡嗡的叫声,仿佛一切都消失了,四周一片死寂。一旦太阳穿过云层,放射出暖洋洋的阳光,雪便开始融化,一小块草坪露了出来,植物打起了精神开起花来。鼠兔跳出它们的洞穴,燕雀和松鸦也飞了出来。甲虫、蜜蜂和其他昆虫也依次爬了出来。总而言之,大自然又变得生机勃勃了。

西藏高原上的大型哺乳动物,它们那厚厚的皮毛使它们能够很好地在这种极端气候下生存,尤其是对那些野生牦牛而言,它们连腹部都有厚厚的皮毛,这些皮毛成为动物身上的毛毯。

下雨的时候,确切地说应该是雨夹雪的时候,行李、帐篷和毛毡都被浸湿了,土壤变成了泥泞,鞋子很快就不能穿了。更严重的是在这种时候考察队还需要有人做好护卫工作,通常都是让赶牲口的人、厨师或者夜间值班的人来充当。最困难的是等候早上烧水泡茶。为了能在干柴上把锅里或者壶里的水烧开,需要两个人轮流值守:一个人负责把柴火晒干,另一个人一分钟都不能停歇地拉风箱、点火。清晨的当务之急是给他们派发主要任务,因为据我所知,藏族人和其他中亚民族会在此时发动偷袭和攻击,而我们的两个最有经验最称职的保卫人员基列绍夫和扎尔科依却得轮流去烧水。

想要保管好我们搜集的自然历史藏品也不是一件容易的事,尤其是那些植物标本,它们需要晴好的天气。

考察队顺着扎金戈尔上游的一条支流来到扎布乌伦山口柔软的草地上,这里的海拔为 4630 米,是黄河和澜沧江的分水岭。

这座山的南坡位于中间地带,沿着被溪流和河流侵蚀的峡谷,我们发现了云母岩,颜色是灰色,非常细腻,中间有夹层。再往下是英山岩和白绿色、颗粒适中的绿泥岩;除此之外还有石英黏土页岩,绿色和亮白色的云母,风化了的赭石,白绿色中等颗粒的英闪岩,细粒度的灰色厚层的石英石,里面还混合着辉石、绿泥石、绿帘石、细晶粒棕灰色的砾石,混着岩浆石灰的灰色页岩。后四种自然物质基本上都是从第一种中找到的,在西曲河的中上游。西藏高原的巨浪都从这里流向北方和西方;而南部的地形完全相反:从这个方向看到的是幽深的峡谷,在天空的映衬下非常美丽,噶图珠雪山自豪地屹立在高处。

进入了澜沧江流域后,我们便到了一个非常美丽的地带,经过的恶劣天气被完全抛在身后。在这里我们沿着峡谷行走,每一天都变得愈加温暖干燥,风景也十分美丽。

我们的昆虫标本采集量也在迅速增加,因为这里布满了鲜花的地毯。昆虫有飞舞的娟蝶,在花朵中奔忙采蜜的蜜蜂、黄蜂和野蜂,还有一些无法辨识的嗡嗡直叫的昆虫。在湍急流淌的清澈河水里还有许多鱼——泥鳅和温泉裸裂尻鱼,而在水边的山坡上还出现了新品种的田鼠。然而从这里继续走下去,大型哺乳动物就消失了,它们受到了人类的排挤,我们马上就要见到藏北居民了。

9.9　迎面而来的纳木错旗藏族人

我们第一次见到的当地居民,是沿着西曲河安居的纳木错旗的藏民,之前他们已经被告知我们要进入他们的地盘。因此当百户的儿子们一听到我们到来的消息,立马让他们的手下停止了对我们的戒备巡查,并且和使者巴德马扎波夫、达利亚和 50 来个从头武装到脚的士兵一同来到了我们的帐篷。

我们很快就和纳木错旗的居民相识并建立了很好的关系。因为不清楚我们何时到来,百户的大儿子代替他的父亲,一直在山口等待着迎接我们。

第二天我们离开营地来到旗长的帐篷。这一天是 6 月 16 日,安置好了露营,我和 A. H. 卡兹纳科夫请了巴德马扎波夫和达利亚作为我们的翻译,在旗长大儿子的陪同下出发去旗长家拜访(旗长此时不在)。这个宽敞舒适的帐篷被分为两个部分,一部分用来接待客人,另一部分供女人们居住和安置家具。我们坐在第一间里面。我们对面的台阶下有一个很大的炉灶在冒烟,上面放着大大小小的八件铁质的或者铜质的餐具;女主人和厨子在炉灶后面忙活。此时旗长的小女儿和仆人出来从木桶里取黄油。

我们已经非常熟悉他们的待客佳品——茶和蕨麻,随后他们又拿出了专门为招待我们宰杀的羊肉。百户的继承人一直在招待我们,而我们的翻译正是他的谋臣。女主人和她的女儿一直在门口注视着我们。感谢了他们的盛情款待我们便道了别准备离开,此时年轻的主人给我们献上了哈达和狐狸皮——这是他们招待客人的礼物。

9.10　首领布尔泽克

回到营地,有许多当地人把我们围住了——有男人、女人,也有孩子。这些藏族人被我们欧洲人的相貌和新奇的物件所吸引,尤其是我们的电磁机,藏族人把它称之为"神奇的玩意"。随后旗长家的男主人也过来了,他肥胖的妻子站在屋檐下,而他清秀的女儿由于天热,没有穿皮毛外套,而是穿了一件红色长毛衫,在日晒下苍白的脸上透出粉红色。其他的藏族年轻人也打扮得很漂亮,用自己的方式找乐子。旗长的妻子和女孩们不时爆发出声音,想走进一些。妇女和姑娘们勇敢地走上前围住了我们的帐篷,A.H.卡兹纳科夫不停地和她们拍照。据说,这里的风俗比较散漫,女性也比较随性,如果是个路过这里的汉族西宁官员,有时候父母会献上自己的女儿。当我们年轻的掷弹兵和哥萨克人在手风琴的伴奏下跳着俄国舞蹈,当地人显得非常兴奋,尽力模仿着我们;随后当地的美女在旗长胖妻子的示意下唱起了歌。他们的歌曲和唱腔充满了亚洲特色。这首歌里充满了藏族人对我们的敬意,我们还发现了一个暗示——他们在赞美我们的慷慨。傍晚当我们从这个旗返回的时候,遇到了纳木错旗的旗长布尔泽克,一个身材高大、银灰色头发、驼背的77岁的老人。

布尔泽克说话的时候非常镇定,我们的交流也进行得非常顺利,他给我们留下了不错的印象。他也给了我们哈达和狐狸皮作为礼物,并且在旗边迎接我们。最后布尔泽克说想要见一见我们的新式枪和子弹,以及我们的部队,他和他的随从们对此显得非常惊奇。回家之前布尔泽克收到了我们送给他的礼物——左轮手枪。老人精神饱满地往房间外边走,嘴里还说着:"汉族官员也没有这么好的玩意;这个礼物值800两银子。"

在傍晚我们出发之前,布尔泽克来为我们送别并且邀请我们参观了他的部队。

一开始向我们展示的是,他们似乎在攻击一个敌人,一个人从普通的藏族骑兵队伍里向前走30~40步,扮作敌人,在听到"出发"的口号后开始疾驰,他身后跟着另一个藏族人,他一边疾驰一边手里还拿着火绳枪,他拿枪的动作非常漂亮,做好了射击的准备。疾驰了大概三四百步,两位骑手都朝着我们的方向调转马头,继续保持着刚才的动作,继而停在某地,这次有了一些不同之处,前面的那个人没有开枪,而是躲闪敌人的子弹,根据敌人的攻击,在马的两侧躲闪。很多藏族士兵,尤其是一些藏族老兵,都会参加赛马,他们的身手非常灵活,甚至可以让头上的帽子在地面滑过。

接下来的比赛也是以这种方式进行的。布尔泽克的儿子表现出了异于常人的敏捷,他能够手拿两把步枪,远距离同时发射,他之前还用单枪进行了各种射击。所有人在疾驰的时候,一旁观看的藏族人都会一边大声吆喝。尤其是到了布尔泽克的儿子出场时,人们的叫声更大了。随后又有八个藏族人同时登场,他们每四个人按照之前的间距站开。这一次场面更加活跃更加有趣了,因为有两组人,所以往返的路上都会有互相攻击。他们都穿着宽大的外套,长发披散在肩膀上,面目看上去很凶狠。这些藏族人的军事表演,让我想到了之前果洛人土匪的袭击,这些人曾经两次袭击 H. M. 普尔热瓦尔斯基的考察队。最后的环节是观看火箭兵的齐射。尽管比赛的时候他们拿着沉重的枪,装的子弹也是往常的三四倍,但是他们并不看重比赛的结果。

在布尔泽克和他儿子的陪伴下我们返回了自己的营地,我们要做下一步行进的打算。

我们都难以忘记布尔泽克和他的旗,这些是我们美好的记忆。他是第一个用如此令人愉悦的方式接待了考察队的人。从某种程度上说,他保证了我们下一步行动的顺利进行,他派给我们两个翻译,还交给了我们一封给他哥哥的信。换句话说,老人足智多谋的名声在附近很出名,他为其他我们在一路遇上的当地人树立了榜样。

和布尔泽克告别之后,6 月 19 日,我们依照惯例一早起来,继续沿着西曲河向下走。走到一条小河的对面,便是神圣的噶图珠山,山两面都是巨石和压缩的岩石,雪线在阳光的照耀下散发出光芒。在远处的台座上,坐落着西卡贡巴寺庙,这座寺庙和我们在西藏东部考察时遇到的一样,喇嘛们对于我们的到访显得非常警惕。这座寺庙里有将近300 个喇嘛,其中有志库和策玛两个葛根,年长的志库已经是第二世转世了。据布尔泽克所说,西卡贡巴寺是一个古老而富裕的寺庙,纳木错旗的居民们供养着他们。

离开了小河,我们沿着萨基拉赫山口爬上了一个呈放射状的小山峰,相对高度约为海拔 300 米。从这里向四周望去,展现在眼前的都是美丽的画卷;从这个山口看过去的地方都是被群山环绕的。噶图珠山向南延伸的几个山峰看上去也是如此,它们和澜沧江附近一些陡峭的山峰融合成了一体。从山口到西曲河峡谷地势陡然下降,在山峰延伸出去的南方低地上有一些黄色黏土建成的居民建筑。向相反的方向望去,可以看到凸起的噶图珠山,上面还有一些突出的圆柱状、球状、舌形的岩堆,以及雪线上的白点。而在近处有郁郁葱葱的青草地,上面只有一些灌木,到了地势较低的地方,还有一些古老的植物。

在湍急的西曲河下游沿岸,峡谷里的一些主峰和次峰里的植物丰富了我们数以百计的植物标本收集。

在山上我们发现的东西除了之前已经提到的在黄河上游遇到的那些植物,还有非常芬芳的狼毒花,粉红色的点地梅,海葵和带着种子的紫罗兰,大戟,菊花,马先蒿,龙胆草等。

山腰上有许多灌木:柳树、锦鸡儿、金银花和绣线菊;而在草丛中我们可以看到燕子草、桔梗、*Hippocrepis*、紫堇、大梅花、洋葱、高大优美开着紫色花朵的马先蒿、在浓密的灌木中的柳树、龙胆草和蕨麻。

我们可以把山脚上的植物分为两种:地表植物和地下植物。从山腰往下走,进入了农业区,很快就到了这片区域的边缘,它们的种类和数量令我们大为赞叹。这一片土地全部都被耕地占用,两种伞状的雪莲,许多风铃草,非常美丽的黄色马先蒿,河两岸都被一些水草覆盖了:*Cusinia*、藏茴香、蚕豆、芸薹、金属镓、棉葵、廖草、大戟。在离耕地非常近的一些各种坡度的山坡上,生长着伏牛花、葡萄树和长着大浆果的醋栗,在这些浆果灌木中间还生长着少量的正在开着紫色和白色花的天葵竹、诡异天蓝色的勿忘我和非常扎人的喜马拉雅荨麻。这里被根茎很大的鲜绿色颠茄所覆盖,还有粪堆、老房子,这里的建筑物非常稀疏,几乎很难找到一座。房子的墙是石头的,耕地间隔出了道路,路边还有一些我们之前提到过的大型灌木,它们的根从土壤中穿透了鹅卵石和石板在墙边生长起来,根的深度大概有 60~90 厘米。沿着麦子地能看到许多野草,但是偶尔还会有一些花朵出现:荨麻、糖芥、茴香、马先蒿、白色和绿色的橡子、勿忘我、天竺葵、翠菊、莴笋、芸薹、*Borrag-inea*、龙胆草等十字花科植物。在田地边还发现了景天、缬草、手参、云木香、大戟等 5 种禾本科植物。

·欧·亚·历·史·文·化·文·库·

卡普扎卡巴居民的房子不大,一般都是小石子和土坯建成的正方形的房子。在这些木屋中布尔泽克新的大房子比较引人注目,他的房子是用鹅卵石建成的,整个旗没有比这更好的房子了。必要的时候,可以临时寄居在这些小屋里,避开墙外的一些恶劣条件。

在田地里我们遇见了布尔泽克的儿子,他一早出门来到这里,为我们的经过做一些必要的安排。他给我们补给了一部分粮食装备。同时出现的还有旗长派出的和我们一同前往泽尔库翻译的两个哥哥。藏族翻译一般都不会同意一个人出行,即使是在自己的旗里。如果去的是附近的旗或者比较远的地方至少得有两个人,偶尔有非常剽悍的藏民愿意一个人,因为在必要的情况下,他们完全可以保护自己。

和百户的儿子告别以后,我们也离开了亲切的西曲峡谷,因为通向渡口的路经过澜沧江最终向西南方向延伸,路上还要越过一个非常陡峭的山链。从这个山链的山脊,从它那陡峭的布切拉山口,一直走到海拔4514米的地方,在这里可以看到深蓝色的河谷和上面的梯田,看不到那些从山崖上留下的河流,只能听到它们夜晚在风中的呼啸。站在山顶从界河向远处望,一直可以看到远方的地平线。

9.11 长江上游的渡口

快到中午的时候,我们终于到达了长江左岸,藏族人把这个上游地带叫作德曲。江里的水流就像是被从天上的勺子里倒出来一样,沿着岩石倾泻直下。随后很快就开始用两条船尾被绑在一起的小船渡河。与此同时,用同样的办法把包袱和羊运到了对岸——牛和马可以自己游过河——我们整个考察队就这样到达了右岸的平地上,我们附近是小而寒酸的索公贡巴寺。

这个寺庙非常古老,但不是非常有名;寺庙里一共只有30个喇嘛,其中有男有女,还有一个转世者都库里布齐。虽然这里既有男僧人也有女僧人(她们也剃掉了自己的头发),但索公贡巴寺的教规确实是非常严明的。这个寺庙的葛根不愿意与我们相识,因此他的同伴一个人来到了我们的营地。德曲河在渡口附近是根据山势（这些山的山脚下都是压缩岩石）由西北向东南方向流淌的。这些河流宽100~120米，深6~8米。

我们在澜沧江上游行走的时候，一路都能够看到藏民在挖金子。

澜沧江的河岸的鲁奇自然区及其周边地区也像西曲河下游一样，非常吸引人，因为这里不仅是河谷，附近的峡谷还生长着茂密的灌木。除了我们之前已经提到过的伏牛花、醋栗、穗醋栗、山楂、绣线菊、锦鸡儿和金银花，在德曲我们还见到了一种灌木有4米高，树干的直径有17厘米。在灌木附近长满了朝向北方的杜松树[1]。麦田分布在河谷的梯田上，看上去非常整齐。附近的草甸也生长得非常整齐。除了之前说过的西曲河有的，这里还有一些独有的植物：美丽的黄芪，艾菊，伞状的、高大规则的大黄，浅紫色的龙胆草，红门兰，燕麦和其他禾本科植物。在河边的陆地上还有猪毛菜、青葱、鸦葱和开着紫色芬芳花朵的云木香，而在地势高一些的地方还有铁线莲、当归、大戟、蓼草、旋花、过了花期的车前草、紫云英和天竺葵。在桧木林中可以轻易地找到莴笋、婆婆纳、两种类型的葱等植物。

我们在德曲河谷见到的动物并不多，只有一些小型哺乳动物和鸟类。除了兽类，鸟类有寒鸦、戴胜、松鸦、鹅口疮、杜鹃、红尾鸲、黑喉石鸥、毛鼠、燕雀、淡足鹨、燕子、楼燕、白腰朱顶雀、石雀、柳莺、白色和黄色的鹡鸰、岩鸽等。

在这里我们还收集了一些蝴蝶和甲虫，但是我们还想收集一些鸟蛤。

9.12　伊曲河谷

从这里开始我们需要爬上南方更加陡峭高耸的山峰，以便到达伊曲（澜沧江右边的一条支流）河谷的农田。布尔泽克曾派人给了我们

---

[1]杜松树的树干有20米高，树根的直径有50厘米。

15头驮运货物的牦牛,这样我们在往恰姆杜拉(海拔4900米)山口走的时候就觉得轻松了一些。与此同时,在这个狭窄多岩石的峡谷山势开始上升,山侧面是由花岗岩和片麻岩构成的,在这里我们一个行李掉了下来摔成了粉碎。通常我的同事们不会遇到这么倒霉的事情。从山口看过去,这里有一些比较低矮的陡峭的页岩山脊,向着南方的大裂谷延伸,在这附近就是蜿蜒的伊曲。而远处,隔着那些纵横交错的山,是高大陡峭的尼尔钦和其他一些远方的不知名的山系。

在我们路过的高山峡谷,我们的标本收集里增加了浅黄色的报春花、开着唇形鲜花的马先蒿、三种龙胆草、开着白色花朵的乌头、紫堇、鹿蹄草,而在山口有一种很特别的云木香、樱草和开着大花的飞燕草。

进入伊曲河谷后继续前行几公里,我们沿着这条河遇到了第三座寺庙——阿扎克贡巴寺,里面有20个喇嘛。我们到达寺庙的时候,有几个喇嘛不在,他们去给寺庙募集钱款去了。

考察队的下一站是尼尔钦山,这座山是由山系里很多独立的山角组成的,我提醒自己给从事地理研究的人员交代一下,有一个非常有名的法国中亚考察家伍德威尔·罗克希尔死于这座山东部的一场藏族人的暴乱。以法国考察家伍德威尔·罗克希尔的名字命名的这座山的山坡是由浅灰色的石英砂岩和灰色的细粒度石灰石构成的。继续往南走,沿着南边的山麓我们收集到了一些由花岗岩、深灰色薄层千枚岩、片麻岩、固体粉棕色泥灰岩、片岩和戈壁砂岩组成的棕红色砾石的样品。

伊曲河的宽度仅有130米,它的下游在我们所行走的道路的左边,而上游和中游和我们的道路刚好重合。伍德威尔·罗克希尔山让这条河流变成了弧形,一开始朝着西北方向,随后又朝着东南方向。河的源头是鲁洪博木措湖,这个湖位于高原地区牧民居住的草甸草原。

伊曲河河谷给了我们丰富植物标本的机会,我们收集到的标本有:开着大花朵的艾菊,几株黄芪,美丽的龙胆草,两种类型的蕨类植物,新品种的列当,紫罗兰和两三株云木香,还有许多谷物。最后我们到达了鲁洪博木措湖,这座湖的海拔为4190米,令人不可思议的是这里居然有狸藻和苔草。

在被伊曲河清澈河水灌溉的尼尔钦山山坡,我们发现了蛎鹬、克什米尔河鸟、有白色和黄色羽毛的鹨、朱雀、雨燕和家燕以及一枝蒿,它们装点了山上的景色。许多燕子时而高声鸣叫,时而温柔低语,优美的母合欢鸟也是如此,我们第一次见到它们的时候它们在水边峭壁下的山坡上筑了巢,让我们的这一站旅行变得充满生机。时而会有保持着单调鸣叫的石鸽和吱吱叫着的红嘴山鸦来到我们的帐篷附近。在天空中有时候会有雪白秃鹰、大胡子秃鹰、金雕出现。

图9-2 格萨尔王

我们在这里遇到的小型哺乳动物是一群在砂矿和山坡附近的阿尔卑斯山雪雕。

伊曲河上游河谷的左边有一条叫作敦荣的小河,这里还矗立着一座被藏族叫作哇禾哈里的山。有这样一个传说,这座山上常年有草地覆盖,也是格萨尔王在作战的时候非常喜欢的一个地点,山的附近还有格萨尔王的雕像。传说,总是有一个戴着帽子的大人物站在山顶。我们的队伍路过的时候,一个非常简单的小庙里传出喇嘛诵经的声音。

9.13　在鲁洪博木措岸边的考察

鲁洪博木措不久以前还是一个形状非常规则的水域,如今却成为一个长满苔草的沼泽。在我们到访期间除了鲜绿色的水塘,我们还见到了大小不一的淡水湖,里面的水非常清澈。这座沼泽湖延伸了大约有20俄里,还会继续沿着河谷延伸;我们观测到的湖深度不超过90厘米,湖底都是泥泞的沼泽。这座湖的绝对深度,根据气压测量,有4190米。

这座湖附近的鸟类有丹顶鹤,它们流畅优美的舞蹈吸引了我们的

·欧·亚·历·史·文·化·文·库·

注意力。这些鸟儿每天吃完食都会在早晨或者傍晚这样翩翩起舞。还有印度鹅、鸱、赤足鹬,在远方的湖面上还有几只鸭子在游泳,以及在湖面上飞来飞去的海燕,在沼泽中的小丘上还出现了海雕。在自动形成的小丘上大云雀筑了巢,它们一大早就唱起歌来,打破了四周的宁静。偶尔天空中会出现楼燕、山燕和土燕的叫声。在附近的山上还可以看到丹顶鹤和石雀。

至于兽类,我们在这里只见到了每天早晨在河对面的草地上吃草的羚羊。由于这里是牧区,到处都可以看见牧民们的黑色帐篷,他们的帐篷后面养着大群牛羊;偶尔我们会看到成群的马,它们对于我的同事们邪恶的念头保持着高度警惕。

A. H. 卡兹纳科夫从鲁洪博木措湖岸出发去测量附近的卓玛音木措湖,这座湖要继续向西南方向走 37 公里,是一个封闭的咸水湖。在水域附近有淡水,大约有 30 俄里,沿岸生长着莫托什利克。还有一些蜿蜒的小河注入这个水域。这座湖的湖底有很多砾石,尤其是在靠近岸边的地方,还能看到藻类。水面上有鹅和鸬鹚戏水。根据我们最后一次考察,我们可以得出结论:这个水域里有鱼生存。

9.14 泽尔库及其寺庙

从东南方向穿过四条道后,我们的考察队最终到达了泽尔库村,这是一个海拔 3690 米的农耕区。由于连绵的山脉我们的视野变得很狭窄,只能看到这些山中比较深的峡谷。在澜沧江附近空气一直比较温暖干燥。有时候扎拉山口会下雨,使得空气焕然一新,这里的海拔高度为 4470 米,一条叫作扎曲的河从山的南侧[1]发源,经过泽尔库与巴曲汇合。牧民都是临时住在这里的,他们用干酪来换取一些生活必需品。

我们预计在这里驻留一段时间,以便和当地政府说明我们要继续

---

[1]这两条小河汇成了一条叫作藏达的河流,一直向右流入了德曲河。

前行的情况,并且我们也想见一见汉人到达泽尔库的先行部队。于是我们在村落附近安置了营寨,把驮运动物沿着扎曲安置在了岸边的高处。在美丽的达林多地区,这里的果钦塔瀑布非常壮观,这是我们最后一次在这里露营,随后我们就搬到了寺庙里。

在达林多地区我们的帐篷里一共有 6 个手榴弹兵和哥萨克人,有一天早晨,来了 30 多个强盗,这些人是拿着武器的普通藏民。庆幸的是,盗贼被我们发现并且成功击退了。这些强盗究竟是哪个旗的,至今我们仍然无从得知。

泽尔库是一个很普通的村子,100 来个土坯房子坐落在山东边山脚的南坡上。这座山四面都是麦田,我们从 8 月 9 日到 20 日一直住在这里,最终这些麦子成熟并且被收割了。

泽尔库东面的山顶上有一个很漂亮的、在当地比较富裕的寺庙——凯古托寺,里面有 500 个喇嘛,他们的信徒都是旧教的信仰者。泽尔库寺是由附近的 9 个旗供养的,而直接管理这 9 个旗的人是拉达。实际上掌管这些旗的人是百户葛根的两个手下,其中一个管理牧民,一个管理居民。这两个人到了晚上都会悄悄地离开人群来到我们的营地,但是他们和我们的谈话进行得很谨慎。我们想要试着向这些藏族人解释清楚我们和英国人的区别,他们生活在南方,而我们俄国人生活在非常遥远的北方,从长相上也和他们不像;他们和所有藏族东部的居民一样,分不清俄国人和英国人,因为英国人来过蒙古、东突厥斯坦、库库淖尔和柴达木盆地,很多蒙古人都把英国人称为俄国人。

由于川藏路的修建,路过泽尔库寺庙的人非常多,许多商人在这里都有贮存货物的仓库,尤其以贮藏茶叶居多。从这里每年有价值 10 万两白银的货物往来四川和拉萨,是清政府和藏族往来货物的 70%,运来的货物有粗布、大布、丝绸、红呢子、皮革和瓷器,运出的货物有羊毛、皮毛、麝香、鹿茸、祭祀蜡烛、佛像、金子等。几乎每天都可以在河边的河谷看到新的旅行者营地,这些营地吸引了当地人的注意力。除此之外,还有来这个村庄或者来拜访寺庙的人。总而言之,人们经常会频繁往来,各种消息也被奔走相告,在西藏或者说在整个中亚地区,商队

·欧·亚·历·史·文·化·文·库·

扮演着报纸的角色。

泽尔库河的水非常清澈,水流也十分急促,我们好几次都成功从水中捉到了鱼,这些鱼是我们之前提到的裸裂尻鱼;在这里我们的标本又增加了一种——非常有名的红点鲑。

9.15 与中国使臣的会面

在我们到达泽尔库的当天,我们从仓库得到了中国官员给我们的伊万诺夫的消息。在我们离开柴达木盆地以后,伊万诺夫已于6月1日成功返回了,人和考察时的运输工具骆驼、马和牛遇到了一伙唐古特强盗,这些强盗可能是郎甘旗的人,他们的目的就是抢劫。幸好我的两位同事基列绍夫和年轻的阿福金并不糊涂,从傍晚一直到第二天早上,为了对付为数众多的劫匪和他们大胆的攻击,年轻人们一直朝他们射击。到了早上劫匪们离开了。

到达泽尔库的第三天,有汉族官员来到这里收税。他们一到村子里,即使天上还下着雨,百户葛根还是为他们安排了一些仪式:喇嘛们沿着道路一字排开,手里拿着唢呐或者蟒筒,挥舞着旗帜,老百姓祝愿着这些他们已经熟悉的面孔——官员、翻译、士兵。汉族官员来和我们见了一面。

第二天我们去拜访了使馆的代表和钦差大臣,我们和这些官员在第一天见面的时候就建立了友好的关系。这两名官员都想要给考察队提供一些援助,但是遗憾的是,他们对于他们的使命之外的事情都无能为力。官员给我们提供的唯一帮助是把我们的卢比换成了白银,根据考察队的安排,这样我们可以更快获得粮食和经验丰富的翻译,以便继续前进到达囊谦扎巴的领地。

在我们到达泽尔库的第12天,我们已经在汉人那里做了几次客了。他们也经常拜访我们,经常抱怨即将到来的无聊以及在西宁痛苦的等待。不论是这里的汉人,还是周边的汉人都非常看重家庭生活,他们会在这里找一个藏族女人作为临时妻子,有时候藏族妻子会陪伴他们返回丹噶尔或者西宁。通常在那里受到欺骗的藏族女人会负气离开。

不论是我们还是汉人都没有得到清政府的任何消息，因此我们对中国和欧洲人在远东的战争一无所知。也许是因为谨慎，在午饭时没有把这些事情当祝酒词，比如说为了我们两个大国之间的友谊干杯。

·欧·亚·历·史·文·化·文·库·

10　在澜沧江流域

10.1　在"海之子"扬子江[1]

考察队在泽尔库村停留的时间非常短。

8月21日我们离开西宁使馆,使馆为我们请了几名向导。经过休整,大家精神饱满地出发了。我们轻松地渡过一条小河的支流,到达巴曲左岸,然后继续南行。队伍沿着蜿蜒的峡谷行进,很快就看不到刚刚离开的村庄。在地势较高的由灰麻岩和石灰岩构成的河的两岸上,架着一座通向唐古寺的木桥。

过了桥之后麦田不见了,取而代之的是一个肥沃的牧场。相比较来说,这里动物的种类较少。灌木丛中最常见的野兽是麝,在开阔草地上常可见到旱獭,还有兔子、峭壁鼠兔等,主要是较小的啮齿目动物。至于鸟类,除了西藏常见的猛禽之外,当时在巴曲峡谷只能见到从河面掠过捕食小鱼的长尾燕鸥,在卵石上忙碌地跑来跑去的嘴鹬,白色和黄色的鹡鸰,鹨,岩鹨,红尾鸲,以及经常在峡谷中不知疲倦地飞着的燕子和雨燕。

在当曲河峡谷过夜后,第二天考察队走进一片宽阔的盆地,盆地南面与主峰覆盖着白雪的巨大山脉相连,这个山脉是扬子江和澜沧江的分界线。这个盆地有着肥沃的牧场和丰富的泉水,因而到处都能看到游牧藏人的营地,距离营地远些的地方可以看到羚羊群。

在山边,我们又看到了寺庙,叫作本钦寺,这里正在讲解教义,主要是噶举派,有300僧侣、2名葛根主持。这座寺庙从外面看非常漂亮,

---

[1]扬子江,直译的意思是"海之子"。

尤其是主殿,主体漆成砖红色,带有金顶,在阳光下闪闪发光。山坡上是喇嘛的隐居地。远远望去,山庙一体,宛如一幅美丽的画。喇嘛隐居地是禁欲者念经的地方,一般建在寺院的旁边,为年老的喇嘛自愿隐居提供场所,有些是普通的洞穴,有些仅仅只是一个可出入的孔洞,或者是盖成一座普通的小房子,还有的看上去就像是一个凉台。一些隐居地随着时间推移会发展成一座寺院。在隐居地生活是隐居僧侣的一种命运,就像俄国的修道士一样。与唐古寺一样,当地人都认为是寺院在庇护着这两个旗。

看到我们在泉水边搭建野营地,喇嘛们立刻关闭了寺院和住所的大门,一部分人隐藏了起来,一部分人分成小组警戒,随时准备在我们进行参观时保护寺院。

寺院旁有一条小河,我们在河中抓到了条鳅和裂腹鱼,而在长满灌木丛的小丘上,我们找到了新鲜的大伯劳和杜鹃等禽类标本。

10.2 俄国地理协会山

8月23日早晨,我们没有惊扰寺院里那些胆小的喇嘛们,悄悄出发了。考察队穿过盆地向分水岭行进,沿着分水岭北坡的贡诺峡谷,经两次穿越到达了山岭。古拉山口就位于我们行进的路上,海拔为15700俄尺(4785米)。从此向南就是澜沧江流域,这条大江一直流向太平洋。山口向西高耸着盖克甘里山,山顶是独特的圆锥形,覆盖着白雪。这座被当地人视为保护神的山海拔高度达到18000俄尺(5500米)。稍低的地方是常年积雪的边界线,与远处西边的山峰相接,如多里昆戈山。上下山口都非常方便,我们两次将宿营地安置在盖克甘里山上,从南方和北方欣赏它的美景。从各个方向看它都像是一个直冲云霄的雄伟的锥形体。

这段山脉是我们在西藏东部所看到的最长的山脉之一,藏族没有给它命名,在这里只有个别独立的高峰有名字。

由于第一个进入澜沧江流域并在此考察了半年时间的是俄国人,

·欧·亚·历·史·文·化·文·库·

再加上俄国地理协会的信任和大力支持,我将这段山脉命名为"俄国地理协会山",这样可以公正地提醒每一位欧洲人记住俄国人所做的贡献。

通过考察,俄国地理协会山脉在这个西面交叉点的地质结构是这样的:北坡由蓝灰色石英页岩组成,顶峰由含有微小有机杂质的浅灰色紧密石灰岩组成,南坡附近的河谷由粉绿色黑云母和角质闪锌矿的花岗岩组成,主山脉的山峰由灰云母片麻岩组成。在分水岭南坡的下一个岔路口到结曲,我们不断地发现了各种石灰岩、砂岩和灰色或者灰黑色的黏土页岩。

我们进山的时间是 8 月 23 日,下午 1 点钟,在小河戈曲附近休整时发生了地震,从东南方向传来了轰轰声和撞击声。

从山上流下的许多大大小小的河流,将山脉冲刷成许多美丽的峡谷群,经常能够看到梯形急流和瀑布,尤其是在北坡,在莫托山附近,水流到处奔走,下落有急有缓。在这个美丽的令人神往的地方,除了震耳欲聋的湍急水流声、瀑布水流下落声和哗哗流水声以外,其他什么也听不到。

这个分水岭像巨浪一样由东南向西北绵延 700 公里,地形从陡峭的山峰到山麓和山坡,然后是游牧人和他们的畜群以及牦牛生活的辽阔平地。

在半山腰和山脚下,除了前一章提到过的灌木以外,还长着很多杜鹃花,在树丛中还有棕榈大黄,几个品种的石蕊属、乌头属和草本植物,在山峡的贡诺曲中有芦苇和四五种龙胆属植物,漂亮之极,有蓝色的、浅蓝色的、白色的、雪青色的和淡黄色的。

哺乳动物有马鹿、香獐子、狼、狐狸、兔子、旱獭和小型啮齿目动物,其他动物我们没有见到。至于鸟类,则非常少见,因为候鸟和筑巢孵卵的鸟已经开始向南方飞去了,而留鸟很少。尽管如此,在澜沧江流域的起始地区、俄国地理协会山脉的南部山麓,我们仍抓到了新品种的黄鹂。

进入澜沧江河流域,首先迎接我们的是布丘旗居民热情的款待,我们在这里停留了一天。当地居民很乐意卖给我们羊肉和黄油,借此机会我们补充了一个月的食品储备。游牧的藏民看起来都比较脏,他们的头发乱蓬蓬的,看起来像是不开化的样子。有一次,他们坐在我们的营地,突然听到了我们的护送队唱俄国歌曲,他们立即要求让他们回家,好像是被可怕的俄国歌曲吓坏了,头发都竖了起来。翻译努力地向他们解释,俄国民歌中没有任何凶恶的意思。"不,这不是歌。"当地人坚持自己的立场,他们强调:"这会招来盖克甘里山的神灵的,尤其是做坏事的恶神,你们唱歌的时候从远方传来了呼啸的声音!"

在这里顺便说一下,这些当地人在现在,也包括在过去的旅行中,都曾非常天真地问我们,箱子里藏的是什么东西。"是真的吗?"他们问,"箱子里的鸡蛋中真的藏着士兵,他们在必要的情况下会从里面爬出来打仗?"后来在那木曲河,在考察队与藏族人发生武装冲突后的第二天,我们遇到的大喇嘛也对此深信不疑。除此之外,他还相信,在箱子中还藏着我们的妻子们,晚上她们会被放出来回到丈夫们身边,而白天则又被藏到箱子里。顺便提一下,最后三天护送我们的两个向导——藏族青年和藏族女子,帮了我们很大的忙,使我们得以穿越分水岭的主峰。

接下来几天考察队继续向西南方向行进,穿过山路和大大小小的河流,这些河流飞快地向东南奔去,消失在群山之中。分水岭的第二高峰和海拔 4780 米的拉尼拉山口以南是开阔地带,距离山口 60 俄里的地方是绵延的峭壁,白雪覆盖的达布吉和白吉峰高高突起。当地藏族人说,澜沧江上游的扎曲直接从山后流过。在拉尼拉山口附近的盆地里是肥沃的牧场,牧场中到处可见游牧藏人的临时宿营地以及放养的羊群和牦牛群。

10.3　结曲及当地的寺庙

穿过第三个较低的卓宁拉草地山口,我们的队伍来到水量充沛的结曲,沿着其左面的一条支流——乔克曲河行进。在这里我们高兴地看到了杉树林和茂密的灌木丛,我们搜集的鸟类标本也得到了极大的扩充,其中不仅有我们认识的品种,也包括以前从未见过的鸟类。白色长耳雉、*Janthocincla maxima*、喜马拉雅山交喙鸟、蜡嘴雀、山雀、柳莺、灰尾鸫(*Janthia cyanura*)、鹟科禽类、旋木雀和许多其他种类的鸟成了我们的标本制作员的搜集品。除了打猎以外,在这个鸟的世界中我感到非常快乐,一会儿轻声哼着歌曲,一会儿装扮一下我们停留的营地。考察队营地最漂亮的一个地方是乔克曲上由峭壁构成的大门,位于乔克曲流入结曲河口不远处,低垂的峭壁、茂密的森林、湍急的流水声使这个荒凉的峡谷美丽如画。

我们现在站在结曲左岸,这条河向东南方向流去,在据此 80 俄里处,汇入澜沧江上游。结曲河水呈清澈透明的浅蓝色或者浅绿色,宽度有 25 ~ 30 俄丈(50 ~ 60 米),在秋季河水深度有 10 ~ 15 俄尺(3 ~ 4.5 米)。水流很急,波涛汹涌,激起很多浪花。涉水过河只能在晚秋的时候,在多尔切热林克附近,那里位于宽阔的盆地,沙石河道有 40 俄丈(80 米)宽,深度也不超过 4 俄尺(1.2 米)。在河水较高时,要通过建在 20 俄里外克加尔金寺的木桥过河。

在博龙戈山停留的时间不知不觉就过去了,一整天我们都在考察被湍急水流冲刷的岩层,在靠近峭壁的河岸树林中我们抓到了一只非常漂亮的新品种小鸟——鹛(*Timeliidae-Janthjcincla kozlowi*)。

这种被藏族称作"鸠塞"的褐色小鸟,像乌鸫鸟一样大小,长着长长的、宽宽的尾巴,行动敏捷。这种鸟从不离开灌木丛,它们栖身在河流的峡口,不怕人,从不躲避在这里共同生活的当地居民。它们在黎明时分就开始活跃起来,在灌木丛中尖叫,然后是大声地啾啾叫,就像是小伯劳鸟的叫声,有时也像鸫的叫声。随后它们悄悄落到灌木丛的根部来回跳跃,并没有发现有人在观察它们。总体来说,这种鸟是非常警觉的,一旦发现危险就立刻躲进丛林的深处,静静地、一动不动地待在那里,很久不出来。过一段时间,在确信没有危险之后,它会飞出来待在树枝上,或者待在树丛下的草地上。抓到它很不容易,除了耐心外还需具备猎人的观察能力。

冬天的早晨，我常在当地人的院落里观察这种鸟，它和麻雀、岩鹨一起在麦草中跳来跳去。

这种鸟飞得又低又平，一般持续时间都不太长，距离也较短，从河岸这边到那边，或者是穿过林间的空地，然后又落到灌木丛中。

除了这种鸟之外，这里还有很多其他鸟类，大大丰富了我们的标本收藏。营地附近的藏族人在收割大麦，他们将大麦捆成一束一束晒干，就像我们俄国人做的那样。大麦烘干后，他们就运到房子里。

9月7日早晨，山顶上曙光初现，而峡谷中还是寒冷的阴影，我们离开寺院，继续沿河而上。走了大概5俄里，考察队来到结曲的第一条支流——尤曲。沿着这条清澈透明的小河我们来到苏尔曼旗主要的寺院苏曼纳那姆吉扎巴寺，寺里的住持同时也管理着整个旗。

宽敞气派的寺院坐落在独具高原草场特点的开阔的河谷斜坡上，寺院的主庙规模是我在西藏东部所见到的庙宇中最大的，其中有一座建筑类似欧洲建筑的四层楼，用作喇嘛宿舍，这使我们感到惊讶。离主庙稍远的高地上，是一间间隐居者修行的小室。这座古老的寺院不仅容纳自己的喇嘛，也接纳其他噶举派信徒，喇嘛的总人数接近500人，由白胡葛根统一管理。

10.4　澜沧江上游

穿过阿姆呐多特圣山，告别了向西南方向转向的尤曲，我们沿着其右侧的一条支流莫克曲继续前行，最后，我们在一座小房子中过了夜，这里看上去像是这条小河的源头。在这里，半山腰上生长着许多已经枯萎了的萝卜，我们挑了一些当作配菜与羊肉一起吃，还有一些就直接生吃了。

这个夜晚留给我们最深刻的记忆是：我们在斜坡上松软的土壤里抓到了新品种的原仓鼠。[1]

---

〔1〕K. A. Satunin. Neue Nagetiere aus Centralasien. Оттиск из Ежегодника Зоологического музея Академии наук(《科学院动物博物馆年鉴》). т. Ⅶ, 1902. стр. 28 – 29.

　　穿过宽谷的长形沙丘，队伍到了多宗河较深的河谷，继续沿此向上，到达了陡峭山脉的北部，这里的兰努拉山口海拔高度为14940俄尺（4450米），从这里可以远远看到坐落在俄国地理协会山脉北部的多里昆克的美景。南方的景色被一些平行的山脉遮挡住了，山前是已显现出深秋景色的草原高地，尽管白天太阳高照，这里夜晚的最低温度仍低到 -8.6℃。

　　道路两旁的峭壁无规则地重叠着，非常漂亮，有时从远处传来藏族人响亮的呼喊声。而在草地上到处都是苹红尾毒蛾、高原山雀、松鸡等，很少见到鸢和鹰。据向导讲，山里有熊和狼，还有西藏狐和兔子，反刍动物有角鹿、香獐子和岩羊。

　　这个陡峭山脉的南部山脉与前面提到的一样高耸，这里的门屯拉，山口的海拔达到15160俄尺（4620米）。向南20～30俄里的地方，沿着澜沧江上游又出现了高山，扎曲就像一条银色的蛇一样，在宽阔的河道中蜿蜒爬行。从北方登上山口非常方便，地势平缓，但向南部逐渐下行时，要走过陡峭的斜坡和深沟，道路艰险难行，还有许多石头。

　　总体来说，山南部与山北属同一个山脉，在东南部与结曲和扎曲的汇合处相邻，反方向绵延很长。当地人给南部和主山脉的几个顶峰起了名字：格吉、朗努和达布吉。

　　陡峭的山脉由含少量灰绿色砂岩的石灰岩[1]组成。山脊全部由灰色的石灰岩组成，形状很有规律，就像是带有很大缺口的垂直的墙，大概是周期性的大风和暴雨侵蚀而形成的。

　　顺便提一下，这个陡峭的山脉是清朝南北藏人的分界线。

　　垂直向下1公里，我们来到了扎曲温暖的河谷，这里的水流相当缓慢，分成许多支流。向下走了大约2公里后，考察队接近了山口，到了加尔图图卡天然分界线。

---

　　[1]在北面山麓，沿结曲右岸有暗红色含铁黏土质石灰岩，非常坚硬；沿尤曲是黑灰色平滑的石灰岩，含有微小的杂质。北部山脉的山脊是带有白色方解石洞的灰色石灰岩，像海百合的节片；南面山脊是白褐色结晶质石灰岩，含有微小颗粒杂质；山脊之间、山的顶部地带有风化了的多孔角砾岩质石灰岩；最后，在达布吉峰的东部地区，是亮褐色带孔的平滑的石灰岩。

10.5 与囊谦汗的顾问会面

在澜沧江渡口,囊谦汗的一名叫舍拉布丘贝的谋士正在等候我们,他向我们转达了囊谦汗的问候,并取走了我们在北京和西宁的证件,以便在汉军营地短暂停留时出示,这个营地隐蔽在巴曲河河谷。

我们与南部藏族建立了良好的关系,当然,舍拉布丘贝在其中发挥了重要的作用,在考察队向拉萨的领地行进途中他一直陪伴左右。

舍拉布丘贝是汗的四个主要谋士之一,是一个非常有趣的人。他继承父亲贝胡的权力,管理整个旗,同时也拥有了大量的遗产和个人财产,这使得这个年轻的首领处于显赫的位置,也使他可以最大限度地展示自己的能力。在内心深处,舍拉布丘贝希望成为一个伟大的战士,他不仅不制止其下属的抢劫行为,有时也亲自参与。现实就是这么不幸,他很快就被免职,最后被关进了监狱⋯⋯后来还是囊谦汗联合中央西藏几个旗发动的战争帮了他的忙,使他能够东山再起。在战争中,他和另外两个被罢黜的人主动请缨,向总指挥保证带领几支队伍就可以取得其他人长时间没有取得的胜利。事实证明,他非常出色,在战争中取得了一个又一个胜利,很快收回了被其他旗所占的土地,恢复了汗过去的威望。高兴的汗豁免了他所有的罪过,于是他逐渐晋升到高级谋士的官位,但在这之前,他必须发誓不再抢劫同旗的居民。

澜沧江上游,沿着山脉和山谷的伸展方向,河水翻滚着蓝色的浪向东南方向奔流。据藏族人讲,这条河流起源于水量充沛的泉水,起初沿着寒冷的中央西藏高原向东流,然后逐渐转向南方,江水在紧密相连的山脉间奔走,形成了很多峡谷和急流,河水沿着这些山谷急速地落下,击打在岸边的岩石上,发出震耳欲聋的声响,激起五光十色的飞沫。侧面的小河以及许多溪流都是快速奔走的急流,汇流到一起,给澜沧江水增添了许多野性。在河流的开阔地中隐藏着藏族人的村落,村旁的峭壁长满了杜鹃花、野杏树、白色和红色的花楸果。由粗壮的云杉、落叶松和杜松组成的黑色的树林位于河的一侧,而白桦树林则在另一侧。在河谷的底部,靠近河岸的地方,生长着茂密的灌木丛,有柳树、金银花、伏牛花、山楂树,还有浆果类灌木,如醋栗、黑豆、悬钩子和许多种高高低低的草。在树林和灌木丛的上方地带,是高山草地,开满了五颜六色的花,那里放牧着许多牲畜,野生动物无拘无束地在那里生活,更不要说鸟类了,绝大多数情况下它们既不怕牲畜也不怕当地人。

加尔图图卡天然分界线在澜沧江上游,位于由宽阔的草地河谷向多石的林地峡谷转折的地方。扎曲在这个地方的宽度达到 40～50 俄丈(80～100 米),或者更宽,主河道及其支流的河道底部布满了砾石。沿岸的阶地已被人们开垦成了耕地,但是面积不大,因为这里的海拔高度已经达到了 12000 俄尺(3700 米)。沿着扎曲河谷向上走大约 15 天行程,就到了山边,这里生活着游牧牧民,是囊谦的西部边界。在东部,巴曲河口将囊谦与昌都[1]分开;而在南部,纳木曲或者孜曲河河谷是囊谦与西藏噶厦政府辖区的分界线。

顺便提一下,考察队在这里收集到了新品种裂腹鱼和鲤鱼标本——*Schizathorax kozlowi*、*Ptychoborbus kaznakowi*,我们知道的品种收集到了 *Nemachilus thermalis*、*Schizopygopsis guntheri* 和 *Gymnacypris eckloni*。

由于我们的营地安置在路口,所以我们有机会经常看到来往的藏族人。

有一次一个由各类人组成的群体引起了我们的注意,其中有一个乞讨的喇嘛,他与其他喇嘛最大的区别是,在后背绑着一只碗,手里随时握着一根拐杖。到这里来的还有锤工和漆画匠。

9 月 19 日,考察队离开澜沧江,渐渐深入山北坡的山冈。山冈的顶端有很多黏土砌的小房子,附近流淌着弯弯曲曲的小河和泉水。河谷中有成群的牦牛,远处还放牧着羊群。这一切都说明囊谦的居民过着富裕、安详的生活。

---

〔1〕昌都,旧名察木多(Чамдо),在西藏自治区东部,清末一度置昌都县。译者注。

10.6　伍德威尔·罗克希尔山脉

　　离开澜沧江的第三天,在快要走出杜鲁村的时候,我们离开了东侧的大路,这条路上有塞瓦寺和以盐矿著名的比扎村。我们的队伍继续向南行进,前方的山脉分成南北两部分,藏族人认为北面的山脉是主要山脉,但其高度却不如南部山脉,南部山脉的拉德布山口海拔高度为14550俄尺(4440米)。山脉的北坡相当平缓,有大约25俄里宽,其正对面是极其陡峭的斜坡,约有5俄里长,直通到风景如画的巴曲深谷。我停下脚步欣赏这个美丽的峡谷,久久不愿离开,雄伟的峭壁、茂密的杉树与杜松林、巨大的悬崖、蜿蜒曲折的河流以及峭壁上的针叶灌木丛,这一切和谐地组合在一起,构成了一幅绝美的画卷。

　　我们开始沿着柔软的高原草地下山,走进了杜松林,这里的斜坡只能缓慢通过,在这些地方我们只能牵着马步行。

　　山脉的东部边缘与昌都相连,那里的扎吉峰终年覆盖着冰雪,一直延伸到远方的西藏高原,考察队在山脉的南部山麓停下来进行休整。山脉的北面是澜沧江上游,南面是澜沧江的右侧支流纳姆曲以及汇入其中的巴曲河。对这个山脉我们进行了系统的考察,不算第三次在南面斜坡的那一次穿越,我们在这个山脉中共穿越过两次。

　　像这样的山脉在东西藏有很多,尽管它的长度达到400俄里(超过420公里),可是它在当地人中也没有统一的名字。我给它起的名字是威廉·伍德威尔·罗克希尔(Вильям Вудвиль Рокхиль,William Woodville Rockhill),希望谨以此向我的书中不止一次提到的游行家、曾经到过卡姆(音 Kam)的我的前辈们致敬,他们在研究西藏东北部的地理方面做了大量的工作,为卡姆民族学研究提供了第一手资料。比如,1991年出版的《喇嘛的土地》(*The land of the Lamas*)和1894年出版的《蒙古和西藏穿行记》(*Diary of Journey through Mongolia and Tibet*)。

　　在我们第一次经过威廉·伍德威尔·罗克希尔山脉的地方,地质成分主要由密实的石灰岩组成(灰褐色或者黏土质灰绿色),除此之外在北面山坡的山冈地区还有泥灰岩(红褐色砂质或者亮灰色多孔的);在这个山脉的东面路口,也就是山脊上,我们还发现了从莫拉滚下来的大大小小的粗面岩(含有黄铁矿和赭石成分灰白色的);在山脊下约200俄尺(约60米)的北面山坡上矗立着有裂缝的独立岩石,是由许多大块的斜长石和透长石以及小块的黑云母组成的褐色黑云母质泥灰岩;在南坡的山腰部分,巴马鲁天然分界线附近,我们发现了石灰质、多孔红褐色的凝灰岩,一眼小泉从它上面流过。

图 10-1　罗克希尔山南坡的一道峡谷

在威廉·伍德威尔·罗克希尔山脉东西交叉点之间,沿着这条山脉的南面斜坡,在巴曲和察季马峡谷中,主要的地质结构仍然是石灰岩,以灰褐色石灰岩为主,辅以带有不明显微小杂质的灰色、密质结构和黏土质石灰岩。在察季马峡谷,这种石灰岩的夹层中还有褐色的、黏土质和薄层的泥灰岩。藏族人耕作的梯田的土壤,与下面的峡谷一样,是红褐色的或者略带红色的黄色石灰岩地质结构,在纳姆曲峡谷的出口处,沿着河岸,也有很多种此类的岩石。

10.7　考察队在风景如画的巴曲峡谷野营

巴曲清澈透明的河水沿着铺满砾石的河道快速地流淌,有些地方只有 4 ~ 6 米宽,有些地方可以达到 30 米宽,全长大约为 100 公里。河流在向左流入纳姆曲前改变了流向,由东南方急剧转向南方。这条河在雅尔秋地段可以涉水通过,秋天时河水深度大约为半米,当然,在夏天时水位要上涨很多。

在巴曲隘口两侧是黑暗的峡谷,而在东侧是高大的岩石,河水激烈地冲击着岸边的岩石,激起层层浪花,在太阳光的照射下形成了美丽的彩虹。巴曲的激流处发出巨大的声响,人站在很远的地方说话都听不清楚。此处的梯形急流与悬挂在峭壁上的灌木丛相映成趣,这是我在旅行中所遇到的最美的景色。

10.8　考察鸟类

我长久地在急流附近逗留,在它单调的巨大轰鸣声中观察当地鸟类的生活。当太阳光刚刚从峡谷陡峭的岩石和针叶林的树梢上照射下来,鸟儿们就睡醒了,离开了它们的窝。兀鹰、秃鹫、胡秃鹫、金雕在山顶高处翱翔;老鹰和大乌鸦不耐烦地在我们的宿营地上方盘旋;喜鹊和乌鸦要安静得多,站在树枝上等待猎获食物;鹞鹰在杉树顶上滑翔,不时地担心有没有隼、鸢、寒鸦、红嘴山鸦飞过;在山谷中上下起伏飞行的还有绿色的啄木鸟,它们飞一会儿后就落在树干上,在河对岸用力啄着高高的树干的是红头啄木鸟;离我三三步远的树干上有一只旋木雀;在灌木丛的茂密处有 *Janthocincla ellioti*、*Janthocincla maxima*、褐色的灌木丛鸟和鸫来回飞行,在枝头跳跃;在灌木丛附近经常能够看到被惊起的花尾榛鸡;较高处的针叶树枝上还可以见到各种山雀,其中有冠毛的有 *Parus ruionuchalis Btawani*、*Parus dichrous dichroids*,小巧可爱的有 *Ltptopoecile sophiae*、凤头雀莺、*Poecile songara*、几种柳莺和红顶戴菊莺;有时喜马拉雅交喙鸟和鸽子会成群地从山谷的这一侧飞到另一侧;在岩石和树上到处都能看到摇摆着尾巴的红尾鸲、*Chaemar-rhornis leucocephala*、白喉红尾鸲、赭红尾鸲,很少能见到红胁蓝尾鸲;在杜松树枝密处躲着蜡嘴雀和漂亮的玫瑰色燕雀;鸧鹒鸟的窝安在岸边附近；在河中的石头上可以看到河乌，它们经常跳到水中。

　　快中午的时候，鸟儿们逐渐安静下来，它们喝够了水之后，躲到了灌木丛中或者峭壁上。我们也该回到营地了，沿着熟悉的小路，我们时走时停，不时地用望远镜看一下近处的悬崖。忽然下起了大雨，美丽的绿色 Ithaginis Geoffroyi 鸟在河边喝水，它们轻柔尖细的欢叫声从小丘陵附近传来；近处鸟儿们的叫声一旦安静下来，就可以听到草场后面其他鸟儿的叫声，那里还有更多的鸟。Ithaginis Geoffroyi 鸟的叫声婉转动听，它的羽毛也极为漂亮，令人赏心悦目，我非常喜欢看它们，只有真正的鸟类和大自然爱好者才能理解我的心情……

　　隔一会儿我就会观察一下山腰的中上部，那里经常有大耳朵野鸡和被称作"昆德克"或者"库流"（Tetraophasis szechenyi）的鸟出没。这里野鸡的生活方式和叫声非常像蓝马鸡，它们成群地生活在峡谷中，那里有丰富的植物。一整天中，尤其是早晨和晚上，经常能听到它们断断续续的"沙格尔、沙格尔、沙格尔"的叫声，藏族人根据这种鸟的叫声，把它们叫作"沙格尔"。这种大耳朵野鸡有着与众不同的白色羽毛，这使它们很容易被发现，并经常遭受猛禽的攻击，但是"沙格尔"在喀木很常见，因为一般情况下，藏族人是不猎杀"沙格尔"的。沿着卡姆耕种区树林密布的陡峭峡谷行进时，我们几乎每天都能看到这种鸟群，它们对人类的警惕性也不高。从近处观察"沙格尔"，它们的样子很像家禽中美丽的白色公鸡。雌性大耳朵野鸡与雄性最主要的区别是体形较小，脚上没有距。

　　在长满杜鹃花和杜松的山顶地带经常能见到"库流鸟"，但它们主要还是生活在半山腰地带。它们喜欢在针叶杉树林中活动，每天早晚，它们会成双成对或者成群地在地上跳来跳去。夜晚的时候它们会飞到树木的枝叶茂密处藏起来。早春2月，雄性鸟开始追逐雌性鸟，它们张开翅膀俯在地上，摇动扇子一样的尾巴，同时发出独特的叫声，开始的时候它们"克鲁克、克鲁克"地叫着，然后突然大叫一声跳起来，在250米之外都能听得到，叫声也变为清晰的"库流、库流"。这种鸟的肉白嫩可口，味道不比花尾榛鸡差。

巴曲峡谷鸟类品种繁多,我们在这里收获颇丰,收集到了很多标本,另外我们还收集到一些野兽标本。当地的森林中和悬崖上有时能见到猕猴(*Macacus lasiotis*)、黑豹、猞猁、西藏熊、狼、狐狸、艾虎、旱獭、鼠兔、獾、鹿和麝。

我们收集的植物标本主要是种子,有从草里采集的,更多的是从灌木丛中采集的。

10.9　巴曲南部地域

嘎贡巴寺,也被称作格吉寺,在巴曲河的西南方,位于孜曲盆地右岸的高地上,与我们的主营地之间隔着一条山岭,这条山岭就是孜曲与巴曲的分界线。这座寺院信奉格鲁教,有约 200 名喇嘛、2 名活佛。

图 10 - 2　嘎贡巴寺

从寺院到河边有一条很陡的小路,通向一座悬挂铁桥,这座坚固的铁桥横跨吉曲较为狭窄的地方,有 60 米长。桥两端的岸边悬崖耸立,尤其是右岸,地势更高。据藏族人讲,这座桥历史久远,属于嘎贡巴

·欧·亚·历·史·文·化·文·库·

寺。晚上这座桥禁止通行,这扇通向拉萨地界的大门紧锁着,必要的时候还有卫兵守护。据说,类似这样的岗哨在与噶厦辖区的界河上还有三到四个。

澜沧江南部支流孜曲的特点,总体来说,与其他临近的河流类似,只是在上游地带河流较为开阔,然后随着河流向东逐渐流入到峡谷,河床会变得狭窄,只有在个别的地方会看到宽宽的河床。这条水流湍急、水量充沛的河的源头似乎位于遥远的西藏高原上。

嘎贡巴寺附近的孜曲盆地前方 4 俄里的地方,是悬崖耸立的峡谷,悬崖上长着杉树林、灌木丛,覆盖着干枯的草。离这里最近的村落海拔高度为 12190 俄尺(3720 米),就像我们以前见到的一样。这里的村民种植大麦,也有很小的菜园,里面种的是芜菁。

一条向西南方向延伸的高高矗立的山脉分开了巴曲和孜曲。A. H. 卡兹纳科夫曾从东部边界横穿过这条山脉。这条山脉两面的山坡上处处可见游牧的藏人,由于这里有着丰富的牧场和适宜的气候,这里的人过着富足的生活。穿过牧场和东部的山脉,是人迹罕至的森林。这条山脉从南方环绕着囊谦赞普的营地,当地人没有给它命名,我把它叫作"囊谦山"。

囊谦山脉在其主轴方向的地质结构为含有纺缍石和海百合石成分的石灰岩,而在北方支脉的山顶,地质结构是澜沧江流域山脉所典型的含有方解石和有孔虫纹理的石灰岩,在支脉的山脊附近,除上述特点的石灰岩外,还有青灰色坚硬的或灰色的含赭石沉积物的黏土质砂岩,从山坡一直向南大多是含黏土石灰质页岩的地质结构;在山脉的南面山麓,沿着峡谷的河道和河岸,在曲尼温泉附近(这里的水温在12 月份下午 1 点钟能达到 28.5℃),我们发现了红褐色多孔的石灰岩质凝灰岩,在其孔眼中还生活着陆地上的软体动物。

A. H. 卡兹纳科夫曾沿同一条道路四次穿越囊谦山脉,其中有两次到过嘎贡巴寺。

囊谦山脉主要山口桑胡拉的顶部海拔有 15470 俄尺(4720 米),从这里可以看到南方下一个山脉,这条山脉从南边围绕着孜曲盆地,像一堵灰黑色、高耸的墙一样,构成了拉萨行政区划正式的起点。就是从这里,我们考察队向东踏上了通向昌都的漫长而又单调的路程。在这里的山脉的中部和南面的半山腰上,都长满了茂密的针叶林,而山脚部分则是宽阔的依次下降的阶地。这条山脉也成了我们在喀木考察的终点,我建议称之为"至高无上的信仰者"——达赖喇嘛山。

从嘎贡巴寺返回时,我们沿着囊谦山脉南面的山坡行进,我的一个同事在山坡上的杜松林中看到了成群的猴子,数目在 20 只左右。这些聪明伶俐惹人喜爱的动物正无忧无虑地沐浴着阳光,一点也不害怕附近的藏族人。在我们这群过路人惊奇的目光中,一只猴子在树枝上灵活地跃来跃去,其他的猴子灵巧地攀在岩石上,它们聚集在凸起的石头上安静地观察着周围的环境或者翻着跟头玩耍。由于猴子的好动天性,它们经常变换自己的位置,因此也就特别引人注目。最有意思的是它们待在树上互相打闹的时候:有一只猴子快速地攀上杜松的顶端,准备观察四周的情况,另外一只猴子迅速追了上来,使劲地摇晃树枝;在悬崖上面,猴子们有时候互相打对方的脸,有时候又向对方表现出关怀和爱抚。这里的猴子们非常自由,无忧无虑,根本不担心人类在注视着它们。

我要详细地讲一讲这里的猕猴。

藏族人把猴子叫作"阿格",它们在澜沧江河上游流域很常见,尤其是在昌都地区,特别是河谷和峡河谷区,那里有很多的悬崖峭壁和树林。

猴子们成百只地聚集在一起。它们到达熟悉的区域后,会多多少少地在那里停留一段时间,然后消失在附近峡谷的峭壁中。猴群在遇到河的时候,它们会游水过去,而小猴子则由其父母背过河。

夏天的时候猴子会寻找更加凉快的地方,到山顶树林边去;而冬天则相反,它们会选择悬崖上能晒到太阳的地方。猴子们在悬崖的凹处或洞穴中过夜,天气好的时候,它们也爬到悬崖上露天过夜。有时它们会跳到杜松树枝上寻找种子吃。猴子们除了喜欢吃委陵菜(*Potentilla anserina*)以外,在夏天有时候也到芜菁地里,毫不客气地将芜菁拔掉。

藏族人认为猴子像人类,因此不猎杀它们,认为这是罪过,所以猴子们丝毫不害怕藏族人。我不止一次地看到,冬天成群的猴子在藏族居所附近的耕地或者草地上寻找食物,有时还吃他们的干草,藏族人与猴子们各走各的路,互不干扰。有时候孩子们试图将猴群赶走,尤其是它们在芜菁地里的时候,而猴子们奋起反抗,它们将孩子们推倒在地,并用前腿使劲地打他们。另外,猴子们只要看到我们队伍中的人,就立即警惕地躲到悬崖上或树林中。猴群的首领一般由成年的雄性猴子担任。

猴子们没有固定的发情期,因此小猴子在一年中的各个季节都可能出生。母猴慈爱地将幼崽放在事先铺好软草的小坑中,并用树枝做了伪装,三天左右时间,猴群就在附近安顿下来。然后猴子妈妈就抱起孩子,确切地说是夹在腋窝下面,自己用三条腿走路。在休息或者嬉戏的时候,它会把孩子放在自己身边。两周以后,幼崽就可以抓着母猴柔软的长毛,牢固地伏在父母亲的背上,这样它们活动就更加自由。每当背着小猴子的猴群在山脊上鱼贯前行的时候,就像是一支驮运行李的马队,构成一幅非常有意思的画面。我的一位年轻的后贝加尔同伴对那些骑在成年猴子身上的小猴子做了一个形象的比喻,他说:"小猴子是绑在大猴子身上的。"他叫马达耶夫,是一名标本收集者,在我们试图抓猴子的时候,他是第一个退却的人,因为猴子在我们的上面,并且向我们抛掷石块,它们在悬崖峭壁上奔跑非常迅速,还不时地发出尖叫声。

猴子们之间经常发生斗争,有时候可能就是因为一点点小事。它们之间也会表现出友谊和关照,尤其是它们互相抓虱子的时候,而转眼就可能打对方的耳光,痛得大声地尖叫。

藏族人有时也会抓住小猴子,把它拴在自己的房屋旁逗着玩。这些小猴子会很快适应人类以及它们的新生活。当地藏族人认为,要想驯化好猴子就必须砍掉它们的尾巴,因此,他们经常残忍地切断驯养猴子的尾巴,使它们看起来更加像人类。为了减轻罪恶感,人们经常拴着猴子,把它们带到附近的树林中或者悬崖上待一两个小时。拴这种动物要讲究一些技巧,因为它们随时都可能解开绳索,甚至是一些相当复杂的绳扣。猴子们无论在树上,还是在悬崖上,都非常敏捷,行动迅速、灵活,动作优美。

巴曲峡谷的海拔达 3980 米,10 月份,这里气温骤降,天空布满了厚厚的云层,经常会有雨夹雪天气,山顶上已经覆盖了积雪。冬天马上就要到了。

10.10　前往昌都地区

此时,西藏囊谦汗发给我们的通行证已到期了,我们被禁止进入噶厦政府辖区,从拉萨下达了严格的命令,任何欧洲人都不得到达达赖喇嘛的领地,对不遵守这项命令的哨所长官要处以死刑。

我决定去昌都,指望在那里与汉人讨论是否有机会继续向南走,我想弄清楚,藏族人是否有权力阻止我们沿卡姆行进,总理衙门发放给我们的通行证在中国官员的施压下是否能对昌都西藏当局起到应有的作用。

从与巴曲河和孜曲河相邻的伍德威尔·罗克希尔山平坦的山脊上,我们看到了东北处熟悉的盖克甘里山的圆锥尖顶和俄国地理协会山山脊上的白色积雪,在阳光下闪着光。伍德威尔·罗克希尔山尖尖的山脊,就像扑克牌中的黑桃 A,我们现在就在这个山上。在我们的旁边,羚羊优美地跳跃着,卡姆云雀是高山地区的典型鸟类,它们常常小群聚集在一起,发出同样的叫声。

考察队开始从山脊慢慢下到了美丽的察季姆峡谷,这里有着大量的植被和动物,沿着察季姆河的行进变得困难起来,因为它的一岸是高大的冷杉和落叶松树林,而另一边,是又高又窄陡峭的悬崖。在布满石头的河床上流淌着清澈冰冷的小溪,河床很宽。在这样的峡谷中,太阳光照时间非常短,有一些地方长年见不到阳光,潮湿阴冷,就像很多寺庙一样。幸运的是,在峡谷中我们没有遇到过当地藏人,否则我不知道该如何摆脱困境。如果遇到当地的骑兵侦察队,那将是最大的不幸,他们会对任何一个穿越这个峡谷的行人进行攻击,猛烈密集的箭就像是一股无法阻挡的水流,在短短的几分钟内就可以摧毁它所遇到的一切。

10.11　纳姆曲盆地

主峡谷通道后面是窄一些的峡谷通道,有时候它就像一座大石门,两侧许多陡峭的石壁,草地山坡交相辉映。在我们绕过察季姆河和巴曲交汇点,到达由巴曲、孜曲和纳姆曲狭长河滩组成的半岛前,道路,或者准确地说,山间小道,经常要在河流两岸来回穿梭,有时还会隐藏在树林的茂密处。走到泽多西地界之后,我们才稍稍松了一口气,这里的视野开阔多了。澜沧江的南面支流从西北向东南方向流过,河水呈烟灰色,激流冲击着石岸,溅起巨浪,泡沫飞扬。蓝绿色的巴曲从北方急流而下,更加剧烈地冲击着岩石。从岸边一直到山顶上都生长着茂密的树木和灌木丛,只有个别地点由于火灾而变得面目疮痍。纳姆曲有 20 ~ 30 俄丈（40 ~ 60 米）宽,深 15 ~ 20 俄尺（5 ~ 7 米）。河的两岸耸立着陡峭的石壁,从山顶向下分布着梯田,高处种植着大麦,低处种植着小麦,这里海拔高度下降了很多,达到 11700 俄尺（3570 米）。

我们向藏族人询问后得知,从这里沿纳姆曲通向昌都有两条路,河右岸的道路稍微好走一些,在河下游 5 俄里处有一座桥,通过桥我们可以顺利地到达对岸,并且一直可以走到目的地。

10.12　行路受阻:意外的武装冲突

我们离开了河流的交汇点,顺着纳姆曲向下走。从这里沿着河的左岸走到桥一路都非常顺利,但是当我们准备过桥的时候,隐蔽的藏族士兵突然出现在峡谷中,站在桥的对面准备向我们射箭。我通过翻译向对面喊话,问清缘由。得到的答复是,过了桥就是拉萨的地界,拉萨当局命令禁止我们通行。我试图把卫队长官叫过来解释一番,可是

218

没有回应,他们之中谁也不愿意过来。我知道,河的左岸也有通向昌都的道路,因此我没有惊扰西藏士兵,继续向前走了。

我不明白,为什么藏族人对我们的第二次让步不予理睬,但是我认为,他们这样做,是因为他们屏弱,这一点在第二天,也就是10月28日我们与藏族人在索格托罗村的会面中得到了证实。就是在这里,通向昌都的最后一段路程,我们与西藏士兵遭遇,其首领是宁达贡曲克,他挥起军刀,冲我们高喊:"站住,不许前进一步!放翻译过来!"在谈判的时候,西藏士兵高度警惕,不时地用火枪向我们瞄准。放了翻译后,贡曲克在他的下属前走来走去,给他们鼓劲。

翻译转告我们,藏族人现在准备用自己的武器像赶野狗一样把我们赶走,尽管我们的翻译向他们解释:我们是谁、我们的护照是谁批准的、我们要去哪里,但他们对此根本不予理睬。

此时我们在同一个地方已经滞留了很长时间。护送我们的军官沙德里科夫告诉我,藏族人曾在路上向他投掷石头,讥笑他并凶狠地指着藏族人设置埋伏的地方。现在事情已经变得很明朗,我们这一小股俄国人面临的是当地的居民,受以昌都及其最高行政长官帕克帕拉为主的许多寺庙喇嘛的教唆来反对我们。

我们立即决定团结起来,占据有利地形,开辟道路。很快形势就变得对我们有利起来。藏族人一部分跑回村庄,一部分跑到河边,到陡峭的悬崖后面躲了起来。还有一部分士兵占据了茅草屋继续向我们的队伍射击,而我们已经发起了进攻。为了彻底开辟道路,我们只好将藏族人占据的茅草屋点燃,他们四处逃窜。在半个多小时的互相射击中,我们打了300多发子弹。藏族人被打败了,事后得知,他们遭受很大伤亡:23人死17人伤。而我们却没有任何伤亡。

战斗结束后,我们的队伍重新集合起来,决定尽快离开这个有痛苦回忆的地方,继续赶路。很快,我们就攀上一个很高的山坡,回头看到很多藏人,从不同方向跑向在战斗中倒下的他们的同胞。

为了在盆地中找到一个宽敞的宿营地,我们只好坚持走到黄昏,那时我们终于得到了喘息的机会。可是我们在精神受到如此的刺激之后,怎么能够休息好呢?

10.13　与昌都当局谈判

　　第二天一大早我们就出发了,不久我们在路上碰到一个藏族人,他是当地的格姆布派来迎接我们的。在路上,这名藏族人竭力使我们相信,他们的长官格姆布对昨天发生的事件感到很遗憾,并且,他是无辜的,因为和我们发生战斗的是其他的藏族人,他是在晚上才从战败逃跑的士兵口中得知这一消息的。

　　纳姆曲河谷的总体特点还是我们先前看到的样子。河流蜿蜒曲折,有的地方穿过茂密的树林。考察队在河左岸宽阔的阶地行走,能够清楚地观察到前面东南方向的道路情况。很快,我们走到了禁伐林附近地势较高的山坡,这里有一座莫姆达寺。寺院东面是一个峡谷,那里集结着一个西藏士兵的马队,很显然,他们在监视我们。当我们距他们还有半俄里的时候,他们消失了。

　　在寺院附近纳姆曲更加曲折了,河两岸高耸突出的悬崖峭壁构成了一幅绝美的景色,我们看得目不转睛。河对岸的浅滩处有一座小房子,那里是畜牧场。被针叶林包围的河谷一直延伸到近处山脉的后面。

　　在莫姆达寺后面不远处,我们遇到了三位着装非常体面的骑士,他们是昌都方面代表西藏当局行政部门与我们进行外交谈判的代表。其中被称作大喇嘛的一位,高高的个子,一头浓密的黑发,眼睛乌黑深邃,穿着红黑色的衣服,戴着一顶装饰着青色圆珠的帽子,肩膀上搭着类似官员绶带一样的带子,上面挂着银质的"嘎乌",左耳朵上戴着镶嵌着绿松石和珊瑚的巨大耳环。另外两名官衔低一些的官员跟随着他。见到我们之后,他立即从装饰豪华的马上下来,礼貌地欢迎我们,我们也向他致以问候。互致问候之后,他请求我们不要去昌都地区,因为这是达赖喇嘛的命令。他双手合十,仰望天空,继续说服我们,他用手指着脖子说:"请你们可怜我,保住我的脑袋吧。"这位昌都当局的谈判代表重复着这句话,而每一次停顿的时候,他的脸色都会变得非常苍白。我向大喇嘛表达了疑惑,为什么昌都当局这么晚才与我们谈判,否则那件不愉快的事件就不会发生。不论怎么说,这件事的责任都应该是那些在寺院喇嘛唆使下参与冲突的藏族人,那些教唆士兵们拿起武器打击我们和丧失理智派遣士兵引发这样不愉快冲突的人,他们的良心也应该受到极大的谴责。对我们的结论这位狡猾的官员没有任何回应,只是低着头,不让我们看到他的面部表情。在进行了初步的接触之后,我建议这名官员和我们一起沿河前行到宿营的地点,在那里我们可以更加详细地研究这个复杂的问题。

白诺普村是我们沿纳姆曲河谷所到过的最后一个村落,因为,我最终同意了大喇嘛的请求,停止前往拉萨。

11 月 2 日,考察队又一次来到了伍德威尔·罗克希尔山脉,在其东面的莫拉山口,海拔高度为 15400 俄尺(4700 米),它的后面是错综复杂的山峦。罗克希尔山脉的主峰是被积雪覆盖的莫吉峰和扎吉峰,在阳光的照射下闪闪发光。据昌都当地人讲,昌都寺院的老喇嘛经常注视着这些山峰,因为在世间最后的"洁净"的阶梯前的自省,可以使人摆脱尘世的烦恼,进入到无忧无虑的世界……山脉的绝大部分由灰色裸露的岩石组成,因为是秋天,山侧覆盖着厚厚的落叶,弯弯曲曲的河流从山中穿过。在河流的汇合处,耕种的居民划分出自己的田地,并在附近盖了房子。这些地方的草本植物生长得非常茂盛。我们沿着陡峭的岩壁下方走到了少帕河,因与河相邻,所以附近的寺庙被称作"少帕寺",这里位于澜沧江河谷,景色比纳姆曲山谷还要美。

澜沧江水量充沛,河水湍急,宽度有 40~60 俄丈(80~120 米),河道布满了黄褐色或者紫褐色的砾石[1]。这条河冬天只有个别时段会结冰,并且只是在某些水流平缓的河段。河水急速流动撞击在岩石上,激起的飞沫,在阳光的照射下显出美丽的彩虹,闪烁着五光十色的浪花。有些地方河水流量非常大,但很平静,像一块铁板或者一块镜面一

---

[1] 坚硬的黏土质细晶粒体或者带有精细晶体纹路的砂岩。这种砂岩在澜沧江下游地带的支流附近也大量存在。

样,映出美丽的悬崖和树木的倒影。据藏族推测,澜沧江上游的深度为3~8俄丈(6~15米),而水位为7~20俄尺(2~6米)。

澜沧江河谷生长着许多树木。除了前面提到的乔木,如云杉、落叶松和杜松之外,这里主要还有映山红、白桦树、花楸、刺槐、杏树、野苹果树等,此外还有一些品种的金银花、伏牛花、山楂树、柳树以及许多其他的灌木树种。

在宿营地附近地区,除了在巴曲河见到的鸟类,还有 *Pomathorhinus gravivox*,它们像许多灌木鸟类一样,生活在灌木丛林深处,很少被人看到。而其他的鸟类根本就看不到,因为它们从来也不出现。其他的还有灰色的小山雀和非常漂亮的燕雀,有时候还能见到我以前从未见过的长着美丽翅膀的旋壁雀、白脸鸭、黑色的鸳和松鸡。所有的鸟类都已换上了过冬的厚厚的羽毛。我们的两个标本收集者一共收集到了50余种鸟类标本,其中一个比一个漂亮。

与此同时大喇嘛派来护送我们的使者也赶到了,他给考察队带来了食物,还有一些用于搜集自然和历史收集品的必备物品。

我们还没有在这个季节欣赏过昌都,但是它却给了我们一个惊喜,从这里的藏族人,也从定居在这里的汉人那里,我们得到了很多新的信息。据说,昌都城以及寺庙的建成是在很久以前,还是在朗达马汗[1]时期,也就是公元9世纪或者10世纪。昌都城是喀木重要的贸易中心,位于澜沧江与其南面支流纳姆曲交汇处的岬角处。这两条河上都架了桥,连接着通向四川和云南的道路。

除了在寺院中生活的2000余名喇嘛以外,昌都城的人口有5000多人,主要是藏族。从事服务和贸易的汉人及东干人不少于500名,其中有100多名汉人与藏族通婚。

城市与周边所有地区均由大喇嘛帕克帕拉管辖,他每年能从北京皇宫得到约400两白银和54块丝绸的俸禄,其最亲近的助手是达音堪

---

〔1〕Хан Лаидарма, 朗达马汗, 即 хан Лай - скотина, 是背叛信念者和镇压佛教徒者。据资料记载,他于公元888年即位,还有记载他于公元889年、902年、914年即位,共在位3年时间。

布,他管理着寺院以及其他三位大官员,后者是非宗教人士,分别主管市政、农业和牧业。在很久以前,连当地的藏族人也不记清了,当时按照农民家庭人口数对昌都地区的土地进行了划分,每家分一定数量的地,并一劳永逸地确定了缴纳大麦的数量。现如今,居民的家庭人口数量发生了变化,家庭数量也发生了变化,而纳税还是根据以前的标准。只是在最近这种情况得到了改变,与父母亲分家的新家庭,要为父母家缴纳一半税赋。

纳税的标准并不统一,大家庭要缴纳 20 俄斗约 8 普特(130 公斤)大麦、1 头羊、2 桶当地酿造的粮食酒或者 2 俄斗种子,除此之外,每个家庭要根据人口缴纳一定数量的油。

当然,在征税的时候经常会出现一些舞弊行为,例如,富有的缴纳者会乘车到昌都向行政长官进行贿赂,换来已经缴纳过税赋的单据。当有人收税的时候,他就展示出来,收税人当然明白是怎么回事,不再向他收取任何赋税,而缺少的部分则由其他的家庭摊派。这种情况时有发生,一些贫穷的藏族也因此要缴纳自己原有份额的两倍,甚至三倍的赋税。

游牧民与不从事耕种的居民的纳税办法则有些不同:每养一头大牲畜要缴纳 5 两油和 3 碗凝乳,每养 10 只羊要缴纳 1 张羊皮。所有被统计在内而因外出放牧不能回来的牧民,以及因牧民当时位于其他旗而不能缴纳的税赋,由其他在位者摊派缴纳。纳税的数量登记表是根据很早以前昌都地区的家庭数量统计的,一直没有变化。

喇嘛约占藏族人口总量的 20%,在昌都地区比例要更大一些,当然,他们不用缴税,而生活在村庄里的喇嘛要向其所属的寺院缴纳一定数量的食品。

收缴的所有税赋用于维持数目众多的寺院和官员们的开销。除了固定的税赋以外,每当有官员从拉萨来昌都办理事务时,所有居民平均每人要上交 3 驮包干草。干草要根据喇嘛们的要求送到寺院,但这并不是强制规定的。

为了管理昌都城的汉人,成都府每三年都要派汉族官员粮台到这

223

里来一次,他的任务不只是视察昌都及其周边地区,还要视察西藏境内其他的旗。除此之外,昌都城内还有汉族军官,他的士兵驻扎在拉萨大道上的各兵站,主要任务是传递邮件和护送官员。

中国的贸易由山西商行掌握着,每年达 50 万两。商人们将喇嘛和官员们必需的丝绸、纺织品和其他生活用品运来,从这里运走黄金、白银、原料、麝香、鹿角和草药。

在城市中各行各业都有汉人:磨坊、铁匠、木匠、裁缝,这里还有汉人开办的酿酒厂、酿醋厂和几家小饭馆。

在我们考察昌都地区期间,著名的寺院住持、年仅 33 岁的大喇嘛帕克巴拉正在与当地的行政当局斗争,具体地说,是与他的下属及年迈的高僧父亲斗争,后者揭发了他玷污寺院声誉的不轨行为。

怯懦伪善的帕克巴拉谎称要改过自新,并且郑重地向考察他的官员保证,他会放过那些玷污他品行的人。他声称要去拉萨为他的罪过祈求宽恕,兴高采烈的市民立即筹集到一大笔钱,以使自己的宗教领袖在去拉萨的路上能够过得舒服一些。到达达赖喇嘛官邸后,帕克巴拉不但没有祈祷和悔过,反而打算惩罚那些胆敢揭穿他罪行的人。他向达赖喇嘛贿赂了一大笔金钱,这使他得以实施自己的计划,事情最终变成这样:一些法官带着事先准备好的判决书来到昌都,帕克巴拉年迈的父亲被残忍地处死,三名主要地方官员被刺瞎双眼,剥夺了所有财产。除此之外,帕克巴拉还准备对昌都其他官员也进行类似的镇压。在得知这一消息后,约有 60 人在一个漆黑的夜晚逃走了,他们随身携带着武器、钱财和所有重要的文献,逃到了果洛地区。

这件事发生在我们考察昌都地区的半年前,也就是在 1900 年初,当时群众的不满情绪已经上升到了顶点,昌都当局在接连的挫败中等待接受上级的处罚。

在这种紧张的时候,听说俄国的队伍已经接近昌都,城中的居民变得更加害怕。帕克巴拉,这名丑闻的制造者,他更害怕俄国考察队到昌都寺去。他以自己的名义,主要是达赖喇嘛的名义,纠集了以昌都地区达音堪布活佛为首的、由数量不多的信徒组成的一队士兵,士兵们宣誓哪怕要战斗到最后一滴血,也不让一名外国人进入他们的领地,因为俄国人可能会了解到帕克巴拉的丑闻,并到处宣扬,败坏昌都寺长期以来良好的声誉。他们精心挑选了一些勇敢的士兵,来保护昌都城,抵御考察队,这些士兵中包括著名的勇士宁达贡丘。

直到这时我们才真正了解了那场冲突以及考察队在纳姆曲的遭遇的真正原因。

10.14 过冬的地方

考察队乘坐大喇嘛专门为我们准备的三个木排过河,一切都非常顺利,我们仔细地欣赏了澜沧江的左岸。11 月 15 日大喇嘛带着他的副官屯林和许多随从,起程向东北方向寻找过冬的地方。在最后一段路,距澜沧江左面支流勒曲不足 20 俄里时,有一个向北的急转弯,河两岸有些地段是高耸的峭壁。我们走了大约有 50 俄里。

离开澜沧江,我们登上了陡峭的高岭,这个山岭两侧都是垂直的悬崖,悬崖下面分别是澜沧江与勒曲。我最后一次欣赏着澜沧江美丽的山谷,山谷内这条弯弯曲曲闪烁着蓝色光芒的大河一直向南中国海奔流而去。在地平线的北面矗立着阴森的峭壁,河流消失在南面巨大的石山中,在高山后面反射着蓝光的远方,天空的白云与积雪覆盖的罗克希尔山脉以及更远处的达赖喇嘛山峰好像连在了一起。在我们近旁的侧面,陡峭的群山上生长着许多大片的针叶林,小溪从山上流下,消失在峡谷中。在沿岸阶地的开阔地带散布着藏族灰色的房屋。

毫无疑问,澜沧江夏天的景色会更美好。

我们通过轻便、柔韧的桥过了勒曲,在托格朗多村进行了休整。之后,我们向正北方向前进,到达了察拉山口,这里的海拔有 15780 俄尺(4810 米),西面山脉的地质结构主要是含有细小颗粒的、不明显的有机杂质成分的灰褐色石灰岩,东部山脉则由石灰岩的角砾岩组成。从这个山口的顶端向下看,我们又是眼界大开,无论朝哪个方向望去,看到的都是山,山形各异,有的顶着皑皑白雪,有的秃着灰黑色的山顶,有的是悬崖峭壁,有的则是平和的圆弧形山顶,而在山的深处,山谷中到处都是一望无际的森林。

最后看了一眼群山无边无际的全景画后,我们开始沿着陡峭狭窄的小路下山,龙曲从这里流向山谷,最后汇入到勒曲里。在我们最后一次过夜的地方有很多的猴子,我们受到拉多地区居民的接待。第二天,即11月20日,早晨8点钟,我们已经进入到伦托克多村,这也是我们考察队准备过冬的地方。

最后讲一讲秋天里鸟类的迁徙。

我们第一次,也是唯一一次发现鸟类迁徙还是在卡姆的时候,就像在西藏其他地方一样,是在8月中旬,因为这里没有沼泽和湖泊,这里看不到任何游水的鸟类和鹳目鸟类。绝大多数鸟类都是属于雀形目。关于鸟类迁徙的记载,可以说是非常贫乏。所幸的是,我们考察队到达了这个重要的地区,并进行了认真细致的观察和研究,才了解到了鸟类迁徙的一般规律。这个秋天我们所有的考察成果归结起来有以下几点。

8月16日,有一小群准备迁徙的灰鹩鸰开始在巴曲附近聚集,第二天就向南方飞去;20日飞走的是黑琴鸡;21日飞走的是雨燕、燕子和开始提到过的灰鹩鸰;22日是岩燕离开;24日粉红色的鹦鸟飞走;29日柳莺和红尾鸟向南方飞去。

9月1日,优雅的柳莺王不慌不忙地离开;6日寒鸦开始聚集;7日和8日,云雀分批次地飞走;11日鸬鹚离开;15日来自很远地方的滨鹬从这里飞走;16日黑耳朵老鹰单独地飞走;19日戴胜鸟、灰色和黄色鹩鸰飞走;从22日至30日,我们只看到大群或者小群的灰鹩鸰从这里离开。

10月初期,野鸡从山上下来到山谷的深处,6日白尾雕飞向南方,20日是迟到的灰鹩鸰,24日是黄颈鸦,还有一部分鸟类非常可能就在澜沧江上游温暖的山谷中过冬了。

11月6日,我们非常意外地观察到了来晚了的沙秋鸭和野鸭。在澜沧江河及其支流的山谷还剩下许多过冬的寒鸦,它们有时会长时间追随爪子上抓着东西的兀鹫。

11 拉多地区与探险越冬

11.1 农耕地区的边界

拉多区[1]相对来说比较小,从其创立者额尔赫台吉时起其边界就得到严格的划分,它位于勒曲河和格曲之间,从河的源头起直至其流入澜沧江这一地带。我们在当地听到这样的说法,在蒙古人松赞干布[2]统治拉萨时期,拉多目前的所在地曾居住着西喇古尔蒙古和哈喇蒙古人,也就是黄种和黑种蒙古人,当时他们受出身于沙莱高勒族的额尔赫台吉统领。

现在,所有藏族人都知道该区的名称是拉多,这是因为拉多人自己就这样称呼这个地区。它真正的名称是拉－多戈(拉,"暴风雪"之意;多戈或托戈,"上"的意思)。

珊瑚珠、羽笔、中国皇帝的印章、皇帝对额尔赫台吉及其后代在拉多地区的任命与达赖喇嘛的命令一起,如今都存放在拉多,存在这里的还有拉多的创建者额尔赫台吉的大印。他的后代认为自己有义务先盖额尔赫台吉的印章,而后再盖中国印章。

11.2 拉多的历史

今天的拉多地区人口不多,而以前这里是蒙古人和外来藏族人的

---

〔1〕Лахдо,拉多,旧宗名,在西藏东部,1960 年撤销,并入昌都。译者注。

〔2〕松赞干布于公元 7 世纪统治拉萨(生于 617 年,按中国的编年记载他死于 650 年,而按西藏的资料记载他死丁 698 年)。他有两个妻子,一个是尼泊尔公主,一个是中国公主,都信奉佛教,而松赞干布本人则是佛教的追随者和不遗余力的保护者。我们的传说,应该是蒙古版本的,因为我们第一次听说,松赞干布是蒙古人。松赞干布被认为是观音(Авалокитишвара)的化身,是藏传佛教大住持的后代之一。

密集混居地。西喇古尔蒙古是这里的土著居民,他们与德格的藏族人,特别是与贡朱尔区的居民长期混战,造成这里的西喇古尔蒙古锐减,与藏族人杂居,并失去了本部族的语言和习惯。

拉多人至今仍认为自己是蒙古人,而非藏族人。由于种族差异,他们与近邻的德格、昌都和贡朱尔的居民相处得并不和谐。他们只与囊谦的居民能够和睦相处,认为后者是他们的近亲,也出身于沙莱高勒人,他们从未与其发生过战争,并通过通婚保持着亲戚的关系。

今天,在拉多地区总共有大约 600 个家庭,接近 3000 人。1/5 的人口为定居生活,从事土地耕种。其余的人则过着游牧生活,从事畜牧业。

中国的管理者,从成都府来的官员每年一次亲自来收集贡品。

11.3　居民与行政机构

拉多区划分为四个旗,由额尔赫台吉的后裔拉多王管理。自从拉多建立以来,不知换了多少个王,但额尔赫台吉的家族统治却一直没有中断,拉多的政权一直由这个著名的蒙古人后裔所掌控,直至今天。

现在的拉多王,名淖尔沃达什,48 岁,是前任王的亲侄儿。

王本人没有固定的薪金,只是靠自己臣民的自愿捐赠来生活。游牧民在一年的各个时期,带着哈达和贡品来见王,贡品包括奶油、松雀、兽皮等。定居居民则在秋季带来粮食、稻草和芜菁。这些贡品有的是居民自己准备的,有的是集体采集、种植或狩猎所得,也就是说,以集体为单位准备的。

除此之外,新年的时候,拉多区的每一位居民都会向王表示新年祝贺,并各尽所能献上哈达和贡品。定居居民送粮食、稻草和芜菁,偶尔也有豹皮、猞猁皮、猫皮、水獭皮和狐狸皮。游牧居民除了正常的奶油、松雀,还有活羊和牦牛,偶尔也有马匹,而穷人只能是羊胴。

在过去,拉多地区的王每年都会从中国皇帝那里得到价值 50 两的各种丝织品。但如今,丝织品的供应早已经中断,从其中断开始到现在,拉多的王已经更换了十多个。有人说,丝织品的供应仍在继续,只不过没有到达指定的地方而已。照他们的说法是:"很可能是被那些经手的中国官员贪掉了。"

跟随王的有 8 名志松,他们是在地区有着重要影响力的官员。4 人管理各旗,另外 4 人是王的顾问,跟随其左右。王亲自

图 11-1　喀木地区的水獭

选出这些志松,并提交成都府进行确认和授名,要经过四川总督的批准。

志松没有官阶划分:管理各旗的人被认为地位较高,其余 4 人则地位较低。但是由于后者经常在王身边,是他的顾问,因而他们在居民心目中的影响和作用都要比前者更大。与王一样,他们也不领取薪金,靠居民的自愿捐献生活。他们的工作使他们得以摆脱大车官差及其他赋役(当然,偶尔这 8 名志松也会在判案时收取些贿赂,我们的一位熟人就曾发现过这样的情况,但这种情况比较少)。

志松之下是由王亲自酌定指派的 30 名洪德,这些洪德被分为 3 组,每组 10 人。每组需在王的身边待 4 个月,接受王的命令从各地获取各种情报,他们还负责护送过路的中国官员。洪德没有俸禄。此外在拉多区的 4 个旗中还有相当多的小村长——根布,他们分管着一些院落或帐篷。

这就是整个拉多区不太复杂的行政区划。

11.4　地区居民的赋税

汉人每年从上述地区征收 44 两白银。每年的 10 月或者 11 月,中国的税官便从四川来到德格。他们不会亲自到拉多去,而是指派一名德格的西藏官员带着命令前往拉多,拉多王按命令将征得的 44 两白银

交给他。除此之外,拉多地区的居民每年还要交纳 150 块砖茶,用于维持南部大道上各驿站的需要。如果无力赋税或因个别旗远离大路难以赋税,可以用大车官差和其他赋役替代。居民的赋役还包括支付来往的中国官员的费用,并为其服务。此外,拉多人每年还要向尼亚伦区提供 200 艮(1 艮相当于 800 克)的奶油,来供养当地一名拉萨官员及其 100 人的护送队。

11.5　劳作、饮食、服装

4/5 的拉多人从事畜牧业,过着游牧生活。他们主要放牧牦牛和绵羊以及少量的马匹。其余的拉多人则过着定居生活,居住在勒曲下游和格曲河口,主要从事种植业。他们养殖的牲口数量不多,仅够耕种之用,主要有马、驴、骡、牦牛等,羊很少见。

农民只种植大麦,用其做成糌粑,还种植一种叫作芜菁的蔬菜,主要用来喂马,藏族人也常常食用它。

每年的 1 月底和 2 月,拉多农民给土地施肥,4 月开始耕地,随后耙地、撒种子,8 月上旬收割,然后他们会像西宁卡姆北方和南方的藏族人那样,在平坦的屋顶上晒干粮食。禾秸被细心地收拾起来以供冬天喂养牲口。一般可以收获三到四成的大麦,有时多一些。近三年来拉多地区的大麦收成不坏,但在此前由于早寒而出现了歉收。

富裕的农民播种三四十斗粮食。当地人称之为“索拉”的斗大概装 20 俄磅(8.5 公斤)的大麦。对于这类庄稼人来说,收成要高得多,因为他们有可能使自己的土地在第二年换歇,而穷人则每年都在同一块土地上耕种收获。

脱粒的粮食保存在皮袋里或木桶中,根据所需制成糌粑。

拉多的女人们用从四川商人手里购得的铁盆将大麦烤熟,然后用手推小磨将其磨成粉。这些小磨是由两块圆且扁平的石头构成,直径为 25~35 厘米,只有昌都制造这种工具,卖到邻近地区需要 5~7 个卢比。

无论是定居居民还是游牧民，每家都有类似的手推小磨，当然穷人例外，他们做糌粑时一般用亲戚家的小磨。他们是不会到旁人家里去借小磨的，他们迷信地认为，将自己的小磨借给旁人会给自己招致灾祸。拉多人相信，如果把自己的小磨借给他人，自己的牲畜便会开始头晕，并且很快会死掉。

　　拉多是没有水磨的，只有在昌都有，那也是汉人的。

　　庄稼收割完之后，或者比这更早些时候，拉多的定居者们就开始在山上或者峡谷中收集干草。收割干草的工具要么是用汉人的镰刀，要么是刀片和马刀，最后扎成粗粗的大捆或者辫成直径约18厘米、长2米的大草辫。在青草生长茂盛的地方，一个灵巧勤劳的劳动者一天可以收割5至7捆干草。

　　在拉多，纯粹从事狩猎的人是没有的，但在一年的某个时间段里，闲下来的男人们会数周都待在山上捕猎动物，马鹿、岩羊、香獐、豹子、猞猁、狐狸都是他们的目标，他们还会在山涧中捕获水獭。借助于猎枪、捕兽夹和套索等，他们每年可以得到约100张兽皮。拉多人捕获最多的是香獐和猞猁，香獐比较值钱，因为藏族人和汉人可以从中提取麝香，十分珍贵。另外比较珍贵的是鹿角，如同在中亚各地一样，只是这种野兽在拉多很少遇着，一年平均都捕不到一只。

　　拉多人是不猎杀鸟类的，也不捕捞河里的鱼。

　　拉多地区居民稀少，且远离通往西藏中心的贸易和驮运主干线，因而这里没有进出的商贸道路，来这里的只是些小商小贩，还有霍尔人，主要做一些茶叶生意。春天他们来到这里，由头人担保向居民赊售一些小商品，然后继续前行，到秋天再返回这里讨债。他们出售的砖茶用现金支付的话通常是3卢比一块，而如果是赊售的话，那就是4卢比。当地人也可用毛皮和原料换取所需茶叶和各种商品，以及念珠、项链、针线等生活必需品。小商品主要由昌都、德格贡钦和霍尔加姆泽的中国商人分运到各地。

　　前来拉多的商人首先要从商品中挑选一些礼品去晋见王，如茶、丝织品等，王则向他们提供可在拉多地区自由贸易的许可证。商人们

·欧·亚·历·史·文·化·文·库·

如果不这样做,他们就会为此而损失更多的商品,这些商品会被王没收为己有。此外,商人们如果不遵守规则就会被逐出区去,以后也再不可能来这里经商了。

定居居民的生活状况不仅表现在土地上,而且还在于其牲畜的数量。富裕的农民是指那些除了土地外还拥有 3～4 头驴、2～3 头骡子、5～10 匹马、30～40 头牦牛和至少 50 只羊的人。而穷人除了拥有少量可供耕种的土地外,仅有 5～10 头牦牛、1～2 匹马、10 只母山羊,而且只是为了产羊奶。

对于那些没有可耕地的牧民来说,其全部财富就是牲畜。拥有 1000 头牲畜的即确定为富人,并且全是牦牛和绵羊,各接近 500 头,另外有 20～30 匹马作为补充。牲畜拥有量仅占富人牲畜总数 1/10 的牧民属于穷人。

除了织布工和地位低下的铁匠外,拉多再没有别的手艺人,偶尔有从四川顺道来到这里的中国师傅,这里最好的木匠和铁匠也是汉人。中国铁匠为拉多人制造一种不带刀、不加装饰的枪,价格为 10～40 两银子,他们用从四川带来的铁制作军刀、刀片、镰刀、斧子和犁铧。

拉多的制陶业非常发达,从事这项职业的大都是当地妇女。她们用黏土制成各种各样的瓦盆、瓦罐和大大小小的碗盅,然后将其烧制。拉多人出售的这些陶器价格不高,但也不便宜:它们的价位相当于其所盛粮食的价格。

拉多人对自己的饮食非常满意,但在我们看来,却是非常糟糕的。他们的主食是奶油糌粑,而且还只有富人才能享用,穷人食用的是不加奶油和荤油的糌粑,通常用煮出来的大麦面汤代替茶。肉对他们来说是稀有食品,即使是富人,也只是在特殊情况下才宰杀牲畜来食用。拉多人主要食用老弱及被挤死或踩死的动物,他们甚至不嫌弃食用死动物肉和被打死或捕获的野兽,如岩羊、鹿、羚羊、旱獭甚至是狐狸、猎豹、猞猁和其他野猫,无论什么动物,拉多人都是生吃,没有进入当地人食品范畴的只有与"人类相像"的猴子。

拉多人的衣着与东部藏区的其他居民大致相同,细小的差别在于妇女的头饰,在于琥珀、银质贝壳以及各种绸制缎带的数量和串制方式上。

各种各样的珠链、琥珀、贝壳及钥匙串挂在妇女和姑娘身上,走起路来叮当作响,因此总能引起人们的注意。拉多当地的妇女与其他西藏女人一样,是装饰打扮的好手。在昌都衣着时髦的女性当中我们看到了一个有趣的现象:冬天,她们把我们前面提到的油脂涂在脸上,用以防风防冻。

在寺庙云集的拉萨和喀木各地,世俗观念认为,西藏妇女涂脂抹粉是一种卖弄风情的习惯,这种看法延续至今。但这些并不会对当地喇嘛形成诱惑,除非不得已必须与其接触,西藏妇女一般都会避开喇嘛们的视线。

拉多人的道德品质与西藏东部地区居民相比没有太大的差别。由于他们远离文明中心,因此发展非常落后,诸如懒惰、愚昧、口是心非、卑躬屈膝、虚伪迷信等这些传统落后的东西在这里非常普遍。[1]

晋见尊敬的喇嘛或官员时,拉多人会早早下马迎上前去,边屈膝弯腰边加快步伐,并且用右手抻着右脸颊,嘴里不停地念叨"德马"或者"特马",相当于我们的问候语"你好"。在与长者交谈时,拉多人会沉默不语毕恭毕敬地站在一旁,并且不停地点头,顺从地反复说"拉克苏,拉克苏",也就是我们常说的"是,是",甚至是在长者对自己严厉批评时。藏族人表示赞同的方式是,高高地竖起大拇指,竖起小拇指则表示自己低下的品行,中间的其他指头则表示相应的地位,同时竖起或者放下的两大或两小手指,表示高度赞扬或严厉指责。像西藏其他居民一样,拉多人迎送客人都是在马前进行。通常有外人或者生人朝房屋走来,或路过家门口时,主人养的凶猛的大狗会狂吠着告知主人。

11.6　喇嘛和寺院

拉多区 1/3 的居民是喇嘛,但其中只有 1/3 是真正有文化、受当地

〔1〕与西方其他国家的探险者一样,俄国探险家的游记中也存在大量的以欧洲文化为中心的叙事方式,译者对此予以保留,以方便有关学者的研究。译者注。

民众尊重的喇嘛,其余的,正如拉多人自己所说的那样,白穿着喇嘛服,人们任何时候都不可能邀请他们到家里做祭祀和祷告。

在拉多有七座寺庙,其中五座是固定的,两座是临时性的,准确地说是可移动的。前边提到的五座是木头盖成的,后两座则是临时用牦牛皮搭建而成。掩映在松林中的木错泽寺坐落在风景如画的山坡上,距拉多王大本营不远,它是所有寺庙中规模最大、最富丽堂皇的一座,其喇嘛人数也是最多的,有 100 名,属于格鲁、宁玛派。

11.7　王的新年

新年的第一天,即 1900 年 2 月 7 日,拉多所有的男性居民都要前往王的住地祝贺新年。除了敬献哈达以外,每个人还根据各自的财产状况向王进贡如兽皮等贵重礼品。王一一收下,并回赠一些哈达和礼物,当然这些礼物的档次就要低得多了。

接受了新年祝福后,王便前往人们集会的地点,通常都是其住所对面的平坦的草场,每年的这一天都要在这里举行射击比赛,分徒步射击和骑马射击。新年里,王会赏赐洪德中的优秀者,提拔他们或许诺将提拔他们为志松,以此提醒他们要更加努力地做事。夏天,这里要举行几次军事比武、检阅和战斗演练,最后以小聚餐结束。

11.8　部分风俗:婴儿出生、命名与教育

拉多人的风俗习惯与藏区东部相比,有相同的地方,也有一些特殊的情况,尤其是西宁卡姆居民的风俗习惯。在拉多,兄弟几个共娶一个姑娘或者女人为妻,一夫多妻制的现象在这里几乎没有人知道。

在拉多,孩子出世是不举行任何庆典活动的。

孩子出生一周后,会邀请喇嘛到家里举行简短的祈祷仪式,然后对母亲和新生儿进行洗礼,给新生儿起名,但人们经常是在孩子出生后数月或者一年之后取名。喇嘛用生日或者有一定含义的名称为其命名,如采林是长寿的意思,纳梅特即健康,林钦即非常珍贵,等等。

除了喇嘛起的名字外，新生儿的父母、兄弟或者其他亲戚还要根据自己的喜好为其起一个昵称，如斧子、匕首、锤子、公牦牛、溜蹄马、奔马等。有的拉多人拥有好几个喇嘛给起的名字，这是因为，在西藏，如果某人得了某种病长时间恢复不了，应邀前去祈祷健康的喇嘛就会重新给病人命名，以替代旧名，但由于病人之前的旧名已在民间众所皆知，因此旧名与新名就一起保留了下来。不算出生时起的名字以及后来家人起的小名，拉多人通过上述途径常会拥有两到三个，甚至更多的名字。拉多人认为，获得新名可以避免疾病，甚至免受各种重大的灾难。

孩子尚未学会行走之前，母亲对他们的关照非常少，孩子经常满身又湿又脏，大声哭叫。无法忍受孩子哭闹的母亲将其抱在怀里，将令人厌恶的熟羊皮脱掉，晾在室外或挂在火炉旁烤干。随着孩子慢慢长大，开始给他们换上羊皮衣，很少穿毛制长袍。孩子一直穿着这样的衣服，直到穿破穿旧为止。

拉多妇女是家庭劳动的主要承担者，作为一家之主的男人却很懒惰。不过，像缝制衣服这样的专业性强的活计却落到了男人的肩上，因此在拉多裁缝行当里，手艺一般不是传授给姑娘，而是男孩子。

对于男孩子，尤其是一家有两到三个或者更多的男孩子时，父母会尽力教他们识字学习，即使不是全部，也总得教几个。孩子们的初级教育是从有文化的父亲那里获得的，然后会根据各自的能力，要么干脆停止学业，要么送到熟悉的喇嘛那里接受再教育，最有天分的男孩子会被立即送到寺庙。拉多人如果有两个儿子，会从中挑选一个剃发为僧，有四个儿子则要选出两个去当喇嘛。我在昌都、德格、霍尔加姆泽看到的如此之多的喇嘛和寺院，按东藏族的话说，这种情况只有在拉萨附近才可以看到。

拉多13岁以上的姑娘以及年轻女人进入他人的家或者院子（定居居民的）被认为是极不成体统的。除老人之外，没有一个姑娘和女人敢冒险尝试这样做，因为这样别人会怀疑她们与这家的男人有恋爱关系。

·欧·亚·历·史·文·化·文·库·

11.9   伦托克多村

从 1900 年 11 月 20 日至 1901 年 2 月 20 日,考察队在拉多区的伦托克多村生活了整整三个月。该村位于昌都东北 40 公里处,北纬 31°30′55″,东经 97°18′59″,海拔 11960 英尺(3650 米),四面环山,正好处于勒曲多石的峡谷山谷,山谷两侧都是坚硬石山,充满不明的深灰色黏土质页岩残迹。

水流湍急、清澈见底的勒曲全长 100 俄里,其下游从澜沧江入口到伦托克多村水流量非常大,但在这个流域的河面并不宽,总共也就 7 ~ 8 俄丈(14 ~ 16 米),狭窄处仅有 2 米。其水深也不定,从 2 ~ 3 俄尺(0.6 ~ 0.9 米)到 1.5 ~ 2 俄丈(3 ~ 4 米)。河底布满砾石,某些流域多石滩,非常陡峭,有些地方河水会分出几支泡沫飞溅的急流,山上叮咚作响的小溪小河也汇流其中。

山的北坡是一片云杉林,南坡则生长着大面积树状刺柏灌木丛。这里有各种各样的灌木,其中许多还结着完好无损的红果。干枯的草本植物茎秆使我们有理由认为,当地高山草地是非常肥美的。

丰富的植被养活了大量的动物,特别是哺乳动物和鸟类。我们期望在这里能够采集到更多更有趣的品种,结果不负所望,同时我们所预计的冬季干燥温和的气候以及当地人对考察队总体上非敌视的态度也被证明是正确的。

11.10   考察队过冬地区的生活和活动

我们在考察队住所上面的一块平地处架设了天文设备。

早晨我们早早地起了床,护送队在 6 点左右,而考察队成员则在 7 点,在早晨气象观察时间之前。喝完早茶后,每个人开始做各自的事情。为了更多地了解当地的动物世界,两名实验标本制作者每天都在伦托克多进行考察。

建造好越冬设施后,我首先要忙的事是撰写我们在西藏半年考察的总结报告,为我的同事 A．H.卡兹纳科夫访问德格贡钦寺院[1]提供可能的帮助,该寺位于越冬地东北 200 公里处。

11.11 A．H.卡兹纳科夫在德格贡钦和澜沧江上游的旅行

德格贡钦寺院位于扬子江流域,因而我的同事得以第二次穿越俄国地理学会山脉。A．H.卡兹纳科夫的测量表明,腊中拉乌奇山隘海拔 15435 俄尺(4700 米)。在这个分水岭的南坡我的同事沿勒曲考察,在北坡沿姆多尔曲上游考察,就这样一会儿在当地定居农民那里,一会儿在牧民那里。山顶地带非常寒冷,仿佛要到冬天了。在渡口附近的蓝河山谷,文那寺附近,海拔约有 10085 俄尺(3080 米),对于西藏来说这个地方并不是很高,虽然它比沿格鲁吉亚军事公路穿越高加索山脉的古达乌尔山隘高出 750 米,在这个高度的卡姆我的同事们明显感到气候变暖。

蓝河在这个宽阔而不长树林的山谷里流淌着,12 月初河面宽度可达 40 俄丈(80 米),尽管按照德格人的说法,冬天这条河是不结冰的,但此时在河面已经出现冰凌,在水流平缓地段已形成了岸冰。

A．H.卡兹纳科夫坐船到河的左岸,穿越陡峭的支脉,抵达坐落在西曲左岸山坡上的德格贡钦寺,这里海拔 10725 俄尺(3270 米)。我亲密的同事 A．H.卡兹纳科夫和 B．Φ.纳蒂金成为访问东西藏两大寺庙之一——德格贡钦寺的首批欧洲人。在我们拍摄的资料公布之前出版的地图上,这个著名的地方位于蓝河右岸。

德格区北部和东北部部分地区与游牧的果洛相邻,东与霍尔相邻,东南和南部与贡朱尔和塔亚克地区相邻,西南和西部与昌都和拉多接壤,最后,西北和北部与西宁卡姆的北部藏族人各旗相连。

在今大德格人的记忆中,仍然保留着关于德格来历的传说。故事

---

〔1〕德格贡钦寺(Дэрге－Гончен),西藏著名的印经院。译者注。

是这样的:很久很久以前,在现在德格区的位置住着沙莱高勒人,他们中的大部分人向北方游牧,在林格苏尔来到这儿之前这里居住着很多人。林格苏尔是否在这里打过仗,他是否征服了这里,藏族人对此一无所知,他们只知道"他来过这里"。相传,林格苏尔的33名勇士在德格留了下来,也有人说是13~17人。这些勇士与当地的沙莱高勒人一起建立了几个旗。随着时间的推移,这里的居民逐渐增多,临近的几个区称为德格:纳木德格和萨德格,即"天德格"和"地德格",把德格的居民比作是来自两个世界的,即来自天上,如同无数的星星,和来自地上,如同生长的植物。虽然该区的居民直到今天已经大大减少了,但德格这个名称一直延续到今天。因为在与邻近地区尤其是与尼亚龙和恩戈洛克发生了数次战争,大批德格人战死沙场,后来,大多数德格人被并入独立的旗和完整的区,如拉多、灵古泽等。

现在,德格定居者聚居在蓝河及其左边支流扎曲山谷,以及扬子江流域的其他河流,定居者占德格总人数的2/3,大约85000人,2万个家庭。剩余1/3为牧民,生活在上述流域的山谷以及澜沧江流域,如格曲,特别是其中许多人居住在扬子江流域、扎曲山谷,这些地区他们自称为扎曲卡瓦,隶属于德格区。

整个德格区由北京政府和成都府确定的世袭公爵——土司统治着,德格土司的官邸位于德格贡钦寺庙。德格的行政区划分为25个旗,每个旗下有7到12个小生产队或部落,每个小生产队或部落有40~120户游牧民和固定居民家庭。经中国政府认可和同意,委派一名宗本统领部分旗。宗本是藏语,意为城堡和地区首领,他们生活在自己的领地里。对小族长的委任由各旗首领来决定。

德格共有大大小小的喇嘛寺100多座,它们大部分坐落在该区的南部地区,在蓝河流域定居居民区域分布尤为稠密,德格贡钦被认为是最好的寺院。

这座寺院在西藏被正式纳入中国版图之前就已建成。德格贡钦是西藏东部地区历史上最著名最古老的寺院之一,从各方面看它都完全有理由与昌都和加木泽的寺庙相比,这里很早以前就开始印制甘珠尔和丹珠尔[1],这是上述两个寺庙所没有的,这也使德格贡钦获得了比它们高得多的地位。德格贡钦的图书印刷厂享有盛名,不仅在东部和中部,即使在全西藏都是最好的,甚至在拉萨印刷的图书也没有这里这样漂亮清楚。虽然德格贡钦印刷经书起始较晚,但它现在却成为东西藏所有寺院的经书提供者。

德格贡钦本身就是一个小村镇,拥有400个院落和1个寺庙,寺庙中有9个佛堂以及众多的附属建筑,可容纳2000多名喇嘛。在德格贡钦的藏族居民中生活着10余名汉人,他们从事丝织品、茶叶、银制品的贸易,并把兽皮、毛织品、麝香等运到四川去。

11.12　周边区域的动物世界

越冬地的情况基本上搞清楚了,地点选择非常顺利。勒曲幽深的峡谷森林茂密,灌木丛生,悬崖峭壁上生活着各种各样稀奇古怪的鸟类和哺乳动物,远胜过其他地区。当拉多人知道我们高价收购兽皮之后,纷纷将他们的存货拿出来。由此我们得知,这里经常有一种非常叫"扎拉"或"扎古尔"的有趣新奇的野兽出没,还有硕大的飞鼠、"会说话"的水獭、草原猫和林猫。我们还从当地猎户手里获得一些珍贵的猎豹皮,他们尽最大努力给我们搞到了野兽的胴体,当然他们也得到了应有的报酬。从这个意义上讲我们是实惠的,因为我们除了得到兽皮外,还获得了野兽的骨架,然后可以将其晾干,加工制作成动物标本。

中国豹,拉多人称"泽戈",在澜沧江上游非常常见,至少在我们考察队访问的地区是见过不少。它们往往单独行动,但在发情期,一般在9月下旬和10月上旬,都是成双成对出没,很少见三个在一起。每年4月,母豹带着一两个幼仔出现在当地人的视线里。1月30日我们捕获一只母豹,在其肚子中,我们发现了两只像老鼠那么大的幼仔。

---

〔1〕甘珠尔、丹珠尔,藏文,是《大藏经》的两个组成部分,为世界知名的佛教丛书。甘珠尔意为"佛语部",包括显密经律;丹珠尔意为"论部",包括经律的阐明和注疏、密教仪轨和五明杂著等。译者注。

·欧·亚·历·史·文·化·文·库·

豹子常袭击藏人的牲畜,主要是牛犊和小羊,有时连狗都不放过。有一天晚上,豹子来到村子一所独立的住户家,可以听到那家狗的巨大的狂吠声,豹子将其咬死,带进了森林。第二天早晨天蒙蒙亮,体格强壮、射击技术精湛的主人便出去寻找野兽。在离家不远的长满灌木丛的峡谷,主人遇见了正在吞食狗的残骸的豹子,幸运的猎人十分小心地走到离豹子不足10俄尺(20米)远的地方,准确地击中其头部,将其击倒在地。

拉多人说,猎豹袭击最多的是猴子。豹子常躲藏在山坡上,在猴子休息或玩耍的时候将其捕获。当地猎人称,如果听到猴子发出响亮的叫声,常意味着它们正遭到某种野兽出其不意的袭击。

豹子很少在白天出现,白天它们通常在一个隐蔽的地方休息。太阳落山后或天黑之前,这种漂亮的动物便开始出动寻找猎物。在猎豹时,不大自信的射手常常两三个人在一起,因为受伤的野兽常会扑向猎人。在拉多,人们曾给我讲述过3个类似的猎手,他们或重或轻地遭到豹子的伤害。

拉多人更喜欢设置圈套来对付豹子,他们常常用10根或者更多的圆木捆绑成类似挡板的形状,最后一根木头放置在小角落里,与地面平齐,仅留下一个可供野兽出入的通道。在挡板的支撑柱上缚上一只小羊,用其叫声吸引豹子,豹子出现后,受到惊吓的小羊会拼命逃往已设计好的洞穴,拉倒支撑木,将豹子套住。

一张又大又好的兽皮在当地可以卖到10两银子,它们主要落入到了藏族富人和大人物的手里。这样的兽皮在藏族交换礼品时往往可以发挥很大的作用。许多拉多人喜欢食用豹子肉,他们觉得这种肉非常美味。

水獭,当地拉多人称之为"萨姆",在东西藏的河流里和小溪里很常见,它们喜欢在清水、深旋涡、漂石和山岩以及灌木丛中待着。

拉多人用捕兽器来捕获水獭,或者埋伏起来用火绳枪射击水獭。

飞鼠,藏族人称之为"德姆济",体积硕大,是其欧洲同类的三四倍,满身长满浓密的黑色长毛,有一条毛茸茸的尾巴和宽大的飞行膜,让人感觉很畏惧,尤其是当它在树间飞翔的时候。飞鼠的飞行能力非常强,它可以倾斜飞行,也可以水平飞行,用尾巴来调整飞行方向。

当地居民讲,飞鼠成双成对地生活在有窟窿的树上,像鸟一样为自己做窝。它们的发情期一般在每年1月中旬,3月底便会有两三个小飞鼠出生。

从解剖后的飞鼠的胃里可以判断,飞鼠吃的是树状刺柏的籽实,虽然拉多人试图说服我们,飞鼠同样喜欢吃鸟和老鼠。

图 11-2　喀木地区的飞鼠

下面要讲的动物是"扎拉",介于羚羊和羊之间。其特点是:体格健壮,头较小,耳朵长,鬃毛很长,接近腹部。它是一种非常漂亮的野兽,特别是当它在林边草地奔跑的时候,头微向上仰,银色的鬃毛迎风飘扬,姿态非常优美。

从当地人那里听到的和我们自己观察到的情况来看,这种羊春天时常常独自待在陡峭难行的地方,天然平台、悬崖、勒曲荒野、石岩峡谷、险峻的宽谷,都是它出没的地方。这种野羊警惕性非常强,一点点风吹草动,它们都会警觉,即使受伤后也有着极大的耐性,正是因为如此,人们很难捕获它们。

夏天,野羊爬至海拔13500~15000俄尺(4000~4500米)的半山腰,沿山脊甚至山峰行走。每年的这个时候,它们常常两个相伴,最多的时候可达四个。白天它们在低垂的峭壁阴凉处休息,傍晚时分则来到灌木林中觅食。

野羊的发情期在10月下旬到11月上旬之间,雄性常常跟在雌性的身后,时时发出类似家养山羊的叫声。为争夺对雌性的拥有权,雄性之间会展开搏斗,用额头角抵相碰撞,最终结果是有一方要么逃离,要么被打死。雌性在四五月份产下幼仔。

·欧·亚·历·史·文·化·文·库·

到了晚秋和冬天,当地人会下山到峡口和山谷,这时野羊也会离开山脊来到藏族人留下的游牧区。它们常常走近粮库,竖起前蹄,够到食物后美食一顿。得手一两次后,它们会每晚穿过小路,来到这里。类似的印迹在饮水地也可以发现。

除了上述哺乳动物外,我们越冬地附近特有的动物有:猞猁、貂、山地艾虎、旱獭、旋木雀、水駒鼱、熊、狼、狐狸、沙狐、兔子、家鼠、马鹿、香獐。

至于鸟类,我们仅仅观察了当地和在此过冬的鸟,这与全年的所有鸟类是不能比的,因为这里是鸟类最好的栖息地。但尽管如此,在这里我们仍发现了种类繁多的鸟类。

我们在越冬地发现了 62 种鸟,按科目和生活方式分类列表如下,由此可以看出一些留鸟的特点:

名称	定居者	过冬者
食肉目	6	3
雀形目	33	4
攀禽目	5	—
鸽亚目	2	—
鸡形目	5	—
鹳形目	1	1
游禽目	—	2
分计	52	10
总计	62	

白斑兀鹫和胡兀鹫整天在天空盘旋飞行,它们也不怎么怕人,天黑的时候常常飞往山坡。冬天,当天气晴朗、四周十分寂静的时候,在灌木丛中可以听到它们的叫声,可以看到它们在树际间飞行,还可以看到沿树枝和山坡行走的喜鹊、绿毛啄木鸟、黑毛啄木鸟和金黄色头的啄木鸟、喜马拉雅山交嘴雀、漂亮的小山雀、美丽的燕雀、树顶和树下站立的岩鹨,它们清脆而美妙的歌声告诉人们,春天已经来临。

山坡、林间草地常常是白色的大耳野鸡、鹧鸪展现自我和美丽风姿的地方。在茂密的灌木丛中和小溪两旁,只要稍有风吹草动,受惊吓的松鸡便展翅高飞。西藏雪鸡常常栖息在人们难以涉足的高山坡。那些在半山腰栖息的鸟、燕雀和白背鸽子,下雪以后常飞到山谷,并且勇敢地在居民村舍旁边觅食。

当地的冬天气候温和,几乎不下雪,比较干燥,空气非常清新,夜间和白天很少刮风,只是每天下午刮一阵西南风。

秋冬季节的变换几乎是在不知不觉中进行的,无雪的冬天使得当地的风景非常单调。历史上这里下过一次不算大的雪[1],持续了仅一两天,只是在森林茂盛的山北坡残留有一点点降雪。冬天最冷的时期是在 12 月下旬至 1 月上旬,夜间温度降至 -26.5℃。白天太阳出来的时候相对暖和一些,山间小河和小溪水面的结冰甚至开始融化。主要河流勒曲在流经伦托克多后流入澜沧江,整个冬天河流表面是不结冰的。在这个月底,天气开始变得晴朗,拉多人开始给土地施肥。2 月的太阳暖暖地照晒着大地,唤醒了冬眠的甲虫和苍蝇。热冷空气经常破坏了大气层中各种气流的平衡。没有云朵的南部天空白天是常常碧空万里,夜间星光灿烂。

11.13　与昌都的联系

在 11 月和 12 月上旬的晴朗的夜晚里,天空会出现流星和火流星,吸引众多人关注的目光,并成为人们长时间谈论的现象。

下面我从整个探险过程中编写的天文杂志中逐字逐句摘抄一段:

"当地时间,即昌都时间 1900 年 12 月 4 日晚上 8 点 10 分,探险队中的几名队员被远离银河的天空北部出现的奇妙现象吸引,一颗明亮的像火球一样的流星突然闪烁,并很快向东北方向消失了。这个巨大的流星在飞行过程中照亮了整个住地附近,像挂在晴朗天空的一轮明月。火流星飞走后的一瞬间留下一条火尾巴,下落部分很快消失。脱

---

〔1〕第一次是在 1900 年 12 月 8 日。

离太空的大大小小的星火分离成五部分,在山后消失时发出的爆炸声引起轰鸣,我们大家以为是真正的雷声和炮声,而且持续时间很长。听到这可怕的轰隆声,坐在帐篷里的蒙古人和藏族人以为发生了地震。从流星出现到落到山后总共也就三四分钟的时间。在那天夜里两点,在那片天空的西南部,大小一致的流星无声地从天空划过,瞬间消失,身后留下了一道美丽的彩虹。在那天整个夜间,天空的各个部分划过30多个大大小小的流星。"

20世纪的第一天,探险队举行了一个隆重的庆祝活动,我们拿出了珍藏已久的东西,如沙丁鱼罐头、牛奶和咖啡罐头、应有尽有的水果糖、白兰地酒、烈性蜜酒、雪茄等,这些东西都是我们为了这个特殊的日子或其他节日而在长途旅行中精心准备的。

沙丁鱼罐头和甜食,用H. M. 普尔热瓦尔斯基的话讲,这些"甜食非常可口、令人高兴",这些本来是属于探险队中主要成员的东西,现在最普通的队员同样可以享受。因为从与驮队一起旅行的第一天开始,我们就已经抛弃了文明的传统习惯,所有队员都是在地上铺上毡子,然后便躺下睡觉。简单地说,我们像亲兄弟一样生活在一起。

当地的新年也快到了,他们邀请我们到家里做客。拉多人为了迎接自己的新年(1901年2月7日)已经准备了好几天了,他们洗呀、擦呀,收拾打扫卫生。无论是男人还是女人、大人还是小孩,所有人都穿上最漂亮的衣服,戴上最美丽的饰物。在节日前夜大家围坐在篝火旁,气氛非常温暖,这里你可以看到每个人都收拾得干干净净、利利索索。大部分妇女担当起了理发师,许多劳动都落到她们的肩上。她们在整个新年之夜都是合不了眼的,一直在忙碌。甚至连懒惰的男人也是在一片忙碌之中迎接新年,他们在大声诵经。我们拜访的主人,锻工采林制作了一些玛尼,将其放置在山岭的突出部。当次日新年的霞光刚刚出现,伦托克多居民便离开住地来到河岸,这里早已烧起一大堆刺柏篝火,篝火燃烧很慢,冒着浓浓的烟,刺柏烟是佛教徒为自己的佛祖烧的香火。祭坛旁边聚集着许多妇女和孩子,他们的欢笑声让河岸沸腾起来。许多主人在新年前夜便前往各自领地的主人那里祝福新年。太阳出来后,穿着漂亮的拉多人返回各自家中开始迎接新年的活动。

新年的最初几天,亲人和熟人们相互拜访。我们的蒙古同事此时也前去拜访自己的拉多邻居,随后几天他们则坐在家里或者带着牲畜前往邻近的河谷。泽罗伊,是个没有家室的牧人,他爬上山的高峰,大声祈祷上苍保护动物和我们大家一切顺利,他的声音吓跑了附近的野兽和鸟儿。这位心地善良的人依旧是我们整个探险队可爱的人。每天晚上,在探险队的篝火旁,他会讲述自己知道的所有故事,当然比我们在西藏旅行过程中的故事多得多,这使得我们感到很开心。眼前这位很不聪明的蒙古人观察能力如此之强,观察如此之细致,让我们大家感到非常惊奇。

往来拉萨的藏族人常会光顾我们的营地,有时会待上几天,这给我们的蒙古人带来了无尽的快乐。

曼得里尔(被驯服的喀木猴子)陪我们一起度过了闲暇时光。随着春天天气逐渐变暖,它开始四处自由活动。这个机灵的小生灵总是爬上探险队屋子附近的大树,不停地跳来跳去,追逐着身边的乌鸦。考虑到这位不自由的伴侣的前途,我决定将它送给当地的一位藏族人,但第五天,曼得里尔又回到了营地,一脸的不高兴。这使我们更加怜惜这个可怜的小生灵,从它的眼神和动作中,我们分明感受到,它请求我们不要离开它。我试图将曼得里尔放到它的同伴当中,但效果并不理想。这位小生灵得到的是同伴们慷慨给予它的几个响亮的耳光。此后我们决定再也不和曼得里尔分开了。

由于天气寒冷,我们为小家伙缝制了一件毛皮外套,曼得里尔穿上后显得滑稽可笑:身着扎着宽腰带的灰色短上衣,头戴尖顶帽。衣服束缚了它的活动,它像一个木乃伊一样笨拙可笑。不过它很聪明,在我们的暗示下,它明白它可以摆脱衣服的束缚,它立即把衣服脱下来甩到地上,恢复了以往的活力。

我们在越冬地的生活过得非常满意。被我们戏称为"御医"的博欣医士曾两次成功地为当地人治疗疾病,此后当地人开始经常前来向我们索取药物和医嘱。风湿病是贫穷的拉多人中普遍存在的病,主要是生活条件太差导致的。按当地居民的说法,治疗这种病的最好办法是昌都的热水,病人可前去用此水洗澡。

由于距离昌都不远,受昌都帕克帕尔贴身顾问达音堪布的委托,我们的老相识、常为我们提供许多有益且珍贵资料的喇嘛曾数次到这里来拜访我们。

12　从过冬地到巴纳宗村

12.1　舞蹈

近几天考察队在伦托克多的行程遭遇了一连串的麻烦事,给行进带来了很多的不便,诸如行李辎重、驮运、物资补给和医疗保障等方面都出现了问题,近几日内一共损失了 65 头牲口,为此花费了不少精力和财力。

我们的营地驻扎在伦托克多居民区的外面,邻近一些熟识的藏人给我们带来了一些食品:当地的"面包–盐"[1],用于为我们送行。

在我们离开过冬地的前夕,当地的拉多人为我们跳起了欢快的舞蹈———一种边唱边跳的圆圈舞,男人、女人以及年轻人分成两组,每组12 人,在歌曲的节奏下,这些舞者们抬起腿一会儿向这边一会儿又向那边跳去,场地周围聚集着更多的观看者,他们都是一些很擅长跳舞的当地人,一边看还时不时地对圈中的舞者进行指导。随着舞曲节奏的加快,舞者们也有节奏地加快步伐,非常整齐地同时向一个方向跨进几步,过一会儿节奏又慢了下来,跳舞者们又开始在原地一边踏着舞步,一边将左腿或右腿高高地抬起,抬腿的时候互相搀扶着并向同一个方向倾斜,随后所有的舞者同时来了一个转身动作,原地舞步算是到此结束。紧接着两组舞者又开始同向前进或者相向前进,圆圈一会儿闭合一会儿散开,其中跳得好的舞者便受到观众们的大声喝彩。人们欢快地跳着,脸上泛着红光,眼睛闪闪发亮。无论是跳舞的人,还是观看的人,都直到筋疲力尽时才意犹未尽地各自散开去。

---

[1]指当地的面点。俄国人有用面包和盐迎接贵客的习惯。译者注。

·欧·亚·历·史·文·化·文·库·

12.2　在拉多领地行进

2月20日早晨10时,我们庞大的队伍再次出发,沿着勒曲河谷继续向前行进。

开始我们沿着这条河主干道两边多石的峡谷前行,渐渐地转到其右侧支流尤曲,在尤曲最后一块悬崖的缺口处,隐藏着拉多王的大本营。这位地区首领,与富有寺庙的大喇嘛一样,住在一间宽大的木房里,木头刷着浓重的砖色。靠近屋子的两侧能够看到许多灵塔,顺着河谷有一条卵石铺成的大路。

我们将营地安置在了拉多王的木屋和姆佐泽寺之间,我们觉得这样能够与当地人沟通并互赠礼品。拉多王很客气地向我们表达了歉意,并称有病在身,不能在自己的家里招待远道而来的"贵客"。然而第二天,喇嘛们对待我们的态度就发生了急剧的转变。寺里的喇嘛们登上寺院的屋顶,向我们挥着黑色的旗子,吹着用人小腿骨做成的号角,意思是对我们这些来访者表示不欢迎。看到这种情势,护送我们到达德格边境的当地人马上明白了事情的缘由,他告诉我们,喇嘛认为我们是敌人,认为我们会对他们造成威胁,在不久的将来,这些不劳而获的人的特权就会消失。这位当地人这样说,是想表示,无论将来会是什么样,也要比现在好,比这些喇嘛们直接建立或者参与的政权要好。

12.3　再次进入高地

离开这座寺院后,我们很快越过了第二条河,开始向第三条河罗曲的方向进发。沿着河谷我们很容易就登上了望戈拉草地山口,它的海拔为14810英尺(4520米)。我们到达的时候地面覆盖着积雪,北面山坡上的积雪尤其多。在阳光的照耀下,正午的山坡显得格外开阔,游牧居民将帐篷搭在高地附近的峡谷中,自由自在地在山坡上放牧。从山口的顶端向东西两侧,可以看到群山的景观,首先映入眼帘的是耸立的山峰,更远一些是沿东北至西南方向连绵起伏的山峦,格曲环绕在其东北侧。

第二天,即 2 月 24 日,我们沿着一条小河向邻近的山峰进发,耸立在山脉中的扎姆山口海拔 16300 英尺(4970 米),其主峰的高度还要高出近千英尺。这条山脉和另一条山脉都是由含沙黏土组成的[1],在主峰或者是北峰的西北山脚处还混合有其他的成分:风化的赭石色的页岩、黑云母英安岩的角砾岩、含有细晶粒的英安岩凝灰岩。这座位于拉多东部的山脉被格曲河从西北方向与俄国地理协会山脉分开。总的来说,拉多区及其邻近的尼雅鲁区的地形是非常复杂的,要对其进行精确的地理测量相当不易。在这个总体上都是高山的地区,喀喇昆仑山口及其周边山脉是最高点,小河从这里流向四个主要方向,形成了两个相邻的流域。

在扎姆山口我们遇到了冬日里最可怕的灾难,暴风雪从早晨开始肆虐,一直到中午还没有停下来,大风夹裹着鹅毛般的雪片狂舞着从山口涌入,视线完全被遮住,我们只能摸索着前行。狂风将我们和牲畜吹向一边,压得我们几乎喘不过气来。所有的人都是步履维艰,但最可怜的莫过于曼得里尔(小猴子)了,它向旁边的哥萨克人扎尔科姆求援,藏在他那宽阔温暖的怀中,一直待到我们抵达扎宗地区。

在天气不太坏的情况下,路也不太难走,我们的队伍沿着扎姆曲一路下行,成功到达了拉多和德格地区的边界——格曲。我们很快就上了这条河的左岸,路上遇到了一个很大的绵当[2]和一个小礼拜堂。我们周围的视野非常开阔,在东南方,格曲的上游是一些平缓的小丘,得以保存下来的草场在阳光下闪着淡淡的黄色的光。到处都是游牧藏族人及他们放养的牲畜,这条河的左岸上聚居着拉多人,右岸则是德格人。应拉多人的邀请,我们将营地扎在了他们的领地内。邻近地区的官员们就商队下一步的行进路线与我们进行了预先磋商,并同意

---

〔1〕在山脉西部,在穿越点区域,我们发现了赭石色的含沙黏土(灰褐色含晶粒的),在山脉东部上面的地带,是页状的石英含沙黏土(浅灰色含晶粒的),而在下面地带,是含石灰含云母的黏土(青灰色含晶粒的)。

〔2〕绵当(мэньдон),玛尼墙。译者注。

了我们想通过德格贡钦寺前行的初步愿望。

图 12 – 1　玛尼石

格曲上游结满了冰碴子,在日光的照射下泛着银白色的光,一直延伸到西北天边。这条河的规模和总体特点与勒曲很相似,随着越来越靠近澜沧江盆地及其水量充沛的孜曲支流,格曲逐渐隐入深深的峡谷之中。这里白天很暖和,在南部的山坡上,绿色的小草已经破土而出。格曲上游除了高原上的鸟类以外,还有棕鹰、类似灰背隼的小鹰、鸢、塔恰诺夫斯克燕雀、西藏大云雀、秋沙鸭和海番鸭。

12.4　与德格人会面

当地的德格人预先知道了我们下一步的行进时间和路线,他们在其领土边界上纠集了 150 人的队伍,以此向拉多人施压,让其说服我们选择北面的路线向霍尔加姆泽进发,或者选择南面难以行走的路,而不是我们所希望的中间这条道。

为了不致引来更多的麻烦,我同意走北面这条路。从这个方向穿越山脉对我们来说是完全陌生的,但因此可能也会很有意思。

等我们做出上述决定后,德格人撤走了他们的士兵,一度充满了火药味的格曲右岸顿时清静了许多,牲畜们悠闲地散着步,藏民们点起了炊烟,一切又重新归于平静。而那些曾经抱有敌意的德格人一改愤怒的眼光,转而变得非常友好,纷纷从四面八方涌入我们的营地,并向我们推销他们的食物及日常用品。在这种愉快的气氛中,我们告别了平静的拉多人继续向前进发。

我们前行的下一站将是德格人的领地,这些当地人现在已变得非常友好,不时地要求我们展示随身携带的武器装备。同以前一样我们再次表演了步枪射击、手枪射击等科目,这些当地人看到我们这些火器的精准及强大的远距离打击力后,都由当初的困惑而转为惊奇和兴奋,这些对于他们来说简直太神奇了。

12.5 格曲河谷

我们沿着格曲河谷一直行进了两天,这条河的支流很多,且被奇形怪状的群山环绕着。在格曲中游河段,两条支流西姆达河和博姆达河之间,一条大道顺着俄国地理协会山脉通向德格贡钦,这里聚居着许多游牧民,每向前行进一步都能遇到许多藏民放养的牧群。

3月1日,我们终于抵达了格曲的右边支流,这是一条不大的河,叫高曲,我们在此扎了营。这儿的海拔高度约为12710英尺(3880米),在这里能看到一些很高的蒿草、灌木丛和树状杜松。随着当地植被的改变,这儿的动物群也有所变化,尤其是鸟类,这里能看到白色的野鸡、喜鹊、乌鸦和黑乌鸦,这些黑乌鸦依然喜欢徘徊在我们的厨房附近,伺机寻找一些渣滓来食。有趣的是这些黑乌鸦的颈上都有一圈红色的毛,这种情况在喀木我们也不止一次见到过。

在我们停留的这个位置,格曲的宽度仅剩下20俄丈(40米),深度也仅有2英尺(约60厘米),河道中间的水流挣脱了冰面的束缚,急速向前流去,目力所及之处,格曲一直流向西北,消失在群山之中。当地人称,这条河沿着西面和西南方向流淌,最终汇入孜曲。格曲的长度据估计约为150公里,上游和中游地区居住着一些游牧民,而下游地区则聚居着一些定居居民。

每天都有一些德格人来到我们的营地,他们在我们的营地出出进进,使我们这儿显得异常热闹,当地的头领也来过几次,向我们赠送当地的狐狸皮和哈达以示敬意。其中有一位主要头领布杜姆加奇,我们同他已经是老熟人了,常常在路上或者在营地里与他交谈。

从与当地人的交谈中我们了解到,其实东西藏地区的牧民们都很正派,但不幸的是,他们却遭受到当地头领和喇嘛的欺压。在大多数情况下,这些普通老百姓的家庭和个人财物都得不到任何保障,那些作威作福的当地官员们只要一声令下,那么对这些平民来说就只有一个结果:要么在自己家里,要么在别的地方伺候客人,与此同时自己的财物也有随时被剥夺的可能,稍有不从就会遭到严厉的惩罚,有的时候还会招致喝毒药处死的结果。当地的官员可以任意地对任何一个老百姓进行肉体惩罚,在这里根本没有尊严这个概念,有的只有强权与财富,而通常强权多屈从于财富。

12.6　俄国地理协会山脉

3月3日至10日这一周,考察队是在俄国地理协会山脉的第三个或者中间的交叉点地区度过的,正是在这个地方,这条扬子江和澜沧江的分水岭,分成了两条高耸陡峭的山脉,海拔高度达到18000英尺(5490米)。无论从南面登上哪条山脉,都可以看到,只有在山顶部有一些雪层,基本上还可以通行。但是北面的斜坡却非常陡,山石突兀且雪层很厚,给我们的前行带来了很多不便。

俄国地理协会山脉的构成是这样的:南面的山峰多为浅绿色霏细结构的斑岩(石英样的纹理),山峰中上部多为带着方解石纹理状的浅灰色厚密的石灰岩,山峰下部多为土灰色的页岩、浅紫色的凝灰岩及角砾岩。在山峰下部南面的坡上,3月3日早晨8时的气温是34℃。这里有很多非常光滑的小山丘状的石头,有深黄色的带着点赭色的晶石,也有鲜黄色纤维状的钟乳石。至于北面的山脊上多为页岩和砂岩,再往下一点在北面山峰的中上部有一些红白相间的石英岩和一些石灰岩,下部则多是一些土灰色的砂岩和鲜黄色和赭色相间的页岩。在山脚下和长江上游岸边的一些台地上,多是一些砾岩和灰色的层状砂岩,多孔而又呈石灰砂土状。

据当地人讲,1896年9月在琼科尔寺及其附近地区发生过一次大地震,造成这座寺庙及邻近房屋的倒塌,到处是塞满了石块和沙土的裂缝。

在俄国地理协会山两条山脉狭窄的空隙之间耸立着的另一些山脉给我们留下了深刻的印象，水量充沛的巴曲在里面奔腾而过，水流落差很大，汹涌的河水不停地拍打着两岸陡峭的山岩，北面的这段山岭几乎无法通行。水流湍急的巴曲就像一条巨蟒将前面的山脉撕开，泡沫飞溅着一路咆哮地流向远方的扬子江河谷。

图 12 - 2　扬子江右岸的琼科尔寺

这条山脉顶端的景色更为原始也更壮观，绵延的峭壁和大片的针叶林构成了一幅美妙的图画，峭壁和山岩上是高高低低或密或疏的灌木丛，布满石头的河道和喧闹的瀑布将峭壁分开。在夏季或早秋时节，动物学家或植物学家可以在这里找到丰富的动植物品种。对于动物学家来说，这里有着丰富的哺乳动物和鸟类品种，而吸引植物学家的是这里大量的树木和灌木丛种类。

这个时期当地的游牧民都聚集在各个山峰中下部背风的地方，这里基本没有雪，就是有也是很薄的一层，很快就融化了，在这儿已能感觉到春天的临近。而山峰的顶端仍然是一派冬天的景象，在寂静的山顶，只有呼啸的大风和暴风雪。与山顶相比，在山脚下我们可以进行更

·欧·亚·历·史·文·化·文·库·

为充分的考察。一路走来,厚重的积雪将山路的崎岖遮掩得严严实实,牛马沿着山顶的小路前进时,会不时陷入没顶的坑里,有些地方还保留着原来的老路,崎岖难行,就像一道道狭窄的壕沟,这给我们的前行带来了很大的困难。

行程中最艰难的时候莫过于第三天和第四天,也就是考察队翻越山脊的日子,上到鞍部再下来的垂直距离有千余米,山南部的戈拉拉吉山口海拔达到 16210 英尺(4940 米),而北部的森科拉山口海拔为16600 英尺(5060 米),后一个山口可以说是我们在中亚和西藏地区两年半行程中所翻越的海拔最高的地方了。

俄国地理协会山脉的中部是巴察姆达地区,我们不得不在这个地方暂作停留,因为 3 月 5 日和 6 日这两天一到夜间这里就开始下雪,雪厚达半英尺到一英尺(15 ~ 30 厘米)。阳光透过时疏时密的雾气直射下来,晒得我们暖洋洋的,但与此同时,反射在雪地上的太阳光也刺得人眼睛睁不开,在这儿不戴防护眼镜几乎是寸步难行,基本上连帐篷都不敢出。

在这停留的这几天,我们心情无比沉重,因为我们可爱的小生灵曼得里尔(小猴子)离开了我们,它就是在我们刚才翻过的那个山口死的,不堪重负的牲口连带沉重的行李一起摔了下来,砸在了曼得里尔的身上。它的死让我感到无比的痛心,它从很小的时候起,就一直与我们在一起,和考察队的每个人都非常熟悉。

在森科拉山口我们遭遇了最糟糕的天气,风裹挟着雪花呼啸而来,寒冷无比,灰色的乌云低沉地压在山脊和山坡上,山谷中的能见度很低,就连最近的转弯处几乎看不清,这为我们的行程增加了难度,尤其是在陡峭的山坡上行进时,那儿有大量光滑的石块,异常艰险。在爬上山口之前,我们在峡谷看到了不久前从数千英尺高的崖壁上坠落的大石块,体积如帐篷般大小,深深陷入山谷的沙石中,上面的裂痕清晰可辨,崖壁上的裂痕也非常明显。目击者称,在这个地方,最可怕的事莫过于崖壁崩塌并伴有巨石砸下。

我们沿着森曲河谷一直下到密林地区,终于从雪域中走了出来,到了塔乌格勒山脚下的台阶地,在一个藏民的帐篷边,我们搭建了营地,在这里休养了好几天。这几日的行程使我们每个人,包括每头牲畜都筋疲力尽。

3月10日一大早,我们告别了藏族牧民,精神抖擞地出发了。密林、灌木丛和草地渐渐地被我们抛在了身后,迎面而来的是山底的沙土地,这里几乎看不见什么植被,基本上都被当地游牧民所放养的牲畜吃光殆尽。

12.7 在蓝河(扬子江)宿营

琼科尔寺在得知考察队到达的消息后预先做好了准备,这使得我们那天很顺利地渡过了蓝河,抵达它的左岸。这条河的水位很低,水质清澈透明,水面像镜子一般,两岸的景物倒映其中,通过清澈的河水可以一眼看到布满砾石的河床,站在河岸上,可以清楚地看到深水处的河底及浅滩。河中有许多巨大的砾石,湍急的水流冲击到巨石上,激起层层浪花,哗啦啦的流水声传得很远,即使是在河谷远处耕作的农民都可以听得见。

图 12-3 扬子江上游藏族人的小船

扬子江上游河谷以西的地方是一片辽阔的平原,而其东面的地形正好相反,密布着众多纵横交错的山峰,河流穿行其中,切开俄国地理协会山的西部山脉一直向南方流去。俄国地理协会山的两条山脉高耸入云,向西绵延至很远,山的中上部覆盖着厚厚的积雪。北面是一孤立的山峰,横跨过霍尔加姆泽并将德格地区一分为二,因此我就将这座山峰称为德格山。

在扬子江和黄河分水岭的支脉中,有一支沿着长江以北向前延伸,支脉的另一侧是格尔曲河。这支独立的支脉与分水岭山脉平行,向西北至东南方向延伸,一边同纳木错旗毗邻,一边同霍尔加姆泽接壤。早在 1882 年初,就有一个伟大的探险家首次对这个山脉的南边山脚地区进行过考察,这名探险家在地理文献里以绰号邦吉特[1]闻名。为了纪念这位谦虚的科学探险者,我将这座不知名的山脉称为邦吉特山。

我们边行进边对这条山脉南部和东部地区的地质构造进行了考察,南部的具体地质构成如下:深绿色的辉绿岩(细粒状、已风化)、浅灰色细粒状白云母花岗岩、粗粒状白色或黄红色黑云母花岗岩、含云母黏土质砂岩(灰色、坚硬、细粒)、紫灰色黏土质多石页岩、带有石英细脉的页岩、绿灰色细粒状石英岩、褐色疏松多孔的带有许多软体动物贝壳的石灰岩,这些石灰岩的形成与这里分布的许多温泉有关。3月 19 日早晨 8 点半,我们对这里的温泉进行了温度测量,分别为 52℃、47℃、56.3℃、60℃和 63℃。

上述这些地质成分是山腰下南坡的构成,到了山腰中部地质成分有所变化,这里有灰绿色含石灰的黏土质绿泥片岩,山腰上部是卡姆大部分山脉的典型成分——石灰岩,也就是浅灰褐色的、密实的、带有微生物残骸的石灰岩。在山的东部的考察情况如下:山腰上部是浅褐色细颗粒黏土质砂岩,南坡上是灰绿色带有浅绿和紫色斑点的片状辉石玢岩,北坡是灰色含云母的黏土质页岩,山脚下则是灰色细颗粒黏

---

〔1〕邦吉特的真名是基申·辛格(科兹洛夫显然是搞错了,应该是克里什纳[Krishna]),由于政治原因他的真名被隐藏了起来。

土质砂岩,带有细小的黄铁矿立方体斑晶,以及砾岩[1]。

在邦吉特山的西边是游牧民,而在山的南边和东边即河口处,则是一些定居居民和从事耕作的农民。这片区域的动植物群构成情况与邻近地区差不多。

我们的营地就扎在蓝河河岸上,邻近有一个小寺庙朱马哈甘寺和几个村子。我们的营地刚安好,这里就变得热闹起来,不时有当地的居民前来探望,甚至还有一些四川人,他们都是些来往的生意人,暂时在这里歇脚。

12.8　与达赖喇嘛的使者会面

3 月 11 日,也就是考察队抵达蓝河的第二天,我们意外而又惊喜地见到了拉萨的使者,他们一直在后面紧追我们,当他们到达我们的过冬地时,我们已经出发了,于是他们一直在后面紧追不舍,跟随到此。拉萨使者由两位主要官员和大批随从组成,两位主要官员分别是:负责噶厦官员与达赖喇嘛联系的扎姆音舍拉布苏尔和达赖喇嘛的私人司库东杜布琼登尼仓。随从分为两部分,一部分服侍使臣的主要官员,另一部分被安排至庞大的驮队里。这些使者来到了我们的营地,在弄清楚我们确实是俄国人之后才开始同我们举行会谈。

使者称,近半年来收到了许多关于考察队情况的口头汇报,达赖喇嘛最后决定派他们来调查清楚,即考察队成员到底是俄国人还是英国人。如果是俄国人的话,那么根据命令,他们将立即与我们结识,并转达达赖喇嘛的问候。如果是英国人的话,那么将不会举行任何会谈,而是立刻返回拉萨报告。

他们首先为没有允许俄国考察队前往拉萨转达了达赖喇嘛对俄国沙皇表达的歉意,他们解释说,这样做实属无奈,因为根据拉萨的古训和古老的法令,每一个藏族人都有义务拒绝异乡人的探访,保护神

---

[1]最新的砾岩——棕绿色细小的石头,由卵石和砂岩的碎块构成的石灰胶状物。

圣的布达拉宫。

　　使者对我们的翻译巴德马扎波夫和达代非常友好,尤其是在弄清楚他们两人的家乡后,态度就更加亲切起来。之后西藏地区的使者将营地扎在了蓝河右岸的琼科尔寺附近,并开始在当地设立法庭,对一些僧侣和平民进行惩处。琼科尔寺的尼瓦及其助手遭到了鞭笞的惩罚,每人被鞭抽50下,受刑之后这俩人几乎爬不起来了。

　　此外还有一些惩罚方式:被认为有罪的人面朝下全身赤裸地趴在地上,抓住头和腿,行刑的人用两根鞭子不停地抽。使团里较年轻的人充当行刑者,常用工具是鞭子,细而弹性十足,上端有一个很结实的短手柄,放在盒子里装着。出于行刑方便,行刑者们一般在行刑时会脱去上衣露出右臂。

图 12-4　达赖喇嘛的使者

　　西藏地区南与印度相邻,西与克什米尔和拉达克接壤,东面和北面分别与隶属于西宁和四川毗邻。藏区分为西部、北部和东部三部分。西部由拉萨沿布拉玛普特拉河向西延伸,这片地区又被划分为三个区。北部由拉萨向北至襄谦汗的领地,其中包括纳木错湖区域及附近地区。这里居住着约4万户居民,基本上都是游牧民。东部又被称作博季尼尔纳,包括25个区,清一色全是定居从事耕作的藏族人。藏区东部我们知道的较大的区有:纳里扬、贡朱尔德瓦、塔亚克、满卡姆、昌都、类乌奇、巴格寿、索戈德马。

西藏这三个主要地区无论从宗教上还是政务上都从属于噶厦最高精神领袖——达赖喇嘛。

噶厦由达赖喇嘛四个助手转世呼图克图组成,他们是:第穆呼图克图、达扎呼图克图、济隆呼图克图和热振呼图克图。他们四人按顺序终身管理俗务,有摄政的权力,在获得清廷的认可之后才可以摄政,前一位摄政去世后由下一位接任,如此更替直至现任达赖喇嘛成年。达赖喇嘛几年前就开始准备接班,直到成年后最终完全掌权。达赖喇嘛不仅是宗教上的最高领袖,还是西藏世俗社会的最高领导人。无论是达赖喇嘛执政还是摄政者执政,都有一个全权顾问泽吉布哈姆巴,此人享有议事权和决定权,其个人权力大到可以在许多事情上独自做主而不必向达赖或者是摄政报告。

除这位全权顾问之外还有四个顾问,地位等同于中国的藩王,他们在西藏通常被称作是"协摆",而在蒙古则通常被称作是"噶布伦"。在这四个协摆之后还有四个信使,紧接着还有被称作是尼仓-德瓦的司库。现任达赖喇嘛还配有两个索本:大索本奇姆布和小索本琼那,他们无论是在宗教事务上还是在社会事务上均有很大的影响力,只在重要场合出面。在达赖喇嘛与管理机构成员之间还有一个重要的角色,那就是社会事务报告人哲仲尼(在蒙古被称作是多尼尔),哲仲尼除负责向达赖喇嘛报告一切事务外,还负责向各级官员传达达赖喇嘛的各项指令。他在社会事务上的权力与影响力也非常大。

现任达赖喇嘛的社会事务报告人是扎姆音舍拉布苏尔,就是同达赖个人司库东杜布琼登尼仓一起前来探询考察队情况的使者,在蓝河边的琼科尔寺与我们相遇。

以前达赖喇嘛一般不管社会事务,而现在达赖喇嘛集所有权力于一身,他不仅是社会事务的最高领袖,而且在宗教界也是唯一的发号施令者,他可以根据自己的意愿去任免西藏地区所有寺院的喇嘛。

达赖喇嘛宗教等级里最重要的一个人物是巧本堪布,当达赖喇嘛主持宗教祈祷仪式时,他负责监督整个宗教活动的秩序和正确性。在达赖喇嘛的身边通常有许多著名的喇嘛,他们各司其职,分工明确:一部分负责占卜算卦,一部分负责看星相,还有一部分负责为活佛们的健康长寿进行祈祷,另一些负责为拉萨的平安及各大寺庙不要被欧洲人闯入而祈祷,还有一些为藏传佛教的广泛传播而祈祷。根据达赖喇嘛的指示,这些喇嘛会不定期地被任命为拉萨三大寺的喇嘛住持,这三个寺是:哲蚌寺、色拉寺和甘丹寺。

12.9 关于拉萨和达赖喇嘛的记录

拉萨这个"天国"是西藏境内最大的居民区,其建筑占地面积和人口都是最多的。在众多的藏人、汉人的建筑中,耸立着众多的寺院,其中最宏伟的莫过于布达拉宫了。

布达拉宫建筑在一座不太高的小山上,据说这座山像扎格博里山一样,是从印度驮来的。布达拉宫既是一座宫殿又是一座神庙,同时也是达赖喇嘛的官邸。在扎格博里山还有一座满巴达仓,里面的喇嘛们主要学习医学。

市中心有一座较大的寺庙——祖拉康寺[1],寺里有一个拉萨市的圣物——释迦牟尼的圣像。

在寺庙之间有许多建筑,其中包括管理机关噶厦的办公驻地,被称作南扎沙格,主要用于召集管理会议、审议和做出处罚决定,其中包括判处死刑、迷幻、断指、永久戴镣、责打等。这里还有监狱以及管理者的住所。

中国的驻藏大臣及其500人的卫队住在城郊的衙门里。

拉萨市郊有三座最有名的寺院,这三座寺院有一个共同的名字叫色布来格苏迈,都属于公元15世纪初宗喀巴创建的格鲁派,其中最大的寺院当属哲蚌寺,然后依次是色拉寺和甘丹寺。哲蚌寺负责管辖其

---

〔1〕"祖拉康"或"惹萨",位于拉萨市中心,现称为大昭寺,寺内供有释迦牟尼佛像。译者注。

附近的住户及寺院,以预言世事而著名;色拉寺负责管辖三座寺院,以众多的苦行僧修道室而闻名;甘丹寺负责管辖两座寺院,该寺以其收藏的众多奇异的遗骸而闻名。在上述三大寺院内共有2.5万名喇嘛。

每年藏历一月三日都会有指定数量的喇嘛汇集在拉萨,举行名为"拉萨祈福"的大型祈祷活动。活动结束后每一个喇嘛都将得到达赖喇嘛或其他祈祷者赠送的礼物:西藏银币、茶、糌粑、酥油或其他。

在拉萨城郊通往上述三座著名寺院的路上能够看见许多圣物:树、石头、立柱、山丘、山脊、泉水、小溪、小寺庙等。每走一步都能遇见祈祷的人,他们中的许多人把围绕圣物转圈作为自己的祈祷义务,常常可以看到做等身长头跪拜的人。

据说,现在的达赖喇嘛出生在拉萨西边不远的一个贫苦家庭,他的父母及兄长们靠每天清晨捡拾动物粪便卖来养家糊口。他小的时候,通常要饥肠辘辘地等待一整天,才能等到母亲弄点粮食回来。因为没人照看,一旦母亲要出去工作,就只有将他用绳子捆在院坝的柱子上。有一天母亲很晚才回到家里,她惊奇地看到,捆孩子的柱子已经裂开并且从裂缝中流出了乳汁,这个孩子正不停地吮吸着。这个奇怪的现象使母亲明白,这不是一个平凡普通的孩子。果然没过多久,拉萨的大活佛就出现了,指认这个孩子为转世灵童,也就是通常所说的达赖喇嘛,并将这个孩子带到布达拉宫,一起带去的还有这个孩子的母亲及兄弟,而他的父亲这个时候已经不在人世了。

达赖喇嘛生于1876年,1905年他年满29岁。据他身边的亲信讲,达赖喇嘛生性和蔼可亲,坦诚乐观。除祈祷外,当他和自己亲近的人及亲戚们在一起的时候,他常常放声地开怀大笑。他生活简朴,不抽烟、不喝酒且不近女色。快满20岁的时候他从当时的摄政王手中接过了西藏的执政权。

在布达拉宫,达赖喇嘛手下有很多喇嘛,近500人。此外他手下还有一个由7名喇嘛组成的沙布登堪布,他们的主要任务是为水祈福,这些经过祈福的圣水主要用于达赖喇嘛一月一次的洗脸、手和脚中。另有4名司库泽尼仓,主要负责管理达赖喇嘛的个人财产、粮食、物品,并负责向其他喇嘛们分发施舍物和对官员们进行奖励。除此之外,在达赖喇嘛身边寸步不离地跟着一名喇嘛塞姆本-恰布,他主要负责管理达赖喇嘛的衣物及每天帮助达赖喇嘛穿脱衣服。

布达拉宫内所有喇嘛们的衣食住行均靠达赖喇嘛的个人财产来支出,这些喇嘛很容易与普通喇嘛区分开,因为达赖喇嘛不仅为他们配饰了华丽的衣着(相对来说)——丝绸质地的服装,而且这些人都是精挑细选出来的体格匀称、容貌端正且很有素养的人。

应该指出,达赖喇嘛本人也是相貌堂堂,他高高的个子,身材端庄,容貌俊朗,穿着永远都是干净简朴。

达赖喇嘛每天要么读书,要么听自己的教师讲课,或者同身边的人交谈,每天一到两次接见并祝福朝圣者,这些朝圣者或空手而来,或携带着礼物。

达赖喇嘛的使者们一直陪同我们走到霍尔加姆泽,这些人一路上对我们是言听计从,格德人布杜姆加奇更是主动陪着我们,直到巴纳宗村。

12.10　林古泽地区

到巴纳宗村的山路约有 150 公里,刚开始是在南边的德格山与北边的邦吉特山,沿着其山脚或者是纳姆曲、罗克曲和伊曲的上游河谷穿行,之后穿越了邦吉特北部山脊的东侧,到达了林古泽地区。

林古泽地区被认为是西藏地区东部第三大地区,该地区建于格萨尔王时期,由 33 勇士之一的林格萨尔在西喇古尔残部的基础上所建,并以自己的名字命名为林古泽,这个地区一直由这位勇士及其后代统辖着。

这个地区曾经非常兴盛,但现在已是人丁不旺,只有几千户家庭,人口也仅有 5000 人左右。林古泽的居民一半从事固定的农耕业,一半则从事游牧业并占据着非常辽阔的土地,面积遍及德格的东北至西南部(从长江上游的扎曲河口至贡曲河口,以及从纳木曲河口至琼科尔寺院所在的长江左岸)。

　　林古泽地区和四川喀木的其他地区一样,都有世袭的土司管辖,土司拥有相当于大汗的权力。该地区所有的居民被分成 25 个旗,每个旗都有其相应的头领,其任免均由土司定夺。

图 12 - 5　巴纳宗村

　　33 岁的现任土司常住在古泽寺中,不理时事,所有的事务都交给宗本处理,他娶了现任德格土司的同胞姐妹为妻,这两个部落联姻已有 50 年历史了,此举也防止了两个部落之间发生冲突。

　　林古泽地区的居民们以勇猛和粗鲁闻名,邻近的小部落很害怕他们,甚至连以抢劫为生的果洛人都不敢去惹他们。林古泽人常年与霍尔地区北部的冬扎旗、刚古旗、尚加旗打仗,并因此以善战和掠夺而

263

·欧·亚·历·史·文·化·文·库·

闻名。

同德格和西藏其他地区一样,林古泽人的武器也都是带支架的长筒火枪、马刀、长矛和投石器。长筒火枪枪身、马刀以及长矛的枪头均是由从松潘厅地区和四川苗州来的汉人和唐古特人制造的。

长矛的枪身是用竹子制成的,上面缠着细细的铁丝、铜丝,甚至是非常稀有的银丝。

几乎每一个藏族人都会用硝酸钾、硫黄、桦树或枞树炭制造火药。

图 12 - 6 藏族男子

硝酸钾是从贡朱尔地区弄来的,而硫黄是从德格南部弄来的,铅弹也是从德格靠近德格贡钦南部的蓝河左岸弄来的,那儿有丰富的铅矿,由于这种金属价格昂贵,藏族人通常用河床上大小差不多的沙石来做子弹的内芯。

投石器是自己用皮毛做成的。

当地士兵的全副武装包括:火枪、两把马刀(一把背在背后,另一把则别在腰间)、长矛和投石器。在当地的居民中像这样的士兵非常多。因为根据当地头领的要求,每一家必须出一名士兵,在规定的期限内带上自己的干粮负责骑马巡逻。

这儿有很多做生意的汉人,要么是从霍尔加姆泽来到东部地区的，要么是从德格贡钦来到西部地区的，他们运来了粗布及其他纺织品、小刀、针线、器皿、瓷器、烟草和茶叶等。汉人用自己的货物换当地的麝香、鹿角或者卖掉换成印度卢比。但当地没有专门用来做生意的商店或者仓库。

在林古泽西南部地区有一条商道，从达尔车多出发经霍尔加姆泽一直到达哲卡，路过古泽寺和当地王的大本营。

除了做生意的人之外，这个地区有时还会有一些汉族的手工业，如钳工、铁匠、木工、裁缝及其他手工艺人。

由于林古泽地区的草场不够，无法满足牧民的放牧需求，因此在每年春、夏、秋3个季节，有约200户的牧民要到扎曲两岸及其左侧支流贡曲的上游地区租赁草场，这里已是扎曲卡瓦的领地了。

根据土司的征税情况，我们只了解到游牧居民的现状，而对定居居民的情况不是很了解。每年夏天土司会命令属下到游牧区去征收牦牛奶，那些穷人，也就是常说的一顶帐篷户，必须上交不少于8磅的新鲜奶，而富裕家庭则要上交不少于20磅的奶。

秋天的时候，土司会给游牧居民"送礼"，每10户送一驮子盐。得到盐的每户居民，无论贫富，都要向土司回赠8俄磅的奶油。但这一驮子盐对于10户居民来说，却是太少了。

在林古泽地区从事抢劫的基本上是游牧民，常常在邻近地区以及霍尔加姆泽至哲卡的商道上进行抢劫。他们有时单独行动，有时四五十人集体行动，集体行动常常针对汉人或者霍尔藏人的商队。抢劫行动无须得到谁的允许，他们常常是听从某位长者的建议。所获战利品会被平均分成若干份，头领会得到双份。此外他们还会将战利品分给他们所供奉的寺院以及为他们的抢劫行动进行占卜和祈祷的喇嘛。不管抢劫行动是否成功，他们都会通过志松或自行向当地土司报告。这么做是因为那些遭抢的人不可避免地会将此事向其自己的头领投诉，这些头领也将会就此事与当地土司进行交涉。林古泽土司通常都会袒护自己的部属，因为在他看来，抢劫是一种能够让本部民众富裕起来的勇敢行为。不过抢劫者的战利品并不分给土司，而土司本人对此也没有要求。

定居居民中很少实施抢劫。不久前一位住在纳木曲河谷的定居居民在纳木曲天然界限地区对外人及本旗人实施了抢劫,这被认为是非常严重的犯罪行为了。这是一个有着古老族系、约有30户家庭的人家,他们一部分是定居居民,一部分是游牧居民,游牧民大部分是年轻人。这位实施抢劫的年轻人受到多次惩处,甚至因此而瞎了一只眼,但他始终改不了恶行。最后土司忍无可忍,但又不想失去这么一个聪明厉害的抢劫者,因此决定赐给他一个志松的名号,附带条件是他不能在自己的地盘内实施抢劫。但这名惯犯拒绝接受并很快又抢劫了本旗的另一名居民。直到这个时候土司不得不决定挖去他的另一只眼,并没收他的所有财产。得到消息后,这名惯犯带着自己的家人和共30顶帐篷匆忙逃往扎曲卡瓦,至今他们仍生活在那儿。

林古泽土司要求德格土司交出叛逃者,但一直没有结果。因为藏人中没有交出叛逃分子的习惯,尤其是对这种有勇有谋的人。

在林古泽地区,很少发生同旗人之间的抢劫或者盗窃行为。抢劫或盗窃自己人的行为会遭到严厉的惩罚,比如对于那些偷盗小刀、杯盘或其他小物件的罪犯,要切掉其右手食指的两个骨节或者整个大拇指。后一种惩罚通常用于处罚那些在寺院庇护下的山林中或者被认为圣山圣林里打猎和射杀动物的人。那些以最高喇嘛和最高首领名义写信的书记员,如果在信中用了不礼貌的或者失礼的言辞,也会被处于切去右手食指的刑罚。

那些盗窃山羊或绵羊的罪犯,会被戴上镣铐,关押在土司宅邸三个月,由其亲属负责给其提供饭食。在被关押期间,罪犯将被切掉一根手指或挖掉一只眼睛以示惩处,并且按偷一赔九的方法来进行处罚,其中一只赔偿给被盗者,另外八只则送给土司作为报酬。

对在本旗内杀人的罪犯的处罚如下:在审理结束前罪犯将戴着手镣脚铐关押在土司宅邸内,一旦判决出来,犯罪属实,那么罪犯将被剥夺所有家产,挖去眼睛,剁掉右手,没收的财产上交给土司和当地寺院。

正是有了上述严厉的惩罚措施,所以在同一个旗里发生盗窃、杀人或其他案件的情况很少有。

12.11　邦吉特山脉

在考察队向东南方向进发的前三天里,我们还能够欣赏一下扬子江河谷两边的山峰,过了林古泽土司的大本营后就再也看不到了。越往前走,德格山变得越起伏不平,白色的山顶和阴暗陡峭的北坡。山的中下部是茂密的树林和灌木丛。邦吉特山则是另一番景象,其南面是平坦的山坡,绿草如茵,茂密的草丛一直延伸到同样起伏不大的山顶。

我们的行进路线弯弯曲曲,一会儿在山间,一会儿又下到河谷。在峡谷中穿行时,常能够看到因地震从悬崖上断裂跌落的巨石或碎片。

一路行来,常能看到当地定居百姓耕种的田地,排列得整齐而又漂亮。更为漂亮的是散落在山丘上或山丘之间,抑或者在密林掩映下的佛教寺院。远处有一些牲畜在悠闲地吃草,它们能够熟练地分辨出哪些是毒草。这些毒草都有着很光溜的外表,就像我们去年在甘肃所见到的一样,当时我们的骆驼在乔典寺附近就是吃了类似的毒草而付出了惨重的代价。

穿越不高的米拉山口,我们继续前行,从西北方向通往德格贡钦的第一条小路就由米拉山口分出,这条小路沿马仑拉山口一直穿过德格山。我们沿着一条小河向下走,远远地就看到了古泽丘冬(温泉升腾起的浓白的热气),就像是云朵一样。越靠近温泉,绿色就越是浓郁,鲜活碧绿的青草和银白色的细流交相辉映,美丽至极,附近还可以看到优雅的长毛天鹅。测量完水温后,我们穿过丘冬鲁村转向纳姆曲,并在林古泽大本营不远处扎了营地。

林古泽土司同我们互相致意并通过下属与我们进行了谈判。在我们的下一个落脚地,这些官员向我们赠送了驮运货物的牲畜和上等的豹皮。我表示,希望能够在这个茂盛的牧场多待一天,在生长着原始密林的圣山里打打猎。这些官员们同意了我的请求,并指出,他们的喇嘛会为我们猎杀鸟兽的罪行而祈祷。

·欧·亚·历·史·文·化·文·库·

在这儿的第一天我就弄到了两只香獐、一只金雕及几只小鸟。接下来的一天天气更好,尽管再没碰到香獐,但遇到了很多兔子,我们打了一只用来制作标本,其余的我们只是欣赏着,看它们如何在草丛里慌乱地四处逃窜。鸟在这里不太多见。

考察队继续东行,我们爬上了平缓的长满草的兰泽卡里山口,海拔 13930 英尺(4250 米)。这儿居住着一些外来的果洛人,他们自称为"南钦多普",这可能是他们以前居住地的名称吧。

这些人大约有 40 户,住在黑色的帐篷里,他们很早以前就在这里落了户。这些独立的藏人在纳姆曲上游地区游牧,仍保留着抢劫过往商队的恶习。就在我们抵达的前一天,一个大型运茶商队遭遇了劫匪,在僵持了一夜之后,他们终于成功地抵制住了强盗们的围攻。我们的向导说:"他们如果长时间不去抢劫一下,就会感到难受。"而德格人称,他们对当地的土著居民还是很友善的,如果需要的话,他们还会无偿地向当地首领提供需要的大马车。

在兰泽卡里山口附近,从大路沿冬策拉山口和勒拉山口分出两条通往德格贡钦的小路。这两条小路靠得非常近,并将德格山分成了两部分:西部平坦易行,东部则非常陡峭,有些地方甚至覆盖着厚厚的积雪,一直到扬子江拐弯处以西的地方,道路才变得平缓了一些。

在我们途经的兰泽卡里隘口和米拉隘口之间,即大约海拔 15140 英尺(4620 米)处,有一个由小溪汇成的深坑,这就是扬子江右侧支流纳姆曲的上游。在这个深坑和邦吉特山脊裂口的对面,从西往东数,德格山的第一个常年积雪的顶峰,在其陡峭的崖脚下有一座卓肯巧姆拉寺,里面大约有 200 个喇嘛和 1 个大活佛。

沿小溪向下,距寺院大约 1 公里处有一个不大的村落,房屋高低不齐,参差排列。村后一条小路蜿蜒伸向木尔曲河谷。没走几步远就看不到刚才那座寺院了,只能根据日光下熠熠生辉的山峰来判断它的大致地理位置。这个蛇形的峡谷渐渐地把我们引向更高的地方,虽然已近 3 月末,但天气仍然很凉,尤其是夜间。白天在阳光的照射下,一些河面上的冰开始融化,春天的河水在冰面上或冰下流淌着,发出哗啦啦的声响。峡谷侧面的崖壁上长满了低矮的柳树,漂亮的杜鹃花点缀其中。在山脚阳光照射到的地带,已经有一些报春花开始绽放粉红色的花朵,一些地方间或还可以看到矮小的含苞未放的毛茛花,峡谷里的乌鸦、鸫、寒雀、岩鹨和伯劳鸟欢快地鸣叫着。

米拉山口这两个山脊连接在一起,从山口望去,风景十分优美,远远的东南方向可以看到伊曲弯弯曲曲像一条银色的带子,一直向北,隐没在群山之中。翻过这些山有一条直通向霍尔加姆泽的大路。右侧望去是德格山高高的岩壁,郁郁葱葱的密林和顶部的雪峰笼罩在淡紫色的云雾之中,恍如仙境。邦吉特山脉也是气势恢宏,但与其南面的邻居相比,在规模上它还是略逊一筹。在这座山的山脚下有一个积雪融化后汇成的尤留姆措湖。

沿着陡峭的崖壁和平缓的山坡,我们没费太大劲就下到了湖的河谷,沿着汇入尤留姆措湖西北湾的小溪,我们亲身感受了一下这个高原湖泊。此湖位于德格山脚下,沿山的走向延伸,绕湖一圈大约有6公里,多余的湖水沿着尤留姆措曲小溪汇入到伊曲宽阔的河谷中。

我们来到湖边舀起湖水,惊起了一群秋沙鸭、水鸭子和海鸥。在这里海鸥数量最多,它们大多居住在离岸很远的冰面上,更远一点的地方有一些鹤在鸣叫着。在湖边崖壁上茂密的灌木丛中生活着腹寒雀、栗耳鹀、*Pratincola maura Przewaiskii* 和阿尔卑斯山雀,叽叽喳喳声不绝于耳。在远处的草地上能看到云鸡、松鸦,高空中盘旋着鹫,这里还能看到一些羚羊、兔子和田鼠。

考察队终于走完了德格山,这条山脉从西北至东南一共绵延200余俄里,其最高点位于中部,即尤留姆措湖区域,峰顶常年积雪,在阳光下闪闪发光,藏民们称其为"姆措色丹乌伊策周布吉",即"冰湖上十八峰"的意思。在穿过德格山前往德格贡钦寺的第三个山口附近,是托格拉山口,其海拔高度约为17000英尺(5200米)。据当地向导讲,这个山口非常难走,全是石头,是藏东地区最高的山口之一,一到冬天就无法通行。而在通山的时节,这里却格外热闹,从霍尔加姆泽到德格贡钦往来的商队非常多。

269

由四川通往拉萨的大道上人来人往,尽管这条大道在中部和南部地区绕了一个大弯,但当地的藏民们仍多走此路,因为它是最适合驮运商队出行的大路之一。在这里每天都能看到许多商队,多是往拉萨贩运茶叶、木材、器皿、瓷器及其他商品,返回时大多会带回一些西藏的纺织品、鹿角、麝香、铜铸雕像、烟斗及其他物品。除了商队以外我们还会遇到一些盛装骑马朝觐的人或生意人。

路上我们常碰到一些妇女和少女,戴着类似西藏其他地区男子常戴的那种羊羔皮帽子,据说果洛的妇女有时也会用这种帽子来装饰自己。

随着我们向霍尔加姆泽地区靠近,我们的随行翻译达代开始适应当地方言。当地方言同拉萨方言或者昌都方言有很大区别,幸好与我们同行的西藏使者们能够听懂这些方言,在此后的两三天内他们帮助达代逐渐适应了与当地人的交流。

12.12 穿越北部高山

现在我们准备翻越邦吉特山脊,翻过海拔在 15680 英尺(4780 米)的贡拉山口后我们又走了两天的路程。

穿过伊曲河谷这个定居居民和游牧居民混居地带后,我们到达了北部山区,开始沿贡曲翻越山口。路上我们遇到了当地的头领带着的驼队和向导,他们是来向考察队提供服务保障的。这段山路非常崎岖难行,潮湿的长满草的坡地非常滑,并且天空中还飘着雪花,我们只好暂时在距离山口顶部 3 俄里的平坦处先安营休息。一直到 3 月 28 日早晨我们才又开始继续进发,很快就登上了达坂顶端,在德格山冰雪素裹的顶峰上太阳仅仅照射了几分钟,就被厚厚的乌云遮了个严严实实,山峰也看不见了。

我们没有像通常那样从北部或者南部下山,而是上了高原,这里覆盖着厚达 30 余公分的雪,一幅严冬的景象。一群西藏云雀从空中欢叫着飞过,时而直冲云霄,时而追随着自己的同伴,那欢快的样子引起了我们阵阵遐思。在这片雪域高原的远处,时不时还能看到体态轻盈的羚羊的身影。商道被雪深深地埋在下面,使得前面的马匹疲惫不堪。在这段总长不过七八公里的山路上,凛冽的西南风强劲地吹着,只有渐渐向北下坡后我们才感到稍微暖和安静些,雪也渐渐少了,已能看到一些已经化冻的土层及一些草场,再向前行就是一些灌木丛,继续下行已经看得见一些树木和当地老百姓的耕地了。

一夜之间我们所经历的环境气候有着很明显的反差:山峰顶部是严冬,而一路下行则处处春意盎然,看到眼前的景象,山顶的经历就像在梦中一样。现在我们一路欢快地奔向前面的巴纳宗居民点,我们选择在邦吉特山脉北部山脊下的这片居民点的边上扎了寨。

·欧·亚·历·史·文·化·文·库·

13　雅砻江上游地区

13.1　巴纳宗村

美丽的巴纳宗村坐落于北纬 31°59′55″,东经 99°22′2″,海拔高度为 12020 俄尺(3663 米)的高地,位于高山南面山麓,色曲左岸,色曲由此向下流 3.5 公里后汇入雅砻江。在北侧有一个长满杜松林的小峡谷,在林中的深处隐居着喇嘛,我们把营地安置在对面较大的峡谷入口处。沿着色曲,人们在小峡谷出口处附近划出一片片耕地,筑起了石头围墙,有些地方还修建了水渠,两侧长有茂密多刺的灌木丛。在峡谷处还可以见到种植的杨树,这些树木在藏族眼中是非常神圣的,尽管树的顶端已经干枯了。

这里的房屋约有 20 座,用河卵石和黏土砌成,非常坚固,房子排成两行,中间是狭窄的街道,峡谷两侧的山坡上也有三三两两的房屋。这里建筑的特点与我们前面讲的一样,房子有好几层,其中最低一层作为牲畜圈,高层用来作为居室和储存物品、粮食和干草的仓库。在富裕的藏族家,房屋南侧常建有漂亮的露天阳台,当地居民经常在上面做家务或者宴请亲朋好友。夏天的时候藏民也常在阳台上过夜,房子彩色的双扇栅栏门经常大开着。

由于窗户不大,藏民的屋子里光线比较昏暗,室内外温差也不大。他们不懂得使用窗框和玻璃,也不用窗帘,炉灶没有烟囱,冒出的烟直冲向天花板,从专门在屋顶凿开的窟窿冒到室外。在刮风和下雨天坐在这样的房间中非常不舒服,烟冒不出去的地方,很呛眼睛,雨水通过屋顶的窟窿在房间中飞溅,就像身处室外。当地的官员和喇嘛则更讲求实用,他们在冬季的时候会将格子窗户锁死,在房间中的地面上或者矮桌上放置炭火盆来取暖。屋内一般都非常整洁,甚至还有一些制作得非常有趣的家具[1]。

在考察队到达巴纳宗村之前,黑耳鸢、赤尾朗鹟、山燕、鸡冠鸟、鹊、鹊鸲、白嘴鸦和海番鸭已经迁徙到这里。留鸟除了前面提到的胡兀鹫和雪兀鹫外还有秃鹫,它就像喜马拉雅山的同类一样强悍和蛮横,爪子紧紧地抓着羊的肉块和内脏。我们的哥萨克人试图用钩子去捕捉这种大鸟,当地藏人对此感到非常可笑和惊奇。其他的鸟类还有:鸢、茶隼、乌鸦、渡鸦、喜鹊、红嘴山鸦、寒鸦,这些鸟在附近地区到处都是。从邻近树林中还传来白色大耳野鸡、松鸡、鸫、岩鸽的叫声;在近处的灌木丛中有 *Janthocincla elliotti*、动作灵敏的山雀、红色的燕雀、麻雀、白腰朱顶雀、岩鹨、黄鸫的鸣叫声。有时,大群灰黑色的燕雀(*Montifring* 和 *Fringillauda* 属)会在我们营地上空和峡谷中飞来飞去。此外,这里还有白天在田野中觅食、夜晚飞到大山中的云雀。最后,我们在草地山坡上发现了坚鸟和躲在小河边石头中经常发出咕咕叫声的河乌。巴纳宗地区的动物品种有:熊、狼、狐狸、艾虎、旱獭、兔子、啼兔、麝、藏羚羊和狍子等。这里的狍子与西伯利亚山羊相比体型较小,毛色更亮。狍子的角上也长着毛,藏族猎人向汉人出售狍子角,每只角可以卖到一个卢比以上。藏族人将狍子称作"卡沙克",也就是鹿的子孙的意思。

13.2　考察队停留的两个星期

在我们到达巴纳宗村之前,我就决定将我们的宿营地安排在游牧民和定居民的边界地区,因为这里长着丰富的晚熟的新鲜草料,可以让驮运的牲畜好好休息一下,使它们在穿越柴达木盆地的长途跋涉之前补充好体力。我们决定在这里休息两个星期,在此期间,将安排巴德马扎波夫和我们的两位柴达木盆地蒙古人达代与恰克杜尔随同拉萨和德格洪多前往霍尔加姆泽。由这几个人组成的代表团与拉萨大使

---

〔1〕建在墙上,类似阳台的部分,一般在背向街道或大路的一侧。

原则上谈妥了访问霍尔加姆泽的安全问题,拉萨大使认为,这个代表团中不能有任何一名俄国人,否则免谈。我给巴德马扎波夫一行交代了此行的任务,一是熟悉霍尔加姆泽的环境,二是必须向中国当局出示西藏当局的最新信件,并在他们的协助下,补充到达柴达木盆地所需的给养,因为我们马上就要离开定居的居民区和游牧的居民区。

3月31日,巴德马扎波夫率领的代表团出发前往霍尔加姆泽。

13.3 雅砻江

他们离开后,我在巴纳宗村的洪多的陪伴下到雅砻江[1]岸进行了参观。这条河流的河岸很高,河道中铺满砾石,河水快速奔淌,发出的轰鸣声传得很远。河的宽度有30~40俄丈(60~80米),据藏族人讲,这条河深度约有10俄尺(3米),水位现在较低,最高时可达到现在的1.5倍,河面上翻滚着青灰色的浪。河的总体流向是自西北向东南,目力所及之处,整个河谷中都居住着从事耕作的居民,灰色的房屋或孤立,或成群地分布在田野上,远近的山坡也是这种呆板的、没有生机的灰色,间或有小片的树林和灌木丛。在河谷中放牧着大小成群的牲畜,新鲜的青草刚刚破土而出,需要仔细观察才能看得到。一些普通的磨碎机静静地立在色曲的一侧,还有几个水磨和水动转经筒。

完成雅砻江之行,我整理好自己的日志,测定了巴纳宗的地理坐标,打算在巴德马扎波夫离开的两个星期中编写总结报告,然而他走了约一个星期却突然回来了,我只好停下了手头的工作。

13.4 尼姑寺

离开巴纳宗村后,巴德马扎波夫沿着色曲向雅砻江河谷行进,沿河右岸向下到达德布珠波夫兰,然后转向河左岸行进了90俄里,在出

---

[1]"雅砻江总长度超过1200俄里,自左侧流入扬子江。雅砻江河谷在淮洛地方的绝对高度为11600英尺(3540米)。"

发后的第三天到达霍尔加姆泽。下面是我引用他在沿途观察到的信息。

大路以北约 6 俄里处,在雅砻江右岸陡峭的楔形部位有一座美丽的尼姑寺。这是我们在西藏所遇到的第一座尼姑寺,里面约有 50 名尼姑。此寺大约于 70 年前由一位老太婆创建,开始的时候她只是为自己建了一个小茅屋作为修行的场所,之后很快就形成了一个团体,然后逐渐扩大到现有的寺院规模。这里接收愿意剃发为尼的年轻妇女和姑娘,同样也不拒绝各种遭遇不幸的人:残疾人、有生理缺陷的人和没有劳动能力的人。寺里由几名尼姑负责教授基础知识以及诵读经文。

尼姑寺的戒律非常严格,据藏族人讲,甚至比普通的男性寺院的戒律严得多。年轻的尼姑只允许在白天离开寺院,晚上必须返回。所有男性也只有在白天可以进入尼姑寺,时间也仅限于完成祷告和捐献钱物,这些规定对喇嘛也同样适用,但喇嘛很少光顾这个尼姑寺。晚上任何男人都不敢走过那条通向寺院的狭窄陡峭的小路,因为寺院中的尼姑们一定会从上面抛石头打他。

佛教的尼姑要剃度,着装也与男性喇嘛一样,但服装要整洁得多。巴德马扎波夫两次路过尼姑寺,每次都看到她们在河边洗衣服。她们看起来很健康,也很健壮,面色红润,一点也不比其他的女性信徒差。看起来她们心情非常愉快,因为她们用响亮的笑声欢迎和欢送我们的同伴。

尼姑寺院中的各项活动与男性寺院中是相同的。寺院中的官衔和管理机构名称也与其他寺院一样。授课的尼姑担任副住持,根据年龄,尼姑们分成两代人,这也与男性寺院喇嘛们的区分相同。各种宗教器皿的设置也与男性寺院相同。

在这座尼姑寺以南,有一座较大的男性寺院达吉寺,向导说,这里有 1000 多名喇嘛,学习宗喀巴的经文,有两名呼图克图住持。寺院位于一个开阔的河谷内,有很多美丽的建筑,喇嘛们对居住在霍尔加姆泽地区最富裕的寺院之一而感到自豪。

·欧·亚·历·史·文·化·文·库·

13.5　参加起义的城市居民

当我的使者们登上最后一段山坡,展现在他们眼前的是一座规模庞大的寺院,该寺的名字也叫霍尔加姆泽,位于一个大山冈的斜坡上,占据了大片的黄土阶地。山脚下是一座城,错落排列着高高的灰色石头建筑,街道狭窄深远,灰尘飞扬。巴德马扎波夫在城外没有看到应该迎接他的人,进城后也没有遇到迎接的人。没一会儿,他遇到了拉萨德,后者很难为情,有点惊慌失措,一路上不停地说着:"坏事了,不让我们进城!我们该怎么办呢?……"

在城中有一位来自拉萨的喇嘛官员,巴德马扎波夫决定去拜访他,并向其讲明情况。我的同伴想找汉人协助,但是又不知道他们的衙门和管理机关在哪里,也没有时间去寻找了。在拉萨官员居住的房子前,巴德马扎波夫让运输队和人员留下来,只带上达代和两名拉萨洪多,他们穿过环绕着围墙的院子,顺着楼梯来到二楼拉萨喇嘛的房间。表达过敬意之后,巴德马扎波夫向其讲明了情况,并请求其劝说当地权力机构,能够帮助我们安排一个住处。巴德马扎波夫补充说,霍尔人害怕俄国人不会到这里来,他本人也只在这里停留有限的时间,在市场上购买到必需的粮食和装备就马上离开。拉萨喇嘛答复道:"无论是他自己还是当地权力部门,都无法和城市中的愚民讲和,后者的要求只有一个,就是从城中赶走俄国人!"但是他希望能够在城里中国官员的帮助下,安排好我们的人,哪怕在汉人的衙门或者自己家中停留一夜也可以。他礼貌地请巴德马扎波夫在这里稍等一会儿,他去找汉人。说完之后他就走了,之后再也没有见到他。

没多久从街上传来了巨大的嘈杂声,达代和一名拉萨人立即下楼查看,照看物品。他们刚出院子,一群拿着马刀的藏族就冲了过来,并立即占据了楼梯和走廊,下面一层也站满了人,只有拉萨喇嘛的房间空着。这些人并不进入房间,而是站在走廊中。站在前面的人粗鲁地问:"你们是什么人,到这里干什么?"在拉萨洪多的帮助下,巴德马扎

276

波夫用蹩脚的蒙古语尽可能地向激动的人群解释,他们到这里仅仅是为了购买商品,并持有中国皇帝和拉萨权力机关的证明文件。可是不了解情况的人群仍喧闹不止,不让巴德马扎波夫讲话,站在前面的人粗鲁地说:"你们的证件对我们毫无用处,我们看不起达赖喇嘛,也不想知道他,他自己不让你们通过拉萨,给我们也下了这样的命令,然而他却出尔反尔,把你们送到了这里,还派来了自己的人。我们更鄙视中国皇帝,他给你们发放证件,而自己却从首都逃往西安府。他们两个都是叛徒,皇帝是,达赖喇嘛也是,我们唾弃他们,他们在我们眼中什么都算不上。如果你们还想活着的话,赶快从这里滚蛋,否则会把你们都砍死!"人群突然骚动起来,叫嚷着立即杀死巴德马扎波夫和他的同伴们。

预感到情况不妙,巴德马扎波夫悄悄地用右手握住怀里的左轮手枪,但没有掏出来,他握紧了手枪的把手,而左手则抓住一包弹药。我的同伴对面前激动的人群说:"稍等一会儿,让我与中国政府衙门的人说几句话,讲清情况后,我立即就走!"人群听从了巴德马扎波夫礼貌的请求,走到院子中,等待我们的商谈。一个半小时紧张的对话不只是身体上的紧张,更多的是精神上的疲惫。还没等我的同伴松一口气,聚集的人群又开始涌动起来,人数逐渐增多,情绪更加激动,他们又返回走廊挡住了出口,叫嚷辱骂我的同伴,要求他立即滚出霍尔加姆泽。巴德马扎波夫坚持立场,希望求见中国官员。可是我们后来打听到,当时人群占满了附近的街道,甚至屋顶,中国官员根本就无法挤过愤怒的人群。人群情绪激动,眼睛中布满血丝,他们一会儿到走廊中,一会停下来,最后终于停到门口,威胁如果不遵照他们的最后通牒离开这里,他们就要抓住巴德马扎波夫。

这时不知道街上发生了什么事,那里突然嘈杂声大起。要说服这些野蛮的人群已经不可能了,除了离开霍尔加姆泽,我的同伴没有别的办法,他向面前的藏族人说明了他的决定,并请求他们撤离走廊,让开路。可是藏族人让巴德马扎波夫从他们中间穿过,他们想在人多拥挤处趁他不备,将他抓住或用剑刺死他。在这种情况下,巴德马扎波夫掏出了手枪,警告藏族人,如果他们再不离开走廊,那么其中半数的人就会被杀死。这个警告起了作用,人群迅速让开了通道,但是仍占据着整个院子。巴德马扎波夫与其同伴走到楼梯上,继续拿着手枪威胁院子中的人群离开。就这样,巴德马扎波夫出了院子来到大街上,他的伙伴们和运输队正在那里等待着他。当巴德马扎波夫出现在大门口的时候,人群迅速后退,他看到了达代、恰克杜尔、拉萨人、向导和熟悉的德格洪多,他们紧靠在墙壁上,面色惨白。后来巴德马扎波夫才得知,他们受到了惊吓。藏族人让他们挨个靠在墙上,在巴德马扎波夫被困的六个半小时中用各种方法侮辱他们。尤其是恰克杜尔,一个暴徒对他说:"你是蒙古人,啊,非常好!你很年轻也很胖!我的马刀还从来没有砍过蒙古人呢,现在我很高兴,我的马刀要在你肥肥的脖子上多磨一会儿。"这个恶棍还掏出刀,用手指试着刀锋,盯着恰克杜尔,向人群宣布:"你们把这个蒙古人留给我,我要亲手杀了他,你们就另寻他人吧……"

当巴德马扎波夫出现在大街上时,这里的藏族人迅速撤退了。同伴们又聚集到了一起,他们趁着藏族人混乱的场面,跳上马离开了这座城市。直到这时巴德马扎波夫才确信,他带领的这支小商队已经成功从向他们投掷石块、土块,并且不停用下流语言谩骂的敌城中逃出来了。有人从房顶上向我们的人投掷石块,除了幸运的巴德马扎波夫以外,所有人都受了伤,尤其是德格洪多伤势最重,在巴德马扎波夫被困的时候,他就被藏人暴打了一顿,敌人抓住他长长的头发在地上残忍地拖着,最后还夺去了他的马刀和缠绕头部的围巾。

霍尔加姆泽的居民用这种方式将我的使者们送到城外后才分批次撤退,然而藏族人的马队一直追踪到巴德马扎波夫他们宿营的特乌戈村才撤离。

这样,我的同伴没有完成任务,不仅没有见到当地的负责人,也没有了解城市的情况。关于霍尔加姆泽以及其居民、商贸和霍尔地区的行政划分,这些信息都是他们在返回的路上打听到的。虽然这些信息远远不够,但是毕竟也可使我们对这一地区有个初步的了解。

13.6　霍尔地区的行政划分

霍尔地区,当地人称之为霍尔卡纳邵戈,东面和东南面与尼雅伦接壤,南面与塔雅克旗相邻,西南、西面、西北与德格相接,北面和东北部与果洛地区的游牧部落相邻。霍尔卡纳邵戈地区共分成 5 个旗:康萨、满萨、白勒、德乌和扎霍克。前两个旗中有一部分居民生活在城市,另一部分生活在城郊地区。康萨旗的首领也生活在城市中,他在两个旗之间的冲突中被打死了。这两个旗的大部分居民都是定居的,只有少部分过着游牧生活。这两个旗的人口不足 1400 户。白勒旗有 550户,主要在雅砻江左岸生活,从事游牧业。德乌和扎霍克旗共有 1200~1300 户,一部分居民定居在霍尔加姆泽地区雅砻江两岸,另一部分居民在雅砻江左岸的山中过着游牧生活。

各旗由其首领管理,互相独立,中国官员的权力徒有虚名。各旗首领的职务采用世袭制。

13.7　城市和主要寺院

霍尔加姆泽城和寺院坐落在雅砻江左岸的黄土岗上。据藏族人讲,寺院共有约 5000 名喇嘛,而实际在位的不过一半。因此,有人说这里有 18 名呼图克图,也有人说只有 13 名。从外表看,这座寺院的殿堂富丽堂皇,有一些殿堂还鎏着金顶。寺院所有的建筑都很体面,并且都围上了约 4 俄尺(3 米)高、2 俄尺(0.5 米多一些)厚的石头围墙,围墙的外面抹上了白色的黏土。

霍尔卡纳邵戈地区几乎所有的寺院都隶属于这座寺院,其下属寺院约有 60 个,绝大部分位于霍尔加姆泽周边地区,居住着信奉格鲁派的喇嘛,还有一小部分宁玛派。霍尔加姆泽寺院中的喇嘛除了来自本地区外,还有不少来自德格、尼雅伦、塔雅克和西藏东部地区。

上述两个旗——康萨旗和满萨旗人口约 2500 人,城市中有房屋约700 座。在众多的城市建筑中有两座房子引人注目,它们是这两个旗

·欧·亚·历·史·文·化·文·库·

首领的房子。这里的房子用石头建成,混合有黏土和木材,普遍为二三层,或者更高,房子周围还有石头砌成的高墙环绕。在城市和郊区经常能够看到中式建筑,寺院中尤其多。

除了藏人以外,城市中还生活着近150名汉人,他们主要是商人和手工业者,包括铁匠、军械工人、银匠、细木工、木匠和裁缝等。他们在这里没有固定居所,在霍尔加姆泽及周边地区工作,持有中国衙门发放的证件。

汉人在城中的商铺约有20个,隶属于三四个比较著名的商号,这些商号在当地都有自己的商品仓库,这些商品由来自中国各地的穷人卖给藏族人。汉族穷人在霍尔加姆泽没有任何资金,他们都是从富裕的喇嘛手中按年利率14%借贷的白银,由富裕的汉人来担保从事买卖。

中国衙门规模不大,官员的官衔也不高,由四川府派遣到这里管理藏族,有一定的任职期限,带有1名翻译和由6名士兵组成的护卫队。

霍尔加姆泽居民的主业是耕作,副业是养猪和养鸡,主要卖给当地的居民。四川至拉萨的大商道途经霍尔加姆泽,一直通往西宁北部的卡姆,商道上来往运输着游牧部落所需的生活用品,霍尔加姆泽居民有很多马车运输业。运到这里最多的货物当然是砖茶,几乎每天都有,它们被运送到霍尔加姆泽、泽尔卡和其他路边仓库,然后再由新的承包人继续运输。

霍尔卡纳邵戈地区居民的着装与其他藏族几乎一样。棉袄和长袍除了用毛皮制成的以外,也有很多是丝织品,城市居民也穿裤子和中式靴子。妇女上身穿皮袄,腰部系着约4旧俄尺(约20厘米)宽的腰带,腰带外侧是红色或者青色的布料,镶嵌着贝壳、珠子和银或铜质的金属片。除了这些特点以外,我的同伴还发现,在霍尔地区,妇女和姑娘还经常将两个对角之间缝有红色布条的白色方巾叠成腰带状系在腰间,有红布对角的两头系在腰前。

男子的头发要么剪短,要么编成一束宽宽的辫子,没有我们看到的南钦人、昌都人、拉多人和德格人的装饰。在这里也见不到那种不梳理的、蓬松的、长长的散发。霍尔地区妇女的头发一般也不过多装饰，只是编起来，这点与西藏地区东部其他的藏族习俗相同。

城里的妇女也有人穿中式服装，也就是穿两个袖子很宽大的中式长袍，袖子边上有布饰和金银边饰，据藏族人讲，他们都是当地汉人的妻子或者外室。

掌握了必要的基本情况之后，我们换掉了疲惫的牲畜和马匹，告别了德格通科尔和拉萨洪多，分赠给他们一些俄国物品作为纪念，并给了他们路上用的钱和食品。

这两位官员的离去并没有使我们的营地失去热闹，因为当地居民还像以前一样经常来看望我们，路过的人以及一些行乞者也经常光顾我们的营地。喀木的行乞者都长得干瘦、衣着破烂、浑身肮脏，他们从一个村庄走到另一个村庄、一个帐篷走到另一个帐篷，以讨饭为生。行乞时他们中的有些人会戴上面具，装扮成家畜或者野兽，在住宅前边唱边跳，说各种各样祝福的话。我们曾在巴纳宗村看到两个戴有乞丐特殊标志"杜堆"（蒙古人的叫法）的行乞者，这种串在小棍上的叮当响的小玩意，是行乞者的财富，说明他们是受寺院直接庇护的。每一名藏族人都会向这样的乞丐提供资助，包括钱、贝壳、念珠、戒指和项链等。行乞者高声唱歌，更确切地说是大声说出或喊出佛祖生命历史的某个片断，以使佛教徒们能够再一次回忆起，他们的祖师也曾经像这样向世人布道。

13.8　考察队在雅砻江上游的行进线路

春天越来越近了，太阳温暖地照着，河岸边青草已经泛绿，无风时，蝴蝶会在潺潺的小溪上面飞舞。从 4 月初开始几乎每天都能看到有候鸟迁徙过来。其中包括 *Chaemarrhornis leucocephala*、赤尾朗鹟、切巴耶夫夜莺、地啄木、*Anthus rosaceus*、黄脸鹡鸰、伯劳等。

白天多云，晚上晴朗，空气清新，这里的温度还处于零度以下，约为

·欧·亚·历·史·文·化·文·库·

-6.6℃。

4月15日,我们做完了下一步旅行的准备工作。第二天天气阴沉,考察队沿着色曲向下游行进。与往常一样,长时间休整后的第一次行程都会安排得较短,仅有约5俄里,不过这一天我们还是渡过了雅砻江。

雅砻江河谷的总体特点与前一样,个别地方有很小的变化:距渡口上游10俄里的地方,河的流向几乎沿着子午线的方向,贴着山东面斜坡的山脚,接着急剧向纬度方向转弯,然后重新返回到西北—东南方向。雅砻江有些河段河谷很宽,水流平稳,有些河段则汹涌澎湃,巨浪击打着石滩和河岸的页岩[1]悬崖或砾石及黏土质陡岸发出震耳欲聋的声音。

在雅砻江的南北两侧,是数量众多的河流和小溪,沿着陡峭的岩石河道奔流着。峡谷两侧高山的南坡上大多生长草本植物,北坡则生长着灌木。雅砻江河谷至恩托克寺院这一段种植着粮食,此外居住的全部是从事耕种的农民。规则的耕地与灰色石房以及黏土房排列得错落有致。有些地方可以看到废墟,藏族人将它们分为两类:较旧的是蒙古沙莱高勒统治时期留下的,较新的则记载着尼雅伦人的入侵。这些废墟是他们入侵时的临时居所,但是他们被更加英勇善战的果洛人和霍尔人赶了出去。

快到位于登曲入河口的桑克村时,考察队发现了两座寺院:本格寺和登钦寺。第一座寺不大,仅有40余名喇嘛,属于宁玛教,位于雅砻江右岸;第二座寺有近100名宁玛教喇嘛,以堪布喇嘛为首,该寺位于远处左岸的山坡上,显得光彩夺目。

在桑克村边邻近的登钦寺,有一棵两人环抱的古老的大杨树,我们在杨树附近进行休整,停留了两天。期间我们的翻译与当地藏人进行了交谈。这里是德格、林古泽和冬扎地区的边界线,这里的居民不愿意见到我们。尤其是林古泽人,他们对我们甚至持敌视的态度。熟悉

---

〔1〕石英黏土质页岩,含少许云母,黑色的。

的德格人称,林古泽人准备在雅砻江第一个狭隘通道对我们的队伍进行突袭,目的不仅仅是阻断我们的通路,而且还要实施抢劫。

在长时间的、意见不统一的和枯燥的谈判期间,我们了解了当地的鸟类群系。在登曲汇入雅砻江之前的低岸边,生长着大量的醋柳和其他灌木,其间随处可见有泉眼和沼泽的绿色草地。这个地方的鸟类有赤尾朗鹩、夜莺、柳莺、岩鹨和山雀,在清澈透明的登曲上空飞着细心的鱼鹰,它们没有一次空手而归。早晨,灌木丛中会传来绿色啄木鸟响亮的叫声,特别是在我们的标本收集员将一对鸟拆散之后,它们的叫声尤其响亮。

沿途我们遇到的最后一片大树林在距营地有 3 ~ 4 俄里的洛曲峡谷,我们去那里打猎。在这个树林中我们最后一次看到白色的大耳野鸡和花尾榛鸡。体型较小的鸟类主要有金头啄木鸟、旋木雀、凤头山雀、红色燕雀等,在人迹罕至的对面山坡上有一对胡兀鹫在养育它们的孩子。至于野兽,在这里我们只见到了灰狼、兔子和麝,当地的猎人告诉我们,在洛曲峡谷还有鹿和狍子,但是这些动物我们都没有见到。

据可靠消息称,对我们持有明显敌意的林古泽人在雅砻江狭隘通道处集结了相当多的兵力,我决定沿着更东一些的登曲上游越过林古泽人的领地。为了绕过这个危险的峡谷,考察队又一次回到了雅砻江,沿着预定的通向黄河上游的方向,进而向东柴达木盆地行进。

13.9 强盗聚居的冬扎旗

冬扎旗位于登曲两岸以及河东面的山上,关于这个旗的成立时间和起源的重要事件现在已没有人知道。据冬扎的老人讲,这个旗有着很久远的历史,创建人应该是果洛人、扎曲卡瓦[1]人和霍尔人的移民。

这个民风强悍的旗有 850 户居民,从来也不屈从于任何人,至少在80 年以来过着完全独立的生活。冬扎人将自己的领地分成三个区:上

---

[1]扎曲卡瓦,藏语,即为雅砻江源头。现为西藏石渠县。译者注。

部、中部和下部,因此他们被称作"三个联合的冬扎"。上冬扎有 200户居民,中冬扎有 300 户,下冬扎有 350 户。前两个区域的居民是游牧民,从事畜牧业,下冬扎居民是从事耕作的农民,游牧和定居的冬扎人在空闲的时候都进行狩猎和抢劫。

约 80 年以前,冬扎人与霍尔地区的满萨旗进行过交战,虽然他们战败,但是却不承认满萨的统治,即使现在也不承认。霍尔地区的长官经过冬扎地区的领地时,他们既不缴纳任何赋税,也不为其做任何劳役。

冬扎没有最高行政长官,但在三个区中各有一个权力相同的世袭管理者,他们除了掌管本区的事务以外,还都参与涉及整个旗的共同事务。区管理者的称呼分别为:上部管理者被称为"索扎姆"、中部管理者被称为"伊达姆"、下部管理者被称为"马尼达"。每一名管理者身边都有三四名谋士和 7 至 10 名命令执行官。

这三个独立的区域居民之间非常友好,在遇到重要的事件时召开会议,研究做出的决定所有的冬扎人必须无条件服从。

在我们经过的所有定居居民区,从来没有一个像冬扎地区这样武装完善的。在这里,甚至老人都佩带火枪,此外还有长矛、两把马刀——一把挂在身侧,一把别在腰前。男人们在放牧时也携带着这些武器。另外,在冬扎我们没有看到用布缝制的靴子,都是用大马鹿或者其他野兽皮制成的,它们都是男人们狩猎获得的。

冬扎语言与德格、林古泽和果洛地区的语言差异很大,我们的达代可以和上述三个西藏地区的居民进行自由的交流,但却完全听不懂冬扎地区的语言。冬扎的习俗与相邻地区差异也很大,但是因为我们在这里停留的时间非常短暂,所以未来得及进行搜集和记录。冬扎人看上去都很快乐健壮,英勇善战。这个旗的许多居民都骄傲地向我们展示自己在与邻近的藏族人作战时被枪打、被矛刺或者被刀砍留下的疤痕。这里的男性居民不留长长的蓬松的头发,也不编辫子。身材匀称的骑手骑在个头不大但却膘肥体壮的马上,在我们的营地附近骄傲地游荡着,他们的武器和鞍具叮当作响,经常能得到我们由衷的夸奖和赞扬,这使我们的柴达木盆地向导十分惊奇和羡慕。

在冬扎旗,有的人说有三座寺院,有的人说有四座,然而这些寺院都不是固定的,就像游牧居民一样,当地喇嘛们夏天时从河谷下游地带搬到山上去,在某个地点搭建起大帐篷,收拾好宗教器具、神像和书卷就开始进行宗教活动。冬天的时候这个帐篷和所有物品都由年长的喇嘛们看守。

前面已经提到过,冬扎人与果洛人交好,可能也因此形成了抢劫的习惯。所有路过这里的人,如果没有足够多的武器和人数保护自己的话,那么他们就会有被抢劫的危险。除此之外,冬扎人还经常远行到西北边界的西宁卡姆和扎曲卡瓦地区进行抢劫。抢劫的队伍由 5 至 20 人组成,要预先得到自己长官的批准。一般来说,长官从来不会反对类似的行动。如果抢劫队伍满载而归,那么他们会将最好的战利品自愿地献给地区或者区长官。

图 13 - 1　雅砻江上游

这样,当被抢劫者前来报复的时候,接收了贵重礼品的区长官,就会马上安排自己的手下在边界通道处设置防御或者迎击寻仇者。

登曲是雅砻江上游左侧数目众多的支流之一,河两岸聚居着冬扎人。登曲自北—西北向南—东南方向流去,长度近 80 俄里,下游流域宽度达到 8 俄丈,最宽的地方达到 10 俄丈(16~20 米),在春季可以涉水的浅滩深度约为 1.5 俄尺(0.5 米),而在夏季河水涨得很多,越靠近上游,河的宽度就越小。由于砾石河道的落差很大,所以水流非常湍急,污浊的浪在河中翻滚着,发出轰鸣声。这条河有些河段在宽阔的河谷中蜿蜒曲折,有些河段在狭窄处猛烈地冲击着灰色黏土页岩的河岸。

在河谷中和两侧的山上生长着各种各样的植物,与雅砻江上游的几乎一样,它们为这个旗游牧居民放养的大量牲畜提供着食物。定居居民生活在距主河道仅有 10 俄里的地方。

我们沿登曲河口向其右侧支流格曲,然后沿格曲至吉科克天然边界逆流而上,缓慢行进。穿过冬扎的领地用了近一周的时间,共宿营三次。从进入这个强盗聚居的旗的第一天起,这里的居民就一直关注着我们,我们还为一名冬扎妇女照了张相。许多冬扎妇女在沿着河谷收割庄稼,她们用一种半是木头、半是铁的三齿耙翻地,类似于我们使用的小耙子。男人们或者放牧,或者无事可做,到处闲逛。

13.10 公开迎战林古泽人

在确信我们始终处于警惕和防备状态后,这些藏族人放弃了攻击我们的计划,反而主动来赢得我们的好感和信任,他们答应向考察队及时通报来自林古泽方面的危险。的确,随着我们与冬扎人之间的熟悉,以及越来越接近下一段扎曲的路程,我们得到消息,林古泽人已做好充分的准备,打算与我们作战。他们认为,我们会绕过他们兵力强大的狭隘通道,因此,另外向高处调遣了一个小分队,以便在我们行进这个路段的时候,从另一个方向,即距离冬扎地区最后一个宿营地 7 俄里的比姆山口向我们发动攻击。

在这个位于高山牧场的营地中,我们休息了一天,以便我们的牲畜在进入下面更加困难的山地路程之前能够补充好营养。在此期间,有两个林古泽人偷偷地潜到这里,他们企图通过冬扎人威胁我们。他们声称,他们的队伍已经占领了我们要经过的山口,并誓死不让我们进入到他们的领地。在向我们转达这个消息时,冬扎人非常惊奇我们在如此凶悍和数量众多的士兵面前竟然没有表现出一丝恐慌,甚至还要准备迎接战斗——开始擦枪和准备补充弹药。冬扎人很关注地看着我们分解和组装步枪,他们在冻僵的地上坐了几个小时,目不转睛地看着我们操作武器的动作。当然,我们如此公开和坚决地做战斗准备,是为了威慑冬扎人,同时也间接地威慑我们的敌人,因为他们经常接触,能够做一些调停的工作。

我们必须事先熟悉藏族人已经设置好防御的山口北坡的地形,因为那里地形开阔,必要要沿着河接近陡峭的山口。我们将很难发起猛攻,登上海拔高度达 14000～15000 俄尺(4000～4500 米)的山口对我们的体力要求非常高。

无风多云的夜晚过得相当平静。4 月 25 日凌晨,天气有些寒冷,考察队的运输队缓慢地但却非常准时地出发了,我们精神抖擞地踏上行程,沿着格曲前行。夜莺在悦耳地鸣叫着,太阳在侧面的山顶上探出了头,薄薄的卷云慢慢地飘向东方形成一片积云,天空越来越明亮。考察队队员们压低声音相互交谈,一场大战即将来临。所有的人都在仔细地观察着周围的山脉,尤其是集结有敌人的山脉部分。敌人最终自己现身了,他们的骑兵队在姆拉山口的三个相邻的顶峰同时出现。当地士兵们发出的独特呐喊声就像召开一个野外的音乐会,打破了早晨山中的寂静。5 分钟后藏族的叫喊声停止了,之后又开始一遍遍重复。我们继续向通向山口的主斜坡底部前进,在距离山顶处约有 1 俄里的地方停下来休息片刻,紧紧了牲口的肚带,又一次检查了自己的武器。北面山脉的山脊上出现另一支队伍,由 25 个藏族人组成,这些人我们都不认识。林古泽人有 250 至 300 人,他们一直不停地高声说话,或者同时说,或者轮流说,似乎是在讨论什么问题。

在我们与林古泽人之间的山的第一个阶地上有陡峭的岩石,后面可能会隐藏有敌人的伏兵,因此,我命令队伍谨慎地向山口前进,而我与经常在我身边的 A．H．卡兹纳科夫和巴德马扎波夫则轻装骑行在前面,以便能够尽快绕过这个岩石障碍。幸运的是林古泽人并没有在这个天然工事后设置埋伏,于是我们顺利地通过了这个障碍,再一次到了可以自由前进的开阔的草地斜坡上。我们一出现在这里,藏族人就又一次开始高声呼喊起来,几乎同时,从三个山顶方向用火枪向我们射击,他们的武器射程只有600步,根本打不到我们。尽管藏族人处于有利的位置,而且他们的子弹由于惯性也呼啸着而来,但是却根本打不中我们。马匹由于惊吓四处张望,打着响鼻,我们不得不退回到队伍中去。此时我们的人已经各自占领了有利位置,向藏族人反击。我向东侧的山顶射击,巴德马扎波夫向中间的山顶射击,A．H．卡兹纳科夫则向西侧的山顶射击。我们的战线只由 3 个人组成,就可以对付当时人数是我们 100 倍的敌人。

我们缓缓地向前推进,不时地蹲下来向藏族人开火。前面已经提到过,这次战斗是在海拔高度约为 15000 俄尺(4570 米)的高山上进行的,我们的身体已经适应了这里稀薄的空气。随着不断接近山口,运输队的同伴也加入我们的战斗,我们的火力开始增强,而藏族人的枪声弱了下来,他们只是不停地探出头来。过了一个半小时左右,我们由10 个人组成的战斗队伍已经顺利占领了全部高地。惊恐的藏族人像山洪一样顺着陡峭的峡谷向南,即雅砻江方向急速溃退。我们也不吝惜子弹,继续用步枪向他们开火,为这些坏蛋送行。

我们在山口处短暂休息了一会儿,找来的向导害怕随我们到林古泽领地去,我们就让他们回去了,然后我们继续向强盗们逃跑的方向行进,与往常一样平静,有时会在侧翼布置骑兵侦察队。在下面的峡谷浅滩岬角处,土匪们又一次集结在一起,后来我们得知,有 100 余名居住在下游 1 俄里处的藏族人增援了他们。敌人从两个方向同时向我们发起攻击,除此之外,还有一部分土匪藏在悬崖中间,沿着陡峭的山坡滚下大石块,试图阻止运输队前行。看得出,藏族人很会利用地形,并且很善于设置圈套和陷阱。幸运的是他们的圈套及时被我们在主山脉上的侦察兵发现,他们从悬崖顶向藏族人开火射击。土匪们完全没有料到我们的先遣部队会识破这个圈套,林古泽人听到枪声之后立即从埋伏中跳出来,奔向战斗的地点,但却在半路上遭到了我们的痛击,再一次被打得四处逃窜。

第二次战斗只有先遣队参加,确切地说是侧翼的侦察队。当时我们的主力部队(也只有 10 个人)在保护运输队的行进,并及时从侧翼为同伴提供火力支援,因而不能直接参与反击敌人的战斗。这时迎面过来两个骑着马的喇嘛,他们请求我们停止战斗。与这两位调停人一起骑行的时候,我们看到了这些逃跑的强盗们是多么张皇失措。河流快速奔流的回响声、藏族的叫喊声和马匹的嘶鸣声混成一片,在峡谷中经久不停。

与这两位喇嘛调停人讲和后,我命令其中一名立即去追上逃跑的林古泽人,转告他们在我们以后的行程中绝对不能再发动战斗,否则我们将毫不客气地予以反击。我提出的条件林古泽人都严格遵守了,我们顺利地通过了第三个和最后一个障碍。也有一两次这些土匪们企图再一次试试运气,但是在遇到 A. H. 卡兹纳科夫率领的骑兵小分队的攻击之后,藏族人不得不承认了他们的失败。

两次战斗中我们共发射了约 500 发子弹。据这两位喇嘛调停人和装扮成平民百姓来到我们营地的当地士兵们讲,藏族人和马匹伤亡惨重,具体数目不太清楚。非常可笑的是,这些藏族人坚信,俄国人会魔法,可以避开敌人的子弹,他们最棒的射手也坚信这一点,因为他们在埋伏地近距离地向我们射击,但却未能击中我们。藏族人认为,俄国的武器射程太远了,威力太可怕了,就是石头、土地和树木都不可能挡得住俄国的子弹。因此,我们的三英分口径步枪在西藏地区东部享有盛誉,这也保证了考察队的安全。

比姆山口海拔高度为 14980 俄尺(4570 米),将雅砻江北侧支流,确切地说是其独立的支流,包括东面的登曲与西面的贡曲分开为两部分。这座山的北面山坡与高地相连,不像与雅砻江相连的南面山坡那么陡峭和开阔。这个山口的高度与这个地势平缓的山脉山脊平均高度相差不多。比姆山顶上南北两侧的视野很开阔。其北侧的山脉当地

人称为"霍尔山",山顶上只有很少的一点雪,南侧的德格山脉则终年
覆盖着积雪,这个山脉的一部分与高原湖尤留姆措相连。

在山上我们没有见到任何野兽,它们可能被人群和枪声吓跑了,
而鸟类,我们只看到了秃鹫,它们在死伤的藏族人上空盘旋。山顶上没
有发现藏族人的尸体,而在生长着灌木丛和高草的地势较低的地方有
很多,因为我们看到了秃鹫和乌鸦都停留在那里。

从山脊到雅砻江一带都是优良的牧场。随着离山脉主峰越来越
远,阿木克色隆曲河谷狭窄陡峭的峡谷中水势越来越大,因为从侧面
汇入了很多支流。山的中下部是裸露的灰色小颗粒状含云母黏土质
砂岩和有着类似水草纹路的灰绿色黏土石英质页岩,特别是在半山腰
下面靠近恩托克寺的地方,除了上述成分外,还有我们在邦吉特 A－к
山脉北麓见到过的砂岩,而在巴纳宗村的周边地区有灰色小颗粒状黏
土质黄铁矿砂岩。在雅砻江河谷和附近的山坡上覆盖着黄褐色、多孔
的石灰岩砂质黏土,掺杂着小碎颗粒和灰色石灰岩淤泥。在雅砻江沿
岸阶地附近种着大麦的耕地中也有碎小的沙石颗粒。

在阿木克色隆曲下游地带,距其汇入雅砻江前 1.5 公里处的地方,
道路沿着不高却非常陡峭的拉吉拉翻山道通向山岬。与东面的古赞
达峡谷及其相连部分一样,藏族人在拉吉拉翻山道用大大小小的石块
垒起了一堵墙,他们原准备在我们考察队经过此地时将墙推倒压死我
们,此外,他们还可以用这种石头堆作为障碍和掩体,躲在后面向我们
射击。

从山岬的顶端可以欣赏到雅砻江河谷美丽的景色,灰色明亮的江
水波涛汹涌。南侧山脉远处的山脊有些地方覆盖着积雪。总的来说,
雅砻江河谷并不宽阔,有些地段被两侧的山脉压挤得比较狭窄。沿岸
的阶地上要么是铲平的耕地,要么是独立的农房。这里的居民建筑像
一个个堡垒,其中位于高山平地的恩托克寺的白色建筑显得尤其突出。

我们沿着蜿蜒曲折的小路走向河谷,在通过藏族的房屋时,除了
一些妇女和孩子以外,我们没有看到任何一个藏族人。这些妇女和孩
子们恭敬地向我们鞠躬问候,既好奇又恐惧地注视着我们的运输队。

雅砻江的特点与我们以前看到的情况一样。与在桑克村时相同，这里的水流也很急，也有高高的陡岸环绕着。在我们短暂的停留期间，雅砻江的水位变化不超过一米，水量的增加来自于山顶积雪的融化和降雨[1]。沿岸的梯田中庄稼已经发芽。看起来，当地的居民生活很富足，近处的山坡上到处都有放牧的牲畜群，有牦牛、羊、数量不多的马、骡子和驴。当地居民饲养的家禽只有鸡，藏族人对鸡蛋的评价极高。

恩托克寺规模不大，也不富裕，我们就在其附近安营，这座寺院属于宁玛教，约有15名喇嘛，依靠乞讨度日。沿雅砻江向下二三俄里的左岸有一座梅亚吉寺院，有150余名喇嘛，隶属德格地区的呼图克图管辖。在我们与林古泽人交战的时候，正是这个寺院中的一位有名望的喇嘛加桑多吉在一名小喇嘛的伴随下，前来与我们谈判。

13.11　进入扎曲卡瓦的领地

第二天，4月26日，在前往雅砻江河谷之前，我们恳请两名喇嘛为我们考察队下一阶段沿雅砻江前往扎曲卡瓦的行程寻找向导。现在加桑多吉正在安排人向我们营地运饲料和燃料，附近的居民对我们的态度也非常友善。

后来我听扎曲卡瓦人讲，决心向我们发动攻击的人正是梅亚吉寺的大喇嘛，他预言会取得大胜。在林古泽人遭受第一次失败后，当时其中一部分人落荒而逃，将伤者送到寺院中并责怪坚持主张的人，欺骗了"勇敢"的士兵们，喇嘛们恍然大悟，决定立即出发进行调解。

黄昏之前，营地附近降雪，我们看到了一小群狍子。在光秃秃的烧过荒的山坡上，这种身材匀称、美丽的野兽非常醒目。为了加快植物的生长，藏族将干枯的草烧掉。反刍类野生哺乳动物喜欢来这个地方，但它们都很谨慎。4月30日，我们通过了这个考察队令人记忆深刻的山口，再一次来到了寒冷的高原地区。

---

〔1〕据当地人介绍，在上游汇入雅砻江的右侧支流纳木曲在最冷的两个月份完全结冰，而在下游只有部分河段结冰，期限也短。

下一段路程是经过高原地区和一条小河的上游,这条河是贡曲的一条支流,沿着这条河到扎曲卡瓦东南的雅砻江要走几天时间。

穿过河谷之后,我们同时也告别了温暖的天气,在海拔高度为14000～15000俄尺(4200～4500米)的高原,早晨的温度为－14.3℃,山腰上部覆盖着白雪,河水都结着冰。尽管如此,早晨的太阳很快就晒热了空气,动物和植物也都有了生机。在被鼠兔掘松的土地上有熊刚刚通过的足迹,到处都可以看到跑来跑去的胆小的羚羊。除了大型猛禽以外,这里的鸟类主要有喜马拉雅松鸡、红喙鸡、土燕雀和寒雀。在距海拔高度约为15000俄尺(4600米)多沼泽的纳里松山口不远,B.Φ.纳蒂金在小河拉比曲附近收集到多种开花植物,并且幸运地发现了中国蝾螈(*Batrachyperus sinensis*),这也是我们在西藏旅行期间唯一一次见到这种动物。藏族人将这种长尾巴的两栖动物称为"丘里",或者"丘朱尔",是水蛇的意思。

到达海拔高度为14810俄尺(4520米)的格吉拉山口前,道路有一些不大的起伏。拉比曲附近最常见的岩石是灰色坚硬的颗粒状含石灰岩、云母和黏土的砂岩;贡曲上游附近则是灰色片状多孔石灰岩质流积层;河中游是风蚀程度达到5～6米深的,掺杂着比较松软的浅灰色夹层的灰色小颗粒结晶的石英质石灰岩斜沟。

加桑多吉去了一趟雅砻江,解决了我们下一段路程的向导问题。扎曲卡瓦来到我们营地,代替了林古泽向导,我们送给他们一些钱和礼品,让他们回家了。

13.12　春季鸟类的迁徙

在本章的最后,我记录了春天鸟类的迁徙。

1901年,从2月份开始,鸟类开始活跃起来,并开始了春天的迁徙,一直持续到5月中旬。从考察队过冬的地方,也就是说从我们在东西藏或者卡姆停留地点的南侧,一直到这个地区的北部边界,尤其是在地势很低、温暖的河谷,比如说澜沧江、扬子江和雅砻江地区,都是迁徙鸟类们所经的必要路线。

在这一年春天，与前面提到的类似，来得最早的鸟类是黑耳鸢，是2月14日在勒曲河谷发现的；25日，在高原上出现了灰鹃，它可能是在这里过冬的；27日，出现了海番鸭，鸢再次出现，这一次鸢看起来非常饥饿，在高空中盘旋着，不停地寻找着猎物。

3月初还很寒冷，阴雨天气居多，听不到鸟类的叫声。从3月5日才开始出现了红翅膀的旋壁雀；10日在扬子江河谷我们发现了大鸬鹚、野鸭、印度雁、凤头潜鸭和白鹡鸰。

3月11日，田野云雀唱着动听的歌声出现了，河面上游着黑颈鸥；13日飞来了温暖的信使——灰沙燕；14日飞来了赤尾朗鹟和灰鹤；15日飞来的有绿头鸭和前面提到过的凤头潜鸭以及印度雁；16日有灰鹭和山燕。

3月23日，飞来的有戴胜鸟；24日，是寒雀；25日，是石鹡鸰，在这一天还第一次发现了黑颈鹤，我们又一次观察到了黑头鸥，但是这次数量更多；26日，出现了鹬；28日，是褐色鹬；29日，是赤尾朗鹟。

应该指出，从3月底到4月中旬所有观察到的鸟类都是出现在紧挨着雅砻江河谷的巴纳宗地区。

4月3日，在色曲岸边出现了美丽的白头翁鸟；5日我们观察到了更美丽的赤尾朗鹟，顺便提一句，这种鸟看上去非常瘦弱和疲劳；8日飞来了契巴耶夫夜莺；9日是歪脖鸟。

4月13日，在营地附近出现了黄色的鹡鸰；15日，我们看到了一对伯劳；16日，大鸬鹚和秋沙鸭出现了；17日，是鱼鹰；18日，在营地附近的灌木丛中传来柳莺响亮的叫声，峡谷中还飞着土燕和岸燕，在这一天我们还观察到了 *Tarsiger cyonurus*。

4月下旬天气明显温暖起来，较之以前相比，苍蝇、黄蜂和其他昆虫的嗡嗡声也多了起来。同时，蝙蝠也从冬眠中醒来。4月26日，雨燕出现了；隔了一天，28日，我们观察到了蓝喉歌鸲，与之一同飞来的还有灰沙燕。在这段时间中，每天可以听到几遍夜莺的鸣叫声。

4月份，由于考察队到达了更寒冷的高原地区，所以没有观察到什

·欧·亚·历·史·文·化·文·库·

么特别的东西。

5月1日,一种体形较大的黑颈黄鹂在河谷中快速地飞来飞去;2日,我们在今年第一次听到了布谷鸟的叫声;3日,长尾海雕从雅砻江向我们的营地飞来,在这里停留了一昼夜之后,又继续向北飞去;5日,沿雅砻江向上游飞来了一对黑色的鹳,在同一天我们还观察到了燕鸥、田鹬、小滨鹬和红鼻滨鹬;6日,我们在一眼泉的附近绿地上方看到了克什米尔燕子。[1]

5月15日,在这个春天最后飞来的是蒙古沙鸻,阴暗的西藏高原上空经常传来云雀鸟响亮的叫声。

---

〔1〕与此同时,我们还观察到了栖身在巢中的印度雁和鸢。

14 扎曲卡瓦

14.1 德格的起源

谈到扎曲卡瓦,还要再一次提起德格,德格在历史上的地位远比现在重要。历史上的德格地区地域广袤,其东南方向与里唐、巴唐和昌都接壤,而西北方向则与现在一样,远远地一直延伸到高原人迹罕至的地带,那里是雅砻江的发源地。随着时间的流逝,在德格地区插入或者通过其他方式建立了一些新的独立领地,如拉多、灵古泽、冬扎、塔雅克和尼雅伦等,毫无疑问,扎曲卡瓦也必将在不久的将来从中独立出来。至少扎曲卡瓦居民都持这种看法,他们认为,这个地区的居民缺少进取心和团结精神,此外他们还需要一名领袖来统一扎曲卡瓦各旗。德格贡钦在很大程度上阻止了这种局势的形成,比如说,在市场上出现了专门针对扎曲卡瓦游牧民的交易方式,即用畜产品来兑换粮食和其他日常生活用品。此外,扎曲卡瓦地区知名人士经常拜访首府、与德格地区的土司或其助手的频繁会面,都在很大程度上影响了该计划的实现。不过尽管如此,关于扎曲卡瓦,临近地区藏人的心目中已经形成了独立地区的概念。

在扎曲卡瓦的游牧区有一些小河仍保留着蒙语名称,如在戈曲以西,雅砻江的左侧支流就有一条以蒙语命名的小河——纳林乌苏。另外一条河的名字被歪曲为昆杜尔曲,而其真正的蒙古名字是库库乌苏,它是黄河上游的右侧支流。

最近从德格、西宁的卡姆、果洛的游牧部落及其他地区向扎曲卡瓦迁来了很多外地人。扎曲卡瓦的本地居民也经常离开自己的牧区,迁向德格、果洛或其他归属于西宁管辖的北方旗。

·欧·亚·历·史·文·化·文·库·

14.2　行政区划

很久以前,扎曲卡瓦确实曾被划分为 37 个旗,过去这里的人口曾相当密集。人口减少的主要原因是与邻近地区发生战争以及周期性的内讧,使得大部分居民被迫离开自己的游牧地区而迁到果洛。现在扎曲卡瓦的人口已达到了一个相对稳定的数字,总计有 4430 顶帐篷,人口约 18000 人。目前的扎曲卡瓦只有 27 个旗,其余的 10 个旗或者离开了自己的游牧区,搬迁到果洛地区,或者由于旗内某位著名首领的后代死后,居民又不想另选他人,于是就把整个旗编入了其他的旗。

除了我们下面将要说的塞尔舒和布姆萨尔两个旗外,其他每个旗都由自己的首领"本"来领导,权力实行世袭制,父亲将权力移交给儿子或者男系的其他近亲。塞尔舒和布姆萨尔两个旗的首领由德格地区土司从 4 名高级谋士中指定人选,偶尔也会从 30 名低级谋士"通科尔"中选择。这些官员完全按照土司的意愿来任命,没有固定任期,随时可以更换,他们通常被称作"涅巴"。

这两位涅巴拥有很大的影响力和势力。虽说他们无权处理扎曲卡瓦其他旗的事务,但他们是由土司从那些有势力的人中挑选出来并亲自任命的,可以说他们对土司的意见会起到一定的影响。因此,当遇到重要事务的时候,其他旗的官员都要听取他们的意见或者向他们请示。

当某个旗的首领死后,他的继承人一定会前来寻求涅巴的支持,才能够担任旗的首领。在这种情况下,涅巴会写信给德格贡钦的管理机构,在信中宣布旗首领的死亡并确定其继任者身份。这位继任者,无论是死者的儿子、孙子还是曾孙子,都要亲自把这封信带到德格贡钦呈送给土司管理机构,同时按照多年的惯例,他会给土司本人带去礼物,或者是上等牦牛,或者是犏牛,抑或者是上等的豹皮,向土司献礼时还要献上哈达。

土司管理机构会向土司报告某旗首领死亡以及其继承人已抵达

德格贡钦寻求职务确认的消息。确定任职要经过以下几个过程:土司将新人召到自己的房间,与他谈论相关旗的事务,以了解其智力水平,然后对新人提出严厉的训诫,教导其如何才能更好地管理旗的事务,并要求在他的旗内不允许出现丑恶和不公正的现象,禁止偷盗和抢劫行为等等,然后才让他离开。随后,新首领的名字被记录到名册上,他返回故乡赴任。这些旗的首领既没有封号,也没有头衔,管理机关也不会出具任何有关其有权管理旗事务的证明,当然这里也没人会对此提出异议。

如果某个旗的首领没有男性后代,或男性后代都死了,那么涅巴会建议这个旗提出一个他们认为合适的人选。这个人选找到后,涅巴会将他推荐给德格贡钦。

每一个旗的首领都会在本旗选出几个年长和阅历丰富的人来共同商讨事务。这些人并不是正式的官员,但作为首领的亲信,他们在本旗中同样具有很大的威信和影响力。旗首领有时也派遣他们向土司呈送公文、向管理机关口头汇报旗中物资缺乏的情况,并要求他们收集旗内居民对其他旗的申诉等。

除了这些主要助手以外,旗首领还有权任命和罢免村镇的管理者——根布,根布的职责是为前来的德格官员们提供食宿和大车。他们要保证这些大车的正确放置,同时还要履行邮政递送员的职责。

14.3 大车官差和其他劳役

旗的首领没有薪水,他们靠旗中居民的捐赠品生活。

德格土司每三年要派遣三位官员去扎曲卡瓦收一次税,这些官员由人数众多的助手陪护,德格贡钦的管理机构会及时通知各旗首领,准备足够数量的大车。根据事先列好的表单,整个扎曲卡瓦被划分为三个地区,三位官员每人负责一个区。在各旗首领和助手们的陪同下,税收官到达指定地区,首先要做的事是清点旗中每户家庭的牲畜数量。

税收的基本单位是牦牛,其他牲畜是按如下标准换算的:1 匹马相当于 3 头牦牛,犏牛相当于 2 头,10 只羊相当于 1 头牦牛。

拥有 300 头以上牦牛的富裕家庭,不仅可以不用上缴任何捐赋,还可以免除各种劳役。但当土司或者德格地区的大寺院缺乏生活物资时,这种家庭必须送上牲畜或者钱财援助。

这个惯例是尼亚伦执政时确立的,当时德格贡钦开始破落,土司向扎曲卡瓦居民发布命令,拥有牦牛数超过 300 头的家庭要向他捐款以建造和翻新寺院、村庄及德格土司的大本营,每户捐款金额为 50 至 80 卢比不等,但必须无条件执行。作为对这些帮助的回报,土司决定永久免除他们的赋税。

因此,缴纳赋税的只是那些拥有牦牛数不足 300 头的家庭,按上面的标准将羊、犏牛、牛和马匹的数量进行换算,得出每户所拥有的牲畜数量。缴纳标准也不一样:拥有 200 至 300 头牦牛的家庭要缴纳 6 普特 10 俄磅(100 公斤)黄油、20 英国卢比和 15 张羊羔皮;拥有 100 至 200 头牦牛的家庭要缴纳 1 普特 5 俄磅(18 公斤)黄油、8 英国卢比和 4 张羊羔皮;拥有牦牛数少于 100 头的家庭(哪怕只有 1 头)要缴纳约 5 俄磅(2 公斤)黄油、2 英国卢比和 2 张羊羔皮。

这种赋税每三年收缴一次,收取的赋税一部分上交到土司家里,一部分送到德格贡钦,作为管理机构工作人员的花费,第三部分送到德格地区的大寺院作为喇嘛们的生活费。

14.4　差事、变换游牧地点

扎曲卡瓦人只从事畜牧业,他们没有耕地。畜群主要是牦牛、羊、为数不多的马匹和犏牛。扎曲卡瓦居民拥有牦牛数达到 300 至 1500 头的居民占到了半数,不过拥有约 1500 头牦牛的家庭相对来说较少,拥有 700 至 800 头牦牛的富裕家庭占多数。类似的富人们除了养牦牛外,还有近千只羊和 120 余匹马。其他中等收入居民的生活也完全可以得到保障,生活得也不错。中等富裕居民的大致标准是:拥有 10 至 300 头牦牛、50 至 500 只羊和 3 至 20 匹马。在这里的犏牛和山羊数量不多,也不是所有家庭都放养。

扎曲卡瓦的畜牧业产品由生活在扬子江和雅砻江河谷的居民以及霍尔加姆泽和德格贡钦地区的藏人和汉族商人来销售。主要产品有黄油、熟皮革、各种各样的皮带、毛编绳子和羊毛等。扎曲卡瓦人用这些东西从定居居民和商人处换来粮食和谷物,还有茶叶、棉布、丝绸、器皿、瓷器、银质和石质的装饰物等游牧生活必需品。

扎曲卡瓦人的这种易货交易一般在秋天进行,那时他们的大批驮队已到达了指定地点和区域。我们无法详细地了解到他们是通过何种方式用畜牧业产品交换粮食的。通常游牧民族用羊毛交换他们所必需的粮食时,是按等价交换的方式进行的:一包4普特的羊毛换一包4普特的粮食。这种贸易活动在藏族人之间进行得很平常。但扎曲卡瓦人与中国商人之间的交易却正好相反,后者经常欺骗游牧民族,他们将一包4普特的羊毛估价为8卢比或者5卢布,然而他们向游牧人支付的不是货币,而是商品,他们会毫不惭愧地把自己的商品价格抬高两倍。

在扎曲卡瓦,富裕的家庭每年要准备三四十普特的大麦,煮熟、碾碎做成糌粑。中等收入的家庭需要准备二三十普特的粮食。而贫困户只能每次从旗中富人那里购买少量的糌粑成品或粮食。

此外,每年夏天会有一些已被汉化的藏族人和东干人从松潘厅、河洲和洮州来到扎曲卡瓦,他们带来了劣质砖茶、颜色各异的棉布、少量的粗棉布、锅、罐子、绘有龙或者8个佛教吉祥物[1]图案的黄铜铸造的小器皿、瓷器和其他的小玩意,如烟草、针、刀子、线等,然后用银币和英国卢比购买这里的羊毛、麝香、鹿角、毛皮(猞猁、狐狸和猫皮)和犏牛。

多余的牲畜扎曲卡瓦人主要卖给德格、灵古泽和霍尔地区定居居民。牦牛肉的价格在6~9俄卢布之间浮动。每年来自库库淖尔西南

---

〔1〕吉祥物包括:1.金鱼(双鱼形);2.白伞;3.白海螺(法会时吹奏的乐器);4.吉祥结;5.盖(尊胜幢);6.罐(净瓶);7.莲花;8.法轮。关于这些吉祥物的细致描写见 Waddell:*The Buddism of Tibet or Lamaism*(《藏传佛教或喇嘛教》). 1895, стр. 392.

·欧·亚·历·史·文·化·文·库·

地区和阿尼玛卿山的唐古特人都要来这里向牧民们购买有角的牲畜，他们用白银购买牦牛，并且只收购幼小的公牛和母牛，根据牲畜的年龄，每只的价格大概在 4 至 8 卢布之间。

大多数自由的扎曲卡瓦人都从事狩猎。他们往往 5 至 10 人一组，到游牧地区以外的北方或西北方，那里可以打到野生牦牛、野驴、羚羊、马鹿和其他野兽。猎人们带足半个月甚至一个月的口粮，组成一只不大的牦牛和马队，牦牛是用来驮运粮食储备和猎物的，马匹是供两个猎人轮换着骑行的。打猎归来后，无论谁打得多谁打得少，哪怕一枪也没有开，所有参与者都会均等地得到一份野兽毛和肉。

这些猎人也经常利用人数上的优势，向商队或其他猎队进行攻击和抢劫。或者有时反过来，遭受到袭击，如果他们被洗劫一空，就只有步行回家。这类抢劫行为通常发生在夜里，一般不会发生流血屠杀，弱势的一方会表现得比较顺从，哪怕空手而归，也要保全自己。

除了畜牧业和狩猎，我们没有发现扎曲卡瓦人从事其他的行业。这些藏族有原料、人力和空闲时间，可是他们甚至连织棉布这样最简单的活也不做，这些游牧人鄙视任何形式的体力劳动。只有那些居住在寺院附近的没有任何牲畜的赤贫人才有织布机，他们只是为自己织一些毛织布料，极少有同旗的人来定购。但是那些与灵古泽居民相邻而居的扎曲卡瓦人，也偶尔会有人从事织布业。

冬季，扎曲卡瓦人及其畜群通常在雅砻江两岸、灵古泽边界以东至西宁卡姆藏族游牧区以西的区域渡过。

有一年冬天，雅砻江河谷的牲畜饲料严重短缺，大雪盖住了所有的河谷植被，当时粗心大意的扎曲卡瓦人被迫在半山腰上为幼畜准备支撑到明年春天的干草，他们没有镰刀，只好用普通的刀子和马刀割草。

春天和秋天他们沿着高原河谷或在山上放牧，那里多沼泽地和草木，所以夏季通常比较湿润。在炎热的夏季，扎曲卡瓦人就在半山腰上安顿下来。

有关这些游牧人的住所和家具陈设、对他们的总体评价、祭祀、迎接和宴请客人的风俗、战争的原因和保持战斗准备的状态等内容,都与《东西藏和居民》一书的第八章中所记载的大致相同。

14.5 罪与罚

扎曲卡瓦各旗之间从来没有发生过内乱,而与其邻近的果洛、西宁卡姆、灵古泽、霍尔、冬扎旗之间均发生过争斗。总的来说,扎曲卡瓦各旗之间的杀戮行为很少见。土司会指派官员解决案件,这些官员在家中或者犯罪现场进行审判。

有利的供词只能减轻抵罪金以外的体罚和监禁。在扎曲卡瓦,抵罪金或替代罚金的物品与我们前面曾介绍过的西宁卡姆的罚金有很大的不同。扎曲卡瓦的受害家庭方可获得以下9种补偿品:马,枪,骆驼皮、猞猁皮、狼皮、狐狸皮、沙狐皮或者有价值的野猫皮各1张,1块约20俄尺(15米)长的中国棉布料和哈达。另外杀人犯可以用一块50两的银锭来抵以上的9种物品。此外,德格土司还要从杀人犯家中挑选一匹最优良的马和一支最好的枪。除了这种罚金之外,如果证人的证词对杀人犯有利,那么就可以宣判3~6个月的监禁和300次的鞭笞体罚。如果证人的证词对杀人犯不利,那么他就要戴上手铐和脚镣,接受3~10年的监禁,并且在其服刑期间,每隔10天至20天,有时1个月,就要受到30~50次的鞭笞。对犯罪者还有更为严厉的惩罚,在对其所有的指控都成立,并且没有一项减罪条件的情况下,他将被判处终身监禁,同时或者每天,或者每隔几天,或者每隔几星期还要接受残酷的鞭刑,换句话说就是要接受最长期、最残忍的折磨。

监狱位于德格贡钦,犯人监禁期间,吃穿都要由他的家庭来保障。如果他的家庭贫寒或者根本没有亲人,那么他在监狱内的生活费就由整个旗分担,这个旗有义务向德格贡钦提供犯人服刑期间的所有生活费直至服刑期满或者直到死亡。

同旗的居民间几乎不会发生偷盗行为,旗与旗之间的偷盗行为也极少,但还是存在。不同旗之间的偷盗行为一般涉及的是牲畜,大牲畜一般偷 1~2 头,像羊这样的小牲畜,一般偷 10 只左右或者更多。

受害者如果没有当场抓到小偷,只是后来根据传言猜测到偷窃自己牲畜的人,那么他会想方设法报复,从这个人的牲畜群中再偷回相同数量的牲畜,当然,如果无法偷得更多的话。如果窃贼当场被抓,那么就会立即被带到其所在旗的首领那里。按照惯例,这位窃贼每偷一头牲畜就要赔偿被盗者 5 头,每偷一样东西,如马刀、枪、矛、刀子和其他的东西,就要赔偿 5 个相同的东西或者 5 倍于所偷东西价值的白银。然后,被偷盗者从盗贼那领走自己的马,他的枪则交给盗窃犯所属旗的首领。

14.6　寺院

在扎曲卡瓦地区所有的 27 座寺院中,仅有 1 座最古老的寺院奥姆布寺,寺院的堪布是拉萨派来的喇嘛。扎曲卡瓦地区的所有寺院毫无例外都属于西藏宗喀巴教派信徒。这里的家庭关系与我们描叙过的卡姆藏民和拉多居民基本相同。

14.7　风俗和仪式

在大多数情况下家庭不会分开,儿子们与父母生活在一起,拥有一个共同的妻子,妻子必须严格按照丈夫、兄弟的次序履行夫妻义务。只有那些最富裕的家庭或首领家的儿子们才拥有自己单独的妻子。在这种情况下,父亲的帐篷白天就是全家人一起吃饭、劳动期间休息和共同谈话的地点。到夜里儿子们才回到距离父亲帐篷不远处自己的小帐篷中。

在有的家庭中,如果长子已经上了年纪,而其他儿子年纪还小,父母会暂时放弃为长子娶妻,而要等到其他儿子都长大成人。长子在等待弟弟们长大的过程中,通常感到非常寂寞,于是就娶妻了。这个长子的妻子以后并不一定会成为弟弟们的妻子,父母通常会为他们另娶妻子。

一妻多夫制在中亚地区的游牧民族中是很普遍的现象,这使得这里的异性接触较为自由。在很大程度上,只有年长的兄弟才能享受妻子的服务和依恋,而年轻的兄弟,由于性情天真,他们会与其他的女人或者姑娘交往来寻找爱情和友谊。他们的妻子经常拥有很多爱慕者和好朋友,而不会受到谴责或者虐待。在扎曲卡瓦人中有将妻子让给朋友或者普通过路人的习惯,送给过路人是为了回赠礼物。

　　我们在前面已经讲过其他地区的藏族说媒的习俗。而在扎曲卡瓦还有一种抢亲的风俗。贫穷家庭的兄弟们在看好了一个姑娘之后,准备共同把她偷走。其中一个兄弟设法与其相识,说服她成为兄弟们的妻子。除此之外,兄弟们还要努力拉拢姑娘的邻居们,让他们帮助劝说姑娘逃离娘家。所有这些要尽可能保密地操作,以防被姑娘的亲属们知道。

　　抢新娘经常发生在放牧的时候,那时姑娘会赶着羊群出现在兄弟们所熟悉的一个偏僻的地方。抢亲的人通常骑着最好的马匹出现,同时他们还带着一匹给新娘的备用马。抢亲有时也发生在姑娘家帐篷附近,这时候女邻居就会帮忙了,她会很巧妙地带领姑娘离开放牧的宿营地。

　　在抢亲后的第二天,兄弟们就会委派父亲或者年长的亲属带着哈达和酒去见姑娘的父母,承认错误。兄弟们的亲属请求新娘的父母不要生气,接受哈达和酒,确定彩礼的标准和婚礼的时期。新娘的父母在表面上生了一会儿气之后,就接受了哈达和酒,原谅了女儿和抢走女儿的兄弟们。这里举行婚礼的方式与我们所描述的西宁喀木藏族的结婚仪式完全相同。

　　上面我们提到过,特别富裕和显贵的扎曲卡瓦人每人娶一个妻子。关于这一点我们还要补充一下,还有极例外的情况,为了繁衍后代,当第一任妻子不能生育时,男人们可能要娶第二任妻子。在这种情况下,两个妻子与丈夫共同生活在同一个帐篷里。她们的地位是相同的,尽管丈夫可能会更偏向第二任妻子,特别是在她很快就生了小孩之后。

·欧·亚·历·史·文·化·文·库·

在那些几个兄弟共一个妻子的家庭里,无论贫困还是富裕,出现寡妇的情况是非常少见的。如果妻子比所有丈夫活得时间都要长,并且此时她还没有生育的话,那么她不仅可以免除所有税赋,而且还可以免除所有劳役。如果守寡后她还要养孩子,那么她在儿子娶妻或者女儿招来上门女婿之前都可以免除一切税赋和劳役。这种免除税赋和劳役的寡妇被称作"特达尔汗"。

下面简单介绍一下扎曲卡瓦人的葬礼。

人死了之后,不论是男人、女人还是孩子,都要为其换上最好的衣服,并放置在一个小帐篷中,这个小帐篷是在其居所附近专门为死者设计的。死者要放在固定的位置——帐篷入口右侧的毛毡上,并保持向右侧躺的姿势。

停放九天之后,死者被抬出帐篷,但不是从门口抬出,而是从帐篷右侧的幕帘下抬出,并将其安放在备好马鞍的马匹上。随后一位亲属或者熟人牵着缰绳,另外有两个人走在马的两侧扶着尸体,防止其跌落下来。这种方式只是针对成年人,孩子们则由骑手抱着送到寺院,在那里死者都要放在喇嘛们买来的干柴上焚烧。

死者放到篝火上之前,要从尸体上脱下漂亮的衣服交给喇嘛,然后换上死者死时穿的旧衣服焚烧。穷人只能将死者放在堆好的干粪上焚烧,通常不送到寺院,而是在自己住所附近,因为运送尸体的烦琐仪式要支付相当昂贵的费用。

当尸体被烧尽,篝火熄灭之后,死者的亲人们会仔细地收集骨灰和烧坏的骨头,把它们带回家里碾成粉末,并与黏土混合在一起制成"擦擦"或者躯体形状的小圆锥物。然后把它们放在洞穴中、悬崖凹处、绵当的附近。有时会为"擦擦"制造专门的木质或石质的钵。

在人死的地方和焚烧尸体的地方要堆上玛尼堆——画有神秘符号的石板,这些石板一个挨着一个地叠放在一起,上面涂着红色、黄色和白色佛教图案。

为了纪念死者,不论是富裕还是贫穷,扎曲卡瓦居民都要举行被称作"塞特尔"的仪式,用数量不等的羊举行祭祀。

我们所描述的葬礼仪式不仅被所有扎曲卡瓦居民所采用,在邻近的东扎、灵古泽和纳木错部分地区的游牧藏人中也普遍适用。

这就是西藏地区东北部游牧居民——扎曲卡瓦人的总体特征,他们是我们返回途中所遇到的高原地区居民的最后代表。

14.8 扎曲卡瓦人居住地的自然地理特征

扎曲卡瓦的领土位于雅砻江上游从西北到东南方向300公里的地带,横向距离只有约150公里。在雅砻江南岸平行延伸着的是雅砻山脉,雅砻江北边是长而缓的分水岭山脉,其长满草的宽谷一直延伸到河的北岸,在山脉阳面半山腰下被雅砻江北面的支流切断。这些汇成雅砻江的支流发源于分水岭山脉平坦的草地山脊,这种特征在纳姆卡拉亚姆山西面也很明显。在这个山上很少能见到裸露出来的岩石,而在河谷中却能发现很多,尤其是在接近雅砻江的地方,那里江的支流把大地冲出很深的沟壑。

穿越扎曲卡瓦东北部牧区的所有区域,从雅砻江左岸河谷到分水岭山脉,我们看到了以下类型的砂岩:第一类是褐色坚硬片状小颗粒的、褚石色含石灰和云母的黏土质砂岩;第二类是灰色或灰绿色坚硬小颗粒的、含石灰和云母的黏土质砂岩;第三类是灰色坚硬小颗粒的、含石灰和云母的黏土质砂岩;第四类是浅紫灰色细小颗粒的、褚石色的黏土质砂岩;第五类砂岩与第四类相同,只是掺杂了粗细不同的白石英纹理。除了分水岭山脊的岩石外,在南坡上,特别是半山腰下面,到处都是灰色千枚岩、薄片形含云母和黏土质页岩以及灰褐色松软的黏土质页岩。接下来,沿着河道矗立着陡峭的河岸,它们由厚厚的砾岩层叠而成,这些砾岩的成分包括:细小的碎片、灰色和红色的砂岩卵石、淡棕红色含石灰成分或由黏土的胶泥组成的石灰岩卵石、由细小的灰色砂岩和页岩碎片组成的红褐色坚硬的小颗粒砾岩。最后说一下带有巢孔的白色石英,由于它被黄色褚石浸染过,所以样子有点像砂岩中很厚的夹层,在小山冈上覆盖的是砖红色含黏土的砂岩。

雅砻江上游的气候与藏北和藏东北地区的一样,总体来说比较恶劣。不只是冬天,这里的夏天也比较寒冷,夜间温度经常在0℃以下。夏天的降雨量比较大,经常下雨和冰雹,有时也下霰和大雪。相对来讲,秋天是最好的季节,天气晴朗,气候干燥,比较暖和。冬天极其寒冷,很少降雪。而春天经常刮西北风,空气中弥漫着灰尘。

这个地区的植物群特点与居住着北方25个旗的偏西地区几乎相同,到处都能见到适合这种恶劣气候条件生长的草本植物。西藏高原上最常见的开花植物有龙胆、雪莲、马先蒿、马尿泡、剪秋罗、大戟、西藏苔草等,高山处生长着美丽的密生波罗花、燕子花、针茅以及各种禾本科植物等,峡谷两侧陡峭的斜坡上生长着金露梅和河柳。

和植物群相比,这里的动物群种类显得更加单一了。不仅哺乳动物和禽类较少,淡水鱼类和两栖动物也比较少见。我们在雅砻江及其左侧支流戈曲中没有见到任何新种类的鱼,考察队在这里捕获的裂腹鱼和红点鲑与我们在扬子江上游所发现的鱼类群系相同。由于我们穿越此地区的季节较早的原因,我们发现的甲虫、蝴蝶及其他昆虫比较少,然而,尽管数量较少,但昆虫的新品种相对来说还是比较丰富的,尤其是甲虫,比如:大步甲、*C.（Neoplesius）insidiosus* Sem、*Aristochroa kaznakowi* Tschitsh、*Elaphus Elopphroterus trossulus* Sem。

总体来说,扎曲卡瓦人居住地的自然条件还是令人满意的。尽管这里空气稀薄,但当地的藏族人自己感觉还不错,他们享受着自己的幸福生活,我们所遇到的大多数扎曲卡瓦人看上去都是身材魁梧、体格健壮的。和其他地区的藏族人一样,扎曲卡瓦人的情操还停留在对许多美好事物的憧憬阶段。

他们的思想和眼界非常狭窄:除了他们的山、河谷和畜群以外,既不知道令人难以忍受的炎热,也不知道使人心烦的牛虻和蚊子。扎曲卡瓦人几乎是与世隔绝的,他们的幸福和满足来自于牲畜和牧场,健壮的牲畜和茂盛的草场能使他们快乐无比。他们快乐地骑在马背上放牧,欣赏着各种各样的牲畜。富足的生活和无所事事被看作是最大的富裕,他们可以几个星期或者几个月待在同一个地方,不停地机械地吟诵着神秘的六字真言"唵嘛呢叭咪吽"。他们向寺院和僧侣们赠送大量的祭品,以求得心安理得和免除罪孽。

与灵古泽人的战争影响到了我们与扎曲卡瓦人的见面。在考察队到来之前,大多数的扎曲卡瓦人迁移到更远的地方去了,少数留下来的人也对我们表现得很警惕。在我们停留了几天之后,这些藏族人确信没有危险,才开始频繁地光顾我们的营地。

扎曲卡瓦人对我们很感兴趣,关注着我们的一举一动,如我们吃什么和怎么吃这样的问题。但他们最想知道的是:为什么我们在藏族人的子弹面前毫发无损呢?是什么拯救了我们?

扎曲卡瓦人很乐意做我们的向导,哪怕是在我们进入到人口密集的地区,只要我们偏离了方向,他们就立即给我们指出来,并举例说如果遭受到果洛人和其他强盗的袭击,不仅对考察队,而且对他们都会造成不愉快的后果。

14.9 在东北部藏区牧区的行程

在扎曲卡瓦地区的前两天,考察队一直沿着雅砻江河谷行进,然后转向其左侧支流鄂姆曲及其他河流的上游,向北方和西北方向行进,这样我们渐渐地走出了错综复杂的峡谷,来到了高原台地,从这里我们可以更容易找到通往前面提到的湖的正确路线了。

到达奥姆布寺院之前的雅砻江与其下游的特征一样,其河谷时宽时窄,江的北面几乎全是高高的山麓和宽谷,紧挨着陡峭的山坡。春天的雅砻江两岸长满了绿色植物,河流蜿蜒曲折,非常美丽,尤其是当太阳光照射在其平静的江面上时,站在岸边的悬崖或者峭壁上俯瞰,景色特别壮观。

雅砻江河谷中几乎见不到游牧人,只有鸟类才使得这里显得比较有生气。在高地上随处可见栖息着的忧郁的海鹰,沿着河飞翔的黑色的鹳、海番鸭、秋沙鸭和燕鸥。在更加僻静的地方和悬崖的凹处有印度雁和腿上长满毛的鸳的窝,兀鹫在高空盘旋着,灰沙燕在陡岸边徘徊着。在江水比较清澈的地方栖息着鸬、嘴鸬、红鼻鸬和小滨鹬以及为数不多的其他的鸟。

离开雅砻江,穿过寺院废墟和沿鄂木曲延伸的长 200 米、宽 6 米、高 2 米的绵当,考察队将要开始无数次地穿山地宽谷、连绵的低山、沙丘和快速奔流汇入雅砻江的河流。从宽广无垠的翻山道顶端经常可以看到一幅掩映着远处群山阴影的美丽画卷,而在下山时我们的视野就再一次变窄了。当然,半山腰的上面有些冷,仅有少量的植物勉强地生长着,这个季节畜群在山谷和较低的小丘上已经吃不饱了。

沿着其中的一个河谷昆都尔曲,我们艰难地向北部行进,并在尤金多地区待了大约三天。我在这里成功地进行了天文学的纬度测定,而 A．H．卡兹纳科夫则去雅砻江测定了其河谷的海拔高度,为 12930 俄尺(3940 米),并大体熟悉了昆杜尔曲下游地区的特点。与此同时,巴德马扎波夫和达代添购了粮食储备并更换了比较劳累的驮运牲畜。我们与当地人建立了良好的关系,他们对我们也很信任,一位名叫宝卢的扎曲卡瓦老人来到我们的队伍中做起了向导。

这些向导通常在刚开始的时候表现比较拘谨,在有其同族居民居住的居民区也会表现得比较克制,而在没有人的情况下,就不一样了,他们经常主动接近翻译,并给我们考察队队员讲一些有趣的故事。

在下一个路段,考察队路过了一个美丽的山谷和一条美丽的拉米克曲,它发源于纳姆卡拉亚姆山。这条河很大,河水很清,流速也比较快。在绕过山岬后,我们发现这里的景象更加迷人,还有一条水流更大的戈曲。我们第一天是在这个山谷的埃克什马坦地区过夜的,当天夜里,突然有居民来找我们的向导。

14.10 昌都和里唐的逃亡者

顺便提一下,我们在这里意外地遇到了逃往果洛的昌都官员。无论从着装还是举止上,这些昌都人和扎曲卡瓦人都没有什么不同。

交谈后我们确信,他们对我们的卡姆之行一定非常熟悉。昌都地区的通信员会把他们所获得的各种各样的消息汇报给他们,除此之外,这些昌都的官员身上还携带着向拉萨呈送的官文,里面记录着由于帕克帕拉的生活方式而产生的争执。

我们的熟人坚决要求我们远离昌都独裁者和他亲密的谋士达音卡姆博,这位谋士坚持说服官员们返回昌都去过世俗生活。逃跑的官员们则派遣宗教人士亲自拜见达赖喇嘛,向其阐述他们普遍不满意的原因,并要求立即给予他们满意的答复,否则他们将被迫发动反对昌都的果洛人的起义,打倒带来灾难的官吏并摧毁寺院。

在万不得已的情况下,这些昌都人打算寻求库伦的呼图克图的帮助,据他们讲,他们手头有一份文件,这份文件规定了库伦寺院有义务在必要的情况下帮助昌都。

拉萨方面听取了这些官员们提出的果断主张,并采取了对他们来说最寻常的办法——下毒,来使昌都摆脱帕克帕拉的统治。

我们在遇到昌都人的同时还遇到了里唐人,他们与自己的畜群一起生活在位于雅砻江左侧支流的上游、纳姆卡拉亚姆和玛姆图舒克贡古山峰之间的高原地带,属于扎曲卡瓦的领地。里唐人到扎曲卡瓦来也是为了寻找福地的,这些藏族人与昌都人一样,都是因为与其地区主要首领发生争执而告别家乡跑到这里来的。

里唐地区大约有十几个旗。其中德宗和巴林马两个旗在近些年曾发生了内讧事件。以游牧生活为主的德宗人袭击了以定居生活为主的巴林马人,而巴林马人也不放过袭击德宗人的机会,因此不可避免地发生了争吵和冲突,并常常以人员伤亡告终。

旗的首领、土司和中国当局无法阻止混乱,在两旗之间建立和平。1898 年春,这两个旗互相宣战,战争实际上仅仅持续了一昼夜。德宗旗派出了 400 名战士,巴林马旗派出了 250 人。人数上占绝对优势的游牧的德宗人在战争中,打死了 46 名巴林马人,伤者无数。除此之外,德宗人还在一昼夜内摧毁并洗劫了巴林马的几个村庄。里唐地区的土司和中国当局都曾出兵制止剽悍的德宗人进一步攻击巴林马的战斗。

里唐地区的首领要求德宗旗赔偿巴林马死者的损失、支付重建建筑的费用和赔付抢劫的物资,除此以外,还要求他们彻底屈服于土司,并要求土司严惩这个旗的所有官员。里唐当局也有意对德宗旗实施严厉的惩罚:有些人被剜双眼,有些人被砍手足,有些人被戴上镣铐,还有一些人被关进监狱,等等。但德宗人不仅不同意支付赔偿,而且拒绝将自己的首领交到里唐当局和汉人手中,甚至也不同意同巴林马休战。当然,战斗再也没有发生,但是这种对峙的局面从战争发生后一直持续了两三个月。

与此同时,德宗人从邻人和朋友那里得知,里唐的最高首领已经向周围地区所有旗的首领下达了密令,要求他们立即集结尽可能多的士兵共同出击德宗人,命令中称不饶恕任何人、争取全歼德宗旗居民。事先得知消息的德宗人决定离开自己的牧区逃到其他的地方,他们不动声色地收拾好寺院附近仓库中最贵重的物什、白银、宝石及其他的少量物品。在得到消息前,他们已经将几乎所有的财产都运到了牧区的家里。而在得知里唐最高首领的这个阴险的计划后,他们决定立即向北逃跑。于是他们匆忙地赶着畜群通过德格来到了扎曲卡瓦的牧区,这次长途迁徙共花费了他们半年的时间。

里唐当局最担心逃亡者会跑到聚集着大量匪帮的果洛地区,因为他们可能会重新集结并发动报复行动。顺便提一下,里唐当局正想方设法说服德宗人重返故土,并承诺完全宽恕他们的罪过,可是这一切都是白费工夫,德宗逃亡者至今还生活在扎曲卡瓦的土地上。

在这里有必要简单介绍一下从一个旗(地区)到另一旗(地区)的叛变者和逃亡者的情况。

其实这些定居或游牧旗的逃亡者,均来自受拉萨管辖的地区,他们一般逃向北方纳姆措卡瓦的 25 个旗的游牧地区,并选择一个最偏远和最强大的旗作为居住地。如从拉萨郊区逃跑到亚格来旗、从西藏东部逃跑到纳姆措卡瓦或所曲卡瓦和果洛等。

四川的叛变者经常跑到果洛,也有跑到扎曲卡瓦、纳姆措卡瓦及较近的东部几个旗的。

藏族人主要从西宁卡姆的北部地区逃亡到扎曲卡瓦偏远的几个旗,很少有人逃到果洛,到这里的人主要是一些不如意的官员,或者是由于某种原因的扎曲卡瓦地区的居民。扎曲卡瓦地区的居民主要逃跑到其西面的纳姆措卡瓦地区。

因此,不难发现,西藏各地区的居民可以毫不费力地从一个地区逃到另一个地区来改变自己的住所,他们可以从南逃向北,也可以从北逃向东或西。但是没有从四川、纳姆措卡瓦向南逃跑到拉萨所管辖地区的人,因为在那里他们不可避免地会被揭露。因此逃亡者不会出现在被称作噶厦地区和受拉萨管辖的西藏领地上,他们只能向北迁移。

15 柴达木盆地

15.1 分水岭山脉及其高地的总体特点

现在,考察队离开了西藏游牧民的最后一块游牧区,可以肯定地说,我们再一次遇到当地居民得到柴达木盆地境内了,因为在长达 500 俄里左右的高山地区,由于极端恶劣的气候条件和经常出没的果洛土匪,那里是不会有人居住的。

现在对于我们来说,最令人不愉快的事情就是西藏的阴雨天,有时下雨,更多的时候是霰或者雪,大量的降雨以及相对于春末来说相当低的温度,严重地影响了我们的心情。因为坏天气给我们带来许多麻烦,尤其是影响到了我们的自然和历史样品的收集工作,给我们进行路线标记、行进以及食品加工都增添了不少麻烦。

西藏高原这个地区的野生哺乳动物有熊、狼、猞猁、狐狸、沙狐、旱獭、兔子和啼兔,鸟类有兀鹫、鹰、云雀、燕雀、鸽和其他数量不多的鸟。大量的食草动物吸引了西藏猎人,他们遍布在山脊和山冈上,不停地搜寻着,有时也猎杀羚羊和野牦牛。

在我们的行进区域,分水岭山脉上半部非常平坦,在这里找不到巨大的悬崖峭壁[1]和陡峭的上下坡地,无论是海拔高度为 15070 俄尺(4600 米)的主要山口察仓拉,还是其南北侧的次要山口,都仅仅比高地的平均高度高出 100 俄尺(30 米),最多也就是 200~300 俄尺(60~90 米)。在山口的顶部有西藏高原常见的沼泽地,小水洼和小湖泊星罗棋布。必须仔细辨认才能够发现分水岭的路,才不至于将两条河的

---

[1]在山口南面的草地斜坡上,有些地方可以见到巨大的花岗岩和石块,有时这些石头深深地插在沼泽地中。

源头相混淆。因此，也就是说，在玛姆 – 图舒克 – 贡古山西面和拉姆伦克山东面的较低山脉内，正确区分湖泊之间的分界线是很困难的，雅砻江上游左侧最大的支流——戈曲和玛戈穆戈曲的发源地就是在这些群山之中，它们最初向北急流，到了分水岭高地后，急剧向左和右两侧分开，转向南流，这使我们经常被弄得晕头转向，我们曾有两次穿越了同一条河流。分水岭山脉中轴线以北的戈洛格楞山也有类似的复杂情况。我们在穿越黄河流域的时候没有遇到过这样的复杂情况，当时阻碍我们的主要障碍是从右侧汇入黄河的色格曲深深的河谷，以及分隔这个淡水流域的独立山脊。

在分水岭及其两侧都是高原平地，所处位置不同，所看得到的空间也会或大或小，站得越高，看得也就越远，在晴朗无风的天气里，能够欣赏到闪烁着粼粼波光的众多河流和湖泊，以及远处山脉上美丽的景象。处处可见野生牦牛和羚羊群，还有撕咬着啼兔的笨拙的熊。站在山冈或者山顶上，可以观察到动物们生活的详细情况。

我们在西藏无人区的行进速度还算正常，每天行进 15 至 20 俄里，尽量安排在中午的时候通过翻山道，这样驮运的牲畜可以在良好的牧场得到很好的休息。

15.2　色格曲河谷

这样行进了四五天时间，大约是 5 月 19 日，考察队共行进了约 80 俄里，通过了分水岭边界。在属于分水岭山脉的横向山冈的顶端，我们看到了色格曲宽阔的河谷，它在绿色的草地上蜿蜒曲折，围绕着河谷的山脉沿着西北至东南方向延伸，在这个河谷西面矗立着戈洛格楞山脉。

从山冈上下来，我们来到了色格霍洛克曲右岸，这条河流向东北方向，最后从左侧汇入色格曲，而在这之前已有两条河——托利曲和一条无名河分别从左侧和右侧汇入色格曲。考察队第二天通过的下一个渡口是戈曲左侧的小支流。5 月 25 日，我们顺着这条河到了色格曲,浅灰色的河浪在砾石河道中快速地奔流。博卢(向导)快速地骑马向前奔跑了一会儿后,在河岸弯弯曲曲的路上停了下来,向我们兴奋地宣布,这里不难通过。

色格曲总长度近150公里,起源于纳姆卡拉亚姆山附近,流向西北,与此相仿的是黄河的下一个右侧支流库库乌苏,也是起源于这座山的附近,只是发源地在山的北面。色格曲中上游为西北流向,绕过山后转向东北—东方向,河中有很多鱼类,主要是鲤鱼。

除上述色格曲的几条支流以外,在其左侧还有几条我们不知道名字的支流,从戈洛格楞山的北坡沿着过去可能是湖泊底部的美丽山谷流到这里。这些河不长,但水量充沛,它们的注入使色格曲的宽度超过20俄丈(40米),深度为1~3英尺(30~90厘米)。

15.3 色格地区的藏族

我们途经的色格曲的大部分地区是无人区,在其下游,与黄河河谷一样,居住着西部果洛霍尔的游牧部落,但这次沿途我们没有见到他们。

抵达色格曲左岸后,考察队开始陆续遇到沿河谷向上游行进的运盐商队。商队不大,通常不超过100头牦牛。商队的规模由驮运牲畜和人员的数量决定,商队规模越大,驮运的牲畜和赶牲畜的人也就越多。一般来说,商队中每个人要赶10头牲畜。

色尔塔商队的人员全副武装,肩上扛着枪,腰上挂着马刀,右手执着长矛。

还在更早的时候,在通过德格地区时,我们就已经听说过色尔塔及其周边地区部落的生活方式。

色尔塔由13个旗组成,约有5000人,千余顶帐篷,在冬扎北面和东北面过着游牧生活。其西面的领地与安钦多普的恩戈里接壤。可能也正因为如此,强悍的色格人不向任何人屈服,包括汉人、拉萨人和果洛人。德格人、霍尔人和灵古泽人把他们称为"果洛-色尔塔人。"可惜我们没有关于这个有趣民族来历的故事。

所有的色尔塔人都从事游牧,尽管他们喜欢抢劫。为了获取粮食,他们要跑到雅砻江附近的定居居民区,或者是黄河流域的果洛人那里,获取的粮食主要用来换盐。据藏族人讲,这些盐采自黄河右岸不远处的纳姆措察加和加宗察加湖中。色尔塔人还跑到霍尔加姆泽甚至是东面的松潘厅去获取商品。

色尔塔地区由一名最高长官色尔塔本管辖,权力世袭。除此之外,各旗都有自己独立的名称,由隶属于色尔塔本的世袭长官管理,所有部落居民都从事游牧,在分水岭山脉两侧的山坡上、扬子江与黄河之间以及黄河的支流库库乌苏河上游东南部放牧。

15.4　大量的熊

在色格曲河谷及其南北两侧,我们沿途路过的都是无人区高地,在色格曲流域我们每天都能看得到五六只或 10 至 12 只熊,有时甚至更多。

西藏有大量的熊,得益于当地人不猎杀熊。在个别情况下,猎人会猎取熊皮做地毯或铺垫的东西,一般在长途跋涉捕猎草食动物时会用到。至于我们,却恰恰相反,几乎每次都不会放过猎杀熊的机会,我们在两个春天中共打死了近 40 头熊,其中有 15 头是我打死的。

考察队收集到的大量哺乳动物标本,都被送到了科学院动物学博物馆,包括各种年龄段和各种颜色皮毛的熊,其中有黑色白颈的、有黑褐色的、有杂色的,甚至还有前额长着白毛的。这些熊并不常见,据西藏当地人讲,一千只中才有一只。

15.5　猎熊

在西藏猎杀熊,可以说是"公开的",如果可以这样说的话。的确是这样,猎人从远处发现熊后,径直向其走过去,然后确定在哪一个方向更有利于隐蔽,也就是说,可以在不被熊发现的近处射击,因为熊的鼻子在很远的顺风处就能闻得到人的气味,而熊的视力相对来说较弱。在熊捕抓啼鼠或者休息的时候,是接近它的最好时机,另外的好时机是它被惊吓后,飞跑逃窜的时候。当熊正在平静地撕咬着猎物时,通常要迅速接近它,阻断它企图逃跑的路。如果在接近熊的路上有哪怕一个很小的遮蔽物,就可以轻易地到达距之100步远的地方,甚至可以更近。接近熊后,猎人可以采取跪姿或者卧姿向其射击。在大多数情况下,一个有经验的猎人和好射手使用普通的步枪发射一二颗子弹,最多也就是三颗子弹就可以击毙一只熊。

在西藏多次猎熊的经历中,我只记住了其中几个最有意思的。其中一个是5月20日,在分水岭山脉南侧的舒尔曲,当我们渡过河在狭长的河谷中安排好营地后,考察队的几个人去打猎,我躺下来休息。突然听到我们的西藏向导博卢(他也是一个非常出色的猎人)大喊:"佩姆博,寨姆埃德热里!"翻译过来的意思是:"先生们,熊来了!"确实,我一站起来,就看到了在山坡上慢慢爬着的熊。看来,熊并没有注意到我们的大营地。没来得及多想,我就拿起步枪,装入了5发子弹,其中有2发爆破弹和3发普通弹,向熊所要通过的路口跑去。然而在海拔15000俄尺(4580米)的地方奔跑使我感到嗓子发干,腿发沉,心跳加速,只好停下来喘气休息。我非常不情愿地看到熊慢慢地走远,这头小熊还是像以前一样,一会儿向前爬,一会儿停下来刨着地面。我又一次走了起来,太阳很好,吹着微风,最终我还是绕到了熊的对面,趴在一个小丘的后面。我等啊等啊,可熊一直没有出现。我小心地站了起来,发现熊就躺在不远处。我又匍匐前进了20来步的距离,躲在第二个小丘的后面。我用望远镜都可以清晰地看到微风轻轻吹拂着熊长长的毛。四周非常安静,只有猛禽似乎嗅到了猎物的味道,在天空中盘旋着。我们营地上的人也都屏住呼吸,注意力全部都集中在猎人和猎物上。第一枪响了之后,熊愤怒地叫着站了起来,第二枪响了之后,熊重重地摔倒在地上。我没有立即起身,用望远镜看到熊已经一动不动了,才站了起来,向距我200多步的悬崖走去,那里距离猎物稍远一点,可以观察到其他方向。这时,两名哥萨克族标本制作员已经离开营地向猎物出发了。到达悬崖后,我沉重地呼吸着,这时,熊就像被什么东西刺了一下,突然跳了起来,摇晃着毛茸茸的大脑袋,愤怒地咆哮着,鼻子发出哧哧的声音向我扑了过来。在距离这头狂怒的熊不足10步远的时候,我再一次击发,射中了熊的胸部,它头朝下倒了下去。在生死关头狂怒的小熊张开血淋淋大口的形象一直印在我的脑海里,这种特殊的感觉,对于一名猎人来说是多么珍贵和有吸引力啊。

在西藏向导离开我们之后,5月27日,我们独自沿着色格曲河谷下行,那里的道路情况非常好,很平坦,没有高低起伏,我们一直沿着河的左岸行进。左右两侧都是连绵的山脉,山坡上遍布着松软的草地。山峰下面的沟壑[1]中,有些地方能看到野牦牛群。而在河谷中几乎看不到任何野兽,这里每天都有色尔塔人的运盐商队通过。

从几个色尔塔人口中我们得知,果洛的霍尔人在色格曲下游放牧,站在山坡顶端可以看到这些黄河流域居民的帐篷。

在河谷开阔地的入口处,我们扎下了营地。这是一个典型的环谷,山谷崎岖不平,布满了沼泽、河流、淡水湖或者咸水湖,平静的湖面在太阳的照射下闪闪发光。我们营地的东面是河,西面是延伸至河谷的山坡。戈洛格楞山陡峭的北部山峰离我们更近了一些,空气中弥漫着芬芳的花香,淡黄色和浅蓝色的鸢尾草与低矮的灌木丛装扮着河两岸的草地,美丽的蝴蝶在草丛中翩翩起舞。离开雅砻江之后,我们还是第一次在这样美丽的地方宿营。

继续走了两天之后,我们接近了被我们称作为"熊谷"的环谷北部边界。这里确实有许多熊,比其他任何地方都多,在两三天时间内我们看到了至少30只熊。现在我们已经不再猎杀熊了。在这个山谷中也经常能够看到长着浅色毛的狼,遗憾的是我们没有猎到这种狼。它们非常谨慎,而且很灵活,不容易猎到。除了熊、狼、狐狸、旱獭和兔子以外,在色格曲河谷还经常能够遇到藏羚羊、羚羊、野驴等,它们多在平坦的长着针茅的山冈上活动。在西藏高原上到处可见五颜六色的水貂,

---

[1]沟壑,东西伯利亚人的说法,即峡谷的支线。

从低洼地中发出老鼠一样的气味。鸟类中除了上面已经提到过的之外,还有海雕、鸥和燕鸥等。5 月 30 日,在太阳刚刚升起的时候,考察队离开了色格曲河谷,开始登山。

回头望去,河谷的线条越来越清晰,这就是奥冬塔拉,也叫作"星星草原"[1]:无数明亮的湖、小水洼星罗棋布,散乱的小河和小溪在沼泽地中蜿蜒穿梭。前面提到过的分水岭山脉群峰起伏。

15.6　俄罗斯人湖

很快考察队就登上了一个不高的无名山顶端,从这里我们看到了熟悉的俄罗斯人湖那蓝色的、镜子般的湖面。

一个小时后,我们已经在湖岸边安营扎寨。这里的湖浪撞击着岸边,发出很大回声。

在到达湖北岸我们以前的宿营地之前,考察队沿湖东岸走了两天时间。

从山岭缓缓向下的草地斜坡,延伸到湖边时戛然而止,形成了陡峭的湖岸,而道路就从岸边和更高的沿岸地带之间穿过,两侧的景色非常美丽。

深蓝的湖水泛着浪花,涌向岸边,撞到陡峭的岸上发出阵阵回响。透过湖面上笼罩的朦胧烟雾,南侧和西侧的湖岬隐约可见。随着队伍的行进,我们眼中的湖中岛和岛屿的轮廓不断发生变化。在陡峭的沿岸悬崖上有时能发现印度雁、海番鸭和鸬鹚在那里筑的巢,在不平静的湖面上游着鸥、燕鸥、秋沙鸭、鹊鸭和其他游禽,像浮子一样。在靠近岸边的水底深处有成群的大鱼。岸边肥沃的牧场里活跃着身材匀称的羚羊、藏羚羊、为数不多的盘羊和野驴,而熊在这里根本见不到。我

---

〔1〕"奥冬塔拉"是黄河及被当地人称为索洛姆(Солом)的小河的真正源头。"星星草原",毫无疑问,在不久前曾是第三高或者最高的湖,随着时间的流逝,与姆措纳拉(Мцо‐Хнара)湖一样消失了,我们能够很明显地发现其变浅和变小了,然后是姆措赫诺拉(Мцо‐Хнора)湖,每年它在西南湾的湖底都要升高。

们在这里也没有看到人,但是发现有人曾经居住过的痕迹。

15.7　沿原路返回

考察队在俄罗斯人湖北端岬角停留了近三天时间,6月4日继续出发。经过充分的休息和补养之后,我们顺利地渡过了黄河双层河道的浅滩,走下了阿姆讷科尔山坡。这里地形的总体特点和局部特征我们已经熟悉了,还是从前的样子。站在路边的山冈上向东看,可以看到黄河上游与南面高山紧紧相接的宽阔河谷。河谷的北面是雄伟的阿尼玛钦山,越往东,山体越高,主峰常年积雪。

在我们上一次的宿营地——环绕着河柳的峭壁附近,我们看到了山顶上有大群的岩羊。达代说,这里不会有熊,否则岩羊不会在这里自由地游荡,因为它们在很远的距离之外就能够看到或者闻到熊的气味。之前我们就决定在这里停留一天,派柴达木盆地蒙古人加德去给柴达木盆地的伊万诺夫送信,让他来见我们。

一天之后,也就是6月5日,考察队追随着加德出发了。我们没有通过前方阿姆讷科尔北面山脉的泽罗亚山口,而是沿着西侧的路,通过峡谷向北—东北方向,绕过陡峭的山脚到达山谷,然后到了阿累克-诺林-霍河的左岸。河南北两侧的山非常荒凉,到处都是阴暗的峡谷,悬崖峭壁矗立在河的两岸。南部山脉的山峰上覆盖着白雪,而在当时的季节,在布尔汗布达山上也只是在个别的地方有少量积雪。

图 15-1　山鸡

还在阿累克－诺林－霍河河谷,就已感觉到其相邻柴达木盆地的干旱和炎热,夹杂着细细尘埃的炽热气浪经常沿着河刮过来。野驴群奔跑过后扬起了大量的灰尘。除了野驴外,山脚下还有野牦牛和藏羚羊群。这里经常出没的还有狼、狐狸等,在低矮的沙刺灌木丛深处还有许多兔子。

图 15－2　松鸡

河谷中禽类最常见的是黑颈鹤、山雁、海番鸭和鸥,它们在沼泽地泉源的上方盘旋着;平原的空中飞翔着蒙古鸧、云雀和漠鸥;在布尔汗布达山的周围我们见到了山鸡和松鸡。有时在河谷的高空中会有西藏毛腿沙鸡尖叫着飞过。

我的同伴们兴高采烈地打了几头野牦牛和藏羚羊作为猎物。

在干燥、温暖怡人的河谷中行进非常顺利,每天能走 20 多公里,很快我们就接近了通向诺－莫洪－达坂山口的峡谷,在那里我们收集到了许多新品种的牛虻[1]。为了在翻越布尔汗布达山时牲畜们能够跟得上,我们进行了一天的休整。

15.8　与伊万诺夫相遇

此时,我们到柴达木盆地的急切心情与日俱增。所有人都不由自主地向布尔汗布达山张望,我们期待见到的伊万诺夫将在山口的某个地方出现。伊万诺夫按约定,在预定的时间和地点等待着我们,他的出现使考察队的营地立刻活跃起来,大家不停地嘘寒问暖着……伊万诺夫向我汇报了仓库的良好情况并转交给我一些信件,这使我感到很高兴。

---

〔1〕关于 Oestromyia 属牛虻、高鼻羚羊和鹅喉羚皮牛虻幼虫,参见 И·Порчинский. Оттиск из Ежегодника Зоологического музея Академии наук(《科学院动物博物馆年鉴》). т. Ⅶ,1902. стр. 1－9.

经过一番休息,考察队又出发了,前两天我们翻越过了覆盖着白雪的布尔汗布达山,接着的后两天我们把营地安扎在了沙尔－托洛伊内－阿门地区哈图峡谷的河口处。这样,我们13个月的西藏之旅就圆满结束了。

15.9   布尔汗布达山

布尔汗布达山口是我们西藏高原之行途经的第一个,也是最后一个山口。北方较低的点有柴达木盆地——9380俄尺(2860米),南方较低的点是昌都——11170俄尺(3410米),那些考察队行进了很多天的地方地势要高些,海拔高度在14000~16000俄尺(4250~4850米),即使是相对较低和较温暖的勒曲峡谷——考察队过冬的地点,海拔高度也约有12000俄尺(3660米)。考察队行进路线的平均海拔高度约为13000俄尺(4000米)。

15.10   进入柴达木盆地并在哈图峡谷
停留半个月

与蒙古人旅伴惜惜相别后,我准备好发往俄国的信件,起程前往距此以北30俄里的气象站。

姆拉菲耶夫负责的气象站一直在不间断地工作着,所有设备运行状况良好,他不仅进行了例行的周期性观测,甚至还进行了以小时为周期的测量,在7月、10月、1月和4月份记录了每天早晨7点至晚上9点的天气情况,也就是说包含了一年中的各个季节。

我留在姆拉菲耶夫这里,利用晴好的天气进行了一系列的气象观测核对工作。柴达木盆地的天空中经常飘浮着烟尘,能见度不是很好。夏天会出现沙尘暴,强烈的西北风卷着沙尘呼啸而至。沙尘暴过后云层通常稀薄,落下少量的雨滴,还未来得及落到地下,在半空中就变成了一颗颗小泥球。与所有中亚地区一样,相对来说,柴达木盆地晴朗温暖的天气一般在秋天,从8月底开始。在这个季节周边的山脉清晰可见,太阳升起或者落山的时候,天边被朝霞或晚霞染成了紫色。

我在气象站停留期间,柴达木盆地发生了很大的变化,相对春天来讲,这里的植物生长得让人几乎难以置信,在贫瘠的黏土质盐碱地上长出了绿色芦苇,细长的枝叶在风中摇摆,更不用说河岸边或者泉水边了,松软的草地上飞舞着蝴蝶、蜻蜓和各种各样嗡嗡叫着的苍蝇。沙土山冈上的绿色植物中点缀着美丽的粉红色三春柳,沿着山冈向上延伸着茂盛的白刺树丛和乱蓬蓬的高高的带刺野草,山鹛、胡山雀、伯劳鸟尖叫着、跳着,低空中到处都是蚊子,雨燕和燕子飞来飞去,可以看到兀鹫和鹰在高空中盘旋。

7月8日,完成库尔勒克(库尔雷克)之行后返回,B. Ф.纳蒂金在刮大风的天气中,乘着帆布软木船顺利地完成了库尔勒克湖和托索湖的水层深度测量工作。结果表明,北侧,也就是上游流域要比南侧,也就下游区域浅得多,库尔勒克湖在西南湾的最大深度有5俄丈多(10米),而托索湖的深度为16俄丈(32米)。由于水位很高,无法涉水过去,因此我们准备乘船过湖。周围居住的蒙古居民惊奇地看着我们的船队,他们不明白,为什么我们在水中漂浮一点也不感觉到害怕,尤其是在更深的托索咸水湖中,当时还下着暴雨,湖中翻滚着蓝色的巨浪。费了很大劲B.Ф.纳蒂金才说服了蒙古向导同意与我们一起坐船渡水,后者鼓足勇气上了船,但是却一直闭着眼睛,不敢看整个渡水过程,在上下船的时候,他们一直不停地反复拨动念珠,口口念念有词地做着祈祷。

整理好 B. Ф.纳蒂金的工作日志之后,我们开始全力以赴地进行植物和蝴蝶的收集工作。在海拔高度约为 12000 俄尺(3660 米)的半山腰下面的植物群几乎都是当地独有的,比如:铁线莲、毛茛(*Ranunculus affinis*、*R. Pulchelllus var. Pseudohirculus*、*var. burchanbuddensis*、*R. tricuspis*)、*Oxytropis Thomsoni*、轮叶棘豆、*Oxytropis immersa*、胀果棘豆、*O. kashmiriana*、丛生黄芪、金露梅、苦草(*Sausurea silvatica*、*S. Thoroldi*、*S. Medusa*、*S. pygmea*、褐花雪莲、祁连圆柏)、乳苣、糖芥(*Senecio pedunculatus*)、台东铁杆蒿(*A. heterochaeta*)、白柳(*Eutotia ceratoides*)、*Pleur-*

ogyne brachyanthera、龙胆科植物（*Gentiana falcta*、*G. straminea*、*G. leu-comelaena*、*G. squarrosa*）、报春花（*Primula pumilio*）、点地梅属（*Andro-case tapete*）、短穗兔耳草、长得有半人高的马先蒿（*Pedicularis labellata*、半夏）、梅花草（*Parnassia viridilora*）、鸢尾草（*Iris oxypetala*、大苞鸢尾），第二种鸢尾草生长在海拔高度为 13000 俄尺（3960 米）的地方。前面还曾提到过两种葱属植物——青甘韭和 *A. Chrysocephalum*，其中后一种较多。此外，还有与马先蒿一样，长得非常高大的和兰芹属（*Garum Carvi*）、四楞荠、白刺、*Myricaria germanica v. alopecuroides*、*Reaumuria kaschgarica*、*R. Przewalskii*、披针叶黄华、水麦冬、海韭菜、鼻花属（*Silene conodeae tenuis*）、蔷薇和风滚草（*Salsola Kali*）、滨藜属植物（*Atriplex hortensis*）、杜松（*Junperus excelsa*）、顶冰花属植物（*Gagea pauci-fiora*）、岩黄芪（*Hedysarum miltijugum*），后两种植物生长在海拔高度超过 13000 俄尺（4000 米）的地方；还有分枝冰草（*Carex Moororoftii*）、冰草（*Bromus alaicus*）、*Agropyrum longearistatum*、*A. imbricatum* 和西藏草（*Poa tibetica*、*P. attenuata*）。

生长在海拔高度从 12000 俄尺（3700 米）到 14000 俄尺（4300 米）的高原灌木有：剪秋罗属（*Adonis coeruiea*）、黄芪属（*Astragalus Kus-chakewiczi*）、金银花（*Lonicera hispida*）、邪蒿属（*Leontopodium alpinum*）、紫草属（*Anaphalis lactea*）、*Werneria Eilisii*、糖芥属（*Senecio campestris*）、龙胆科（*Gentiana siphonantha*、*G. barbata*[1]、*G. Glomerata var. Kozlowi*、*G. pseudoaquatica*、*G. Przewalskii*）、*Przewaiskia tangutica*、报春花（*Primula nivalis*）、马先蒿（*Pedicularis lasiophrys*、*P. przewalskii*）[2]、鼬瓣花（*Dracocephalum heterophyllum*）、*Saxifraga tangutica*[3]、鸢尾草（*Iris tigridia*）、掌参、大黄（*Rheum spiciforme*）、红紫桂竹香、*Smelowskia tibetica*、*Braya rosea var. bifallora*、*Eutrema Edwardsii*、香堇菜（*Viola tianschanica*）、*Pennisetum flaccidum*、沙冰草（*Kolleria cristata*）、直茎黄堇和苔草

---

〔1〕这个品种生长在较低的地区。

〔2〕Н. М. 普尔热瓦尔斯基马先蒿一直长到高原草地的半山腰上面。

〔3〕*Saxifraga tangutica* 分布在半山腰稍高处以下。

（*Kobresia Sargentiana*）。

在高原草地半山腰上面生长的植物包括：毛茛属（*Ranunculus geli-dus*）、矢车菊属（*Delphinium densiflorum*）、苦草（*Saussurea Medusa*）、*Cremantodium humile*、*Cr. discoideum*、长绒毛的植物（*Crepis sorocehpala*）等。

我们最后一次在半山腰上成功猎到了熊，并在原地制作了骨架标本。以前的几次猎熊的计划我们都空手而归，尽管在这座山上有很多熊，至少蒙古人经常说能够遇到。

熊经常在夜间闯入蒙古人的宿营地抓羊吃。在我们从西藏回来之前不久的一天，一只大熊突然在白天出现，在一个敞开门的帐篷前停了下来，张开嘴大声地叫着。幸运的是，帐篷中有两个猎手，他们立即打死了这位"不速之客"。去年秋天的 11 月 20 日左右，一只西藏熊在布尔古苏泰峡谷进行了一场真正的肆虐。事情的过程是这样的：一个老妈妈和她年轻的儿子、儿媳妇带着全部的家当和牲畜从半山腰向山脚处迁徙，他们到达预定的地点，开始架设帐篷。突然，从近处的灌木丛中窜出一头熊，儿子立即拿起马刀砍它，可是反被熊打倒在地，愤怒的熊咬死了儿子，折弯了马刀，两个不幸的女人也没有逃脱这个厄运。熊还咬死了拴着的狗和几只羊，它将人和牲畜全部拖到一个隐蔽的角落并盖上毡子、木头和其他帐篷中的物品，堆好这些物品后，熊就在原地休息。一个蒙古人看到了这幕惨剧，但是他也无能为力，后来三位有经验的猎人齐心协力，才杀死了这头凶恶的熊。

7 月下旬，巴德马扎波夫终于完成任务回来了。现在，考察队开始全力以赴为最后一段路程——回家做准备。我们现共有 60 头骆驼，马匹也足够使用。西藏马和骆驼还是不太合群，但是已不再冲着骆驼打响鼻了，在遇到骆驼的时候也不扬起前蹄了。

7 月 30 日，考察队离开了这个熟悉的地方，分两批将营地迁到位于巴嘎－图古留克泉地区的气象站，在那里整理日志。我们保存在巴伦扎萨克旗仓库中的其余包裹也运过来了，同时，我们的气象站观测负责人姆拉菲耶夫也来了，他还为我们带来了近几天烤好的大量面包。离开赫尔玛时，我封好了气象站的房间，钉上了一个金属板，上面用俄文和英文写着:"俄国地理协会西藏考察队气象站。"送行的蒙古人围着我们的营地,再一次为我们端上马奶。我们的礼物全部送光了。除了巴伦旗的蒙古人,来自宗札萨克旗和库尔雷克贝子旗的代表也前来为我们送行。对我来说,再没有什么东西能比我们现在感受到的来自蒙古人民的那种真挚感情更让人欣慰和感动的了。

15.11　卡敏斯基
在柴达木盆地记录天气情况

在本章的结尾,我想把在彼得格勒地理总观测站任职的安东·诺维奇·卡敏斯基根据柴达木盆地气象站采集的数据所做的地区气候记录提供给大家。

由 П. К.柯兹洛夫领导的赴蒙古和喀木的考察队,提交了在整个行程中的气象报告,并在柴达木盆地东南部巴伦札萨克地区的赫尔玛建立了二级气象观测站。从 1900 年 4 月至 1901 年 7 月在该站实施了有规律的观测,另外从 1901 年 6 月末至 1901 年 8 月中旬,考察队还在该站工作了一个半月时间。另外一座临时气象观测站位于布尔汗布达山脉北坡的哈图峡谷,赫马玛南侧。这两个观测站都位于柴达木盆地,因此他们所记录的气象数据应该可以代表整个柴达木盆地的部分气候特征,尤其是风力和降水量情况。然而,从另一方面来讲,考虑到盆地由广阔的平原构成,没有高山,所以可以确认,在平原各个部分气候差异较小。总体上讲,盆地的气候界线与环绕盆地的分水岭山脉特点相符合。

柴达木盆地的海拔高度为 8700 ~ 9800 俄尺（2700 ~ 3000 米）,巴伦札萨克的赫尔玛海拔高度为 9380 俄尺（2860 米）。

一般来说,研究山区的风向是非常困难的,因为这里经常会形成局部的山风,特别是高山—河谷微风。白天风沿着山谷和山坡向上吹,而夜里恰好相反,风向是沿着山坡和山谷从山顶到平原。在柴达木盆地也观测了高山—河谷风,在赫尔玛观测站每小时都清晰记录一次风向,这部分记录共持续了 4 个月的时间,其中包括春夏秋冬各 1 个月,从早晨 7 点到晚上 9 点。

　　白天山谷微风风向主要是西北风、北风或者东北风(绝大多数是西北风),晚上高山微风风向多半是西南风。在巴伦札萨克的赫尔玛的风向是轮流交替的,这是由其南侧和西南侧附近的布尔汗布达山脉方向决定的。一般来说,无论是高山风,还是山谷风的风向,都取决于观测站附近山脉的方向。也就是说,环绕柴达木盆地的山脉位于北侧,白天山谷风就是南风,而晚间高山风则是北风,这在 Π. K. 柯兹洛夫的旅行记录中写得很清楚。在平静的天气状况下,这两种风向的轮流交替表现得很有规律性,而当低空气流相当强大,从高压地区到低压地区气流快速流动产生大风的时候,这种规律性就会受到破坏。在柴达木盆地的冬天里,类似的气流流动主要来自于东南方向,白天和夜里的风向是相同的。夏天的风向来自于北方(西北风占绝大多数),而春天的风向则是从冬天的风向向夏天的风向过渡。至于秋天,观测的数据表明,没有固定的风向。

　　柴达木盆地的气候相对于其所处的地理位置来说,比较温和。冬天,罗盘指示南半部的温度,常常与位于南侧 2°、海拔高出 340 米的 Leh 地区大致相同。赫尔玛夏天的平均温度要高 1℃,其年平均气温为 3℃,平均气温最低的月份是 1 月份[1],为 -13℃;最高的月份是 8 月份,为 17℃。从 8 月份到 12 月份气温下降幅度相当平稳,但是速度很快,比 2 月份到 7 月气温上升速度快。在距离这里以北 4.5°、海拔高度低 1140 米的阿尔缅高地的卡尔斯与在柴达木盆地观测点记录的数据一样,年平均气温与月平均气温差异不是很大,但卡尔斯的昼夜温差相对更小。我们还发现,在维亚茨基省南部地区一个不大的高地上的年平均气温和月平均气温与这里相似,那里的昼夜温差比卡尔斯还要小。

---

〔1〕这个记录本中的月份都是指新历。

由于柴达木盆地海拔较高,所以昼夜温差很大。昼夜温差(根据最高和最低温度计算)的平均幅度在3月份和12月份超过20℃,在夏天的月份中昼夜温差幅度不会超过14~15℃。观测到温差最大的一天是1901年4月15日,当天最高温度为19.5℃,最低温度为-9.4℃。我们没有发现一例昼夜温差小于5℃的情况,而在圣彼得堡,冬季月份的气温变化幅度几乎都不超过5℃,在同一个月中的日温差不会超过10℃,很少有昼夜温差超过16℃的时候。

在巴伦札萨克的赫尔玛,最高温度出现在1901年6月26日,正好为33℃。一般来说,在温度观测室内达到33℃的情况很少。最低温度出现在1901年2月4日,温度计指示的刻度为-29.9℃。

在巴伦札萨克的赫尔玛零度以下的天数为225天,记录的最后一天为5月31日,第一天为9月10日。俄国欧洲部分的东北部和托博尔斯克零度以下的天数与柴达木盆地零度以下的天数相同。

1900年至1901年冬天在巴伦札萨克的赫尔玛记录的冰冻天气为81天。

在观测期间只有一次昼夜最低温度超过15℃。

观测的数据表明,柴达木盆地的空气湿度相当低,但是还没有达到沙漠地带的干旱程度。1月份的相对湿度为64%,而其他月份的相对湿度要低得多。最干旱的月份是3月(平均相对湿度为27%),夏天的空气湿度上升(5月至8月平均湿度为47%),秋天相当干燥,9月到11月的平均相对湿度约为38%。

在春天的月份,3月初白天的相对湿度有时会低于10%,值得注意的是,这种干旱的情况几乎全部是在刮西北风时观测的,西北风通过柴达木盆地的上空,刮到巴伦札萨克的赫尔玛。这种高温、干旱的风与"山风"的特点非常相似,但是却不会对昼夜温差造成影响。然而事实正相反,在一些相对湿度低于15%,甚至低于 10% 的天数里,昼夜温差变化相当明显。这种情况证实了这里的湿度降低与风无关。显然,必须要找到对干旱的另一种解释。观测干旱既要在高气压的时候,也要在低气压的时候进行,并且多数在低气压的时候进行,因此不能将干旱的原因归结为递降的高气压气流。在被高山包围的盆地上大量的空气气流只能流向高地,并在那里形成水蒸气,尤其是在冬天和春天的时候,仅有很少的数量。因此,在春天当地蒸发的水蒸气还比较少,每一次气温的大幅度升高都伴随着空气相对湿度的大幅度降低。

对云层观测的结果与湿度正好相反,最干旱的 3 月份平均云量为 94%,在 4 月和 5 月份几乎达到 100%,而在秋天的月份,与空气湿度情况相符,天气很晴朗,9 月份的云量减少到 50%。在一年中最干旱的季节——春天时云量较大,因为这个季节中空气中有大量的粉尘,一方面是由于水蒸气浓缩产生了云,另一方面由于粉尘使天空阴暗,使观测者误认为是云。记录的一年中晴朗天数为 37 天,阴天为 201 天。没有出现过有雾的天气。如果说在空气中火山喷发形成的细小尘埃会影响到气象条件的话,那么必须承认,在沙漠和草原上大量扬起的尘埃使中亚地区低大气层变得阴暗,其中也包括柴达木盆地,这必然会对气温和空气湿度造成影响,同时也对云量和降雨造成影响。空气中粉尘的存在首先会导致昼夜温差和全年温差的缩小,粉尘会使夜间土地的散热减少,同时也会减轻土壤和接近大地的空气层在白天被晒热。我们发现,柴达木盆地阴天的天数很多,其原因也是因为空气中有粉尘存在,并且粉尘与密云也很难区分。

这里年降水量为 108 毫米,接近外里海平原地区的降水量,但是这里各个季节的降水量与外里海平原地区是不一样的。这里降水量较多的月份为 5 月和 6 月(每个月超过 20 毫米),最大的昼夜降水量达到 15.7 毫米(1900 年 6 月 24 日)。一年中 44 个降水日中,每一次的降水量均不少于 0.1 毫米,其中降雪天数为 12 天。记录降水天数最多的月份为 1901 年 4 月,天数为 12 天。1901 年

3月、1900年10月和11月整月都没有降雨(雪)。而外里海平原地区降水的月份与这里正相反,众所周知,那里在夏天的月份没有降雨。

夏季(6月、7月和8月)降水天数为16天,春季降水天数为14天,秋季只有2天,冬季(12月、1月和2月)为5天。也许,记录的数据可能不完全正确,问题在于这里虽然降水频繁,但降水量却经常不足0.1毫米,如果降水后相对湿度降低幅度很大,那么落到雨量表上的降水在记录之前就有可能已蒸发了一部分。一年中所有降雨、雪或者霰的天数为67天。

1900年12月20日,柴达木盆地平原降雪,但是在后来的几天中开始融化,到12月底已全部化掉。1901年1月15日再一次降雪,这次积雪一直保持到了2月8日。1900年至1901年冬季共降雪10毫米,显然这种降雪厚度不算多,刚刚超过1厘米,但降雪后,空气中没有了粉尘。这个冬季在巴伦札萨克的赫尔玛地区的第一场降雪发生在9月29日,最后一场降雪则在5月23日。在山坡上有积雪,当然,有可能是以前下过的,融化时间长了一些。

柴达木盆地平原很少有大雷雨,共记录有2次近处和3次远处的雷雨,观察到闪电的次数较多(11次),因此可以得出结论:在环绕平原的高山中大雷雨应该很频繁。

最后简要介绍一下巴伦札萨克地区各个季节的气候特点。

冬天(10、11、12月份),平均气温为-12℃,平均相对湿度为57%。昼夜温差相当高,平均相差19℃,白天无冰冻天气为75天。降雨次数相当少,雨量也小。据测量,1900年至1901年的整个冬天降雨量为8毫米。大部分时间天空被烟雾笼罩,然而太阳光常常会穿透烟雾照射着大地。

春天(3、4、5月份),白天气温上升,除非特别例外的情况,一般气温都在0℃以上,然而据我们观察,在5月份有9天严寒天气。春天的平均气温为0℃。昼夜温差比冬天时要小一些。经常刮干冷的风,并且相对湿度低于20%,有时甚至低于10%。春天平均湿度为 37%,3 月份约为 30%。空气中有许多灰尘。3 月份和 4 月份降水量相当少,而到 5 月份相对来说雨季就开始了。

夏天(6、7、8 月份),昼夜温差尽管比其他季节要小,可是仍可达到 14.7℃。夏天平均气温为 17℃。夏天月份中没出现过严寒。平均相对湿度为 48%,夏天几个月份的相对湿度大体相当。尽管降雨次数不多,但是降水量很大。阴天天数比冬天和春天少。

秋天(9、10、11 月份),平均气温为 3℃,平均相对湿度为 39%。秋天尽管沙尘暴经常光顾平原,但晴天天数比春天稍多。据统计,9 月份与 5 月份相同,有 9 天时间是严寒天气,整个秋天没有冰冻的天数为 5 天。据测量,秋天月份降水量仅稍高于 1 毫米。

16　在南山东部旅行

16.1　沿柴达木盆地东部返回

如果说考察队从北方到达柴达木盆地是其第一项任务结束的话，那么从南方返回到这里就是第二项任务，也是最重要的一项任务的完成。现在该第三项，也是最后一项任务了，那就是返回祖国。

1901年8月2日，天刚刚亮，我们就朝北方和东北方向向宽广的柴达木盆地出发了。

到达哈拉乌苏河后，我们安排好了营地。中午时分，阴影下的气温都上升到了27.2℃，而沙漠中的沙丘表面温度已经达到了68℃。由于炎热的关系，整个柴达木盆地笼罩上了一层灰色的沙尘。到下午五六点的时候，天气才恢复正常，一直持续到第二天早晨。在柴达木盆地所有灌溉区，都能看得到或高，或矮，或茂盛，或稀疏的灌木丛以及柔软稀疏的草。在这些丛林中有身材匀称的羚羊和猎人，羚羊经常在距离很近的时候还没有互相觉察到，然而，这种机灵的动物在闻到风中人的气味之后，总是能够及时地跳跃着跑开。

这时的巴彦戈尔河有一段宽宽的、长度超过100俄丈（200米）的深水段，污浊的河水翻滚着浪花快速流淌，形成两条支流，冲出了沙石黏土的浅滩。渡水处最大水深不超过2俄尺（60厘米），凭借向导巴里亚的经验，我们顺利渡过了这条河。巴彦戈尔河右岸（北岸）的树木比左岸（南岸）要茂盛一些。在盆地北方有辽阔的沼泽地伊尔吉秋利和达雷图尔根，以及数目众多的湖，湖中长着高高的芦苇。

清晨和黄昏是鸟类异常活跃的时候，它们在水中游来游去，或者迈着长长的腿悠闲地在水边捕食，走近一些，可以听到各种各样的嘈

·欧·亚·历·史·文·化·文·库·

杂的鸟叫声,而站在远处时,可以看到大大小小的鸟群从湖之间飞来飞去。春天和现在,这里生活的大部分是白眼圈的赤嘴潜鸭、绿头鸭和水鸭。除此之外还有海番鸭,长腿类鸟较多的有黑颈天鹅、鸻鸟、燕鸥、鹬、滨鹬、沙鸻和数量不多的其他鸟类。在河岸树林茂密处我们发现了熊的足迹,但是没有亲眼看到过。在巴彦戈尔河两岸没有春天泥泞的污泥,因此我们能够任意选择一条最近的路行进。但是穿越柴达木盆地我们要渡过4条河。

在倒数第二个渡口时我们遇到了柴达木盆地的蒙古人,他们是从丹噶尔采购完游牧所需货物返回来的。这些柴达木盆地人对与考察队的不期而遇感到异常兴奋,高兴地对我们说:他们的一路顺利归功于我们俄国人,因为库库淖尔的唐古特人非常害怕我们。这些机灵的蒙古人每经一地都声称,他们携带的是俄国人的邮件,必须要保障这些物品的绝对安全。它们的方法很奏效,每次都被沿途的藏族强盗放行。在告别的时候,这些机灵的蒙古人请求我们在任何情况下都不要告诉唐古特人他们所耍的"花招"。

过了巴彦戈尔之后,我们行进的道路地势开始逐渐升高,黏土质盐碱地变成了沙地和砾石地,富饶的平原牧场也变成了使人感到凄凉的沙丘和宽谷。更让我们感到忧郁的

图16-1 柴达木盆地的蒙古人

还有整日不停的大雨。当然,驮运货物的牲畜也因此没有遭到牛虻的侵扰,它们走得很有精神,尽管我们被浇得精透,可是我们仍然行进了44俄里的路程。在这种阴雨的天气中,像去年春天一样,我们从最高点无法看到巨大的布尔汗布达山脉,也没能够与这个西藏北部边界做最后的告别。也因为这场雨,达姆纳梅克地区变成了一片沼泽地,我们不得不在此安营停宿下来。

16.2　在图兰辉特寺流连忘返

第二天早晨,厚厚的白云笼罩在临近的高山顶上,就像河流中的冰块,与蓝色的天空相连,如同一幅美丽的画卷。

到处小溪潺潺,溪水全部汇入图兰淖尔和色尔赫淖尔两个咸水湖。与这两个湖相连的还有一条污浊的博林霍尔支流,这是一条咸水河,污浊的河水给我们渡河增添了难度,情况要比我们去年春初到西藏时复杂得多。道路泥泞湿滑,非常难走,但尽管如此,我们还是摆脱了泥泞的盐碱地,来到了干爽的平原地带。但在这里我们又一次被阻滞了一个小时,这次是从北方山上流下来的山洪。趟过山洪,我们终于抵达了额尔德尼鄂博石岗,在"宝泉"——额尔德尼布雷克附近,我们非常方便地安排好营地,晒干了行路用品。

我们测定了"宝泉"的地理坐标[1]。额尔德尼鄂博陡峭的山坡周围是广阔的大麦田,松软的麦草就像篱笆环绕着,掩住了里面的骑马人。我们决定放弃预定的北岸路程,带着所有补充装备从这里到库库淖尔湖的南岸,然后继续沿着这个湖前进。我们改变计划的原因还是因为下雨,据碰到的蒙古人讲,他们已经在布哈音戈尔地区漫无目的地漂泊了一个多星期,由于下雨,河水涨得很高,想沿着浅滩渡河根本没有可能,也没有其他的渡河办法。可是经常有一些大胆的当地人,在等了一个又一个星期后,终于忍耐不住,决定骑马渡过布哈音戈尔河,结果其中很多人为此付出了沉重的代价。

沿着图兰戈尔河,考察队逆流向上到了右面支流卡拉盖图戈尔峡谷的河口。到达图兰辉特寺之前,考察队穿过的都是丰收的庄稼地和高高的草丛,途中的景色很美。在附近的山坡上,尤其在寺院上面的高处,放牧着很多羊群,它们的蒙古主人们则聚集在峡谷的帐篷中,这里到处都留下了被暴雨破坏过的痕迹。山谷中随处可见坑洼和冲沟,以

---

〔1〕额尔德尼鄂博坐标为北纬 36℃ 55′31″,东经 98℃ 24′17″,海拔高度为 9710 俄尺(2950米)。

·欧·亚·历·史·文·化·文库·

前的坑洼都已经被大水冲下来的沙石所填平。居民已经认不出自己的住所,夜里在到处是塌陷和障碍物的情况下根本分辨不出道路。

8月12日早晨,与柴达木盆地的向导告别后,我们收拾好行装继续向查干淖尔湖前行。由于连续的大雨,查干淖尔湖的湖面增大了许多,咸味也淡了许多。我们新请的向导是一位老人,他对库库淖尔地区非常熟悉,据他讲,查干淖尔湖是近30至50年之间才形成的。他年轻的时候曾在查干淖尔盆地到处行走,当时只有周期性的水洼。随着时间的推移,这些水洼变得越来越大,在某个多雨的夏天后,这个湖形成了。

这个湖最令人感到惬意的地方是北岸,在红色花岗岩的峭壁下面流出冰冷清澈的泉水,浇灌着湖边的草地。在这眼泉附近我们曾两次宿营,一次是来的时候,一次是在返回的路上。

绕过靠近湖东岸的山,考察队进到了狭窄的山谷,山谷一侧是南库库淖尔山脉,一侧是一座无名的山,我们继续沿东西方向前行,很快就路过了一座位于拉克曲泉附近的很有特点的小山。在这个小山顶上经常能看到警戒的蒙古人,他们在监视着唐古特强盗的行动。他们和另外的游牧民族相邻而居,共同使用着这个条件非常好的牧场。唐古特人在山上放养牦牛,而蒙古人则在平原地放养骆驼。

16.3 穿过达赉大巴斯湖盆地走的一条新路

接着我们又路过了穆胡尔布雷克泉,接近达赉大巴斯咸水湖的西北部地区,这次我们安排在查哈乌苏天然分界线过夜。

我们现在进入的达巴逊戈壁河谷,山脉向西北—东南延伸。在其较深的地区,海拔高度为9890俄尺(3020米)的地方,有一个达赉大巴斯咸水湖,其周长约有50俄里。每年秋、冬、春三个季节邻近三个旗的蒙古人会到这里来采盐。一部分混有大量淤泥成分的盐会销售到丹噶尔、西宁和兰州府。在湖北岸长着茂密牧草的牧场上蕴藏着丰富的泉水。达巴逊戈壁总的特点就是荒无人烟的草原。随着向东推进,其土质状况由黏土质和盐碱质土壤变成了砾石地或者沙地。几乎所有流入这个封闭咸水湖的河流都源自邻近的南库库淖尔山脉,那里现在只有唐古特人居住,而过去的占有者——蒙古人现在也只能回忆一下那个辽阔的游牧地区了。与柴达木盆地人一样,达巴逊的居民也在北岸建造了赫尔玛(要塞),用于存放物品或者集中力量反对敌人的入侵,黏土堆造的工事附近是一片不太大的大麦田。

16.4 从扎尔腾－科图尔山口 欣赏库库淖尔的景色

为了得到几只骆驼,我们在这个盆地休息了一天。

8月17日,天气非常好,我们登上了南库库淖尔山脉,从被蒙古人称作扎戈腾－科图尔的海拔高度为11380俄尺(3463米)的山口处,可以看到库库淖尔湖,也称为浅蓝色的湖。事实上,这次我们看到的湖水是浅灰色的,远非蒙古人所说的浅蓝色,但是,整个湖的景色还是非常美丽壮观的,宽广平静的湖面在南库库淖尔山脉陡峭北坡后面闪闪发光,可以清晰地看到半岛和岛屿,尤其是奎苏岛[1],是其中最大的岛,岛上有一座居住着喇嘛的小寺院。远远望去,湖天相连,美丽壮观。

沿着陡峭、深邃、极其曲折的峡谷走了约3俄里,我们心情愉快地在高山灌木丛和草地上搭建帐篷,因为在这里我们又能够收集动植物标本了。尽管已到夏末,这里的植物仍然还是绿色的,只是在高处地带草地上个别植物呈现出了枯萎的黄色。总体来说,南库库淖尔山脉的这一段与之后70俄里的地方有相同的特点,北坡陡峭,南坡宽广而平坦;山的上半部分是丰富的高山草地和中等高度的灌木丛,而下半部分则生长着草本植物。由于地势陡峭和降雨量较多,北坡被侵蚀的程度要比南坡严重得多。这座山上的主要岩石是灰色坚硬小颗粒的含云母黏土质砂岩,在北坡的较低地带则是灰褐色含有石英和方解石纹

---

〔1〕奎苏,蒙古语为"圣地"的意思。

理的光滑的石灰岩。

在这里我们收集到和看到的植物有葱（*Allium cyaneum*，*A. mano-delphum*）、白苞筋骨草、肉果草、密生波罗花、马先蒿、唐古特芥。此外，在这条山脉大大小小的峡谷陡坡上，还生长着其所特有的各种各样的灌木丛。

相比较来说，收集到的动物标本要少得多，大多数是我们已经研究过的哺乳动物和鸟类。收集到的鸟类标本有：柳莺、红颈夜莺、红翅旋壁雀、红尾鸲、寒雀、红色和灰色燕雀、红嘴山鸦、松鸦和鹨。白天中猛禽出现得比较频繁，主要有：老鹰、金雕、喜马拉雅兀鹫（雪山兀鹫）和胡兀鹫，它们发出刺耳的噪声在我们的营地上空盘旋。夜晚根据猛禽的叫声可以分辨出是雕，是猫头鹰，还是枭。枭会在白天的任何时候发出叫声。

16.5　在库库淖尔南岸的下一段路程

从 8 月 13 日至 21 日，考察队离开了这个峡谷，向东行进，用了四天时间走过了库库淖尔湖的南岸地区。

在前三天沿着库库淖尔岸边行进的路上，我们经常能够看到奎苏岛。此前我们还看到了奎苏岛西南方的另一个不大的岛屿，距离南岸约 10 俄里。

在库库淖尔湖的东南角，距离湖岸边 1 俄里的地方，我们发现了一个古老工事的遗迹，占地约有 120 平方米。站在这个只保留下一个地基的平台上，可以看到库库淖尔整个湖面。这个古老的工事遗迹附近有一个天然的、类似小山的高地，传说在这里祭祀过库库淖尔的水神。现在人们对库库淖尔的祈祷在更东面的阿拉和林戈尔河上游石头山岭的顶上进行，从那里能够更好地看到青海湖宽阔的湖面。

8 月 22 日，考察队登上了纳拉萨楞科图尔山口，这里的海拔高度有 11600 俄尺（3540 米）。离开了这个封闭的内湖水域，我们进入了外部水域。在山口的顶端我们向西回望，库库淖尔湖美丽的暗蓝色湖面平静地延展,奎苏岛就像一个淡黄色的斑点,在充满水气的空气中抖动着。而东面南山的东部山峦叠嶂,大量的耕地隐藏在山脉的褶皱中。

我们开始下山,越往下走,视野就变得越窄,气温变得越来越暖和,居民也越来越多,从事耕种的农民取代了游牧的牧民。道路上出现了越来越多的汉人、唐古特人和被称为丹噶尔巴的混血人种,他们能够熟练使用两种语言。道路两侧满眼都是成熟的大麦、小麦和燕麦,庄稼已经开始收割了。勤劳的农民们一般都是全家出动,他们唱着自己喜爱的响亮而单调的歌曲,愉快地劳作着。在相距五六十俄里远的地方,大自然和人的反差竟是如此之大!进入牧区后,时常会有和善的农民无拘无束地、微笑着问我们:“到哪里去?”而相反,在库库淖尔地区的游牧民族,他们会斜着眼、皱着眉头看着过路的人,然后头也不回就跑走了。现在的这种感觉,使人感觉仿佛又回到了阔别已久的祖国的怀抱之中。

我们从沙拉浩特小城右侧经过,又从达仓苏迈寺左侧穿过,到达大河河谷,这条河从右边汇入丹噶尔城旁的丹噶尔－西宁河中。大河河谷时宽时窄,在河谷狭窄的地方生长着茂密的灌木丛和松软的草,达仓苏迈寺就坐落在这里一个风景迷人的角落里。大河的河床非常陡峭,礁石林立,河水汹涌湍急,发出巨大的轰鸣声,人在河边都听不到对方的说话声。修整得非常好的小路大部分沿河而建,只是在个别的地方要穿过峭壁,从这里能够欣赏到山谷中的原始风光。跨河而过的水磨房和便桥,为这里的美景更增添了一份雅致。

16.6 丹噶尔和西宁城

8月24日10点钟,我们进入到丹噶尔河河谷,在丹噶尔城的南城墙附近顺利搭起了营地。居民像接到警报一样涌到河岸和房顶上,好奇地看着我们这些外来人。不过丹噶尔的居民在考察队停留的两天表现得相当礼貌和得体,我们与当地的居民没有发生任何不愉快的事件,并且,不仅是在这里,而且在沿南山东部山行进时路过的其他各个居民点的居民都与我们建立了良好的关系。

我们到丹噶尔河谷时已经是实实在在的夏天了。白天,在这里浓密的灌木丛中鸟叫声不绝于耳。这里最常见的鸟类是:红颈夜莺、红尾鸲、红燕雀、寒雀、大山雀和小山雀、活泼和懒惰的 *Pterorhinus davidi* 以及漂亮的野鸡;在岸边的砾石上有大嘴鹬、鹬以及灰色和黄色的鹡鸰。

16.7 却藏寺和通向乔典寺的路: 在丹噶尔城停留的 3 天

8 月 26 日早晨,考察队分两组离开了丹噶尔城。商队由 A. H. 卡兹纳科夫率领走近路到却藏寺;而我则要轻松一些,在 B. Φ. 纳蒂金、巴德马扎波夫、别里亚耶夫的陪伴下前往西宁。我此行的目的是拜访钦差大臣,亲自感谢他对考察队的帮助。

图 16-2 行进在南山东部的驼队

为了在路上舒适一些,我与同伴们租了马匹,我们沿着大道行进。多云的天空,时不时下点小雨,这种天气在夏天是非常舒适的,因此我们走得很快。道路是沿着西宁河修建的,这条河的河床陡峭,河底布满砾石,水流十分湍急,尤其在比较靠近山河谷带的河水奔流非常迅猛。河右岸的斜坡上是美丽的白桦林,左岸生长的则几乎全部是灌木丛和草地。在河谷的宽阔地上是成熟了的庄稼,风吹过时,金黄色的庄稼就像是金色的浪花向前翻滚着。越向前行,山脉离河谷就越远。展现在我们面前的是宽阔的土地和田野,有些地方凸起了美丽的小山冈,路显得很窄。路上有来来往往的汉人、丹噶尔人和东干人,或步行,或骑马。道路两侧到处都可以见到小村落、大车店和小店铺,里面有打盹的人或者目光呆滞吸鸦片的人,售卖饺子的商贩使劲地敲着一种鼓大声叫卖。村落的街道上悠闲地跑着母鸡、猪和不大的长着翘鼻子的中国狗,大多数狗的脖子上还套着项圈,项圈上系着叮当作响的铃铛。我们的心情惬意极了,不过,当我们看到那些被破坏的,还未来得及重建的村落废墟时,我们的好心情遭到了些许的破坏。

在灰石砌成的西面要塞塔楼附近,我们渡过了一条水量充沛、水流湍急的河[1],这条河从南面流过来,汇入到不远处的西宁河中。我和同伴们穿过拱门来到了城市中。站在塔楼上的士兵,透过炮眼面无表情地向我们这边张望。

第二天一大早,整理好行装后,我们出发去拜访钦差大臣,B. Ф. 纳蒂金已经向他和西宁城中的主要官员通报了这个消息。我乘坐的是一辆中国式封闭的小车,坐在里面可以不让那些好奇的人看到我,外面坐着 B. Ф. 纳蒂金,他可以很方便地赶走所有道路上的人群。我们首先拜访的是办事大臣,他是个满人,来自于科普屯伊,派遣到这里担当边疆事务官员。他个子不高,身体很结实,略胖,面色红润,长着一双黑色的小眼睛,给我们留下了很好的印象。寒暄过后,钦差大臣对我们给他送礼物表示了感谢,并表示对我们从西藏平安归来感到万分高兴。

我再一次对钦差大臣表示感谢,感谢他给予考察队及我个人的多

---

〔1〕这条河的河道是石头,宽度约 10 俄丈(20 米),浅滩处的深度为 1～2 俄尺(30～60 厘米)。浅滩上面有一座桥,但是已经年久失修,驮运货物的马匹不能在桥上过。

次热情接待，之后，我去拜见了道台。在那里，我穿过一个又一个院子，处处都受到人群热情而礼貌的欢迎。

道台也是满族人，从伊宁调派到西宁来的，他在那里也担当这个职务。在伊宁时，他与已故的 B. M. 乌斯宾斯基和其他的领事官员都很熟悉。仪表堂堂、威武的道台看上去很忧伤，据他自己讲，是因为在北京城混乱时，他 16 岁的漂亮女儿不知去向。强忍住眼泪后，道台开始询问我们旅行的情况、西藏野蛮部落的情况以及我们发生冲突的情况。

与道台告别后，我们用了 15 分钟赶到了镇台那里，他是这里军队的指挥官。传言说镇台是反欧洲团体"哥老会"的重要成员，但他对我们表现得不仅相当得体，而且可以说是文雅礼貌、热情好客。尽管已经不年轻了，可是镇台看上去气色相当好，威严笔挺，健步如风。洪亮的声音和庄严的举止表明他非常胜任指挥官的职务。告别时，镇台还热情地邀请我们后天来他这里共进午餐。

第二天，也就是 8 月 28 日，我接待了西宁代表。年长者一般是乘坐轿子来的，而年轻人则乘坐小车，或者有的人干脆骑着马悠闲地溜到这里来。每个中国官员都是前呼后拥的，身后跟着一大帮随从或者是一些无所事事的闲人。

在离开西宁当天的下午 2 点钟，我们应约到镇台家赴宴。前来迎接我们的人还是那样礼貌，一路上没有听到一句"洋鬼子"的称呼，这种说法是他们在这种场合对我们经常的称呼。到镇台官邸穿过第一个大门后，我们从颠簸的马车上下来，步行走过第三个大门，这时我们看到了被仆从们前呼后拥的镇台。我们亲热地握手问候，在中国乐队的伴奏下并肩来到了一个非常宽敞、两侧敞开的大餐厅中，这个餐厅的对面就是一个家庭戏台。在餐厅中，指挥官向我们介绍了参加这次宴会的四名同事。大圆桌上已经摆满了各式各样的食品，特别是有中国风味的美食，摆放在大大小小、高高低低的杯盘碗盏里。主人热情地招呼客人到一个单独摆放的桌子前挑选食品。被邀请的客人们都彬彬有礼，每人都挑选一道菜，然后坐在餐桌的后面。我被安排在一个显要的位置,其他的客人根据职务级别坐在相应的位置。主人则坐在离其他人稍远的地方,他的对面没有坐人。

宴会的第一部分持续了约两个小时,具体上了多少道菜,我很难说得清,但是粗略计算一下,有三四十道菜。每上一道菜,主人都要举起装满温酒的小瓷杯,环视一周,然后让每位参加宴会的客人共同干杯。绝大多数的菜都非常好吃,当然,即使是以汉人的眼光来看,这些菜也是非常美味的。以 B.Φ.纳蒂金的话说,再也想不到有比这更好吃的东西了。不过镇台仍然非常谦逊地向我们道歉说:菜的品种比较单调,由于时间仓促,最能体现中国烹饪工艺的海鲜美食来不及从远方的沿海城市运过来。我和同伴们尽情地品尝着这些美食,在吃饭时,汉人一般不多说话。而在离开餐桌时,主客们热闹地聊了 15 分钟左右。

在 B.Φ.纳蒂金邻座坐着一位瘦弱的汉人,他说自己深受鸦片之害,并且坚决要求我的同伴为他寻找能戒掉鸦片的药物或者找到其他的方法。宴会的第二部分,也是最后一部分相对结束得要快一些,涨红脸醉醺醺的客人要求各自回家,到莫尔飞地区还要走一个小时左右的路程。还要补充一句,在整个宴会的过程中,戏台上一直有各种各样的演出和乐队的演奏,他们的服装和化妆都非常漂亮。所有的演员都是男人,女性角色也由长着白净面孔、能模仿女性举止和说话的年轻汉人反串。其中有一个小伙子的表演尤其精彩,动作漂亮优雅,特别是在做高难度动作时,他优美恬静的表演简直令人着迷,他演出的这段戏剧也非常精彩。

在幕间休息时,客人们纷纷向演员们抛出红包,而客人们也可以点下出戏剧表演的剧目。

看来宴会举办得非常成功,至少在主人的脸上流露出了满意的微笑。

不用说,来自西宁权力机关的代表也带来了符合他们身份的贵重礼物。在中国官员们的礼物中,我最喜欢的一件是钦差大臣送给我的整整一箱子藏族人祈祷用的藏香。这些香是在拉萨[1]生产的,然后运到整个西藏和蒙古。每根香烛都像一根一俄尺长的细细的小圆棒。这种香烛点燃后垂直放在佛像前,慢慢地燃烧,直到全部变成灰烬,空气中弥漫着特有的香味。为了更好地保管这件珍贵的礼品和方便运输,我们将藏香每100支捆成一捆,分别放在大大小小的箱子中。

至此,我们在西宁的停留就结束了。我现在的任务是赶上我们的考察队,他们已在距我们以北五六十俄里的却藏寺附近安排好了营地。

8月30日一大早,我们离开了这座位于西宁河右岸稍远地方热闹的大城市,在还能够看到西宁城的浅滩处渡过了西宁河。这条河卷着灰色的浪涛快速地向东—东南方向流淌着,分成了3条或者数量更多的支流。

这条弯弯曲曲的河水量很大,水流很快,而且落差很大。西宁河谷被开辟成了耕地,这里密集地居住着汉人。在这里,随着我们向前行进,山之间的距离也越来越近,水流声音也越来越大。

我们的主营地秩序井然。A. H. 卡兹纳科夫报告说,他和运输队走到却藏寺用了4天时间,行进了99俄里。到达新城前,他们沿着东北方向向前越过了侧面的横向支脉和一些小村庄。经过新城后,他们沿着西宁河左岸一直向前走到了却藏寺。

第二天,9月1日早上,考察队向乔典寺前进。

无论是前方的路,还是现在的行程,都是沿着特普和舒格拉姆山口的路线前行,这两个山口分别位于沙赫尔和塔克仓峰的山脚下。运输队不得不再一次时而翻上峭壁沿着危险的悬崖行走,时而下到很深的峡山谷部渡过一条条河流和小溪。山几乎一直被密布的云所笼罩着,白天时间天气灰暗阴沉,就像我们国家多雨的秋天。今年这里的夏天降水特别多,小路多次被冲毁和修整。因此我们的队伍行进很吃力,我自己也对能否继续在悬崖光滑的黏土上行走没有信心。

---

〔1〕中国其他地方生产的烧香用蜡烛由于燃烧冒烟很大,所以在蒙古的佛教寺院中不允许使用。

从特普山口下山后,我们遇到了一队喇嘛,其中有附近甘禅寺的丹麻大活佛。

甘禅寺隐藏在大通河西面山中风景如画的峡谷中。寺院的建筑就建在长满树林和灌木丛的斜坡上。峡谷中的小河与寺院有相同的名字,也叫甘禅,河水击打在岩石上发出轰鸣声,溅起飞沫。几年前这个寺院部分居住着喇嘛的房子曾经被烧毁过,据当地居民讲,火灾好像是从葛根房间烧起来的。这座寺院成立于约 200 年以前,由第一位转世活佛丹麻慈诚嘉措修建,他在去世前不久[1]给乔典寺留下了装饰一新的主殿姆多宫。

现在的葛根是第八世转世活佛,在乔典寺 18 位大活佛中排位第四。丹麻活佛是位沉默寡言、专注而又不安分的人,他经常沉浸在对抽象理论的思考中,甚至对如何研制更为完善的欧洲军人使用的五发连射自动步枪很感兴趣!这种新式武器是他狂热研究的对象,他已经拥有了两支德国和奥地利造速射炮。不论葛根走到哪里,随处都有几个肩扛着一两支自动步枪的喇嘛跟随着他,大活佛不时地进行射击。

我不知道大活佛对自己自身的职责持什么态度,但是我看到众多的信仰者对他顶礼膜拜,可以认为,他是个不平凡的人。

在这位大活佛处我们同样看到了已故的 H. M. 普尔热瓦尔斯基的肖像,年长的喇嘛不停向我们表示,H. M. 普尔热瓦尔斯基给他留下了很好的印象。

接下来的两天,即 8 月 5 日和 6 日,考察队营地向乔典寺迁移。一路上山峰奇峻,河流汹涌,风光秀丽。从峡谷深处向上错落着灰色的峭壁,有些地方孤零零地生长着杉树和杜松,从顶峰处散落下许多岩石,雪山兀鹫、胡兀鹫和金雕在天空中盘旋着、尖叫着。山峰阳面半山腰上面是高山草地,有着烧过荒的痕迹,中间是枯黄的灌木丛,下面则是树林,总体来说,整个半山腰是深绿色的色调。树林中的鸟类仍是很难见到。只是在某一个山口处,我们幸运地看到了一大群蓝色野鸡从林中

---

[1]丹麻慈诚嘉措去世的时候 70 岁。

向太阳照耀的草地山冈飞去。在高高的茂密的草地上,鸟类很难被发现,只是偶尔能看到它们美丽的、颜色鲜艳的头部。

我向着野鸡群发射了一发散弹,惊起了无数只鸟,打到了4只。枪声回荡在山谷中,余音持续了很久。

接近乔典寺时,我们将营地安排在大通河右岸峡谷的杨树林中,附近河水流动的哗哗声清晰可闻。

图16-3 大通河右岸

在乔典寺停留的4天中,我们将随身行李进行了仔细的清点和分类,任何多余的东西都将是一种负担。我们的"沙漠之舟"不适宜于山地行走,因此出现了疲惫生病的迹象,它们已不能再继续前行了。我们只好在喇嘛们的协助下租了12匹马和骡子,每头牲畜分别驮运5普特的货物,以减轻骆驼的负担。唐古特马车夫帮我们运送了一部分货物到恰口驿村,到那里后,事先说好的平番县县令会派5辆马车给考察队,将我们送到戈壁沙漠。

8月10日,考察队离开了乔典寺。喇嘛们都出来为我们送行,说着祝福的话,并送给我们一本第五世达赖喇嘛的著作《藏王的历史》[1]。甘禅寺的葛根丹麻喇嘛很遗憾地说,再也不能见到我们,也不能向我们请教关于新式武器的问题了。与丹麻喇嘛和乔典寺其他三位年长的喇嘛告别的场面非常感人。措尔智喇嘛是一位世俗事务管理者,他自愿送我们到恰口驿,以便帮助我们安排好下一阶段的路程。

图16-4 措尔智喇嘛

乔典寺悬崖很险,让我提心吊胆,时时担忧驼队的安全,而现在又经常下雨,发生危险的可能性就更大了。但是在向北转过第一个峡谷,经历了不停的上下坡之后,我们最终还是顺利地通过了这个悬崖。

在南山东部山谷处杂居着汉人和唐古特人,在比较荒凉的地方则住着游牧居民。汉人和东干人在山的南坡上从事采矿工作,汉人采煤,东干人淘金。同行的措尔智喇嘛很熟悉淘金的工序,尤其是当地人的淘金工艺,他说,这种贵重的金属在大通山上很常见。在这里每年能找到1俄磅或者几俄磅的自然金块,颗粒像豌豆一样大小。在这座山上淘到的金子主要呈片状,纯黄色的。由于丰富的降雨和大量的淤泥,这些年每年在同一个山谷都能淘到大量的金子。

我们在路上遇到了一个淘金队,由约20名东干人组成,他们在山腰处的小溪汇合处附近劳作着。这些淘金者向我们展示了他们的劳动成果。他们的生活条件相当简陋,住在阴暗潮湿的窑洞里,而吃的东西,在他们自己看来,还相当不错。

---

〔1〕经过C. Ф. 奥登堡院士帮助,我将这本书赠送给了科学院亚洲博物馆。

16.8　北大通山脉和考察队转向大路

登上北大通山脉后,道路状况变得好起来,没有下雨,尽管走得很慢,可是我们还是顺利地通过了通向亚楞戈尔峡谷的乌达岭山口,其海拔高度为 11350 俄尺(3450 米)。沿着北坡下山的路比前面的路坡度要大,我们不得不绕过被暴雨冲毁的山间小路,花费了很长时间穿过高山草地,才到达吉尔赫诺普帕山口,这个位置的海拔高度为 11270 俄尺(3440 米)。从这个山脉的顶峰我们看到了壮观的山地美景。山下是安静觅食的家畜群,而在陡峭险峻的山峰顶上,胆小的鹿和岩羊注视着我们的队伍,胡兀鹫高叫着盘旋在我们的上空,可以清晰地看到它们美丽的、来回转动的头部。真不愿意相信,我们这就告别了中亚地区大自然的美景了。前面北方天空的颜色由淡蓝色变成了烟灰色,那里就是沙漠了。顺着一条侧沟,考察队终于来到了位于石门寺附近的亚楞峡谷。石门寺的旁边是一条石谷,有一尊雕刻的佛像——弥勒佛。我们的行程从这里开始不知不觉地远离高山,转向了平原,四通八达的大道横贯其中。

在山腰以下和平坦的山冈地带放牧着许多肥尾羊群。当地居民称,在很久以前,好斗的唐古特人来到这里,他们烧毁了村庄,杀死了居民,抢夺了包括羊群在内的财富。这样,肥尾羊才进入到柴达木盆地,经过蒙古人成功的放养和繁育,一直到现在。

8 月 14 日晚上,在我们出发之前,我们期待已久的马车来了,还给我们带来了粮食。措尔智喇嘛的使命结束了,他打算在天黑之前返回石门寺,因此就地与我们告别了。在告别时,这位僧人非常激动,大粒的眼泪从他黑黑的眼睛中流了出来,过了一会儿,就大哭起来。这种方式的告别我还是第一次在当地人的身上见到,给我留下了深刻的印象。在宗教信仰、语言举止、风俗习惯方面与我们完全不同的人,在人性、精神方面却又是这么相近。我在俄国家里写这本书的时候,经常能收到这位喇嘛和其他生活在亚洲高原的朋友们的信件。

前方向北是丘陵起伏的高原草地，H．M．普尔热瓦尔斯基根据黄河上游的一条左面支流——恰戈楞戈尔，将其命名为恰戈楞草原。恰戈楞戈尔河清澈透明的河水沿着砾石河道发出响亮的声音，分出了大大小小的支流。这条河的浅滩处水深超过2俄尺（50厘米）。沿东北方向穿越草原，经过松山城，一路上的景象与H．M．普尔热瓦尔斯基所撰写的游记中描写的是一样的[1]，他的行进路线略偏西一些。在我们行进的道路上到处长着丰富的饲草，其中也包括一种有毒的草——"哈喇乌布苏（Lolium）"，这种草很特别。我们在这里看到的哺乳动物包括：狼、狐狸、羚羊、兔子、黄鼠和啼兔；鸟类包括：鹰、隼、红脚隼、茶隼、雀以及其他的鸟类。

恰戈楞草原的居民很少。穿越草原的时候，我们沉痛地记载着那些被毁坏的荒废村庄的村记，只有少数的地方可以发现人们新留下的痕迹。在最近一次1895—1896年穆斯林暴乱前，在上述地点还生活着不少的东干人和汉人。暴乱前，东干人迅速收拾好自己的家什，搬迁到西宁的东南面的米喇沟山谷中了，那里的居民几乎全部是东干人和撒拉人。在通向恰口驿的道路上，叛乱者包围了汉人的一个小工事，里面有督司和30名士兵。东干人要求投降，可是汉人却坚持闭门不出隐藏起来。于是，穆斯林们烧毁了大门，占据了堡垒，进行大屠杀，只留下督司和他年轻的女儿，叛乱者霸占了督司的女儿为妻。督司幸运地逃脱了，这得益于一个向他叛变的东干族士兵，这名士兵把血抹在长官的脸上和衣服上，带着他逃出要塞，这位中国军官就这样逃跑了。

我们在恰戈楞草原上的第二个过夜地点安排在小城松山城附近，这个小城有两道城墙，都是用黏土夯实砌成的。城里城外共有大约20户牧人，过着贫困的生活。驻防军的长官和7名士兵住在两个城墙的后面，士兵们的装备好像是火药枪。

松山城位于开阔的平原，海拔高度为8520俄尺（2690米），从北向

〔1〕Н．М．Пржевальский．Четвертое путешествие в Центральной Азии（《第四次中亚之行》）．СПб．，1888，стр．109－110．

南有一条清澈见底的小河流过。在茂盛的草地中经常可以发现盐碱地,每次我们的骆驼都会快速地向盐碱地冲去。

松山城向北是一座平坦的不高的山岭,这座山岭被汉人称作老虎山,西北—东南走向。山岭的南侧明显要比北侧低,从北侧奔流下来许多条小河和小溪,汉人在山下挖掘出一个深深的蓄水池。山的北坡上长满了杉树林,其中也掺杂了山楂树、柳树、合叶子、一枝黄花、金露梅、穗醋栗、悬钩子和其他的植物。草已经变黄枯萎了。汉人夏天在这里采蘑菇,用来做他们喜欢吃的食物。在宽沟城附近山谷中,我们收集到了阿拉善红尾山雀、岩鹨和鹨,其他鸟类非常少。据当地猎人讲,在山中还有麝、狍和狼。

冬天老虎山降雪量很大,树林中和北坡沟壑中的积雪可持续很长时间。

从松山城方向登山非常方便,而向北下坡却非常困难,地势非常陡峭。从老虎山顶峰(甘沟响子山口的海拔高度为 9090 俄尺,约 2770 米)向下看视野非常开阔,天气晴朗的时候可以看到南方高耸的大通山脉,山顶上方的淡蓝色天空清晰可见。在北方远处是宽广的阿拉善沙漠,笼罩在灰黄色的烟雾之下。附近的马莫山和错落在沙漠地区的高地和山冈也可以看到大致的轮廓。

16.9　到达宽沟城

从山口沿着崎岖陡峭的峡谷下山时,我们顺路欣赏着整洁、美丽的土达墩村,在那里我们发现了一些非常有趣的蓄水池,池里的水是用来浇灌不大的山地的。从峡谷出来后,我们转向东沿着山边行进,到达了宽沟城,并且在这里安排好宿营地。

宽沟城建立于咸丰三年,也就是 1853 年,当时被划分为红水县的一个特别区域。官方称呼这个城为红水分县,而民间多用第一个称呼。该城在同治四年前,也就是 1865 年前一直很繁荣,在马生彦和毕大才为首的叛乱后,城市被洗劫后烧毁,居民也被杀光。在以后的几年里,

图 16 - 5 宽沟城

城市再次被重建,人口也聚集起来,城市郊区也有了村落,可是在同治七年,也就是 1863 年,东干人叛乱者再次毁坏了城市和郊区。在最近的一次穆斯林叛乱中,城郊被洗劫一空,而围着高高城墙的城市则被拿起武器的居民坚决保卫着,可是大多数居民已不再信任这个不幸的城市了,他们四散逃走了。

我们到达这个荒凉的城市和郊区时,这里不足 50 户居民。除了 4 个小商贩以外,这里的居民全部是种地的农民,他们的地里种植着大麦、小麦、黍、豌豆、小扁豆、大豆和荞麦;除此之外,还种植着蔬菜,长势很好,其中包括土豆、白菜、洋葱、胡萝卜、萝卜和南瓜。

这个县归兰州道台管辖。

在宽沟城东—东南方向 12 俄里的地方还有一个与其相类似的小城市永泰城。

在天气晴朗的时候,我们对宽沟城进行了地理位置的天文学测定。这个地点位于北纬 37°59′45″,东经 103°21′,海拔高度为 8170 俄尺(2490 米)。

·欧·亚·历·史·文·化·文·库·

17　阿拉善或南蒙古

17.1　路边村落和萨彦井

戈壁南部的荒漠地带是松散的沙地,而中北部则是一座座山岭、高地和丘陵,戈壁荒漠的中部,也就是在阿拉善沙漠的南面与戈壁(阿拉善蒙古)北部之间的地带,更加荒凉、干旱缺水和贫瘠。戈壁地区最低点在其东面的乖咱盆地,海拔高度为 2500 俄尺(750 米)左右,最高点位于阿尔泰山脉的一条支脉——古尔班赛勘,海拔高度为 7270 俄尺(2215 米)。

1901 年 9 月 19 日,我们离开宽沟城,沿着大车道走了两天,到达了养着许多骆驼的村庄——白屯子,从这里开始才是真正到了沙漠。在我们走过的路程的中段是大金山东段,当地汉人称为马圈山,山体覆盖着厚厚的黄土层,处处可以见到透过土层的小颗粒砂岩。

长期经受戈壁干燥空气侵蚀的马圈山脉,看上去是灰黑色的,非常荒凉,尤其是其干旱的边界地区。可以看到沿山而建的中国古长城的废墟。从宽沟城到沙漠的起点之间地形急剧变化,水源一直隐藏在地下,再次见到水时已是在其他的地方,如色埃尔坦普村庄附近,或者以湖的形式出现,如盐池。

色埃尔坦普要塞建于咸丰二年,也就是 1852 年,以防止唐古特人的入侵。这座要塞曾经经历了几次伊斯兰教民的起义。现在这个村庄有 80 户居民,聚居在一小块地域,而在不远的周边地区散居着近 200户农户。村庄中最美妙的地方是当地长官的私人花园,那里有一个小的泉水湖和高大的白杨树,远远地看到这片绿地,沙漠旅行者的困顿和焦渴会立即烟消云散。一些房子的附近修建了蓄水池,用来储存从南方山上流下来的雨水。

　　这座村庄中有 1 所学校和 1 名老师,暂时有 3 个男孩子在这里学习,而另外的 12 至 15 个学生只能再过 1 个月,等收割完庄稼和菜园里的农活忙完之后才能去上学。一般来说,中国孩子从很小的时候就开始学习耕种了。

图 17 - 1　阿拉善沙漠中的驼队

　　由于当地居民事先已得到了关于考察队抵达白屯子的消息,因此当我们到达这里的时候,遇到了一大群前来看热闹的汉人,他们都争抢着目睹我们这些从未见过的外国人。白屯子村最引人注目的是骆驼,数量极多,甚至空气中都充满骆驼的气味,到处听得到它们的叫声,每走一步都能看到它们巨大的脚掌印记。的确,这种干旱炎热的气候和典型的荒漠植被条件非常适合饲养骆驼。白屯子有 150 余户家庭,穷困的家庭一般养 2～5 头骆驼,富裕的家庭则养 100 余头,这里的居民都从事运输工作,他们把货物运到西宁、宁夏、张家口以及其他的中国城市,主要运送骆驼毛和绵羊毛,然后再驮回一些定居和游牧居民所必需的生活用品。汉人饲养骆驼的方法与蒙古人有些不同,但是也有相当丰富的经验。一些富裕的汉人还雇用了蒙古人为他们进行护送商队的工作。

　　除了骆驼之外,当地的汉人还饲养绵羊、母牛和马。由于亚洲商队的运输多数是秋天开始春天结束,因此,在夏天这段空闲的时间里,汉人会在邻近的盐池咸水湖中采盐,每年可采 15 万普特。为了征收赋税,在白屯子设立了盐税官。盐池咸水湖流域长约 15 俄里,海拔高度与白屯子相同,为 5080 俄尺(1550 米),其最深的地方是咸涩的湖水,而最高处则长满了猪毛菜和骆驼爱吃的各种草。

9 月 21 日,休整好的考察队告别了这个村庄,穿过盐碱地,沿着北面的高地鱼贯前行,这个高地的地质结构由灰、黑、红色的石英斑岩质凝灰岩构成。清晨,可以看到一群群的灰鹅和杓鹬从盐池发出巨大的叫声向南方飞去。中午的时候,我们穿过了树立着两块砂岩方尖碑的阿拉善南部边界,方尖碑上写着蒙古文字:"第四年夏天 30 日,道光三十六年,清王朝的土地边界,皇帝建立。"[1]

17.2　阿拉善沙漠

抵达阿拉善亲王府前的地形情况是这样的:东面是高山,西面是沙漠,在沙漠中矗立着雅布赖山和其他一些小山,分布在沙海中的各处,就像是分散在海中的岛屿一样。从恰戈楞草原到定远营[2]有三条路:东面的路是最绕远的一条,但也是最好走的一条,沿着阿拉善山山脚下通过,穿过汉人和蒙古人的耕种区;西面的一条,H. M. 普尔热瓦尔斯基已经详细描述过;中间的,或者叫宽沟城大道是最近的一条,也是我们最感兴趣的一条路。通过沙漠地带,穿越时宽时窄的道路之后,我们所走的道路与 H. M. 普尔热瓦尔斯基所通过的道路在尚金达赖井附近汇合。随着时间流逝,考察队越来越接近阿拉善山脉,因为漫天灰尘,视线不好,我们没有一次看清楚远处的这座山。我们只能近距离地观察亮黄色的松散的小沙粒、固化的沙子和被磨光的沙石以及为数不多大小不等的中生代戈壁砂岩。

在小沙坝泉附近是非常坚硬的浅绿褐色含云母黏土质的中生代

---

〔1〕这篇碑文中的数字不准确,因为道光执政时间只有 30 年,即 1820 年至 1850 年。

〔2〕今巴彦浩特。译者注。

小颗粒砂岩,在拉帕伊井干涸河道陡峭的左岸,其底部厚层是比较疏松的浅灰紫色小颗粒砂岩,而其上部则是比较疏松的浅褐色含黏土和石灰质的大颗粒砂岩,并逐渐过渡到小颗粒戈壁砾岩。

17.3　色尔赫沙漠

我们穿过的这条沙脉,从戈壁高地上看就像一条宽阔的闪光的带子,铺展在灰黑色的地面上。色尔赫沙漠新月形沙丘堆积在沙石地面上,不时被一些早已干涸并同样塞满沙子的河道所切断。

绝大多数沙丘的方向是向北和东北走向,这是风吹形成的结果。有时候沙丘形成了一条弯曲的长长的沙堤,有着陡峭的山脊,高度为50~70俄尺,甚至能达到100俄尺。从沙丘顶端向下看这片沙海非常壮观,有些地方亮黄色的沙就像是在大海中的浪一样,一个接着一个整齐地排列着,而有些地方正相反,很多的沙浪层层堆积,最终形成了缺口或者漏斗形的深穴。

色尔赫沙漠的第三条沙脉由沙丘组成,规模要小得多,很不规则,有些地方沙丘是沿东西走向的,有圆形平坦的顶部,并且北面的斜坡特别松软。

与巴丹吉林沙漠一样,色尔赫沙漠也是寂静荒凉的。有时,尤其是开始的时候,眼睛还没有适应整片黄色沙漠的时候,会让人觉得非常难受,而当我们发现沙坑或者漏斗形深穴以及梭梭和其他植物的时候,甚至点缀在金黄色的沙漠中的一小片绿色的芦苇丛也会使我们心情愉快起来。在灌木丛和芦苇丛附近经常有动物出没,在眼睛能够看得到的小小洞穴中,动作敏捷的蜥蜴警惕地探出它们尖尖的小小的头,然后跑出来一只,又一只,它们一边紧张地向你的方向看,一边摆动着弯曲成圆圈状的尾巴。在美丽的、起伏不大的沙漠表面也能够看到各种甲虫爬过的条纹状路线,最常见的是粪金龟子,它们努力地在粪团上劳作着,繁衍着后代。我们考察队在沙漠中收集到的最有意义的一种甲虫,据俄国著名的昆虫学家 A. П. 谢苗诺夫[1]研究,是 *Ahermes – Ahermes kaznakowi* 和柯兹洛夫种属中的一个新品种。

穿越沙漠到达定远营的路程我们共走了 11 天,平均每天行进 30 俄里。

在这个路段的中部,在最大的也是最好的伊赫胡图克井附近,我们遇到了很多游牧人,他们聚集在距措科托库勒寺几俄里的地方。这座寺院在东干人的暴乱中曾两次被毁,现在已经被重建并且粉刷成白色,呈现出了崭新的样子,这里有几十棵绿色的杨树,让人感觉非常舒服。在寺院的建筑群中有一些当地中国商人和阿拉善富有蒙古人的房子,这些蒙古人已经很中国化了。我们碰到的阿拉善游牧民放牧着大群的骆驼、绵羊和马匹。

根据沿路的水井判断,阿拉善沙漠的地下水层位于地下 3～5 俄尺(90～150 厘米)的深处,我们遇到所有井的井水都或多或少地带有咸味和苦味。在地势较低的托逊边界(海拔高度为 4220 俄尺,1290 米)附近有许多盐水洼,这里有许多鹅、绿头鸭、野鸭和海番鸭。距离这些禽类不远处的梭梭丛林中还有草原鸡,我们在这个地方收集到鸟类的标本有:鸽子、石即鸟、柯兹洛夫岩鹨和其他一些鸟类。植物的收集工作已经停止了,因为已经到了秋天。

17.4　到达定远营

9 月 29 日早晨,我们到了定远营的东城外。整个城市由城墙围着,在每个城墙角上还有塔楼,我们的营地安置在距城 2 俄里外的地方,当年 H. M. 普尔热瓦尔斯基最后一次也是在这里宿营的。[2]

借助晴朗的天气,我第一次在夜间进行了天文观察,参考了在乌兰塔塔尔井附近观测的结果后,我确定这个地点的坐标为:北纬 38°49′

---

〔1〕A·П·谢苗诺夫 – 天山斯基。

〔2〕H. M. Пржевальский. Четвертое путешествие в Центральной Азии(《第四次中亚之行》). СПб., 1888, стр. 95–99.

59″,东经 105°17′0″。在新地图上定远营被向西移动了几俄里[1]。

图 17-2　定远营东门　　　　　　图 17-3　定远营的商业区

17.5　阿拉善山脉和阿拉善概况

在蒙古人来到被当地土著居民称为"阿拉萨"的阿拉善城之前,这块地域无人居住,尽管通往各个方向的大道都要经过这个地区。阿拉善城的东部和南部是中国居民生活区,西部是土著的额济纳土尔扈特蒙古人,北部是喀尔喀蒙古人的土地,东北部是游牧的卫拉特蒙古的领地。

在中国现王朝第二代皇帝统治初期[2],伊犁地区的厄鲁特人处于混乱状态,在一名台吉的带领下,近千户居民从伊犁逃亡到阿拉萨,这些逃亡者主要安置在雅布赖山。好战的台吉开始从其主要宿营地向阿拉善山脉一带的居民发动一次次的袭击,同时也不放过任何一支蒙古人或者土尔扈特蒙古人的商队。台吉的大军迅速控制了沙漠中的交通要塞,并且在重要地点增派了兵员,这种状况持续了 20 年时间,他们的主力部队从来没有离开过雅布赖山。在这期间,中国政府试图镇压这些放肆的厄鲁特入侵者,但是未果。然而台吉和他的一名绰号为"独眼喇嘛"的贴身谋士认为,他们迟早要为自己的侵略行为付出代价,为了保证以后在所占领的土地上可以安定地生活,他们决定向皇

---

〔1〕定远营的绝对高度为4970 俄尺(1520 米)。

〔2〕指考察队工作期间。

帝投降。

在清王朝执政的第37年,也就是公元1631年,台吉和"独眼喇嘛"在一些有威望的厄鲁特人的陪同下向北京出发,在北京他们受到了康熙皇帝的亲切接见。厄鲁特人"真诚地"承认了包括侵略和抢劫行为的所有罪过,解释说这是生活所迫,他们被迫采取这种方法获得生存。他们认为,这种犯罪的生存之道是不正确的,请求皇帝在阿拉善无人居住区安置他们。皇帝接受了他们的认错,也宽免了他们的罪行,并且派遣一名官员与台吉一起回去划分游牧的地域,被划分的领地至今仍然有效。

台吉被授予"贝勒"称号和地区的管理权。蒙古人放弃了掠夺行为,转为从事畜牧业。皇帝免除了这个"沙漠王国"居民的各种捐税和赋税。得知这些特权后,周边地区的蒙古人纷纷带着财产、畜群涌向贝勒旗,这里的人口迅速增长。到第三代贝勒死前,阿拉善旗拥有大量骆驼的家庭已近1万户。这里饲养其他牲畜相对较少,尤其是马匹。不管怎么说,阿拉善旗由于富裕而出名,其名气已赶上了北京的宫廷。

在第四代贝勒执政时期,甘肃省爆发了东干—萨拉族武装叛乱,根据皇帝的命令,阿拉善的蒙古人参加了镇压叛乱的行动。

图17-4　兰州府黄河岸边的水车

阿拉善贝勒解放了兰州府,在青海湖构筑了著名的巴尔浩特要塞,阻止了萨拉族叛乱者的道路。我们在此前的考察道路上曾看到过这个要塞的遗址,位于从库金戈尔河谷。萨拉族人不仅被阻止,而且被彻底击败。

图 17－5　兰州府

为了奖赏阿拉善贝勒的功勋,皇帝赐予其"亲王"的称号,并将一名公主许配给他。上面叙述的事件发生在乾隆四十七年。

皇帝除赠送给亲王陪嫁嫁妆和满族佣人外,还赏赐 1 万两白银用以建造宫院,分发给蒙古居民。公主送亲的队伍浩浩荡荡,其中有 40 户满族人、公主以前的仆从和整个一个演出团的艺人及其演出用具。当时阿拉善贝勒还生活在帐篷中,没有固定的庭院,经常与自己的牲畜们一起从一个地方迁到另一个地方。

·欧·亚·历·史·文·化·文·库·

在公主到来之前,定远营的规模得到了扩大,建起了新的城墙,城内建造了附有各种设施的宫殿、戏院及其他建筑。新城中的贸易也迅速活跃起来。然而,从阿拉善王迎娶公主开始,维持大量的满族仆人和王宫内支出的费用也大大增加了,居民越来越穷,数量也越来越少了。在第四代贝勒执政时期,这个王国曾达到鼎盛时期,富裕家庭1万多户。而现在,阿拉善的人口不足8000,有可能还会继续减少,因为各种税赋不但没有减少,反而逐年在增加。最近,不只是亲王本人,他的儿子们也娶来了中国的公主,这些公主们也带来了随行的大量满族仆人。现在,在阿拉善王宫内就有200余户满族人,他们依靠蒙古居民的供养过着奢华的生活。

亲王在北京也建造了王宫,其富丽奢华程度远远高于其在定远营的宫殿。北京的王宫中有300名满族仆人,他们的日常开销加上亲王和他的儿子们定期到北京的生活花费,这些钱都是从贫苦的居民身上搜刮来的。每次亲王到北京,除了带大量的白银外,还要带上近千匹骆驼。这些骆驼有的送人,有的卖掉,卖骆驼的钱全被挥霍掉了。亲王从北京返回时,阿拉善的居民还要派1000余匹骆驼队跟随着亲王,等返回到定远营时这些骆驼已剩下不到一半了,蒙古人形象地比喻称"它们被亲王吃掉了"。按我们的货币计算,每一次阿拉善亲王去北京,都要挥霍掉100万卢布,阿拉善王宫内的其他花销也与之相当。因此,这里的经济情况在迅速恶化。

在阿拉善的厄鲁特人现在已经不足4000人了,也就是说,占整个城市的半数人口,另外4000人全部是外来者,有喀尔喀人、土尔扈特蒙古人、科尔沁人和其他的蒙古民族。在定远营也是多民族混居的,其中有200余名满族人、200余名汉人、150余名蒙古人,另外还有100余名喇嘛和70余名骑兵,骑兵担负着保卫王宫的任务。

如果旅行者想在阿拉善东部和南部见识一下地道的厄鲁特蒙古人,了解他们的衣着和生活状况,那么这种想法几乎是不能实现的。因为阿拉善人已经被严重地汉化了,他们穿着汉人的服饰,摆设着汉族式的家具,吃着汉族式的饭食,用汉人的餐具,唱汉族的歌曲,必要时,他们还会讲汉语,尤其是一些完全被汉化了的人,不仅仅在讲话中夹杂了一些汉语单词,有时甚至是整句话。在蒙古富人和官员之中,被汉化的情况尤为明显,他们已经放弃了帐篷,而盖起了具有中国建筑风格的房屋。

在阿拉善亲王的家中只能听到汉语。现在的亲王和他的长子,即他的继承人,已经不讲蒙古话了,即使是一些常用的蒙古习惯用语,在他们的口中也带有了汉语的口音。

在阿拉善人与汉人的相邻地区,阿拉善人的游牧生活方式已发生了极大的改变,由于畜牧业规模的缩减,部分居民改为从事耕作和运输业,往返于阿拉善和张家口或者北京之间,他们也非常乐意向拉萨运送大量朝圣的人。

在阿拉善较偏远地方的蒙古人还基本保持着蒙古人的生活方式,仍旧从事畜牧业。不过这里的男性居民也开始着汉服了,时尚的年轻人也开始用汉人头巾束发,穿上了用棉绒或者羽缎缝制的靴子。上了年纪的妇女还坚持穿着本民族的服装,尤其喜欢穿无袖短衣,梳本民族的发型、佩戴民族发饰。

除了外表上的汉化以外,阿拉善人的精神、习惯和风俗也几乎全部汉化了。他们模仿汉人的礼仪往来、谈吐举止和行为方式。这些蒙古人已经不再过自己的民族节日了,而是与汉人一起过春节。赛马、摔跤和其他的比赛项目在这里消失了,取而代之的是酗酒,城市居民热衷于吸食鸦片和赌博。与汉人、过路的朝圣者以及商人的交往使阿拉善人变成了狡猾、吝啬、贪婪和蛮横的唯利是图者,在这些方面他们甚至要超过中国商人。

在这里我顺便谈一下那些很早就在阿拉善定居的汉人。亲王府建起来以后,只允许汉人带着商品到定远营来,而不准在这里安家。15年之前,从阿拉善王为汉人建立卓越功勋以后,汉人就开始渐渐地举家向定远营搬迁,亲王对此也只是"睁一只眼闭一只眼"。现在所有的汉人,包括商人和手工业者,生活在城中就像生活在自己的家乡一样。阿拉善山脉南麓适合耕种的土地已经被汉人所占据了,汉族商人也不局限在定远营做生意了,哪里有阿拉善游牧的人,哪里就能够见到他们的身影。为了取得在阿拉善做生意的权利,汉人要向亲王缴纳一笔数目不大的税,与租用耕地所支付的费用大体相当。

18世纪前半叶,东干人同样拥有在定远营做生意的权利,然而自从发生60—70年代的暴乱后,他们就被赶出了城,当时规定他们在阿拉善的停留时间不能超过3天。从1895—1896年的第二次东干人暴乱后,他们在阿拉善的停留时间改为不能超过1天。

亲王及所有阿拉善地区居民隶属于居住在宁夏城的满族官员祖尔干伊赞金,所有重大问题的审查和决定必须要呈送他审批。阿拉善的权力组成为:亲王、2名图萨拉克奇、扎西拉克奇、梅楞、2名札兰、8名章京,另外还有8名洪德。所有这些官员的任命都须经过北京政权的批准。除了这些正式的编制之外,亲王还拥有不少于200名的非正式编制人员,他们享有不同的官衔和地位,所有的奖赏和降职都由亲王自己决定。

官员们被分为两批,每批轮流在亲王身边担当6个月的执事。亲王指派这些官员审理官司、纠纷、打架和其他的犯罪事件。这些执事官员要监督管理亲王府,而且还要对阿拉善所有领地进行监督。

阿拉善所有的官员都没有俸禄,生活靠自己,官方的房子也只是在其轮流担当执事期间可以居住。

为了方便征收税赋和指派劳役,所有8个百人队,或者称为"苏木"划分为33个区域,叫作"巴格",分别由被称作"达梅尔"的地区长官领导。这是亲王自己的主意,还是北京最高权力机构的决定,我们无法弄清楚。这种苏木建制我们还是第一次了解,让人感到奇怪的是,与这些达梅尔接触的不是各百人队的首领,而是除了章京以外的定远营的主要管理机关。

前面已经提及,东部和南部的阿拉善人,已经从汉人那里学会了种地,并取得了一定的成果。在靠近沙漠的地方可以放养骆驼,在农闲的时候也可以从事驮运工作。这个地区居民放养的马匹和绵羊相对来说要少一些。

其他的沙漠地区,全部都在从事畜牧业,确切地说是养骆驼,因为阿拉善沙漠的特点更适合骆驼的生长,因此这种"沙漠之舟"特别多。尽管在阿拉善地区市场上,绵羊、牛和马匹的销售也占据着重要的地位,但是这些牲畜仍然比较少。阿拉善人将从事运输和出售驼毛视作重要的谋生手段。驼毛和羊毛也是这个地区向外销售的重要商品。

　　驼毛和羊毛或由蒙古人自己运走,或由汉人、英国商务代理和德国驻天津的公司在当地收购。据估算,蒙古人每年从阿拉善要运走合75万普特(12295吨)驼毛和羊毛,其中有50万普特(8197吨)驼毛、25万普特(4098吨)羊毛。羊毛的价格在每普特(16公斤)5~8卢布之间,而驼毛的价格在每普特8~12卢布之间。

　　除了牲畜和毛外,阿拉善的对外运输还包括从札兰泰和察汗布鲁克湖中采得的盐。察汗布鲁克湖位于定远营南面的沙漠中。蒙古人沿着黄河向下游运输盐,这样可以沿途与汉人交换粮食。在100年以前,阿拉善的盐资源由北京派来的盐业官员管理,可是那时采盐业给北京政府带来的只是亏损。从那时起,皇帝就把盐湖的开采权交给了阿拉善的居民,这给他们带来了巨大的收益。

图 17-6　宗辉特寺(东寺)

阿拉善居民通常采集野生的沙米种子。他们把种子晒干,用手摇磨将其磨成粉,制成面粉或烤熟后制成糌粑,完全可以代替大麦或者燕麦。阿拉善蒙古人将干的沙米粉做成很稠的面糊,这是中亚地区所有游牧民族最常见的食物。每一个蒙古家庭过冬前都要准备不少于60俄斗的沙米。沙米通常在秋天采集,一般在每年的9月份,其生长的地方就是蒙古人的打谷场。阿拉善戈壁沙漠丰富的沙米也吸引了大量的毛腿沙鸡,它们每年都飞到阿拉善沙漠来过冬。

在阿拉善亲王的领地上共有9座寺院,分别是:巴隆辉特,或称西寺,宗辉特,或称东寺,这两座寺院分别位于阿拉善山脉的西面和东面的山坡上;[1]第三座寺院就位于亲王府定远营内;第四座是札兰泰－杜贡,位于札兰泰盐湖东面的山上。上述4座寺院都是经过中国皇宫确定的,都受到皇室的资助。其他的5座分别是多龙－胡图克－苏迈、措科托－库勒、胡列斯腾－苏迈、察汗－敦吉、哈鲁楞－阿圭(罗本－琼布),分布在阿拉善地区的各处,没有任何特权。除了这9座寺院以外,在沙漠和阿拉善接近东干人领地的地方,还有许多被东干人破坏了的小寺院。个别的小寺院进行了修复,而大多数还是一片废墟。据蒙古人讲,60年以前,随着蒙古人汉化的加剧,佛教在这里的地位已经不像从前那么高了。喇嘛的数量变少了,他们受到的尊敬程度也不像以前那样了。

图 17－7　宗辉特寺
(东寺)的住持

第二天梳洗整理完毕后,我与同伴们起程去拜见亲王。

阿拉善亲王长得仪表堂堂,很健壮,虽然面色有些苍白,但却看起来很威严。他说很高兴再次见到我,并为我荣升为考察队队长感到高兴。

―――――――――――

〔1〕巴隆辉特寺即福荫寺,宗辉特寺即广宗寺。译者注。

第一次见到亲王的时候是 18 年以前,当时我还是一个小伙子,参加了 H. M. 普尔热瓦尔斯基的第四次旅行。阿拉善亲王多次提到 H. M. 普尔热瓦尔斯基的许多优点,并且把他旅行时的画像与其他王室成员的画像一起挂在办公室的墙上。

亲王已经 57 岁了,一直亲自处理地区的所有事务,他很少离开自己的办公室,经常阅读一些中国的书籍和报纸。阿拉善亲王比其他汉人更加关注世界上发生的大事,他每年要定期去北京三次。阿拉善亲王称,最近他非常需要进行类似的旅行,因为千篇一律的沙漠让他感到非常无聊和压抑。

17.6　在定远营停留

返回营地时我们走的是另外一条路,穿过了定远营的外贸商业街,那里聚集着许多从邻近沙漠地区来的蒙古人。汉人的商铺中出售游牧居民所需要的商品,应有尽有,琳琅满目。我们最感兴趣的是中国宁夏生产的阿拉善纯毛地毯,这种中国工匠编织的毛毯,颜色和图案都很独特,分为中国和蒙古两种风格,中国风格的地毯通常会运到内地出售,而蒙古风格的地毯则卖给蒙古人。在定远营集市上最常见的是蒙古毯,用于盖在祭台上或装饰有八宝图案的佛桌上,还有铺在马鞍上的小毯和在帐篷中铺设用于接待贵客的小地毯。

图 17 - 8　在阿拉善地区收集的地毯

10 月 2 日,我们带着对库伦的美好憧憬离开了喧闹的定远营,进入了沉寂的、单调的沙漠旅程。

17.7　继续向北行进

和以前一样,第一次行程我们总是安排得比较短,走了9俄里后,我们的队伍到了库勒特井。从这里我们没有沿着 H. M. 普尔热瓦尔斯基走过的札兰泰－达布苏咸水湖东面的路行进,而是从巴音山中间穿过。对于商队来说,在荒漠中穿行相对容易一些,因为这里没有所谓的路障,比如说,难以通行的沼泽地、悬崖、陡峭的上下坡,在这里旅行者担忧的只是距离问题。在遍布平缓山地和宽阔山谷的干燥的戈壁沙漠中,健壮肥硕的骆驼可以轻松地从早走到晚,只需在夜里休息8个小时左右就足够了。卸下包裹进入牧场后,骆驼们高兴地玩耍着,笨重地向上跳着,到处留下它们厚大的掌印。

由于今年的雨水相对较多,戈壁上的植物长势非常好,在道路两侧经常能看到大片的草地,绵延十几俄里。沙米长势也很好,到处可见这种野生粮食堆成的垛。上了年纪的蒙古人讲,这样的好年成一百年才能一见,不是所有生活在沙漠中的蒙古人都能够看到这种丰收景象的。在这种雨水充足的年头里,我们沿途的低地中有时不仅能看到裸露闪光的地表,而且也能看到蓄满水的小水洼。有时我们还能看到单只或小群胆小的羚羊,它们跳跃着消失在远方,偶尔还能看到大鸨在天空中盘旋,毛腿沙鸡嘈杂着从我们头顶上飞过。远处的西北方向,在高地和山脉的上方出现了海市蜃楼,为整个山脉的轮廓增添了奇幻的色彩。

17.8　与寻找考察队的鞑靼人 阿卜杜尔瓦盖波夫会面

在乌兰塔塔尔井,俄国鞑靼族人卡西姆胡恩·阿卜杜尔瓦盖波夫突然出现在我们面前,这使在场的所有人都非常震惊。从他所持的公文中我们得知,他是受俄国领事馆派遣到乌鲁木齐的,前来"寻找由柯兹洛夫中尉领导的、于1899年离开俄国的考察队成员的足迹"。经过交谈,我们终于弄清楚事情的原委。原来在 1901 年 4 月,一个蒙古人来到乌鲁木齐,据他带来的消息称,我们考察队成员在藏东某个地方全部丧生。这个蒙古人在集市上到处散播消息,面对俄国领事 B.M. 乌斯宾斯基先生的盘问,他仍然坚定地坚持自己的说法。这位蒙古人称,当时他在距离我们考察队有两星期路程的南方,受考察队领导的派遣去寻找打猎的地方或牧场,当他完成任务准备返回时在路上遇到了一个喇嘛,这个喇嘛是他在寺院的同学。喇嘛说,如果他还想活命,就不要返回去了,因为考察队遭受了 2000 余名果洛人的袭击,可能已全部被打死,再也回不到俄国了。听完这名蒙古人绘声绘色的描述,再加上他对我们考察队成员及其活动的描述,我们的领事也有些相信他所说的话了。

现在我们更感受到了,那些和考察队有着共同利益、时刻关心着我们的人是如何为我们担忧了。只有在回到祖国的土地上,并尽最大努力完成自己所担负的艰巨使命的时候,我们才能感到心满意足,才能感到如释重负。

17.9 横亘山脉的特点

考察队从定远营出来遇到的第一座山是巴音山,这座山独立的低岭沿着西南一东北方向延伸。巴彦乌拉山由松软的红褐色戈壁砂岩、小粒片麻岩、绿褐色花岗岩质片麻岩、黑绿色小颗粒闪长石和黄褐色中等颗粒长英岩构成。

巴音山的后面,在通向埃泽格井和更远处的路上,到哈兰乌拉山之间,地表特点没有明显的变化,到处都是巨大的连绵起伏的山岭和陡峭的高地,群山之间是干涸多沙石的河道,到处可以看到裸露出来的白色片状石膏、黑褐色大粒花岗岩、绿褐色正长岩、灰绿色花岗岩质片麻岩、黑绿色闪石和灰黑色片麻岩质花岗岩。在道路的东侧是由松散沙子组成的高高的沙丘。靠近沙丘的地方,长满了榆树、白刺、杜松、苦艾、鸭茅、涝草、梭梭、沙米和其他沙漠植物,另外还有独立的树和小片的榆树林。除了数目众多的毛腿沙鸡,这里常见的鸟类还有长角云雀、长冠云雀、智利云雀、梭梭林松鸦和乌鸦等。游牧民散布在荒漠的各处,但通常都是与井相邻,蒙古人经常带着牲畜到井边来饮水。

17.10 雅布赖沙漠和哈拉苏海井

在 10 月 7 日和 8 日旅行的最后几天里,刮起了北风,白天气温从 16.5℃下降到 3℃,夜晚则下降到 - 10℃。空气中充满了细小的沙尘,这些沙尘不仅缩小了我们的视野,而且还迷住了我们的双眼,尤其是在刮起一阵骤风的时候。可是,我们在这两天里还是行进了 70 多俄里的路程。

哈兰乌拉山可以看作是雅布赖山的延伸部分,沿着东北—西南方向伸展。在我们穿过的岔路口有许多巨大的山岩耸立,并且延伸了很长的距离。在路附近我们看到了裸露出来的紫灰色的页岩、白褐色花岗岩、浅绿褐色片麻岩质花岗岩和浅灰色小颗粒黑云母质花岗岩。

沿着山脉南部边区有一条从甘州通向张家口的商路。在这条大路附近,我们到了第二个岔路口。在景色美丽的沙拉布尔图天然分界线,我们遇到了一所独立的房子,那里住着一名中国商人,在他那里我们补充了一些给养。

过了哈兰乌拉,我们进入了松软的沙丘地带,蒙古人称之为亚马雷克。这里的地貌与前面的相同,考察队穿过这个沙漠几乎用了两天的时间,我们向北行进了 80 多俄里,期间我们看到了戈壁沙漠中最好的一口井——哈拉苏海。亚马雷克沙漠北部地区长满了梭梭林,有的树有 2 俄丈高。附近的蒙古人经常到这里来砍伐梭梭做柴火。在沿途的梭梭林中标注有一口赞金胡图克井,可是我们没有停留,为的是能够在下一口井——哈拉苏海多停留一天。

还在亚马雷克沙漠的沙丘上,我们就看到了北方地平线上矗立的沙尔赞希里山,这种称呼来源于山脉西南面一所寺院的名字,还有另外一座山脉是乌利泽塞汗,位于更靠北的地方。沿着沙尔赞希里山脉

图 17 - 9 哈拉苏海井

南麓长满了榆树林。在接近哈拉苏海的时候,我们看到了沙藏苏迈寺,这座寺院由年长的巴伦葛根主持,有近 40 名喇嘛,由 1 名大喇嘛领导,在每年的 6 月和 10 月的呼拉尔期间,喇嘛人数要增加到 100 人以上。

绕过一座由小颗粒石灰岩、浅灰色和白色石英构成的低矮山岭,考察队终于到了哈拉苏海。这时,太阳已经落山了,远处的群山笼罩上一层美丽的红色和蓝色雾霭。

在哈拉苏海井边,我们遇到了来自山西的汉人,他们居住在这里,收购驼毛和羊毛。

他们是种植蔬菜的行家,在沙漠中开辟出一个小菜园,里面种植的玉米、南瓜、胡萝卜、白菜、萝卜、洋葱、大蒜和其他的蔬菜长势都非常好。

17.11　秋天鸟类的迁徙活动

现在说一下今年秋天我们在东柴达木盆地、南山东部和中南戈壁部分地区所看到的鸟类迁徙情况。上述三个地方没有发生过鸟类大

·欧·亚·历·史·文·化·文·库·

规模迁徙的情形,下面提到的只是我们所观察到的,相对来说较多的是小群、小组甚至是单独的迁徙。

7月底鸡冠鸟和灰鹟鸽向南方迁徙。

8月1日,鸻鸟从柴达木盆地沼泽地飞到山后面,以后的三天中成群的灰雁、潜鸭和鸻鹬分批次飞走;8日,草鹬单个或者小群飞走;9日,灰背隼飞走。

8月中旬,在察干淖尔、达来达巴苏和库库淖尔湖每天都有云雀、灰雁、印度雁、海番鸭、红鼻鹬、楼燕、山燕、红颈夜莺、柳莺、鹨、红尾燕鸥、黑耳鹰、燕鸥、滨鹬和上面已经提到过的鸻鸟、鸡冠鸟和第一次见到的鸻鹬飞走。

8月21日飞走的有黄鹡鸰和黄颈鸭;22日飞走的仍是灰雁;23日飞走的有贝加尔鹡鸰和白头鹎;24日飞走的是石鸡;30日和31日飞走的是芦苇鹬和一种长尾燕。

接着到了9月份,考察队在东南山已经走过了一半的路程,也走过了南蒙古地区一半的路程。

9月3日,从山谷飞向南方的是白头翁;4日还是贝加尔鹡鸰;6日是上面提到过的燕子;7日是鹨,或者叫草地小海雀;8日又是长尾燕,这一次不是单只的,而是成群的。

9月14日飞走的是白尾鹞;16日是沙䳍鸟;18日是鹨;19日是灰鹤、田夫鸟、灰椋鸟;20日是沙漠石(即鸟)和燕子。

9月21日飞走的有短尾老鹰、灰鸭和大杓鹬;23日有鱼鹰、灰鹭和灰鹤;24日是潜鸭;27日有天鹅、雁、野鸭、水鸭、鸽子、海番鸭、田夫鸟和芦苇鹬;23日是曾提到过的沙漠鹡鸰。

最后,在10月份,7日飞走的是鹨鸟;12日是可能飞到阿拉善地区过冬的鹞雀鹰;15日有寒鸦和鹦鸟;31日是迟到的红颈鸊,它们可能要去定远营的森林中过冬。

18　蒙古中部和北部

18.1　阿拉善北界

总的来说,蒙古中北部的地形是以山地荒漠为主,在北方逐渐变成适合耕种的山地。无论河谷多么宽阔,旅行者在好天气的时候,总是能够根据遍布在戈壁荒漠中的各个高地、连绵的低山和山脉辨别出方向。

10月11日,考察队离开了哈拉苏海井,用了三天时间向西北方向行进了约90俄里。在前一半路程中我们路过了两座高山,沙尔赞希里山和埃里泽赛勘山,它们横亘在前方,切断了通向对面干涸的砾石河道的去路。

南面和北面山脉上的岩石主要是花岗岩,其中主要是中粒和大粒的黑褐色闪角石质花岗岩,其次是灰褐色闪角石黑云母质大粒花岗岩,掺杂着灰褐色黏土质砂岩和不纯净的黑云母质花岗石,覆盖在山谷的两侧和底部,除此之外,还有含有褐色花岗岩的卵石和沙砾。沙尔赞希里山上除了花岗岩外,还有玢岩、斑岩和小粒或大粒的细晶岩、浅灰色石英以及灰褐色大粒黑云母闪角质花岗岩,掺杂着褐色小粒细晶岩杂质。

这些山几乎都是荒山,只是在河道的边缘可以看到金色的梭梭。沿着河道,在受山风严重吹蚀的河床高处,个别地方生长着灌木丛,零星地散布着高高的榆树。这里我们没有看到任何野兽,鸟类也不多,只看到了红隼、乌鸦、蒙古雀、云雀和大鸨。

沿着深邃狭长的托洛格伊峡谷前行,我们遇到了一个简陋的帐篷,年轻的女主人给予了我们热情的帮助,并在暴风雨中把我们领到宝里金乌松井。微风轻轻地吹着,我们离开了这里继续向北,进入了有着斜坡的山谷,那里是乖咱盆地东侧的延续。在最后这段路程上,到处生长着梭梭林,西北风凛冽刺骨,我们行进的小路上扬起了灰尘,隐约可以看到阿雷克山、阿尔加林特山和别尔克音贡高地的轮廓。

在戈壁深处,含水地层从地下5~7俄尺(1.5~2.1米)的地方通过,这里的地表是山岩的碎片和被磨光的沙石,这些山岩碎片是被山洪带到这里来的。在沿河床两岸行进时,偶尔可以看到裸露的平滑的黏土质石灰岩,远处可以看到片状石膏、玛瑙质和玉髓质结核体,以及被沙子磨光的小块石英岩。

在大多数山的旁边、河道边以及山谷的深处,可以看到蒙古游牧人停留过的痕迹。这些印记都表明,戈壁沙漠并不是任何地方都没有人烟、没有水源的,偶尔也能看到一口井和一眼泉水,偶尔也能遇到一两个蒙古人。

在阿拉善的东北角,我们经常能够遇到一些长着大眼睛、高高的弯勾鼻子、脸型狭长的人,当然,这是相对来说。经过询问我们了解到,这是一小部分生活在阿拉善山脉东北部地区的吉尔吉斯族人,他们独居于此,但从行政上讲他们属于蒙古的苏门。

10月14日和15日,我们向北直行,第一天我们一直在渺无人烟的荒漠地带行进。

尽管距离非常接近并处于同一条山脉,但肯德森乌拉山脉的南部山岭的地质构造却比北部复杂得多。南部山岭主要是花岗岩、黑云母闪角质片麻岩、石灰岩、金刚石(在石灰岩断口处发现的)、片状石英以及含有大大小小彩色石英、玛瑙、玉髓和细密长石凝灰岩杏仁形杂质的暗玢岩,而北部山岭主要是黑云母片麻岩、页岩和白云石质石灰岩。

18.2 再一次抵达巴尔京札萨克的领地

过了肯德森乌拉山,我们也就告别了阿拉善亲王的土地,展现在我们面前的是巴尔京札萨克的领地。这里戈壁的植被明显变得好起来,梭梭长势很好,高地上的落草五彩缤纷,放牧着许多绵羊、骆驼和马,一派生机勃勃的景象。我们顾不上向北行进,而是急切地登上了这里的高山,以便能够从高处看到远处和更远处的高地和山岭。到达纵横交错的山岭后,我们的目光不由地落在了突出的山顶上,它们就像一个个灯塔,为路人指明着方向。

现在我们介绍一下宗措洪内西里山脉,它的总体特点与其他的戈壁山脉是一样的。这条山脉的地质结构主要是紫花岗岩、斑岩、掺杂凝灰岩的玢岩、片麻岩和山脉边缘的玄武岩。南面是白色的石英,北面是泥灰岩质石灰岩。这里北部远处还有苏姆布尔海尔汗高地的岩石,包括石灰岩质页岩和黏土质砂岩以及塔色尔哈高地的角砾岩和砂岩,这些岩石可能是被洪水冲到这里的。

10月9日至21日,考察队一直在这个山脉之中行进,穿过了伊赫阿尔加林特山和巴嘎阿尔加林特山,这两座山也与戈壁其他的山岭一样,是西北至东南走向的,我们将营地设在申科白尔。在这几座山上都有条件非常好的牧场,因此当地游牧民族在这里定居,他们骑着马匹来回奔跑,大声地唱着歌。

与其他山脉一样,这里的山脉地质结构主要是凝灰岩、绿帘岩、角砾岩,巴嘎阿尔加林特山北边还有斑岩、白石英、花岗岩和多孔的暗玢岩质熔岩。另外在伊赫阿尔加林特山南方地区沙石地表上有许多大大小小的岩石碎片。

18.3　在蒙古阿尔泰:穿越古尔班赛勘山

在巴嘎阿尔加林特山的北面我们看到了古尔班赛勘山的荒漠美景。

古尔班赛勘山沿西北至东南方向延伸了约100俄里,是整个蒙古阿尔泰山脉中相当重要的一部分。这座山上矗立着三个高大的山峰,分别是巴伦、敦杜,以及宗,也被称作西峰、中峰和东峰,东峰最高,海拔高度接近8000俄尺(2400米)。古尔班赛勘山上的岩石有玢岩、玢岩质凝灰岩、石灰岩、页岩、黏土质砂岩、角岩、流纹岩、戈壁泥灰岩和白石英。除此之外，在山脉北面的不远处，沿山脚下到处都有裸露的闪长石、花岗岩、片麻岩和前面已经提到过的白石英、砂岩和玢岩凝灰岩。

古尔班赛勘山脉上特有的植物有：野杏树、白刺、盐爪爪和两种榆树，草本植物品种有艾蒿、苦艾、梭梭、针茅、冰草、拂子茅和几种猪毛菜。动物和野兽有岩羊、盘羊、山羊、狼、狐狸、雪貂、兔子以及其他的啮齿目动物。鸟类有黑色兀鹫、鹰、隼、雕、猫头鹰、乌鸦、云雀、岩鹨、燕雀、山鸽和松鸡。蒙古居民生活在两侧的山坡上，多数是靠近泉水和有丰富冰雪的山谷深处。旗的最高长官是巴尔京札萨克，他生活在中峰——敦杜赛勘山的南面山麓。在靠近山谷南面的地方也生活着很多游牧的蒙古人，他们主要聚集在两个最好的寺院——巴伊申登辉特和舒留特附近。第一座寺院中有100~500名喇嘛，定期召开呼拉尔，第二座寺院的规模则要小一些。

考察队于10月22日离开申科白尔，三天后到达了洪戈尔鄂博（音）地区。第一天我们在古尔班赛勘北部地区宿营，第二天在南部地区宿营。我们通过平坦的奥辛库特里草地山口翻过山脉，那里的海拔是7270俄尺（2220米）。古尔班赛勘山的南北坡坡度很长，与通向呼和浩特的大路相邻。北方视野非常开阔，在河谷后面又是山峦起伏的高地和山脉，昂措和洪戈尔鄂博山耸立其中，它们的东南部是汗乌拉和阿尔加林特山。在"白德勒逊"河谷[1]——察汗德勒斯中[2]，我们又看到了居民和动物生机勃勃的景象，蒙古羚羊经常在这里出没，也经常成为我们枪口下的猎物。

河谷后面的独立高地群地质结构要么由斑岩质角砾岩构成，要么由细粒砾石的砂岩构成，这种砂岩在干涸的河道和陡岸上都可以见得到。

〔1〕德勒逊，即梭梭。译者注。
〔2〕德勒斯，即蒙古羚羊。译者注。

18.4　德勒格尔杭盖山

这三天我们走过的所有山区可以划分为三部分:南部为乌伊金乌哈和苏京西尔山,中部是鄂博、德里特和巴彦博罗山;北部是阿尔加林特山和阿戈海尔汗山脉。第一部分的地质结构由花岗岩、浅褐色石英斑岩、斑岩质角砾岩、片麻岩、片麻岩质花岗岩、凝灰岩、暗玢岩、粗糙的熔岩、白石英和白色坚硬平滑的黏土构成。第二部分的地质结构由砂岩、凝灰岩、流纹岩质角砾岩、闪角质玢岩和杏仁状暗玢岩构成。第三部分的地质结构由页岩、石灰岩、暗玢岩质凝灰岩和戈壁砾岩构成。这里山风凛冽,温差较大,再加上洪水和其他的因素,因此山上的岩石被侵蚀得非常严重,这些岩石碎块流到山谷中,形成了戈壁的地貌。花岗岩在这里占大多数,它们在有些地方混乱地堆积着,在有些地方则垂直或倾斜地堆成有规律的岩层。

阿戈海尔汗山峰下面是宽阔的山谷,山谷的北面与德勒格尔杭盖山翼侧支脉直接相连,当地蒙古人把这些翼侧支脉称为海里斯坦西尔、胡鲁海尔汗和塔尔乌哈。穿过地质结构由石灰岩、片麻岩、页岩、白云石、花岗岩和石英构成的这些山脉的边缘,我们进入了生长着梭梭的河谷,这里有一个德勒逊乌苏井,那里的海拔高度为4130俄尺(1250米)。为了进行天文观察和完成日常工作,考察队在这里停留了一整天时间。

18.5　在土谢图汗的领地上

土谢图汗派来迎接我们的蒙古官员们非常殷勤客气。他们首先向我们介绍了位于翁金戈尔河边的三座寺院。第一座是浩顺辉特,从前位于翁金戈尔的河岸边,在穆斯林暴乱中被毁,现在那里只剩下一堆废墟。新建的寺庙现在迁移到河左岸宽阔的河谷中。其中在6月份和10月份常住喇嘛有200余人,而在呼拉尔期间有500余名喇嘛。浩顺辉特的住持由蒙古族有威望的喇嘛担任,他们通常在库伦的学校或者其他由藏族高僧任教的重要寺院接受教育。其他两座小一些的寺院位于翁金戈尔河两岸 20 俄里之外的山上,右岸是呼图克图喇嘛辉特寺院,左岸是哈姆本辉特寺院。两座寺院都是根据住持的名字起的,每个寺院的喇嘛人数不超过 100 名。

考察队从德勒逊乌苏井到吉勒尤纽斯特寺的这一段路程是沿着山脉走的,开始沿德勒格尔杭盖山脉,然后是其他位于道路东西侧的稍小的山脉。德勒格尔杭盖是一个狭长的、岩石林立的山岭,其山脊中部高高地耸立着。

我们所经过的德勒格尔杭盖路段的地质结构由斑岩、长石岩、砂岩、花岗岩、辉绿岩、泥灰岩、石灰岩、石灰岩质晶石和玢岩质凝灰岩构成。德勒格尔杭盖后面一直到吉勒尤纽斯特寺院的高地和山脉由花岗岩、花岗岩玢岩、闪长石、细晶岩构成,在山之间的空地表面上是大大小小的砾石,有些地方还能见到杏仁形玛瑙和光玉髓。另外,在更深一些的地方还有闪光的黏土空地和黑色潮湿的"盐泥地",是积雪迅速融化形成的。盆地一侧与德勒格尔辉特山脚相接,另一侧与高地相邻,盆地中有一个土库镏金淖尔小咸水湖,而在与吉勒尤纽斯特寺院相邻的巴彦乌拉小山下还有另外一个更小的湖——洪科尔。

道路情况非常好,前半段是一段不高的小山岭,后半段我们从山岭下到一个小咸水湖,湖位于高地旁边,海拔高度为 4410 俄尺(1350米)。这个高地的地质结构为暗绿色小颗粒的黏土质砂岩。湖不深,湖岸也比较平坦,其南侧是沼泽地,北侧是一眼非常好的淡水泉,泉水旁边搭起了两个大帐篷,这是专门为我们考察队准备的。

11 月 2 日黎明,我们又一次动身出发了,穿过一个个起伏不大的地形。在这里,我们看到了海市蜃楼,简直美极了,远处出现了奇特的虚幻群山顶峰,其中最高的一座山峰穆库腾托那乌拉就像是一艘巨大的船,在波涛汹涌的海浪中轻轻摇摆。在海市蜃楼景象中奔跑的蒙古黄羊好像是一个幻影。除了黄羊以外,我们在这里还看到了兔子和啼兔,兔子被鹰抓住了,而啼兔则被鸳撕扯着。顺便提一句,我们在这里收集到了鸳的鸟类标本。

穿过宽广的平原,考察队进入了山区,道路东西两面均是高山,山峰在东北方向形成一个尖角,尖角的顶峰就是属于巴彦乌拉山脉北部边缘的海尔汗山。

11月3日,我们走了42俄里(45公里),所有人的脸都被冻得很疼,暴风雪后气温达到了-27.5℃。暴风雪前的密云妨碍了我们在伊赫阿塔齐克地区的天文观测,而暴风雪也影响到了我们在另外一个重要地点——海尔汗的工作,因为这里是我与H. M.普尔热瓦尔斯基的旅行路线的汇合点。尽管如此,我仍然完成了自己的观测工作。

西面的山脉与东面的山脉一样,都与高地相连,其附近的扎尔噶楞特井也包括在内。高地的地质成分由黑云母花岗岩构成。除此之外,阿拉乌尔特山的地质成分还包括白色矿脉质石英、远古代石英、斑岩、灰绿色辉长岩和由辉长岩转变的灰绿色闪长石。

18.6　库伦以及最后的路程

越接近库伦,蒙古境内的植被变得越好,居民也随之增多。到处都能看到蒙古人和他们放牧的畜群,衣着华丽的骑手骑着马到处奔驰,给这里增添了不少生机。最引人注目的是蒙古王公和穿着红黄两色衣服的老喇嘛的队伍。他们乘坐着破旧的、吱嘎作响的蒙古两轮大车,长长的队伍堵塞了道路。

岗根达坂山口的海拔为5480俄尺(1670米),地质成分由灰绿色颗粒非常细小的坚硬的凝灰岩质砂岩构成。我们高兴地参观了神圣的、覆盖着白雪的博格多乌拉山,在一片白色的背景中,茂密乌黑的树林显得格外显眼。11月7日,我们从博格多乌拉山西侧绕过,渡过了喧闹的清澈透明的土拉河,然后很快抵达了库伦领事馆。

在完成了这项艰难的任务之后,看到那些熟悉的面孔,听到了亲切的乡音,我们高兴的心情难以言表。熟悉的器具、舒适的房间、可口的西餐,所有一切都勾起了我们幸福的回忆。我们衣衫褴褛,与这种舒适的条件大相径庭。Я. П. 希什马廖夫领事把我们领到镜子前说:

"从前,尊敬的 H. M. 普尔热瓦尔斯基老师也像你们这个样子来到库伦,我为你们准备的这个大房间,就是他曾经休息过的地方。"

在库伦休息的日子过得飞快。1901 年 11 月 14 日,我们带上旅行装备向恰克图行进。在这段熟悉的路上我们事先定好了休息的地点,那里已经为考察队准备好温暖的帐篷、牲畜和新的向导。外面是肆虐的大风和严寒,11 月 19 日最低的气温达到了 -35℃ 左右,而我们在宿营地舒服地喝着领事馆准备的茶,看着领事馆为我们准备的报纸和杂志。恰克图的热情接待使我们再次忘记了所经历的苦难和艰辛,彼得堡的支持也增强了我们努力完成任务的信心。

索　引

后　记

　　呈现给读者的《蒙古和喀木》是依照 1947 年在莫斯科出版的俄国著名中亚探险家 Π. K. 柯兹洛夫 1899—1901 年在蒙古、西藏考察的成果译出的，其中的第 1～9 章由丁淑琴、齐哲完成，第 10～18 章由韩莉完成。丁淑琴对全书的人名、地名和动植物名称进行了校对和订正，并对全文进行了审定。书中的部分小地名采用了音译的方法，插图是译者从 1905 年首版的《蒙古和喀木》中挑选和翻拍来的。值得指出的是，在《蒙古和喀木》一书中，原作者把西藏同中国分割开来的说法是西方帝国主义西藏观的反映，希望读者在阅读过程中加以甄别。原作者对我国西北蒙古族、藏族等民族的民族性格、风俗习惯、婚姻制度等的记述也带有一定的东方主义色彩，译者在译本中予以了真实再现，以方便国内学者开展各方面的研究。感谢俄罗斯科学院东方文献研究所所长伊·费·波波娃教授、自然历史研究所特·伊·尤素波娃女士和柯兹洛夫博物馆馆长阿·伊·安德列耶夫博士的支持，感谢兰州大学出版社副编审施援平女士对本书出版付出的辛勤劳动。

　　本书是译者教育部人文社科基金项目"柯兹洛夫中国西部考察相关文献的整理与研究"（项目批准号：12YJA850005）的阶段性成果之一。

　　由于译者水平有限，难免有错误之处，还请读者原谅。

译者

2014 年 5 月 9 日

·欧·亚·历·史·文·化·文·库·

383

欧亚历史文化文库

已经出版

林悟殊著:《中古夷教华化丛考》	定价:66.00元
赵俪生著:《弇兹集》	定价:69.00元
华喆著:《阴山鸣镝——匈奴在北方草原上的兴衰》	定价:48.00元
杨军编著:《走向陌生的地方——内陆欧亚移民史话》	定价:38.00元
贺菊莲著:《天山家宴——西域饮食文化纵横谈》	定价:64.00元
陈鹏著:《路途漫漫丝貂情——明清东北亚丝绸之路研究》	
	定价:62.00元
王颋著:《内陆亚洲史地求索》	定价:83.00元
〔日〕堀敏一著,韩昇、刘建英编译:《隋唐帝国与东亚》	定价:38.00元
〔印度〕艾哈默得·辛哈著,周翔翼译,徐百永校:《入藏四年》	
	定价:35.00元
〔意〕伯戴克著,张云译:《中部西藏与蒙古人	
——元代西藏历史》(增订本)	定价:38.00元
陈高华著:《元朝史事新证》	定价:74.00元
王永兴著:《唐代经营西北研究》	定价:94.00元
王炳华著:《西域考古文存》	定价:108.00元
李健才著:《东北亚史地论集》	定价:73.00元
孟凡人著:《新疆考古论集》	定价:98.00元
周伟洲著:《藏史论考》	定价:55.00元
刘文锁著:《丝绸之路——内陆欧亚考古与历史》	定价:88.00元
张博泉著:《甫白文存》	定价:62.00元
孙玉良著:《史林遗痕》	定价:85.00元
马健著:《匈奴葬仪的考古学探索》	定价:76.00元
〔俄〕柯兹洛夫著,王希隆、丁淑琴译:	
《蒙古、安多和死城哈喇浩特》(完整版)	定价:82.00元

乌云高娃著:《元朝与高丽关系研究》 定价:67.00 元

杨军著:《夫余史研究》 定价:40.00 元

梁俊艳著:《英国与中国西藏(1774—1904)》 定价:88.00 元

〔乌兹别克斯坦〕艾哈迈多夫著,陈远光译:

《16—18 世纪中亚历史地理文献》(修订版) 定价:85.00 元

成一农著:《空间与形态——三至七世纪中国历史城市地理研究》

定价:76.00 元

杨铭著:《唐代吐蕃与西北民族关系史研究》 定价:86.00 元

殷小平著:《元代也里可温考述》 定价:50.00 元

耿世民著:《西域文史论稿》 定价:100.00 元

殷晴著:《丝绸之路经济史研究》 定价:135.00 元(上、下册)

余大钧译:《北方民族史与蒙古史译文集》 定价:160.00 元(上、下册)

韩儒林著:《蒙元史与内陆亚洲史研究》 定价:58.00 元

〔美〕查尔斯·林霍尔姆著,张士东、杨军译:

《伊斯兰中东——传统与变迁》 定价:88.00 元

〔美〕J.G. 马勒著,王欣译:《唐代塑像中的西域人》 定价:58.00 元

顾世宝著:《蒙元时代的蒙古族文学家》 定价:42.00 元

杨铭编:《国外敦煌学、藏学研究——翻译与评述》 定价:78.00 元

牛汝极等著:《新疆文化的现代化转向》 定价:76.00 元

周伟洲著:《西域史地论集》 定价:82.00 元

周晶著:《纷扰的雪山——20 世纪前半叶西藏社会生活研究》

定价:75.00 元

蓝琪著:《16—19 世纪中亚各国与俄国关系论述》 定价:58.00 元

许序雅著:《唐朝与中亚九姓胡关系史研究》 定价:65.00 元

汪受宽著:《骊靬梦断——古罗马军团东归伪史辨识》 定价:96.00 元

刘雪飞著:《上古欧洲斯基泰文化巡礼》 定价:32.00 元

〔俄〕Т.Б. 巴尔采娃著,张良仁、李明华译:

《斯基泰时期的有色金属加工业——第聂伯河左岸森林草原带》

定价:44.00 元

叶德荣著:《汉晋胡汉佛教论稿》 定价:60.00 元

王颋著：《内陆亚洲史地求索（续）》　　　　　定价：86.00 元

尚永琪著：

《胡僧东来——汉唐时期的佛经翻译家和传播人》　　定价：52.00 元

桂宝丽著：《可萨突厥》　　　　　　　　　　定价：30.00 元

篠原典生著：《西天伽蓝记》　　　　　　　　定价：48.00 元

〔德〕施林洛甫著，刘震、孟瑜译：

《叙事和图画——欧洲和印度艺术中的情节展现》　定价：35.00 元

马小鹤著：《光明的使者——摩尼和摩尼教》　　定价：120.00 元

李鸣飞著：《蒙元时期的宗教变迁》　　　　　定价：54.00 元

〔苏联〕伊·亚·兹拉特金著，马曼丽译：

《准噶尔汗国史》（修订版）　　　　　　　　定价：86.00 元

〔苏联〕巴托尔德著，张丽译：《中亚历史——巴托尔德文集

第 2 卷第 1 册第 1 部分》　　　　定价：200.00 元（上、下册）

〔俄〕格·尼·波塔宁著，〔苏联〕B.B.奥布鲁切夫编，吴吉康、吴立珺译：

《蒙古纪行》　　　　　　　　　　　　　　　定价：96.00 元

张文德著：《朝贡与入附——明代西域人来华研究》　定价：52.00 元

张小贵著：《祆教史考论与述评》　　　　　　定价：55.00 元

〔苏联〕K.A.阿奇舍夫、Г.A.库沙耶夫著，孙危译：

《伊犁河流域塞人和乌孙的古代文明》　　　　定价：60.00 元

陈明著：《文本与语言——出土文献与早期佛经词汇研究》

　　　　　　　　　　　　　　　　　　　　　定价：78.00 元

李映洲著：《敦煌壁画艺术论》　　　定价：148.00 元（上、下册）

杜斗城著：《杜撰集》　　　　　　　　　　　定价：108.00 元

芮传明著：《内陆欧亚风云录》　　　　　　　定价：48.00 元

徐文堪著：《欧亚大陆语言及其研究说略》　　　定价：54.00 元

刘迎胜著：《小儿锦研究》（一、二、三）　　　定价：300.00 元

郑炳林著：《敦煌占卜文献叙录》　　　　　　定价：60.00 元

许全胜著：《黑鞑事略校注》　　　　　　　　定价：66.00 元

段海蓉著：《萨都剌传》　　　　　　　　　　定价：35.00 元

马曼丽著：《塞外文论——马曼丽内陆欧亚研究自选集》　定价：98.00 元

〔苏联〕И. Я. 兹拉特金主编, М. И. 戈利曼、Г. И. 斯列萨尔丘克著,
　马曼丽、胡尚哲译:《俄蒙关系历史档案文献集》(1607—1654)

　　　　　　　　　　　　　　　　定价:180.00 元(上、下册)

华喆著:《帝国的背影——1368 年后的蒙古》　　　　　定价:55.00 元

П. К. 柯兹洛夫著, 丁淑琴、韩莉、齐哲译:《蒙古和喀木》　定价:75.00 元

敬请期待

贾丛江著:《汉代西域汉人和汉文化》

王永兴著:《敦煌吐鲁番出土唐代军事文书考释》

薛宗正著:《西域史地汇考》

徐文堪编:《梅维恒内陆欧亚研究文选》

李锦绣编:《20 世纪内陆欧亚历史文化研究论文选粹》

李锦绣、余太山编:《古代内陆欧亚史纲》

李锦绣著:《裴矩〈西域图记〉辑考》

李艳玲著:《田作畜牧
　　——公元前 2 世纪至公元 7 世纪前期西域绿洲农业研究》

许全胜、刘震编:《内陆欧亚历史语言论集——徐文堪先生古稀纪念》

张小贵编:《三夷教论集——林悟殊先生古稀纪念》

李鸣飞著:《横跨欧亚——中世纪旅行者眼中的世界》

杨林坤著:《西风万里交河道——明代西域丝路上的使者与商旅》

林悟殊著:《华化摩尼教补说》

王媛媛著:《摩尼教艺术及其华化考述》

李花子著:《长白山踏查记》

芮传明著:《摩尼教敦煌吐鲁番文书校注与译释研究》

马小鹤著:《霞浦文书研究》

〔德〕梅塔著, 刘震译:《从弃绝到解脱》

郭物著:《欧亚游牧社会的重器——鍑》

王邦维著:《华梵问学集》

李锦绣著:《北阿富汗的巴克特里亚文献》

孙昊著:《辽代女真社会研究》

赵现海著:《明长城时代的开启
　　——长城社会史视野下明中期榆林长城修筑研究》

杨建新著:《边疆民族论集》

王永兴著:《唐代土地制度研究——以敦煌吐鲁番田制文书为中心》

韩中义著:《欧亚与西北研究辑》

刘迎胜著:《蒙元史考论》

尚永琪著:《古代欧亚草原上的马——在汉唐帝国视域内的考察》

石云涛著:《丝绸之路的起源》

青格力等著《内蒙古土默特金氏蒙古家族契约文书整理研究》

尚永琪著:《鸠摩罗什及其时代》

石云涛著:《魏晋南北朝时期的外来文明》

〔英〕斯坦因著,殷晴、张欣怡译:《沙埋和阗废墟记》

李鸣飞著:《金元散官制度研究》

淘宝网邮购地址:http://lzup.taobao.com